高等职业教育农业农村部"十三五"规划教材

宠物外科与产科

羊建平　王宝杰　主编

中国农业出版社

北　京

图书在版编目（CIP）数据

宠物外科与产科 / 羊建平，王宝杰主编 . —北京：
中国农业出版社，2016.2（2024.7重印）
高等职业教育农业部"十二五"规划教材
ISBN 978 - 7 - 109 - 21366 - 1

Ⅰ.①宠⋯　Ⅱ.①羊⋯　②王⋯　Ⅲ.①宠物-外科学
-高等职业教育-教材②宠物-产科学-高等职业教育-
教材　Ⅳ.①S857

中国版本图书馆 CIP 数据核字（2016）第 006968 号

中国农业出版社出版
（北京市朝阳区麦子店街 18 号楼）
（邮政编码 100125）
责任编辑　徐　芳
文字编辑　李丽丽

中农印务有限公司印刷　新华书店北京发行所发行
2016 年 6 月第 1 版　2024 年 7 月北京第 8 次印刷

开本：787mm×1092mm　1/16　印张：17.75
字数：428 千字
定价：44.00 元
（凡本版图书出现印刷、装订错误，请向出版社发行部调换）

编审人员名单

主　　编　羊建平　王宝杰

副 主 编　周红蕾

编　　者　（以姓名笔画为序）

王宝杰　田启超　向金梅　羊建平

李　玲　张　利　周红蕾　贺卫华

徐孝宙

企业指导　王　锁　孙俊锋　徐国兴　赖晓云

主　　审　周明荣

前　言

随着社会经济的发展和城市化进程的加速，宠物成为城市居民消费的新亮点，快速发展的宠物产业产生了大量的就业机会。提高整个宠物行业从业者的素质，建立相应的职业教育、培训和资格认证考核体系，是行业健康发展的根本保障。高等职业院校应以宠物行业人才需求为导向，建立以实践为主线的课程教学体系，实施任务驱动，项目化教学的课程改革，努力将学生培养成为生产一线工作的技术技能专门人才。根据《国家中长期教育改革和发展规划纲要》（2010—2020 年）和《国务院关于加快发展现代职业教育的决定》，特编写了本教材，适用于三年制高职高专宠物科技类相关专业。

本教材特色是以就业为导向，明确教材建设指导思想；以需要为标准，选择教材内容；以工作过程为导向，序化教材结构。突出工学结合特点，理论知识和实验实训一体化，注重学生职业综合能力的培养和发展需求。针对宠物科技类专业人才就业岗位所需要外科与产科技术，教材设置了外科基础、常用手术、外科疾病和产科 4 个教学项目，共 20 个模块。各项目教学内容既相对独立，又能有机结合在一起，可满足宠物科技类不同岗位人员的需要，因此，各院校在教学过程中，可根据专业和课程标准以及当地实际需要，有针对地选择教学。

本教材的编写分工如下：绪论、项目一的模块一由羊建平（江苏农牧科技职业学院）编写；项目二的模块一、模块二由王宝杰（山东畜牧职业技术学院）编写；项目一的模块三、项目二的模块四由周红蕾（江苏农牧科技职业学院）编写；项目四的模块三、模块四、模块六由田启超（沧州职业技术学院）编写；项目三的模块四、模块五、模块六由向金梅（湖北生物科技职业学院）编写；项目三的模块七、项目四的模块一由李玲（江苏农牧科技职业学院）编写；项目四的模块二、模块五由张利（辽宁农业职业技术学院）编写；项目一的模块二、项目二的模块三由贺卫华（江苏农牧科技职业学院）编写；项目三的模块一、模块二、模块三由徐孝宙（江苏农林职业技术学院）编写。全书由羊建平统稿，由周明荣（扬州大学兽医学院）审稿。

在教材编写过程中得到了各参编院校领导及相关专家的大力支持，也得到了来自于上海、苏州等地宠物医院的王锁、孙俊锋、徐国兴、赖晓云等专家的指导。在此向所有关心支持本教材编写工作的单位及个人表示诚挚的谢意。

由于编写人员的学术水平和能力有限，错误、纰漏在所难免，恳请使用本教材的各位师生、读者不吝赐教，批评指正，以便今后改正。

编 者

2015 年 12 月

目 录

绪　　论

学习目标：

1. 理解宠物外科与产科的主要任务。
2. 了解宠物外科与产科的发展简史。
3. 熟悉宠物外科与产科同其他课程的关系。
4. 掌握学习本课程的主要方法和注意事项。

（一）宠物外科与产科的主要任务

宠物外科与产科是宠物疾病防治的一个科目，主要学习手术基本操作和外科疾病、产科疾病的发生发展规律及防治方法，从而保障宠物的健康。

宠物外科与产科是一门实践性非常强的职业技术课程，其主要内容包括手术基础技术、宠物外科手术、宠物外科疾病及宠物产科生理与疾病等。

手术基础技术：主要研究手术的基本理论和基本操作技术，包括术前准备和术后护理、麻醉、组织分离、止血、缝合和包扎技术等。

宠物外科手术：主要研究宠物各部位及器官的局部解剖以及在宠物体的器官、组织上进行手术的科学，包括头颈部手术、胸腹部手术、四肢部手术和阉割术等。

宠物外科疾病：主要是研究宠物外科疾病的发生原因、症状、诊断及其防治措施的科学，包括损伤、外科感染、头颈部疾病、胸腹部疾病、四肢疾病、皮肤病和肿瘤等。

宠物产科生理与疾病：主要研究宠物产科生理和产科疾病的发生原因、症状、诊断及其防治措施的科学，包括妊娠期疾病、分娩期疾病、产后疾病、不孕与不育症及生殖器官和乳房疾病等。

宠物外科与宠物内科的范畴是相对的，宠物外科一般以需要手术为主要疗法的疾病为对象，而宠物内科一般以应用药物为主要疗法的疾病为对象。然而，外科疾病也不是都需要手术的，常是在一定的发展阶段才需要手术，而一部分内科疾病发展到某一阶段也需要手术治疗。所以，随着兽医科学的发展和诊疗技术的改进，外科的范畴将会不断地更新变化。

宠物外科与产科的主要任务是使宠物科技人员能够学到现代兽医临诊工作中所需要的基本知识、基本技能和新技术，且能够有效地防治宠物外科和产科疾病，从而保障宠物的健康。

（二）宠物外科与产科的由来与发展

早在石器时代，人类用燧石、骨片、兽齿、海贝等作为切开脓肿、放血的医疗工具，后来逐渐出现了比较精巧的石刀、石针和石锯等。古希腊的医学鼻祖希波克拉底曾说："药治不了的，要用铁；铁治不了的，要用火。"动用铁和火，才拉开了外科诞生的序幕。

随着人类开始饲养动物，我国就有了关于外科及产科方面的研究工作，这在我国古籍中有许多文字记载。如《周礼》中有外科疗法、去势等内容；《神农本草经》中提到"桐叶治猪疮"的疗法；《元亨疗马集》阐述的十二巧治术、开喉术、划鼻术及四肢病、风湿病等的诊治方法。

20世纪中后期，动物外科与产科发展迅速，手术达到了无痛、安全、疗效高、操作精确的程度。近年来，医学和兽医工作者研制出许多新颖的医疗诊断仪器和高效药物，如X射线诊断治疗机、CT、核磁共振成像、手术显微镜、内窥镜、呼吸麻醉机、无创伤止血钳、各种医用导管、生态黏合剂及高频电刀、微波手术刀、胃肠道吻合器等。这些成果都为动物外科与产科病的预防与治疗开辟了广阔的前景，使各种外科与产科疾病的诊断和治疗提高到新的水平。

近几年来，宠物行业在中国的兴起引起了社会各界的关注和重视。目前围绕着宠物产生的一系列的生产、销售和服务等事项，已经以一个新兴产业的面貌开始出现了。动物外科与产科知识和技术广泛应用于宠物，使宠物外科与产科的基础理论和基本操作技术得到了快速发展。

（三）宠物外科与产科与其他学科的关系

宠物外科与产科是以宠物解剖生理、动物病理与药理、兽医微生物及兽医临床诊断技术为基础的职业技术课程。本学科是在宠物解剖生理基础上发展起来的，只有熟练掌握解剖生理学知识，才能准确地治疗外科与产科疾病。宠物外科及产科与兽医微生物学、动物病理学、兽医药理学的关系是相当密切，如防腐与无菌、麻醉技术、外科及产科疾病的发病机理、病理变化与各种治疗方法等内容，都是兽医微生物学、病理学、药理学等学科在宠物外科及产科中的具体应用和发展。

宠物外科及产科与其他宠物医学临床学科的关系甚为密切，特别是与宠物内科联系更为广泛。现在人们不仅用手术的方法去诊治宠物外科和产科疾病，还用它去诊治宠物的内科疾病。如宠物患严重的肠阻塞、肠变位等疾病时用手术的方法才能挽救患病宠物的生命。本学科与宠物传染病学的联系也比较密切，如布鲁氏菌病、沙门氏菌病等，都直接危害着胎儿，引起宠物流产、子宫内膜炎及不育症等疾病。另外，宠物传染病学的不少诊断和治疗方法，在诊治宠物外科及产科疾病中发挥着重要的作用。

既然宠物外科及产科与其他学科有着密切的关系，我们就应当努力学习与掌握这些学科的知识和技能，以便更好的诊治宠物外科及产科疾病，这不仅有利于宠物外科及产科的发展，而且本学科的新技术、新成果，也丰富了其他兽医学科的内容。因此本学科与其他兽医学科是一个相互依存、互相促进、共同发展的有机整体。

（四）学习宠物外科与产科的方法和注意事项

在学习本课程时应当注意以下几个问题：

学习本课程时，我们必须应用辩证唯物主义和历史唯物主义的观点阐明宠物外科及产科疾病的发生、发展及转归的规律，以便正确地认识宠物外科及产科疾病的本质，提出防治措施。

学习本课程时，我们必须树立全心全意为人民服务的思想，确立良好的职业道德，刻苦钻研技术，精益求精，防止责任事故的发生。在工作中充分发挥个人的主观能动性，克服困难，创造条件，很好地完成本职工作。同时我们还要谦虚谨慎、不断进取、认真负责！

　　学习本课程时，我们必须贯彻理论联系实际的原则。本课程具有较高的理论性和较强的实践性，是前人实践经验和理论的总结，是一门实践性极强的学科。所以要求学习者多接触宠物，不断参加实践方能有所收获。学习本课程应该结合实际学习书本知识，使理论与实践紧密结合，在理论的指导下去实践。另外，人们的认识来源于实践，这种认识还要在实践中受到检验。因此，我们除了学习本课程以外，还要在实践中有所发展、有所创新，使本学科的内容更加充实，并对兽医学的发展做出贡献。

　　学习本课程时，我们必须树立整体观念，即在诊治宠物外科及产科疾病时，不仅注意局部病变，而且要观察全身的反应。我们要做到局部与全身治疗相结合，提高宠物外科疾病及产科疾病的治愈率。相反，假如我们缺乏整体观念，只从单一的器官或因素出发，主观片面的诊治疾病，就会贻误病情，严重时还会危及宠物的生命。

　　学习本课程时，我们还必须注意外科手术基本功的训练。我们应牢固掌握本课程的基本理论、基本知识和基本技能。只有具备了坚实而又系统的理论基础，才能在复杂的临床工作中独立思考，抓住主要矛盾，解决宠物外科及产科中的疑难问题。同时我们还要确立防重于治的指导思想，平时要加强宠物的饲养管理，预防外科和产科疾病的发生。

　　当前医学科学技术发展迅速，学习过程中除要刻苦学习课本知识外，还要注重阅读与本专业、本学科有关的参考书、期刊和杂志，掌握新知识、新技术和新方法，开阔知识面，以适应生产实践的需要。

思考与练习

　　1. 简述宠物外科及产科的主要任务。

　　2. 简述宠物外科与产科的发展史。

　　3. 简述本课程与兽医基础课程及临床课程的关系。

　　4. 如何学好本课程？

项目一 外科基础

模　块		学习目标
一	术前准备与术后护理	1. 理解手术感染的主要途径和无菌术的主要目的，正确进行各种物理和化学消毒灭菌方法。 2. 会制订手术计划并组织实施手术，掌握术前谈话的主要内容，熟知手术记录事项和用途。 3. 了解手术室基本要求和常用设备，会进行手术室消毒并操作常用设备。 4. 掌握手术人员的手及手臂的消毒方法并会穿手术衣、戴手术帽和手术手套。 5. 认识并熟练使用常用手术器械，会进行手术器械和物品的准备及消毒。 6. 熟知宠物术前准备和检查内容，会进行手术部位常规处理和消毒。 7. 会进行宠物术后的护理和饲养管理并掌握预防和控制感染的方法。
二	手术基本操作	1. 了解各种麻醉药物的特点和用途，会进行宠物手术时的麻醉前给药、局部麻醉和全身麻醉。 2. 掌握组织分离的原则和方法，会进行不同组织的分离。 3. 熟知出血的类型，掌握手术前预防出血的方法，会进行宠物手术中各种止血方法。 4. 了解各种缝线规格和应用，会打各种手术结，会进行不同组织的缝合。 5. 会进行手术后拆线。
三	包扎与引流	1. 了解常用包扎材料和市场开发的新包扎材料。 2. 熟悉包扎的类型及包扎方法。 3. 会进行卷轴绷带的各种包扎方法。 4. 能进行石膏绷带包扎和夹板绷带包扎。 5. 掌握引流的适应证与引流方法。 6. 熟悉引流的特点和应用。

模 块 一 ◆ 术前准备与术后护理

情境一　无 菌 术

无菌术是指采用物理或化学方法来杀灭或抑制病原微生物生长繁殖，防止伤口（包括手术创口）感染的综合性预防技术。无菌术包括灭菌和消毒，灭菌通常指用物理方法消灭附着于手术所用物品上的一切微生物，消毒一般指用化学方法消灭病原微生物或抑制其生长繁殖。消毒不一定能杀死细菌芽孢，但灭菌则杀死所有的微生物，但在实际应用中，灭菌和消毒常结合进行。

一、手术感染的途径

微生物普遍存在于周围环境和动物体内，正常情况下，皮肤、黏膜可以阻止外界病原微生物侵入有机体，但在手术时，病原微生物可通过空气、飞沫、接触污染等途径进入动物机体，引起感染。手术感染途径较多，通常可分为外源性感染和内源性感染。

1. 外源性感染　外界微生物通过各种途径进入伤口内部，引起感染称外源性感染。

（1）空气感染。空气中尘埃连同附着其上的微生物落入伤口内引起感染。

（2）飞沫和汗滴感染。手术人员说话、咳嗽和打喷嚏时喷出的飞沫或汗滴落入伤口内引起感染。因此手术时要少说话，戴口罩。

（3）接触感染。手术人员的手臂消毒不彻底、术部被毛污染、手术器械和物品消毒不严、术后护理不当污染伤口等，都可引起接触感染。这是手术感染的主要途径，手术过程中应特别注意。

（4）植入感染。以留在创口内的异物为感染源的感染。如引流纱布、剪下的线头、灭菌不良的缝线等。

2. 内源性感染　隐性感染病灶在抵抗力下降时引起的感染。如疤痕、有包膜的脓肿等。

二、物理灭菌法

1. 煮沸灭菌法　煮沸灭菌法广泛应用于外科手术器械和常用物品的灭菌。用一般的铝锅、铁锅或市售的电热煮沸灭菌器均可进行煮沸灭菌，用前刷洗干净，锅盖要严密。

一般用清洁的自来水加热，水沸腾后将金属器械放到沸水中，待第二次水沸腾时计算时间，持续 15～30 min（急用时也不能少于 10 min），可将一般的细菌杀死，但不能杀灭芽孢。对疑有细菌芽孢的器械或物品，必须煮沸 60 min，有的芽孢甚至须煮沸数小时才能将其杀死。而用 2％碳酸氢钠或 0.25％氢氧化钠的碱性溶液煮沸灭菌，可以提高水的沸点到 102～105 ℃，消毒时间可缩短到 10 min，还可以防止金属器械生锈（但不能用于橡胶制品的灭菌）。

消毒玻璃制品时应放在冷水中逐渐加热至沸腾，以防玻璃骤然遇热而破裂。

煮沸灭菌时，应注意严守操作规程。物品和器械消毒前应刷洗干净，去除油垢，打开器械关节，排除容器内气体，并将其浸没在水面以下，盖严。煮沸灭菌时应避免中途加入物品，如必须加入，应重新从煮沸后开始计算时间。

2. 高压蒸汽灭菌法　是常用且最可靠的灭菌方法，可杀灭一切细菌和芽孢。灭菌原理是利用蒸汽在容器内的积聚而产生压力，蒸汽的压力增高，温度也随之升高（表1-1-1）。通常使用蒸汽压力为0.1～0.137 MPa，温度可达121.6～126.6 ℃（老式的高压蒸汽灭菌器的压力表以磅/英寸^{2}为单位，所需蒸汽压力为15～20 lb/in^2），一般维持30 min左右。但不同的物品，所需的压力、温度与时间不同（表1-1-2）。

表1-1-1　高压蒸汽灭菌器内压强与温度的关系

高压蒸汽灭菌器内的蒸汽压强			高压蒸汽灭菌器内
MPa	kg/cm^2	lb/in^2	的温度（℃）
0.034 3	0.35	5	108.4
0.068 6	0.70	10	115.2
0.102 9	1.05	15	121.6
0.137 2	1.40	20	126.6
0.172 5	1.76	25	130.4
0.205 9	2.10	30	134.5

注：表中所列压强单位中kg/cm^{2}和lb/in^2（1 lb=0.453 592 37 kg，1 in=0.025 4 m）是过去使用的旧制式，鉴于有些压强表仍然用旧制式，放在这里列出仅供参考。

表1-1-2　不同物品灭菌所需的压强、温度与时间

物品种类	压强（MPa）	温度（℃）	时间（min）
布类、敷料	0.137 2	126	30
	0.102 9	121	45
金属器械、搪瓷	0.102 9	121	30
玻璃器皿	0.102 9	121	20
乳胶、橡胶物品、药液	0.102 9	121	15～20

使用手提式高压蒸汽灭菌器时，首先要了解灭菌器的结构，盖上有排气阀、减压阀、压力表和温度刻度。打开盖，可看到排气阀在盖的内部连接一根金属排气管，可排出锅内底部的冷空气；锅内有一个套桶，拿出套桶，锅底面是加热管，在消毒前应向锅内加水，水面应浸过加热管，然后放入套桶和装入待消毒的物品。金属器械应分门别类地清点后装入布袋内。金属注射器应松开螺旋，玻璃注射器应抽出针栓后装入布袋内，各种敷料、缝合材料清点后用布袋包好。将手术所需器械、敷料、创巾、手术衣、手套等放入布包内或用布包裹，按一定的顺序放于消毒锅内，拧紧锅盖上的螺旋，通电加热，待锅内水沸腾，压力表指示的温度上升时，打开排气阀，放掉锅内冷空气后，关闭排气阀，继续加热，待压力表指示的温度达到121.6～126.6 ℃时，维持30 min。在加热过程中，如果锅内压力过大，排气减压阀会自动放气。消毒完毕，打开排气阀缓慢放出蒸汽，直到气压表示数为"0"。如灭菌物品为敷料包、器械、金属用具等，可采用快速排气法。如果是液体类或试剂消毒，则应自然降温，

不可放气，否则液体会猛然溢出。旋开锅盖及时取出锅内物品，不要待其自然降温冷却后再取出，否则物品变湿，会妨碍使用。打开锅盖，取出手术包，放入干燥箱内烘干、备用。

高压蒸汽灭菌法的注意事项：

（1）灭菌时需排尽灭菌器和物品包内的冷空气，如未被完全排除会影响灭菌效果。

（2）物品包消毒时不宜过大（每件小于 50 cm×30 cm×30 cm），不宜过紧，各包间要有间隙，以利于蒸汽流通。为检查灭菌效果，可在物品的中心放一些玻璃管硫黄粉，消毒完毕启用时，如硫黄已熔化（硫黄熔点 120 ℃），则表明灭菌效果可靠。

（3）物品消毒时应合理放置，不可放置过多，一般安放体积应低于灭菌器的 85%。

（4）包扎的消毒物品存放 1 周后，特别是布类，需重新消毒使用。

（5）灭菌器内加水不宜过多，以免沸腾后水向内桶溢流，使待消毒物品被水浸泡。

（6）放气阀门下连接的金属软管不得折损，否则放气不充分，冷空气滞留在桶内会影响温度的上升，影响灭菌效果。

（7）灭菌时事先应检查并保证灭菌器性能完好，设专人操作、看管，对压力表要定期进行检验，以确保安全。

3. 电离辐射灭菌　用 γ 射线、X 射线或电子辐射能穿透物品并杀灭其中微生物的低温灭菌方法，称为电离辐射灭菌。手术缝线、纱布、脱脂棉、外科手术器械、手术敷料及塑料制品、尼龙制品等均可用此法消毒。

4. 火焰灭菌法　此法灭菌常不够彻底，只是在紧急情况下用于消毒搪瓷或钢精类器皿。一般不用于消毒器械，特别是精细的血管钳、剪、刀及缝针等的消毒，以防变钝。该方法是将适量的 95% 酒精倒入器皿内，慢慢转动容器，使酒精分布均匀，点燃烧到酒精燃尽 1～2 min。大型器械则用镊子夹取酒精棉花于器械下方点燃灭菌。待冷却后再使用。

5. 干热灭菌法　由于干热穿透力低，且温度过高易损坏物品，故干热灭菌法一般很少用。该法多用于玻璃器皿和注射器及针头的灭菌。温度为 160 ℃，时间为 2 h。

6. 人工紫外线灯照射灭菌　人工紫外线灯照射可用于空气的消毒，此法可明显减少空气中细菌的数量，同时也可杀灭物体表面附着的微生物。市售的紫外线灯有 15 W 和 30 W，可以悬吊也可挂在墙壁上，使用比较方便。一般在手术室内开灯 2 h，有明显的杀菌作用，但光线照射不到之处则无杀菌作用，照射有效区域为灯管周围直径 1.5～2.0 m。

三、化学消毒法

作为灭菌的手段，化学药品消毒法并不理想，尤其对细菌的芽孢往往很难杀灭。化学药品消毒的效果受药物的种类、浓度、温度、作用时间等因素的影响。但是化学药品消毒法不需要特殊设备，使用方便，尤其对于不宜用热力灭菌的物品的消毒，仍是一种有效的补充手段，特别是在紧急手术情况下更为方便。常用化学药品的水溶液浸泡医疗器械，一般浸泡 30 min，可达到消毒效果。

用化学药品消毒法进行医疗器械的消毒时要考虑很多因素。首先是消毒剂对医疗器械上微生物的灭活能力；其次是消毒剂需对器械无损害作用，或不影响其化学与物理的性状及功能；而且器械消毒后上面残留的消毒剂要易于清除；最后还需考虑消毒剂对动物体有无刺激性等。兽医临诊上常用的化学消毒药有下列几种：

1. 新洁尔灭　本品毒性低，刺激性小，而消毒能力强，使用方便。市售的为 5% 或 3%

的水溶液，使用时配成 0.1％的溶液，常用于消毒术者手臂、金属器械和其他可以浸湿的用品。浸泡器械，浸泡 30 min，可不用灭菌水冲洗，而直接应用。使用时注意以下几点：稀释后的水溶液可以长时间贮存，但贮存一般不超过 4 个月；可以长期浸泡器械，但浸泡器械时必须按比例加入 0.5％亚硝酸钠，即 1 000 mL 的 0.1％新洁尔灭溶液中加入医用亚硝酸钠 5 g，配成防锈新洁尔灭溶液；环境中的有机物会使新洁尔灭的消毒能力显著下降，故需注意不可带有血污或其他有机物；不可与肥皂、碘酊、升汞、高锰酸钾和碱类药物混合使用；使用过程中溶液颜色变黄后应立即更换，不可继续再用。

这一类的药物还有灭菌王、洗必泰、杜米芬和消毒净，其用法与新洁尔灭的用法基本相同。

2. 酒精　一般采用的酒精浓度为 70％～75％，可用于浸泡器械，特别是有刃的器械，浸泡应不少于 30 min，这样才能达到理想的消毒效果。70％～75％酒精也可用于手臂的消毒，浸泡 5 min 即可。但消毒后需用灭菌生理盐水冲洗干净。

3. 煤酚皂溶液　又称来苏儿，一般采用浓度为 5％，用于消毒器械时浸泡时间为 30 min，使用前需用灭菌生理盐水冲洗干净。该药在手术消毒方面并不是理想的，多用于环境的消毒。

4. 甲醛溶液　10％甲醛溶液可用于金属器械、塑料薄膜、橡胶制品及各种导管的消毒，一般浸泡 30 min。40％甲醛溶液称为福尔马林，一般作为熏蒸消毒剂。在任何抗腐蚀的密闭大容器里都可以进行熏蒸消毒。由于甲醛有一定的毒性，熏蒸过的消毒器物在使用前须用灭菌生理盐水充分清洗后方可应用。

5. 过氧乙酸　又名过醋酸。一般用 0.1％～0.2％的该溶液浸泡 20～30 min 进行消毒。本品不稳定，溶液应置于有盖的容器内，每周更换新液 2～3 次。本品浓溶液（市售商品为 20％～40％）有毒性，易燃易爆，应避火（着火时可用水扑灭）并于阴凉处存放，有腐蚀性。

6. 碘伏　又称络合碘，含碘 0.5％～1％，杀菌能力强，毒性和刺激性小。可用于术者手臂及动物术部的消毒，杀菌作用可保持 2～4 h，若用生理盐水稀释 10 倍，可用以冲洗伤口及深部组织。

应用化学药品消毒时，应注意以下事项：

（1）物品在灭菌前应将油垢擦净，松开关节，内外套分开。

（2）浸泡时，物品应浸没在溶液之中，盖紧容器。

（3）浸泡溶液应定期检查更换，放入的物品不能带水，防止改变药液浓度。

（4）使用经化学药品消毒过的器械前常要用灭菌蒸馏水或生理盐水冲洗干净。

🐾 思考与练习

1. 什么是无菌术？外科无菌术的主要目的是什么？

2. 外科手术感染的主要途径有哪些？

3. 训练煮沸灭菌消毒法。

4. 认识高压蒸汽灭菌器内部构造，训练其使用方法。

5. 认识外科常用消毒剂，掌握常见的化学药品消毒法。

6. 使用化学药品消毒时的注意事项有哪些？

情境二 手术计划和手术协议的制订

手术计划即手术实施方案，是依据宠物全身检查和宠物医生临床诊断的结果而制订的，制订手术计划是术前的必备工作。在手术进行中，有计划和有秩序的工作，可以减少手术中失误，如果出现某些意外，也能设法应付，不致出现忙乱，这对初学者尤为重要。但遇到紧急情况，不可能有时间拟订完整的计划，在这种情况下，只能由术者召集相关人员进行简短而必要的意见交换，做出手术分工，这对于顺利进行手术也是有帮助的。

一、手术人员的分工

外科手术是一项集体活动，决非一个人能完成的。为了手术的顺利进行，要求参加手术的成员，在术前要有良好的分工。充分理解手术计划，既要分工明确，又要互相配合，以便手术期间各尽其职，有条不紊地工作。手术参加人员在手术时要了解每个人的职责，切实做好准备工作。

1. 术者 术者是手术的组织者。负责术前对患病宠物的确诊，提出手术方案并组织有关人员讨论决定，确定分工及术前准备工作。术者还应将手术计划详细告知宠物主人，取得主人同意和支持。术者是手术的主持者，对手术应承担主要责任。术后负责撰写手术病历、制订术后治疗和护理方案。

2. 手术助手 按手术大小和种类又分为第一、二、三助手。第一助手主要协助术者进行术前准备、手术操作和术后护理的各项工作。术者在术中因故不能完成手术时，第一助手须负责将手术完成。第二、三助手主要协助显露术部、止血、传递更换器械与敷料以及剪线等工作，在术者的指导下做一些切开、结扎、缝合等基本操作。

3. 麻醉助手 麻醉助手负责手术宠物的麻醉。因此要全面掌握患病宠物的体质状况、对手术和不同麻醉方法的耐受性，做出较客观的估计，使麻醉既可靠又安全。手术过程中，密切监护患病宠物全身状况，定时记录体温、脉搏、呼吸、血压等指数。患病宠物全身情况发生突然变化，应及时报告术者，并负责采取抢救措施。术中输液、输血等工作，也由麻醉助手负责。

4. 保定助手 保定助手负责患病宠物的保定。根据手术计划和术者的要求，对手术宠物采取合理的体位姿势进行保定或解除保定。必要时，可要求宠物主人协助进行。做好手术场所的消毒工作。术后协助清点器械、敷料。

5. 器械助手 器械助手为手术准备器械，手术中及时给术者传递器械。具体要求如下：

(1) 器械助手要有高度的责任心，严格执行无菌操作，并应熟悉各种手术步骤。根据手术进行情况，随时准备好即将使用的器械，操作要迅速敏捷。

(2) 器械助手应比其他手术人员提前半小时洗手。铺好器械台，并将手术器械分类放在台面灭菌布上。常用器械置于近身处，拿取方便。与巡回助手共同核点纱布、纱布垫与缝针数量。手术开始前，将局部麻醉药吸入注射器内，药液量备足待用。手术中止血结扎用的针线宜先穿好数针，这样术中可节省时间。手术巾、巾钳随时准备好待用。

(3) 传递器械时须将柄端递给术者。暂时不用的器械切忌留置在宠物身上或手术台上，应迅速取回归还原处。

（4）切开皮肤后，应立即将用过的手术刀与拭过皮肤的小纱布收回，另放置冷水盆内，更换手术刀及纱布作肌层分离。腹膜或胸膜切开后，用温生理盐水浸过的纱布或纱布垫保护内脏。被血液污染的器械，及时用生理盐水洗净或用灭菌纱布擦拭干净待用。

（5）注意保护缝针及缝线，勿使受污染或脱落。剪断的缝线残端不要留在器械或手术巾上，以免误入伤口内。

（6）手术台面要保持整齐、清洁。手术结束后，将器械、手术巾与纱布泡在冷水内，以便清洗。

6. 巡回助手

（1）准备及检查手术前后各种需要的药品及医疗设备。如无影灯、配电盘、电动手术台、电动吸引器等，以免在使用时发生故障。

（2）准备洗手与泡手药液，检查酒精棉、碘酊棉等。

（3）协助麻醉助手静脉给药，测量各种临床检查数据，协助输液。

（4）负责参加手术人员的衣服穿着，主动供应器械助手一切急需物品，注意施术人员情况，夏天应特别注意擦汗。

（5）除特殊情况外，不得离开手术室。随时注意室内整洁，调节灯光。

（6）熟悉各种药品和器械放置地方，术中一旦急需特殊药械，应迅速供应。术中负责补充各种灭菌器械与敷料。

手术工作人员位置分布见图 1-1-1。

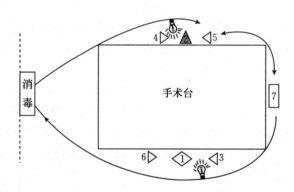

图 1-1-1　手术工作人员的位置

1. 术者　2. 第一助手　3. 第二助手　4. 第三助手　5. 保定人员　6. 巡回助手　7. 器械助手

上述手术人员的分工，对不同的手术是不一样的，要根据手术的大小和繁简、手术宠物的种类、患病程度等决定。原则是既不浪费人力，又要有利于手术的进行。如小的手术只要术者 1 人即可完成，一般的手术 2～3 人，只有在做大手术时才需要配套齐全的手术人员。

二、手术计划的制订

手术计划可根据每个人的习惯制订，不强求一样，但一般应包括如下内容（表 1-1-3）：

（1）手术人员的分工。

（2）手术宠物保定方法和麻醉方法的选择（包括麻醉前给药）。

（3）手术通路及手术进程。

（4）术前准备事项，如术前给药、禁食与禁水、导尿、胃肠减压等。

表 1-1-3　手术计划书

手术人员分工	术　者	
	手术助手	
	器械助手	
	保定助手	
	麻醉助手	
	巡回助手	
保　定		
麻　醉		
术前准备		
手术方法与步骤		
手术并发症及急救措施		
药品、器械		
术后护理		

（5）手术方法及术中应注意事项。

（6）可能发生的手术并发症、预防和急救措施，如虚脱、休克、窒息、大出血等。

（7）手术所需器材和药品的准备。

（8）术后护理、治疗和饲养管理。

手术人员都要参与手术计划的制订，明确手术中各自责任，以保证手术的顺利进行。手术结束后管理器械的助手要清点器械。全体手术人员都要认真总结手术的经验教训，以提高手术水平及治愈率。

三、术前谈话和签订手术协议书

宠物医生在施行手术之前，必须向宠物主人说明其饲养宠物的病情、临床诊断结果、手术的必要性、手术风险及预后情况等，并对宠物主人相关的咨询进行详细的解答，以便得到宠物主人的理解和支持，对将要实施的手术治疗达成统一意见，并签订手术协议。

1. 术前谈话的内容和目的　术前谈话的主要内容包括：宠物疾病的诊断情况、手术治疗的必要性、手术方式选择的依据、术中和术后可能出现的不良反应及并发症、拟采取的预防措施、手术的预后和费用估计等。

术前谈话的目的是让宠物主人了解手术治疗的必要性和风险，赢得宠物主人对手术及手术水平的信任，消除宠物主人对手术风险的恐惧心理，了解抵御风险的措施，让宠物主人感觉到心爱的宠物已享受到最科学合理的疾病诊断和治疗。

2. 签订手术协议书　宠物医生和宠物主人经过术前谈话和协商，达成统一意见后，必须签订手术协议（表 1-1-4），方可实施手术。

四、手术记录

完整的手术记录需总结手术经验，以提高手术水平，其可作为临床、教学及科研的重要资料。因此术者或助手在手术过程中或手术后应详细填写手术记录。

表 1-1-4 麻醉和外科手术协议书

病历（案）号：＿＿＿＿＿＿

主人姓名＿＿＿＿＿＿＿＿＿　日期＿＿＿＿＿＿＿＿＿

宠物昵称＿＿＿＿＿品种＿＿＿＿＿性别＿＿＿＿＿年龄＿＿＿＿

毛　色＿＿＿＿＿体重＿＿＿＿＿

手术名称＿＿＿＿＿＿＿＿＿＿＿＿

您的宠物必须在＿＿＿＿＿日后带回本院拆线/检查

　　我是上述宠物的主人或是可以代表上述宠物的监护人，我愿意接受宠物医院医师和其助手为宠物进行上述手术，包括镇静和麻醉，以及给予宠物必要和恰当的药物、X射线检查、外科操作、护理、诊断，甚至紧急的抢救。

　　我已经被告知整个操作的过程及可能的风险。我认识到宠物在麻醉过程中由于个体原因发生的药物反应、窒息、心搏骤停等意外情况，甚至死亡，一切责任由自己承担，与贵宠物医院及实施麻醉和外科操作人员无关。我同时也理解任何外科手术和其他治疗都没有百分之百成功的保证。

　　我已经阅读和理解以上所写的内容，并知道宠物将要进行的操作，并且愿意承担与此次操作相关的一切费用。

主人（或监护人）签名＿＿＿＿＿＿＿日期＿＿＿＿年＿＿＿月＿＿＿日

宠物最后进食的时间＿＿＿＿＿＿＿＿＿

紧急情况时的联系电话：

单位＿＿＿＿＿＿住宅＿＿＿＿＿＿手机＿＿＿＿＿＿

　　手术记录的主要内容包括：宠物登记、病史、病症摘要及诊断；手术名称、日期、保定及麻醉的方法；手术部位、术式、手术用药的种类及数量；病灶的病理变化与手术前的诊断是否相符；术后宠物的症状、饲养、护理及治疗措施等（表1-1-5）。

表 1-1-5 手术记录

主人姓名		住　址				电　话	
宠物种类		性　别		年　龄		体　重	
初诊日期				术前诊断			
病史摘要							
术前检查							
手术名称		手术时间	时 分～ 时 分		术后诊断		
手术者		助手					

保定方法：

麻醉方法及效果：

手术方法：

（续）

术后处理：

医　嘱：

手术号：　　　　手术日期：　　年　月　日

思考与练习

1. 为什么要制订手术计划和签订手术协议书？
2. 手术计划主要包括哪些内容？
3. 手术时，参加手术人员一般如何分工？
4. 手术中术者、手术助手、麻醉助手、器械助手和巡回助手的主要任务分别是什么？
5. 手术记录主要包括哪些内容？各有什么用途？

情境三　手术场所和手术人员的准备与消毒

宠物手术一般在专门的手术室进行，情况紧急时也可在临时性手术场所进行。因微生物普遍存在于周围环境和宠物体，在施行外科手术或其他手术时，为避免发生感染，必须使用无菌术。手术场所及器械、手术人员和手术部位都必须进行严格的消毒。

一、手术场所的准备与消毒

手术场所的条件对预防手术创口的空气尘埃感染十分重要，应因地制宜，尽可能创造一个比较完善的手术环境。

（一）手术室的要求

（1）手术室应有一定的面积和空间，宠物手术室应不小于 25 m^2，房间高度在 2.5～3.0 m较为合适。天花板和墙壁应平整光滑，墙壁最好砌有釉面块，以便于清洁和消毒。地面应防滑，并有利于排水。

（2）手术室内采光要良好，并配备无影灯或其他照明设施，固定灯应设在天花板以内，外表应平整。

（3）手术室内要有良好的给排水系统，排水管道应较粗，便于疏通。

（4）手术室既要有良好的通风系统，又要能保持适当的温度（一般以 20～25 ℃为宜）。在设计上要合理，要考虑自然通风或强制通风，门窗要紧密。有条件的最好有过滤装置、保暖或防暑设施，最好安装空调。

（5）有条件的手术室还需设立相应的清洗间、器械物品消毒间、更衣间及仪器设备存贮间。

（6）手术室内只允许放置必要的器具、物品，例如手术台、保定栏、器械台、无影灯、手术反光灯、输液架及保定用具，其他陈设不要繁杂。

（7）手术室应无菌，在经济条件允许时，最好分别设置无菌手术室和污染手术室。如果条件不允许，则一般化脓感染手术最好安排在其他地方进行，以防交叉感染。如果在手术室内做过感染化脓手术，必须在术后及时严格消毒手术室。

（8）手术室必须制订并严格执行的使用和清洁消毒方案。平时的清洁卫生和消毒非常重要，每次手术之后立即清洗手术台，冲刷手术室，清洁各种手术用品，并分类整理摆放在固定位置。

（二）手术室主要设备

1. 手术台　手术台有简易式和液压式两种。简易式：一个平整台面和支架。液压式：台面可做斜度转动，台面高低可以调节。

2. 无影灯　手术台上方悬吊可移动的无影灯，供手术照明用。另外，手术室还应有手术照明灯和深创照明灯等。

3. 吸入麻醉机及其附件　目前国内尚没有宠物专用吸入麻醉机，当前使用人用吸入麻醉机，国产 103 型吸入麻醉机属于普及型（图 1-1-2），其主要用途包括实施全身吸入麻醉和供给氧气。

麻醉机包括：压缩气体钢筒、压力表、减压装置、流量计、药物蒸发器、二氧化碳吸收装置、导向活瓣、逸气活阀、呼吸囊、呼吸管道和麻醉口罩。

4. 紫外线灯　安装在手术室天棚或墙壁上，供照射消毒用。市售紫外线灯为 15 W 和 30 W，一般在非手术时间开灯照射 2 h，照射距离以 1 m 为好。

5. 其他　器械台、真空吸引器、X射线观片灯、高频电刀、污物桶等。

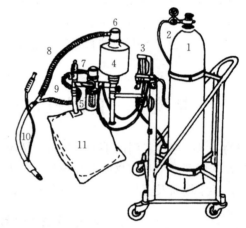

图 1-1-2　国产 103 型吸入麻醉机

1. 氧气瓶　2. 氧气表　3. 流量表　4. 钠石灰罐
5. 蒸发瓶　6. 呼气活瓣　7. 吸气活瓣　8. 呼气经路
9. 吸气经路　10. 插管导管　11. 呼吸囊

（三）手术室的消毒

手术室消毒最简单方法是使用 5% 石炭酸或 3% 来苏儿溶液进行喷洒，因这些药液具有刺激性，故消毒后必须通风换气，以排除刺激性气味。在消毒手术室之前，应先对手术室进行清扫。另外紫外线灯照射消毒、化学药物熏蒸消毒（如甲醛熏蒸法、乳酸熏蒸法）等方法也常用于手术室空间、设施的消毒。

1. 紫外灯照射消毒　通过紫外线灯的照射，可以有效地净化空气，减少空气中细菌数量，同时又可杀死物体表面附着的微生物。一般在非手术时间开灯照射 2 h，有明显的杀菌作用，但紫外线照不到的地方则无杀菌作用。实验证明，照射距离以 1 m 之内为好，超过 1 m 则效果减弱。使用紫外线消毒灯应注意以下事项：

（1）紫外灯。开通电源后灯管中的汞蒸汽辐射出紫外线，通电后 20~30 min 发出的紫外线量最多。灯管的使用寿命一般为 2500 h。随着使用时间延长，其辐射紫外线的量会逐渐减少，甚至成为无效的装饰品。

（2）照射要求。应直接照射，因紫外线的穿透力很差，只能杀死物体表面的微生物。

（3）可以用紫外线强度来测定杀菌效果。凡低于 $50\mu W\cdot s/cm^2$ 则认为不宜使用，要求更换新的灯管。一般新的灯管紫外线强度均达到 $100\sim120\mu W\cdot s/cm^2$。

（4）灯管。要保持干净，不可沾有油污等，否则杀菌能力下降。尽量减少开关的次数，以免影响灯管的寿命，也容易损坏。

（5）医务人员。紫外线灯照射时，医务人员不可长时间处于紫外线的照射下，否则会损害眼睛和皮肤，形成轻度灼伤。必要时可以戴黑色眼镜进行适当保护，且照射距离不宜过近。

2. 化学药物熏蒸消毒法　首先对手术室进行清扫，关闭门窗，做到较好的密封，然后用甲醛加热法或甲醛加氧化剂法或乳酸熏蒸法等进行熏蒸消毒。

（1）甲醛加热法。在一个抗腐蚀的容器中，按 $2 mL/m^3$ 加入 10%甲醛溶液和适量水，在容器的下方直接用热源加热，使甲醛蒸汽持续熏蒸 4 h，可杀死细菌、病毒和真菌等。一般在非手术期间进行熏蒸，然后手术室通风换气，否则会有很强的刺激性气味。

（2）甲醛加氧化剂法。方法基本同甲醛加热法，只是不需要热源，而是加入氧化剂使其形成甲醛蒸汽。按计算量准备好所需的甲醛溶液，放置于耐腐蚀的容器中，按其毫升数的一半称取高锰酸钾粉。使用时将高锰酸钾粉小心地加入甲醛溶液中，然后人员立即退出手术室，数秒钟后便可产生大量烟雾状的甲醛蒸汽，消毒持续 4 h。

除了甲醛之外，还有一种多聚甲醛，它是白色固体、粉末状或呈颗粒状、片状，含甲醛 $91\%\sim99\%$。多聚甲醛直接加热会产生大量甲醛蒸气。在运输、贮存和使用上都较方便。

（3）乳酸熏蒸法。使用乳酸原液 $0.1\sim0.2 mL/m^3$，加入等量的自来水加热蒸发，加热持续 60 min，效果可靠。实验证明，乳酸在空气中的浓度为 $0.004 mg/L$ 时，持续 40 s，可以杀死唾液飞沫中的链球菌，有效率达 99%，但若浓度偏低，在小于 $0.003 mg/L$ 时，其杀菌的效果显著降低。但若浓度偏高时，会有明显的刺激性气味。此外，空气中的湿度也应注意，以相对湿度为 $60\%\sim80\%$时为佳。

（四）临时性手术场所的选择与消毒

由于客观条件的限制，手术人员往往不得不在没有手术室的情况下来施行外科手术。因此，宠物医生必须积极创造条件，选择一个临时性的手术场地。

在普通房舍内进行手术，可以避风雨、烈日，尤其是减少被空气污染的概率，这是应该争取做到的条件，尤其在北方风雪严寒的冬季，这更是必要的。在普通房舍进行手术时，也要尽可能创造手术室应有的条件。例如，首先腾出足够的空间，最好没有杂物。地面、墙壁能洗刷的进行洗刷，且要用消毒药液充分喷洒，避免尘土飞扬。为了防止屋顶灰尘跌落，必要时可在适当高度张挂布单、油布或塑料薄膜等，一般能遮蔽患病宠物及器械即可。在刮风的天气，还应注意严闭门窗。

在晴朗无风的天气，手术也可在室外进行。场地的选择原则上应远离大路，避免尘土飞扬，也应远离畜舍和积肥地点等蚊蝇较易滋生、土壤中细菌芽孢含量较多的场地。最好选择避风而平坦的空地，事先打扫并清除地面上杂物，并在地面上洒消毒药液。需要侧卧保定的手术，应设简易的垫褥或铺柔软的干草，在其上盖以油布或塑料布。

在无自来水供应的地点，可利用河水或井水。事先在每 100 kg 水中加 2 g 明矾和 2 g 漂白粉，充分搅拌，待澄清后使用。此外，最简便易行的办法是将水煮沸，这样既可以消毒，又可除去很多杂质。

二、手术人员的准备和消毒

手术人员进入手术室前必须剪短指甲，剔除甲缘下的污垢，有逆刺的也应事先剪除。手部有创口，尤其有化脓感染创的不能参加手术。手部有小的新鲜伤口的手术人员如果必须参加手术时，应先用碘酊消毒伤口，暂时用胶布封闭，再进行消毒，手术时最好戴上手套。手术人员的准备主要包括更衣、手及手臂的清洗消毒、穿无菌手术衣以及戴无菌手术帽和手套。

（一）更衣

手术人员在准备室脱去外部的衣裤、鞋帽，换上手术室专用的清洁衣、裤和胶鞋。上衣要求袖口只达腋窝。手术帽应将头发全部遮住，口罩用六层纱布缝制，必须同时全部盖住口和鼻尖。估计手术时出血或渗出液较多时，可加穿橡皮围裙，以免湿透衣裤。

（二）手及手臂的清洗消毒

手及手臂的清洗消毒即所谓洗手法。范围包括双手、前臂和肘关节以上 10 cm 的皮肤。主要有两个步骤，即刷洗和化学药品浸泡。

1. 手及手臂的刷洗　用肥皂水、流动水刷洗手及手臂，除去污垢、脱落的表皮及附着的细菌，同时脱去皮脂。此法虽难以达到彻底灭菌的目的，但操作得当，可去掉皮肤表面95％以上的细菌，而且油污除去后，可使化学药品浸泡发挥更好的作用。

未刷洗前，应用肥皂和温水洗净双手和手臂。然后用软硬适度的消毒毛刷（指刷），沾10％～20％肥皂水（最好用低碱或中性肥皂）刷洗，刷洗依顺序进行。第一段：自指尖起→各手指的桡侧、掌侧、尺侧、背侧→指间→手掌→手背→腕部掌面、背面、尺侧、桡侧。第二段：前臂掌面、背面、尺侧、桡侧。第三段：肘部和上臂部下段 1/3 处（一般手术）。胸腹腔手术时，第三段刷洗与以后的消毒部位都应到达肩端与腋窝处。应特别注意仔细洗刷指甲缝、指间等处。刷洗应均匀一致，动作快而有力。当刷洗至上臂部时，应注意持刷的手指勿触及衣袖。每刷洗一遍约需 3 min，共刷洗 3 遍。冲洗时要将手朝上，使水自手部流向肘部和上臂部，至少用流水将肥皂泡沫冲洗 3 遍。手及手臂的机械性刷洗通常需 5～10 min。刷洗完毕，双手向上，滴干余水，取无菌小毛巾或灭菌纱布（左、右手各用 1 块）从手开始向上顺序将肘关节以下范围的皮肤擦干后，进行化学药品浸泡消毒。

2. 手及手臂的化学药品消毒　将双手及手臂置于消毒溶液中浸泡，范围应超过肘关节，以保证化学药品均匀而有足够的时间作用于手及手臂的各部分。专用的泡手桶可节省化学药品和保证浸泡的高度。如果用普通脸盆浸泡则必须不断地用纱布块浸蘸消毒液，轻轻擦洗，使整个手臂都保持湿润。浸泡时手臂不可接触桶底、桶缘，并用纱布轻擦手、前臂、肘及肩部共 5 min。浸泡完后，临空举起手及前臂，等待干燥。

为手臂消毒的化学药品很多，兽医临诊上常用化学药液的浓度、浸泡所需时间有所不同（表 1 - 1 - 6）。

3. 手及手臂消毒注意事项

（1）刷洗时应稍用力，特别注意指甲沟、指蹼、肘后和其他皮肤皱褶处的刷洗。

（2）洗手的重点是双手，因此不论刷洗还是冲洗时，或是浸泡以后，手始终应保持向上位置，防止水从肘部以上流向前臂和手。肘部以上 10 cm 虽经刷洗及浸泡，但仍应视为不清洁区域，故刷洗后用无菌小毛巾擦干皮肤时，如触及肘部以上部分就应予更换，也不允许用

表 1 - 1 - 6　常用作手及手臂消毒的药液及浸泡所需时间

药品名称	浓度	浸泡时间（min）	浸泡前刷洗时间（min）
酒　精	70%	3	10
新洁尔灭	0.05%～0.1%	5	3
洗 必 泰	0.02%	3	3

已消毒的手抚摸另一侧肘部以上的皮肤。

（3）新洁尔灭等药品，遇碱后杀菌效果减低，因此在浸泡前，必须将肥皂冲洗干净。

（4）最好用温水清洗，使毛孔扩张，以增强刷洗的效果。

（5）浸泡后的手臂，应令其自干，不要用无菌巾擦干，特别是新洁尔灭类药物，自干后可使其在皮肤上形成一层薄膜，以增加灭菌效果。

（6）严格遵守刷洗和浸泡时间的规定，不得随意缩短。如果情况紧急，必要时用肥皂及水初步清洗手臂污垢，擦干，并用 3%～5% 碘酊充分涂布手臂，待干后，用大量酒精洗去碘酊，即可施行手术。另一类情况则是充分洗手后，再戴上灭菌的手套施术，这在较小的手术时，显得更为方便。

（7）手及手臂皮肤经消毒，细菌数目虽大幅度减少，但仍不能认为绝对无菌，在未戴灭菌手套以前，不可直接接触已灭菌的手术器械或物品。

（三）穿手术衣和戴手套

穿手术衣和戴手套，能将术者手及手臂的接触感染控制在最低限度。根据各种手术的特点，手术衣有长短袖之分。如胸、腹腔手术时，经常整个手臂进入腹腔，以短袖为好；体表手术时，以长袖手术衣为宜。手术衣一般为白色，有人主张为蓝色，因为蓝色可被患病宠物所接受。

穿无菌手术衣时，要离开其他人员和器具、物品。由器械助手打开手术衣包，术者提起衣领的两侧，抖开手术衣，在将手术衣轻抛向上的同时，顺势将两手臂迅速伸进衣袖中，并向前向上伸展，由身后巡回助手牵拉手术衣后襟；然后术者交叉两臂，提起腰部衣带，以便巡回助手在身后系紧（图 1 - 1 - 3）。

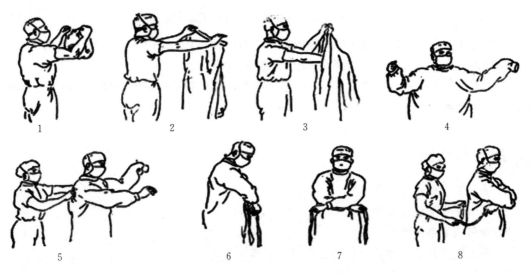

图 1 - 1 - 3　穿手术衣步骤（1～8 为穿手术衣步骤）

目前宠物外科手术并不严格要求戴无菌手套，但考虑到术者手部的皮肤不可能达到绝对无菌，所以一般都应戴乳胶手套。手术人员应按手的大小，选择尺寸合适的手套。戴手套有干戴（经高压灭菌，或由工厂生产已经消毒处理并包装好的灭菌手套）和湿戴（用化学药液浸泡消毒，如用 0.1% 新洁尔灭溶液浸泡 30 min）两种方法。戴干手套时，先穿好手术衣，后戴上手套。双手可蘸灭菌的滑石粉少许，按图 1-1-4 所示戴上手套。戴好后，将敷于手套外面的滑石粉用盐水冲净。操作时，未戴手套的手不可触及手套外面，只能提手套翻折部分的内面；已戴手套的手不可触及手套的内面。戴湿手套时，先戴手套，后穿手术衣。手套内盛些无菌水，并将双手沾湿，按图 1-1-5 所示戴好手套，并抬手使手套内积的水顺腕部流出。最后，将手术衣袖口套入手套袖口内。

 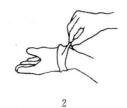  

1　　　　　　　2　　　　　　　3　　　　　　　4

图 1-1-4　戴干手套步骤（1～4 为戴干手套步骤）

1　　　　　2　　　　　3　　　　　4　　　　　5

图 1-1-5　戴湿手套步骤（1～5 为戴湿手套步骤）

手术中手套发生破裂，或接触胃肠内容物或脓液而被污染的手套，在转入无菌手术时，要重新更换灭菌手套。更换手套前，用消毒液重新洗刷手臂。

手术人员准备结束后，如手术尚不能立即开始，应将双手抬举置于胸前，并用灭菌纱布遮盖，不可垂放。

🐾 思考与练习

1. 手术室有哪些基本要求？
2. 手术室常见设备有哪些？
3. 如何消毒手术室？
4. 手术人员的手及手臂如何消毒？应注意哪些事项？
5. 如何穿手术衣和戴手术手套？

情境四　手术器械和物品的准备与消毒

一、常用手术器械的认识和使用

常用的手术器械有手术刀、手术剪、手术镊、止血钳、持针钳、缝针、创巾钳、肠钳、牵开器、有沟探针等。

1. 手术刀　手术刀主要用于切开和分离组织，有固定刀柄和活动刀柄两种。前者刀片部分与刀柄为一整体，目前已很少使用；后者由刀柄和刀片两部分构成，可以随时更换刀片。

为了适应不同部位和性质的手术，刀片有不同大小和外形，刀柄也有不同的规格，常用的刀柄规格为4、6、8号，用于安装较大刀片，这三种型号刀柄只能安装19、20、21、22、23、24号大刀片，3、5、7号刀柄用于安装10、11、12、15号小刀片。

按刀刃的形状刀片可分为圆刃手术刀、尖刃手术刀及弯形尖刃手术刀等（图1-1-6）。22号大圆刃刀适用于皮肤的切割，应用此刀可做必要长度、任何形状切开；10号及15号小圆刃刀则适用于做细小的分割；23号圆形大尖刀适用于由内部向外表的切开，亦用于做脓肿的切开；11号角形尖刃刀及12号弯形尖刃刀通常用于腱、腹膜和脓肿的切开。

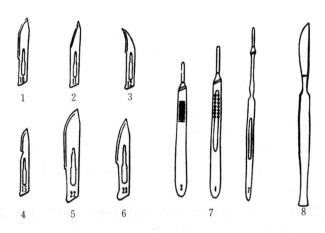

图1-1-6　不同类型的手术刀片及刀柄

1.10号小圆刃　2.11号角形尖刃　3.12号弯形尖刃　4.15号小圆刃　5.22号大圆刃

6.23号圆形大尖刃　7.刀柄　8.固定刀柄圆刃

（1）更换刀片法。更换刀片有两种方法：一种是徒手更换；另一种是器械更换。

① 徒手更换：安装新刀片时，左手持刀柄，右手抓刀片的背侧，先使刀柄顶端两侧浅槽与刀片中孔上端狭窄部分衔接，向后轻压刀片，使刀片落于刀柄前端的槽缝内。更换刀片时，与上述动作相反，右手拇指和食指捏刀片背侧，中指挑起刀片尾端，用左手拇指顶住前推，同时右手拇指和中指用力，使刀片和刀柄分离。

②器械更换：和徒手更换基本相同，不过是用止血钳或持针钳夹持刀片完成更换（图1-1-7）。注意夹持不可放松，用力不可过猛。

（2）执刀法。在手术过程中，不论选用何种大小和外形的刀片，都必须有锐利的刀刃，才能迅速而顺利地切开组织，而不引起组织过多的损伤。为此，必须十分注意保护刀刃，避

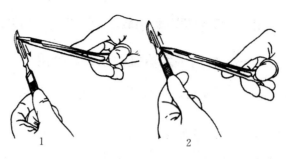

图 1-1-7　手术刀片装、取法
1. 装刀片法　2. 取刀片法

免碰撞，消毒前宜用纱布包裹。使用手术刀的关键在于稳重而精确的动作，执刀的方法必须正确，动作的力量要适当。执刀的姿势根据不同的需要有下列几种（图 1-1-8）。

图 1-1-8　执手术刀的姿势
1. 指压式　2. 执笔式　3. 全握式　4. 反挑式

① 指压式（餐刀式）：为常用的一种执刀法。以拇指与中指、无名指捏住刀柄的刻痕处，食指按在刀背缘上。用刀片之圆突部分，亦即刀片之最锐利部，用腕与手指力量切割。此法运用灵活、动作范围大、切开平稳有力，适用于较长的皮肤切口。

② 执笔式：执刀方法与执笔姿势相同，用刀尖部进行切割。动作涉及腕部，力量主要在手指，需用力小短距离精细操作，用于切割短小切口，分离血管、神经等重要的组织或器官。此法动作轻巧、精细。

③ 全握式（抓持式）：全手握持刀柄，拇指与食指紧捏刀柄之刻痕处。力量在手腕，用于切割范围广或较坚韧的组织，如切开筋膜、慢性增生组织等。

④ 反挑式（挑起式）：即刀刃向上，刀尖刺入组织后向上或由内向外挑开。此法多用于小脓肿切开，可避免损伤深部组织，也常用于腹膜切开。

根据手术种类和性质，虽有不同的执刀方式，但不论采用何种执刀方式，拇指均应放在刀柄的刻痕处，食指稍在其他指的近刀片端以稳住刀柄并控制刀片的方向和力量，握刀柄的位置高低要适当，过低会妨碍视线，影响操作，过高会控制不稳。在应用手术刀切开或分离组织时，除特殊情况外，一般要用刀刃突出的部分，避免用刀尖插入深层看不见的组织内，从而误伤重要的组织和器官。在手术操作时，要根据不同部位的解剖，适当地控制力量和深度，否则容易造成意外的组织损伤。

手术刀的使用范围，除了刀刃用于切割组织外，还可以用刀柄作组织的钝性分离，或代替骨膜分离器剥离骨膜。在手术器械数量不足的情况下，可暂代替手术剪切开腹膜、切断缝线等。

2. 手术剪 依据用途不同，手术剪可分为两种，一种是沿组织间隙分离和剪断组织的称组织剪（图1-1-9）；另一种是用于剪断缝线的剪线剪（图1-1-10）。由于二者的作用不同，所以其结构和要求标准也有所不同。组织剪的尖端较薄，剪刃要求锐利而精细。为了适应不同性质和部位的手术，组织剪分大小、长短和弯、直几种，直剪用于浅部手术操作，弯剪用于深部组织分离，后者使手和剪柄不妨碍视线，从而达到安全操作的目的。组织剪除用于剪开组织外，有时也用于分离组织扩大组织间隙，以便剪开。剪线剪头钝而直，在质量和形式上的要求不如组织剪严格，但也应足够锋利，这种剪有时也用于剪断较硬或较厚的组织。

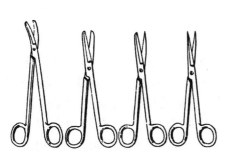

图1-1-9 手术剪（组织剪）

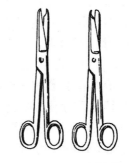

图1-1-10 剪线剪

执剪的方法是以拇指和无名指插入剪柄的两侧环内，但不宜插入过深；食指轻压在剪柄和剪刃交界的关节处，中指放在无名指一侧指环的前外方柄上，准确地控制剪的方向和剪开的长度（图1-1-11）。

在一般情况下使用剪刀刃部的远侧部分进行剪切。若遇坚韧组织，要用剪刀刃的根部剪开，以防损伤剪刀刃的前部。为了避免误伤重要组织结构，必须在清楚地看到两个尖端时再闭合剪刀。在伤口

图1-1-11 执手术剪的姿势

或胸、腹腔等深部位置剪线有可能发生误伤其他组织结构时，不得使用前端尖锐的剪刀。

3. 手术镊 用于夹持、稳定或提起组织，以便于剥离、剪开或缝合。手术镊的种类较多，名称亦不统一，有不同的长度；镊的尖端分为有齿（外科镊）及无齿（平镊），又有短型、长型、尖头与钝头之别（图1-1-12），可按需要选择。有齿镊损伤性大，用于夹持坚

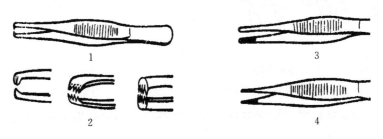

图1-1-12 手术镊（1～4为不同类别手术镊）

硬组织。无齿镊损伤小，用于夹持纤弱或脆弱的组织及器官。精细的尖头平镊对组织损伤较轻，用于血管、神经、黏膜手术或夹持嵌入组织内的异物碎片。

执镊方法是用拇指对食指和中指执拿镊子的中部（图1-1-13），左、右手均可使用。在手术过程中常用左手持镊夹住组织，右手持手术刀或剪刀进行解剖，或持针进行缝合。执夹力度应适中。

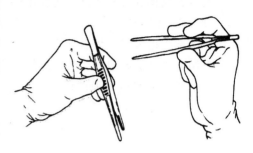

图1-1-13　执镊方法

4. 止血钳　又称血管钳，主要用于夹住出血部位的血管或出血点，以达到直接钳夹止血的目的，有时也用于分离组织、牵引缝线。止血钳一般有弯、直两类，并分大、中、小等规格（图1-1-14）。直钳用于浅表组织和皮下止血，弯钳用于深部止血。最小的一种蚊式止血钳是用于血管手术的止血钳，齿槽的齿较细，较浅，弹力较好，对组织压迫作用和对血管壁及其内膜的损伤亦较轻，又称"无损伤血管钳"。止血钳尖端带齿者，称有齿止血钳，多用于夹持较厚的坚韧组织或拟定切除的病变组织。在使用止血钳时，应尽可能少夹组织，以避免不必要的组织损伤，也不要用止血钳夹持坚硬的组织，以免损坏止血钳。任何止血钳对组织都有压迫作用，只是程度不同，所以不宜用止血钳夹持皮肤、脏器及脆弱组织。

执止血钳法与持剪法基本相同，拇指及无名指分别插入止血钳的两环内，食指放在轴上起稳定血管钳的作用。特别是用长止血钳时，可避免钳端摆动。松钳方法：用右手时，将拇指及无名指插入柄环内捏紧使扣分开，再将拇指内旋即可；用左手时，拇指及食指持一柄环，拇指向下压，中指、无名指向上顶推另一柄环，二者相对用力，即可松开（图1-1-15）。

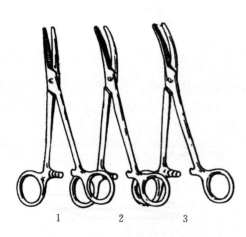

图1-1-14　各种类型止血钳
1. 直止血钳　2. 弯止血钳　3. 有齿止血钳

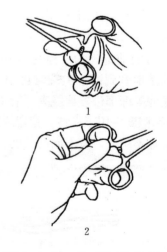

图1-1-15　右手及左手松钳法
1. 右手松钳法　2. 左手松钳法

5. 持针钳　也称持针器，用于夹持缝针缝合组织。一般分为两种，即握式持针钳和钳式持针钳（图1-1-16）。

使用持针钳夹持缝针时，缝针应夹在靠近持针钳的尖端的位置，尽量用持针钳喙部前端

1/4 部夹针，若夹在齿槽床中间，则易将针折断。一般持针钳应夹住缝针针体中、后 1/3 交界处，缝线应重叠 1/3，以便操作。持钳法有两种，一种是手掌把握持针钳的后半部分（图 1-1-17），各手指均在环外，食指放在近钳轴处。用此种握持法进行缝合时穿透组织准确有力，且不易断针，故应用较多。另一种方法同执剪法，拇指及无名指分别置于钳环内，用于缝合纤细组织或在术野狭窄的腔穴内进行的缝合。用持针钳钳夹弯针进行缝合时，缝针应垂直或接近垂直于所缝合部位组织，针尖刺入组织后，术者循针之弯度旋转腕部将针送出。拔针时也应循针的弯弧拔针。

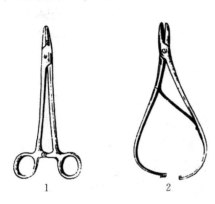

图 1-1-16 持针钳

1. 钳式持针钳 2. 握式持针钳

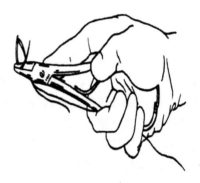

图 1-1-17 执持针钳法

6. 缝合针 简称缝针，由不锈钢丝制成，主要用于闭合组织或贯穿结扎。缝针分为两种类型，一是带线缝针或称无眼缝针：缝线已包在针尾部，针尾较细，仅单股缝线穿过组织，缝合孔道小，因此对组织损伤小，又称为无损伤缝针。这种缝针有特定包装，保证无菌，可以直接利用。多用于血管、肠管缝合。另一是有眼缝针，这种缝针能多次再利用，比带线缝针便宜。有眼缝针以针孔不同分为两种。一种为穿线孔缝针，缝线由针孔穿进；另一种为弹隙孔缝针，针孔有裂槽，缝线由裂槽压入针孔内，穿线方便，快速，因缝线挤过裂隙而磨损易断且对组织损伤较严重，目前已少用。缝针的长度和直径是缝针规格的重要部分，缝针长度需要能穿过切口两侧，缝针直径较大，对组织损伤严重（图 1-1-18）。

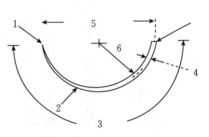

图 1-1-18 缝合针的构造

1. 针尖 2. 针体 3. 针长 4. 针直径
5. 针弦 6. 针半径

缝针尖端横断面分为圆形和三角形（图 1-1-19）。断面为圆形者称为圆针，一般用于软组织的缝合。断面为三角形者称为三棱针。三棱针有锐利的刃缘，能穿过致密组织，一般用于缝合皮肤，有时也用于缝合软骨及粗壮的韧带等坚韧组织。

根据形状缝针可分为弯针和直针两种。弯针有 1/2 弧型、3/8 弧型和半弯型（图 1-1-20）。弯针缝合较深组织，并可

图 1-1-19 缝合针尖类型

1. 圆锥形 2. 传位形 3. 翻转弯缝针

在深部腔穴内操作，应用范围较广。弯针使用时需用持针器钳住缝针。直针用于操作空间较宽阔的浅表组织缝合，应用范围不如弯针广泛，由于其使用时不需持针器，故操作较弯针简便。

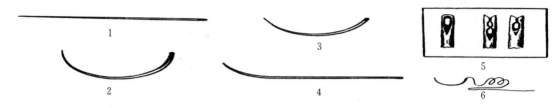

图1-1-20 缝合针的种类

1. 直针 2.1/2 弧型 3.3/8 弧型 4. 半弯型 5. 无损伤缝针 6. 有眼缝针针尾构造

7. 牵开器 又称拉钩，用于牵开术部浅在组织或器官，加强深部组织的显露，以利于手术操作。根据需要牵开器有各种不同的类型，总的可以分为手持式牵开器和固定牵开器两种。手持式牵开器（图1-1-21）由牵开片和手柄两部分组成，按手术部位和深度的需要，牵开片有不同的形状、长短和宽窄。目前使用较多的手持式牵开器，其牵开片为平滑钩状的，对组织损伤较小。手持式牵开器的优点是其可随手术操作的需要灵活地改变牵引的部位、方向和力量。缺点是手术持续时间较久时，助手容易疲劳。

固定牵开器（图1-1-22）也有不同类型，用于牵开力量大、手术人员不足或显露区不需要改变的手术。

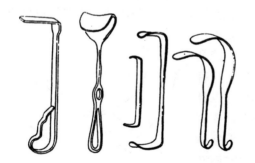

图1-1-21 不同类别的手持式牵开器

图1-1-22 固定牵开器

使用牵开器时，拉力应均匀，不能突然用力或用力过大，以免损伤组织（图1-1-23）。必要时用纱布垫将拉钩与组织隔开，以减少不必要的损伤。

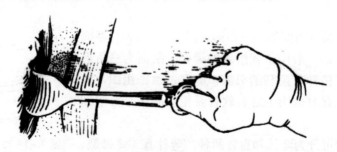

图1-1-23 牵开器的使用

8. 巾钳 又称创巾钳，其前端有两个尖锐的弓形钩齿（图 1-1-24），用以固定手术巾。巾钳的使用方法是连同手术巾一起夹住皮肤防止手术巾移动且避免手或器械与术部以外的被毛接触。

9. 肠钳 用于肠管手术，以阻止肠内容物的移动、溢出或肠壁出血。肠钳结构上的特点是齿槽薄、弹性好、对组织损伤小，使用时需外套乳胶管，以减少对组织的损伤（图 1-1-25）。

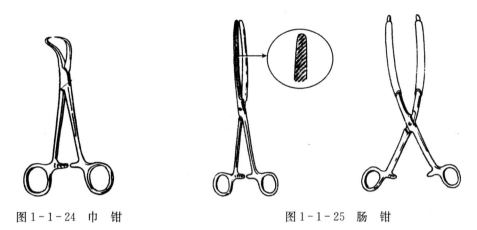

图 1-1-24 巾 钳　　　　　　　　图 1-1-25 肠 钳

10. 探针 分为普通探针和有沟探针两种（图 1-1-26），用于探查窦道，借以引导进行窦道及瘘管的切除或切开。在腹腔手术中，常用有沟探针引导切开腹膜。

图 1-1-26 探针（1~3 为不同类别的探针）

二、手术器械的传递和保养

在施行手术时，所需要的器械较多，为了在手术操作过程中避免刀、剪、缝针等器械误伤手术人员和节省手术时间，手术器械须按一定的方法传递。器械的整理和传递是由器械助手负责，器械助手在手术前应将所用的器械分门别类依次放在器械台的一定位置上，传递时器械助手须将器械之握持部递交在术者或第一助手的手掌中，例如传递手术刀时，器械助手应握住刀柄与刀片衔接处的背部，将刀柄端送至术者手中，切不可将刀刃传递给术者，以免刺伤。传递剪刀、止血钳、手术镊、肠钳、持针钳等时，器械助手应握住钳、剪的中部，将柄端递给术者。在传递直针时，应先穿好缝线，拿住缝针前部递给术者，术者取针时应握住针尾部（图 1-1-27）。

爱护手术器械是外科工作者必备的素养之一，为此，除了正确而合理的使用外，还必须十分注意爱护和保养，器械保养方法如下：

（1）利刃和精密器械要与普通器械分开存放，以免相互碰撞而损坏。

（2）使用和洗刷器械不可用力过猛或投掷。在洗刷止血钳时要特别注意洗净齿床内的凝

图 1-1-27　手术器械的传递

1. 手术刀的传递　2. 持针钳的传递　3. 直针的传递

血块和组织碎片，不允许用止血钳夹持坚硬、厚重物品，更不允许用止血钳夹碘酊棉球等消毒药棉。刀、剪、注射针头等应专物专用，以免影响其锐利程度。

（3）手术后要及时将所用器械用清水洗净，擦干涂油并保存，不常用或库存器械要放在干燥处，放干燥剂，定期检查并涂油。橡胶制品应晾干，敷以适量滑石粉，妥善保存。

（4）金属器械在非紧急情况下，禁止用火焰灭菌。

三、手术器械及物品的准备与消毒

手术器械和物品种类繁多，性质各异，有金属制品、玻璃或搪瓷制品，以及棉花织物、塑料、尼龙、橡胶制品等。而灭菌和消毒的方法也很多，且各种方法都各有其特点。所以在施术时可根据消毒的对象、器械和物品的种类及用途来选用。

1. 手术器械的准备与消毒　手术时所使用的手术器械（主要指常规金属手术器械）都应该清洁，不得沾有污物或灰尘等。首先所准备的器械要有足够的数量，以满足整个手术过程的需要。还要注意每件器械的性能，以保障正常的使用。不常用的器械或新启用的器械，要用温热的清洁剂溶液除去其表面的保护性油类或其他保护剂，然后用大量清水冲去残存的洗涤清洁剂后消毒备用。为了使手术刀片保持应有的锋利度，最好用小纱布包好，用化学药液浸泡法消毒（不宜高压灭菌）。对有弹性锁扣的止血钳和持针器等，要将锁扣松开，以免影响弹性。注射针头或缝针等小物品，最好放在一定的小容器内或整齐有序地插在纱布块上，防止散落而造成使用上的不便。每次所用的手术器械，可包在一个较大的布质包单内，这样便于灭菌和使用。

手术器械最常用的灭菌方法是高压蒸汽灭菌法和化学药物浸泡消毒法。若无上述条件时，也可以采用煮沸法灭菌。

2. 玻璃、瓷和搪瓷类器皿的准备与灭菌　所有这些用品都应充分清洗干净，易损易碎者要用纱布适当包裹。若体积较小，可以考虑采用高压蒸汽灭菌法、煮沸法或是化学消毒药物浸泡法（玻璃器皿切勿骤冷骤热，以免破损）。大件的器物如大方盘、搪瓷盆等，可以考虑使用酒精火焰灼烧灭菌法。注意酒精的量要适当，太少时不能充分燃烧，达不到消毒目的，太多则燃烧过久，会造成搪瓷的崩裂。关于注射器的灭菌，现已普遍使用一次性注射器，使用甚为方便，并达到了灭菌的要求。如果需要消毒玻璃注射器，应事先将注射器洗刷干净，把内栓和外管按标码用纱布包好，再将针头别在纱布外表处，临床上多用高压蒸汽灭菌法，没有条件时也可采用煮沸灭菌法。

3. 橡胶、尼龙和塑料类用品的准备与消毒　临床常用的各种插管和导管、手套、橡胶布、围裙及各种塑料制品，有些不耐高压，有些更不能耐受高热（高热会使其熔化变形而损坏），这些用品都应在消毒前清刷干净，并用净水充分漂洗后备用。橡胶制品可以选用高压灭菌（但此法很易使橡胶老化发黏失去弹性）或煮沸灭菌，也可以采用化学药液浸泡消毒法来消毒。在消毒灭菌时，应该用纱布将物品包好，防止橡胶制品直接接触金属容器而造成局部损坏，有些专用的插管和导管等，也可以在小的密闭容器内（如干燥器）用甲醛熏蒸法来消毒。目前这类用品很多都是一次性使用者，这就减少消毒工作中的许多繁琐环节，但其经济代价较高，提高了医疗费用。有些医疗单位有使用环氧乙烷气体灭菌装置的条件，可使很多手术用品的消毒灭菌变得既方便又简单。

4. 敷料、手术创巾、手术衣帽和口罩等物品的准备与灭菌 目前一次性使用的止血纱布、手术创巾、手术衣帽及口罩等均已问世。多次重复使用的这类用品都用纯棉材料制成，临床使用之后可以回收，回收的上述用品均需经过洗涤处理，不得黏附有被毛或其他污物，然后按不同规格分类整理、折叠，再经灭菌后应用。

（1）棉球。把脱脂棉展开，将其撕成 3～4 cm 的小块，逐个塞入拳内压紧或团揉成球后，放入广口瓶或搪瓷缸内，倒入 2%～5% 碘酊或 75% 酒精，即分别成为碘酊棉球和酒精棉球。

（2）止血纱布。由医用脱脂纱布制成，止血纱布的大小依使用的方便而定，没有特殊的规定，制作者可以自行决定（大的 40 cm×40 cm，小的 15 cm×20 cm）。先将纱布裁制成大小不同的方形纱布块，然后以对折方法折叠，到将剪断缘的毛边完全折在内部为止。再将若干块这种止血纱布用纯棉的小方巾包成小包，这样便于灭菌，使用上也方便。

（3）手术巾（创巾）。即用白色或淡蓝色的布制成的大于手术区域的布块，中间开有适当长度的窗洞，主要用于隔离术野。

（4）手术衣帽和口罩。手术衣应事先洗净晒干叠好，并将其与口罩和手术帽一并用消毒巾包起来，放入高压灭菌器内灭菌 30 min。

这些用品一般采用高压蒸汽灭菌。在没有高压灭菌器的时候，也可以使用普通的蒸锅，这种容器不能密闭，压力较低，内部温度也难以提高，温度的渗透力又较差，所以消毒所需的时间应适当延长，可以从水沸腾后并发出大量蒸气时计算，经 1～2 h。消毒的物品用布单包好，小而零散的则可装入贮槽（用金属材料制成的特殊容器）。灭菌前，将贮槽的底窗和侧窗完全打开。在灭菌后从高压锅内取出时，立刻将底窗和侧窗关闭。贮槽在封闭的情况下，可以保证 1 周内是无菌的。如果超过 1 周，则应考虑再次重新高压灭菌。如无贮槽可将敷料分别装入小布袋内灭菌。

四、手术器械和物品使用前的准备与用后处理

1. 使用前准备

（1）器械、物品应有数量清单，按清单准备好，先刷洗干净，进行消毒或灭菌。

（2）器械方盘、器械和物品经不同方法消毒灭菌后，在严格的无菌操作下，先在器械台或器械方盘上铺好两层灭菌白布单，再放上灭菌的器械和物品包，由器械助手按器械、敷料类分别排列待用。

2. 使用后处理

（1）手术结束后，对器械、敷料应清点，如有缺少应查明原因，特别是胸、腹腔手术，

要防止器械、敷料误遗体内。

（2）金属器械用后应及时刷洗血凝块，特别注意止血钳、手术剪的活动轴及其齿槽。用指刷在凉水内刷洗干净，然后把器械放在干燥箱内烘干；或经煮沸后，立即用干纱布擦干，保存待用。若为不常用器械，应涂油保管。

（3）被血液浸污的敷料，应放入 0.5% 氨水内浸洗，或直接用肥皂在凉水内洗净。经灭菌后，仍可做手术用。

（4）被碘酊沾染的敷料，可放入沸水中煮或放到 2% 硫代硫酸钠溶液中浸泡 1 h，脱碘后洗净。

（5）金属器械、玻璃和搪瓷类器皿、橡胶类物品和手术巾等，如接触过脓液或胃肠内容物，必须在用后置入 2% 来苏儿中浸泡 1 h，进行初步消毒，然后用清水洗刷，再煮沸 15 min，晾干或擦干后保存。如果接触过破伤风或气性坏疽病例的，则应置入 2% 来苏儿中浸泡数小时，然后洗刷并煮沸 1 h，擦干或晾干后保存。凡接触过脓液或带芽孢细菌的敷料应予以焚毁。

五、激光和高频电刀的使用方法

随着激光医学的发展，现已用激光光刀做各种手术。激光刀有二氧化碳激光光刀、掺钕钇铝石榴石（YAG）及氩离子激光光刀等，现简介如下：

（一）激光手术刀的应用原理

激光手术刀是激光束经聚焦后形成的极小光点，其借助于能量的高度集中，可用于切割组织。目前常用的二氧化碳连续波激光器，不仅能切开皮肤、脂肪、肌肉、筋膜、软骨，还能切割骨组织。实验证明，厚 0.5～1 cm、宽 1.5～2 cm 的肋骨，20 s 即可切断。激光光点处巨大的能量和很高的温度不仅能切开组织，而且能封闭凝结切口的小血管，使手术视野清楚、干净，组织的切缘锐利平整，对周围的组织破坏很少。切缘的表面形成一层微薄的黄白色膜，颜色新鲜。尽管激光器产生功率密度很高，但由于光点极小，且作用的时间不长，受热皮肤会迅速冷却。

激光手术刀切割组织的深度和宽度与激光器输出功率的大小、波长及光束移动的快慢有关。根据组织切片研究，二氧化碳激光手术刀，在正确掌握焦点距离的情况下，切缘只产生 50～100 μm 的破坏，相当于 5～10 个细胞；若切口周围适当加以保护，例如局部注以浸润麻醉剂并用浸湿生理盐水的纱布覆盖切口两旁，则只有 1～5 个细胞被破坏。局部增加间质水分，能保护健康组织。

由于激光刀不直接接触手术部位，因此可减少术部的污染和震动（头骨）。出血少，减少结扎止血的线头和继发感染。其切口愈合时间比一般手术刀切口略长，术后创面在 10～12 d 形成上皮，疤痕平整而小。

（二）激光手术刀的结构

1. 激光刀的形式　目前使用的激光刀有卧式和立式两种。卧式是把激光管水平放置，立式是把激光管垂直放置，再由导光关节臂来控制光束方向。导光关节臂越长，有效通光口径越大时，要求导光关节臂的加工和调整精度也要相应提高。下面介绍一种常用的卧式结构激光手术刀，假设激光管和电长度为 1.5 m，则输出功率为 75 W。

导光关节臂有两种类型：

（1）固定转动式关节。其结构形式如图1-1-28所示，制作较为方便。

（2）张角式关节。它类似雨伞的张角原理，当入射光的夹角任意改变时，反射光也随之改变（图1-1-29）。保持入射角始终等于反射角，这样使用较前者灵活。

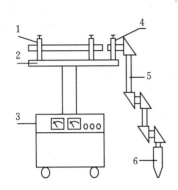 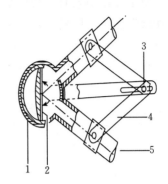

图1-1-28 卧式二氧化碳激光手术刀示意
1. 激光管固定圈 2. 激光管平架 3. 电源机箱
4. 导光关节支架 5. 关节臂 6. 刀头

图1-1-29 张角式关节示意
1. 可活动部分 2. 反射镜 3. 活动
关节 4. 伞把活动关节 5. 激光中心

2. 刀头 刀头包括激光束的聚焦镜和安装聚焦镜的镜筒。聚焦镜是刀头的关键，因为功率密度的大小与光斑直径（d）有直接关系，当输出功率一定时，光斑直径越小，功率密度就越大，因此聚焦镜很重要。通常对聚焦镜的要求是：①焦距（f）要小一些（因为$d = f \cdot \theta$，当f小时d也小）。②工作距离（即聚焦镜到切割目的物的距离）要求长一些，态度短时操作不方便。③聚焦镜直径要小些，这样可使刀头细，切割锐利。④焦深要大些，实际使用时焦距不可能掌握很准，因此焦深太小往往难以得到较小的斑点。⑤像差要小。

（三）激光手术刀应用中注意的事项

（1）二氧化碳激光手术器导光系统的关节臂像外科医生手中的手术刀柄一样，沿着预定的切割部位移动，光束就会切开组织。只要正常掌握焦点和适当的移动速度，切开皮肤和黏膜均很顺利，在激光束之外的地方，不会引起任何破坏。但不正确掌握焦距，离开焦点的切割则可引起组织烧伤或炭化，影响切口愈合。

（2）由于激光聚焦后的光点温度很高，组织吸收激光后将发生热效应，所以使用激光手术刀施术时忌用易燃易爆的挥发性麻醉剂，以防燃烧和爆炸事故。

（3）激光束聚焦后的光点是很锋利的"刀刃"，但激光束毕竟还是一种光，当创面或器官表面如遇出血或附着黏液时，就会阻碍激光的进一步照射。另外，聚焦镜若被易烧灼的组织黏附，同样会影响"刀刃"的锋利。

（4）应用激光手术施术时，切口周围应用生理盐水纱布或棉片加以保护，因为白色物不易吸收激光，水分又可以有效地散热，这种措施既简单易行，又有利于提高手术效果。

（5）由于激光最易伤害眼睛，所以施术人员应戴上带有边罩的防护眼镜，手术室内应有足够的照明设备，以防施术人员瞳孔散大而受到激光刺激。手术室的四壁或工作台等应具有较粗糙的表面和较深的颜色，以减少反射或散射激光的能力，增强激光的吸收。

（四）高频电刀的使用方法

高频电刀能够切割组织和凝固小血管，其通过高频电的热作用切割组织并产生微凝固组织蛋白作用。

（1）电极选择。切割组织选择针电极。凝血作用选择小球形电极。

（2）仪器必须有良好的接地装置。

（3）切割组织。应用针电极，在切割点上几毫米，由电火花达到组织，保持垂直于组织。一个组织面在切割时一次性通过，避免多次重复切割。高频电刀只能用于切割浅表组织，不能做深层组织切割，因为深层组织切割时，电极易造成周围组织损伤。皮肤、筋膜应用高频电极切割时比较容易，而脂肪组织、皮下组织最好选择手术刀分离。肌肉组织切割避免应用低频电流，因为切割时容易产生肌肉收缩的现象，出现不规则的切口。

（4）凝固血管。应用小球形电极，直接触及小血管断端或直接触及钳夹的血管断端。大于 1 mm 的血管应该结扎，电凝效果不佳。

（5）高频电刀在操作时，要使电极接触组织面积最小，触及组织后，立即离开。延长凝固时间会增大组织破坏直径，增加术后感染的机会。操作时，必须做好对周围组织的保护措施，减少周围组织损伤。血液和等渗电解质溶液能传播电极的输出，组织面不需要干燥，而需要适宜的湿度，应该使用湿润海绵保持创面的温度。

🐾 思考与练习

1. 外科手术中常用哪些器械？分别有哪些规格？如何使用？
2. 手术器械的使用和保养应注意哪些问题？
3. 手术器械和物品如何消毒？
4. 常用手术器械和物品使用后如何处理？
5. 如何使用激光手术刀和高频电刀？

情境五　施术宠物的准备与术部处理

一、施术宠物的准备

患病宠物术前准备工作的任务，是尽可能使手术宠物处于正常生理状态，使其各项生理指标接近于正常，从而提高宠物对手术的耐受力。因此可以认为，术前准备得如何，直接或间接影响手术的效果和并发症的发生率。

手术前准备的时间视疾病情况而分为紧急手术、择期手术和限期手术。紧急手术如大创伤、大出血、胃肠穿孔和肠胃阻塞等的手术前准备要求迅速和及时，绝不能因为准备而延误手术时机。择期手术是指手术时间的早与晚可以选择，又不致影响治疗效果，如十二指肠溃疡的切除手术和慢性食滞的胃切开手术等，有充分时间做准备。限期手术如恶性肿瘤的摘除，当确诊之后应积极做好术前准备，又不得拖延。

1. 术前对患病宠物的检查　术前对患病宠物进行全面检查，可提供诊断资料，并能决定是否可以施行手术，如何进行手术，保定和麻醉方法并做出预后判定等。

对器官的功能不全，术前应做出预测和准备。如肺部疾病，要做特殊的肺部检查，因为麻醉、手术和宠物的体位变化均能影响肺的通气量，如果肺通气量减少到 85% 以下者，并发感染增加，宜早些采取措施；肝功能不良的患病宠物应检查肝功能，评价其对手术的耐受力；肾功能不全直接影响体内代谢产物的排泄，而且肾是调节水、电解质和维持酸碱平衡的重要器官，若发现异常，在术前要进行纠正，补充血容量。此外，在术前和术后要避免应用对肾有明显损害的药物，如卡那霉素、多黏菌素、磺胺类药物等。有些对肾血管产生强烈收缩的药物，如去甲肾上腺素等也应避免使用。

2. 术前给药 根据病情及手术的种类决定术前是否采取治疗措施。术前给予抗菌药物预防手术创口感染；给予止血剂以防手术中出血过多；给予强心补液药物以加强机体抵抗力。当创伤严重污染或创腔狭长时，为预防破伤风，在非紧急手术之前 2 周给施术宠物注射破伤风类毒素，在紧急手术时可注射破伤风抗毒素。

3. 禁食 有许多手术要求术前禁食，如开腹术，充满腹腔的肠管形成机械障碍，会影响手术操作。另外饱腹会增加宠物麻醉后的呕吐机会。禁食时间不是一成不变的，要根据宠物患病的性质和宠物身体状况而定。宠物消化管比较短，禁食一般不要超过 12 h，过长的禁食是不适宜的。禁食期间一般不禁止饮水。临床上有时为了缩短禁食时间而采用缓泻剂，应注意激烈的泻剂会造成宠物脱水。

4. 营养 宠物在手术之前，由于慢性病或禁食时间过长、大创伤、大出血等造成营养低下或水和电解质失衡，从而增加手术的危险性和术后并发症。蛋白质是宠物生长和组织修复不可缺少的物质，是维持代谢功能和血浆渗透压的重要因素。如果出现严重的蛋白缺乏现象，应给予紧急补充，以维持氮平衡状态。同时也要注意糖类、维生素的补充。

5. 宠物体准备 宠物术前可施行全身洗浴，以清除体表污物，然后向被毛喷洒 1% 煤酚皂溶液或 0.1% 新洁尔灭溶液。在宠物的腹部、后躯、肛门或会阴部手术时，术前应包扎尾绷带。会阴部的手术，术前应灌肠导尿，以免术中宠物排粪尿，污染术部。

6. 保持安静 为了使患病宠物平稳地进入麻醉状态，术前要减少宠物的紧张与恐惧。环境变化对犬、猫的影响较大，长时间运输的患病宠物，应留出松弛时间（急腹症的除外）。尽量减少麻醉和手术给宠物造成的应激、代谢紊乱及水和电解质平衡失调，要注意术前补液，特别是休克患病宠物，但大剂量输液，会使心血管负担增加，血管扩张，对宠物机体也十分不利。

二、术部常规处理

术部常规处理分为三个步骤，即术部除毛、术部消毒和术部隔离。

1. 术部除毛 宠物的被毛浓密，容易沾染污物，并藏有大量的微生物。因此手术前必须先用剪毛剪逆毛流依次剪除术部的被毛，并用温肥皂水反复擦洗，去除油脂。再用剃刀顺着毛流方向剃毛。除毛的范围一般为手术区的 2～3 倍。剃完毛后，用肥皂反复擦刷并用清水冲净，最后用灭菌纱布拭干。对于剃毛困难的部位，可使用脱毛剂（6%～8% 硫化钠水溶液，为减少其刺激性可在每 100 mL 溶液中加入甘油 10 g）涂于术部，待被毛呈糊状时（10 min左右），用纱布轻轻擦去，再用清水洗净即可。为了减少对术部皮肤的刺激，术部除毛最好在手术前夕进行。

2. 术部消毒 术部除毛并清洗后，通常由助手在手、臂消毒后尚未穿戴手术衣和手套前进行术部消毒。助手用镊子夹取纱布球或棉球蘸化学消毒溶液涂擦手术区，消毒的范围要相当于剃毛区。一般无菌手术，应先由拟定手术区中心部向四周涂擦；如是已感染的创口，则应由较清洁处向患处涂擦（图1-1-30）。

术部的皮肤消毒，最常用的药物是5％碘酊和70％酒精。碘酊涂擦2遍，待完全干后，再以70％酒精擦2遍去碘，以免碘沾及手和器械，带入创内造成不必要的刺激。也可用1％碘伏涂擦1遍。对口腔、鼻腔、阴道、肛门等处黏膜的消毒不可使用碘酊，可用刺激性较小的0.05％～0.1％新洁尔灭、0.1％利凡诺等溶液，涂擦2～3遍。重复涂擦

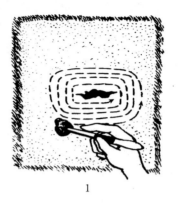

图1-1-30 术部皮肤消毒
1. 感染创口的皮肤消毒 2. 清洁手术的皮肤消毒

时，必须待前次药品干后再涂。消毒时，注意手不要触及宠物皮肤。眼结膜多用2％～4％硼酸溶液消毒；四肢末端手术用2％煤酚皂溶液脚浴消毒。

3. 术部隔离　采用大块有孔手术巾覆盖于手术区，仅在中间露出切口部位，使术部与周围完全隔离。也可用四块小手术巾依次围在切口周围，只露出切口部位的方法隔离术部。手术区一般应铺盖两层手术巾，其他部位至少有一层大无菌手术巾。手术巾一般用巾钳固定在宠物体上，也可用数针缝合代替巾钳。手术巾要有足够的大小遮蔽非手术区。在铺手术巾前，应先认定部位，一经放下，不要移动，如需移动只许自手术区向区外移动，不宜向手术区内移动。第一层铺毕，助手应将双手臂浸入消毒液中再泡2～3 min，然后穿手术衣及戴手套，再铺盖第二层手术巾。

思考与练习

1. 宠物手术前应做哪些准备工作？
2. 阐述宠物术部除毛和消毒的方法。
3. 如何隔离术部？

情境六　术后护理

术前准备、手术治疗和术后护理是手术治疗的三个环节，缺一不可。俗话说"三分治疗、七分护理"，这也表明了术后护理的重要性。对于这一点，不仅医护人员应有明确的认识，而且饲养人员也应有正确的理解。否则一时一事的疏忽都可造成严重的后果和不应有的损失。

（一）术后一般护理

1. 搬运手术宠物　手术后搬运宠物回病房时动作要轻、要稳，避免引起血压突变、伤口疼痛、手术部位出血、输液管及引流管脱落等。安置宠物要采取合适的体位，保护手术伤

口，以免其受进一步的伤害。

2. 麻醉苏醒 全身麻醉的宠物，手术后宜尽快苏醒，过多拖长时间，可能会引发某些并发症，例如由于体位的变化，影响呼吸和循环等。在全身麻醉未苏醒之前，设专人看管，苏醒后辅助站立，避免撞碰和摔伤。在吞咽功能未完全恢复之前，绝对禁止饮水、喂饲，以防止误咽。

3. 保温 全身麻醉后的宠物体温降低，应注意保温，防止感冒和其他并发症。

4. 监护 术后 24 h 内严密观察宠物的体温、呼吸、脉搏和血压的变化，一般每 2 h 测量并记录一次，若发现异常，要尽快找出原因。对较大的手术也要注意评价患病宠物的水和电解质变化，若有失调，应及时给予纠正。

观察记录尿液的颜色和量，必要时记录 24 h 液体排出量。

5. 处理术后常见不适

（1）切口疼痛。一般麻醉作用消失后 24 h 内最明显，2～3 d 逐渐减轻。宠物烦躁不安，号叫，到处碰撞。宠物医生需正确评估宠物的疼痛程度，一般情况下宠物是可以耐受的，必要时采取缓解疼痛的措施，如注射止痛针。

（2）发热。发热是手术后常见症状，是动物对手术创伤做出的炎症性反应，一般不需特殊处理，术后 1～2 d 可逐渐恢复正常。

（3）恶心、呕吐。术后恶心呕吐是麻醉恢复过程中的一种反应，可自行消失。如恶心呕吐持续不止或反复发生，则应根据动物病情，进行综合分析处理。

（4）腹胀。由于术后胃肠道蠕动抑制，一般会出现腹胀，2～3 d 没有大便。2～3 d 后胃肠道蠕动逐渐恢复，腹胀可自行消失，一般不需做特殊处理。

（5）尿潴留。术后出现尿潴留，可通过按压动物盆腔，帮助其排尿。如果仍然无效，可以插入导尿管进行导尿。如果膀胱持续处于空虚状态，则要怀疑是否有肾功能衰竭的发生。

6. 安静和活动 术后要保持安静。能活动的患病宠物，2～3 d 后就可以户外活动，开始活动时间宜短，而后逐步增多，借以改善血液循环，促进功能恢复，并可促进代谢，增加食欲。虚弱的患病宠物不得过早、过量运动，以免出现术后出血、缝线断裂等情况，这样反而影响伤口的愈合。重症起立困难的宠物应多加垫草，帮助翻身，每日 2～4 次，防止造成褥疮。对于四肢骨折、腱和韧带损伤的手术，开始宜限制手术动物活动，以后要根据情况适度增加练习。犬和猫的关节手术，在术后一定时期内要进行强制人工被动关节活动。

（二）术后主要并发症的预防与控制

1. 切口裂开 切口裂开主要发生于腹部及面部的手术切口，如眼睑内翻矫正术。切口裂开的时间大多数在术后 1 周左右。有的是因为动物年老体弱、贫血等因素导致愈合不良；有的是软组织愈合不够，在拆线过程中，人为撕裂；有的是切口局部张力过大，切口的血肿和化脓感染。

需要纠正动物的营养状况，老年动物切口采用减张缝合法，术后腹部用腹绷带适当包扎等，可减少切口裂开的机会。如切口已裂开，无论是完全性还是部分性，只要没有感染，均应立即手术，进行减张缝合。

2. 术后出血 手术后出血可发生于术后 24 h 内（称为原发性出血）和术后 7～10 d（称为继发性出血）。术中止血不彻底、不完善，如结扎血管的缝线松脱或小血管断端的痉挛及血凝块的覆盖使创面的出血暂时停止而使部分出血点被遗漏，是原发性出血的主要原因。由于后期术部感染和消化液外渗等因素，使部分血管壁坏死、破裂，可导致术后的继发性出血。

手术止血要彻底，术毕用生理盐水冲洗创面，消除凝血块之后，再仔细结扎每个出血点，较大的血管出血应缝合结扎或双重结扎。术后积极预防感染，减少继发性出血的发生。

一旦发生术后出血，应立即输血，同时做好再次手术的准备，如保守措施无效，应尽早手术探查并止血。再次止血后仍应严密观察，防止再次出血。

3. 术后感染　手术创的感染决定于无菌技术的执行和患病宠物对感染的抵抗能力。而术后的护理不当也是继发感染的重要原因，为此要保持病房干燥清洁，以减少继发感染。对蚊蝇滋生季节和多发地区，要杀蝇灭蚊。对大面积或深创要预防破伤风。防止宠物自伤咬啃、舔、摩擦，采用颈环、颈帘、侧杆等保定方法施行保护。

抗生素和磺胺类药物，对预防和控制术后感染，提高手术的治愈率，有良好效果。在大多数手术病例中，污染多发生在手术期间，所以在手术结束后，全身应用抗生素不能产生预防作用。因为感染早已开始，而真正的预防用药应在手术之前给药，使在手术时血液中含有足够量的抗生素在血液循环之中，并可保持一段时间。抗生素的治疗，首先对病原菌进行了解，在没有作药物敏感试验的条件下，使用广谱抗生素是合理的。抗生素绝不可滥用，对严格执行无菌操作的手术，不一定使用抗生素。这可以减少浪费，还可避免周围环境中抗菌性菌株增加。

（三）术后饲养管理

手术后的宠物要求适量的营养，所以不论在术前或术后都应注意食物的摄取。而在实际情况中，食物的摄取量在患病期间往往是减少的。当损伤、感染、应激和疼痛时宠物对营养的需求将会增加。

蛋白质是宠物组织损伤修补、免疫球蛋白产生和酶的合成来源，蛋白质供应不足，会削弱免疫功能，使创口愈合减慢，肌肉张力减少，所以说蛋白质是临床重要营养物质。蛋白质来源于肉类、鱼类、蛋类、乳制品和豆类植物。

维生素和矿物质对患病宠物机体的调整是不可缺少的。而宠物所需要的维生素大部分从饲料中获得。因此，在术后应给患畜多补充维生素和矿物质或在饲料中添加维生素和矿物质。

宠物的消化道手术，一般在 24～48 h 禁食后。在食欲逐渐恢复后喂给适口性好的易消化的食物，以后再逐步转变为日常饲喂。对非消化道手术，术后食欲良好者，一般不限制喂饮，但一定要防止暴饮暴食，应根据病情逐步恢复到日常饲喂量。

🐾 **思考与练习**

1. 宠物术后的一般护理措施有哪些？
2. 如何预防和控制术后感染？
3. 阐述手术后的宠物饲养管理要点。

模 块 二　手术基本操作

情境一　麻　醉

麻醉是宠物施行外科手术或对宠物实施诊断、探查时，利用化学药物或其他手段，使宠物的知觉、意识或局部痛觉暂时迟钝或消失，以便顺利进行操作的方法。麻醉的主要目的是安全有效地消除手术宠物的疼痛感觉，防止剧烈疼痛引起休克甚至死亡；避免人和宠物发生意外损伤；保持宠物安静，有利于安全和细致地进行手术；减少宠物骚动，便于无菌操作。

麻醉方法种类繁多，如药物麻醉、电针麻醉、激光麻醉等，目前以药物麻醉应用最多。根据麻醉剂对宠物体的作用范围不同，可分为局部麻醉和全身麻醉。选择麻醉方法时，应充分考虑麻醉的安全性、宠物的种类、神经类型及手术繁简等因素。宠物相对于其他动物比较敏感，多采用全身麻醉，但手术简单时也可用局部麻醉。

近年来，由于麻醉方法的发展，有人提出所谓"安定无痛"和"分离麻醉"等新麻醉方法。前者是把安定药和镇痛药配合应用达到麻醉目的，其特点是对大脑皮层抑制较轻微，毒性小而安全，对心血管系统影响也较小，临床上应用的如镇痛药埃托啡和安定药乙酰普马嗪配合组成的保定灵。分离麻醉不同于传统的全身麻醉剂，它既不对整个神经系统发生明显抑制，也不作用于网状结构，而是阻断大脑联络径路和丘脑向新皮层的投射，仅短暂和轻微的抑制网状激活系统、边缘系统，所以一些保护性反应依然存在，麻醉的安全度也较高，临床上常用的氯胺酮即典型的分离麻醉剂。

一、麻醉前用药

麻醉前用药是指用麻醉药物之前给动物某种药物的总称。其目的在于消除动物的恐惧与不安，减少唾液分泌和胃肠蠕动，防止呕吐，提高痛阈值，有助于诱导和维持麻醉，减少麻醉用药量和改善全身麻醉反应等。

1. 麻醉前用药的选择　应根据动物品种、年龄、性别、体况及麻醉方法等合理选择麻醉前用药。尽管犬、猫术前表现不同程度的恐惧不安、兴奋和骚动等，也不能将各类药物同时联合应用，因过度镇静镇痛不但不合理，而且会有危险。尤其当存在各种疾病时，更应视病情采用不同药物组合给药。

疼痛明显的动物，麻醉前应给镇痛安定药；如表现呼吸系统症状者，应使用抗胆碱药，以减少呼吸道分泌物，慎用镇痛药，因这类药物对呼吸的抑制作用大于安定药；动物发热、患心脏病、心率超过 140 次/min，不宜应用阿托品；多种麻醉药物如鸦片类、氟烷等均可引起心动过缓和房室阻滞，故阿托品剂量应增大，或在术中追加；老龄、瘦弱及怀孕动物慎用吗啡等麻醉性镇痛药，一般应减少药物用量。

2. 麻醉前常用药物

（1）抗胆碱药。抗胆碱药能减少呼吸道黏膜和唾液腺的分泌，便于保持呼吸道通畅；扩张支气管，增强呼吸功能；增加心率，抑制迷走神经反射活动。这类药物在麻醉前 15～30 min 给药。常用药物有阿托品、东莨菪碱和胃长宁等。

（2）镇痛药。主要作用是镇痛，能明显减少诱导和维持麻醉药物的用量。尤其是与小剂量的安定药合用时，可减少全身麻醉药用量的 50％～60％。常用药物有哌替啶、氧吗啡酮和芬太尼等。

（3）安定药。酚噻嗪类安定药有镇静、催眠、抗惊厥和肌肉松弛作用，便于犬、猫的捕捉和保定，减少诱导和维持麻醉药物的用量。另外还有抗麻醉和交感神经刺激所引起的心律失常、抗组织液和抗吐作用。常用药物有乙酰丙嗪、丙嗪、氯丙嗪、三氯丙嗪、异丙嗪、安定、氟哌啶和龙朋等。

（4）安定镇痛药。安定药和麻醉性镇痛药组合应用，使中枢神经系统呈抑制和镇痛状态，称安定镇痛术。其具有用药量少、毒性小、镇静镇痛效果好、对心血管抑制轻微等优点，但对呼吸有明显抑制作用，故用药时，必须注意呼吸、潮气量和可视黏膜等的变化。

二、全身麻醉

全身麻醉是指利用某些药物对宠物中枢神经系统产生广泛的抑制作用，从而暂时地使机体的意识、感觉、反射和肌肉张力部分或全部丧失，但仍保持生命中枢功能的一种麻醉方法。临床上，为增强麻醉药的作用，减少毒性与副作用，扩大麻醉药的安全范围，常采用复合麻醉方法。

全身麻醉时，仅用一种麻醉剂施行麻醉，称为单纯麻醉；为了增强麻醉药的作用，减低其毒性和副作用，扩大麻醉药的应用范围而选用几种麻醉药联合使用的则称为复合麻醉。在复合麻醉中，如果同时注入两种或数种麻醉剂的混合物以达到麻醉的方法，称为混合麻醉（如水合氯醛-硫酸镁、水合氯醛-酒精等）；在采用全身麻醉的同时配合应用局部麻醉，称为配合麻醉法；间隔一定时间，先后应用两种或两种以上麻醉剂的麻醉方法，称为合并麻醉。在进行合并麻醉时，先用一种中枢神经抑制药达到浅麻醉，再用另一种麻醉剂以维持麻醉深度，前者即称为基础麻醉。如为了减少水合氯醛的有害作用并增强其麻醉强度，可在注入之前先用氯丙嗪做基础麻醉，其后注入水合氯醛作为维持麻醉或强化麻醉以达到所需麻醉的深度。

根据麻醉强度，又可将全身麻醉分为浅麻醉和深麻醉。前者是给予较少量的麻醉剂使宠物处于欲睡状态，使其反射活动降低或部分消失，肌肉轻微松弛；后者使宠物出现反射消失和肌肉松弛的深睡状态。

宠物在全身麻醉时会形成特有的麻醉状态，表现为镇静、无痛、肌肉松弛、意识消失等。在全身麻醉状态下，对宠物可以进行比较复杂的和难度较大的手术。全身麻醉是可以控制的，也是可逆的，当麻醉药从体内排出或在体内代谢后，宠物将逐渐恢复意识，不对中枢神经系统有残留作用或留下任何后遗症。

根据全身麻醉药物进入宠物体内的途径不同，可将全身麻醉分为吸入麻醉和非吸入麻醉两大类。

（一）吸入麻醉

吸入麻醉是指采用气态或挥发性液体的麻醉药，使药物经呼吸由肺泡毛细血管进入血液循环，并到达神经中枢，使中枢神经系统抑制而产生全身麻醉效应。用于吸入麻醉的药物为吸入麻醉药。吸入麻醉的优点是迅速准确地控制麻醉深度，能较快终止麻醉，复苏快；缺点是操作比较复杂，麻醉装置价格昂贵。欧美发达国家宠物全身麻醉以吸入麻醉为主。

1. 常用吸入麻醉药物 常用的吸入麻醉药有乙醚、氟烷、甲氧氟烷、安氟醚（恩氟烷）、异氟醚、氧化亚氮（笑气）等。常用的麻醉前用药主要有丙泊酚、安定、隆朋（二甲苯胺噻嗪）、阿托品等药物。

2. 吸入麻醉操作技术

（1）插管前诱导麻醉。临床常用静脉快速诱导麻醉，一般用丙泊酚，犬 6.5 mg/kg*，猫 7.0 mg/kg。也可用舒泰，犬、猫 2.0 mg/kg。

（2）气管插管。诱导麻醉后，待动物进入麻醉状态，将动物胸卧保定，头抬起伸直，使下颌与颈呈一直线；助手打开口腔，拉出舌头，使会厌前移；麻醉师左手持喉镜插入口腔，其镜片压住舌根和会厌基部，暴露会厌背面、声带和勺状软骨；在直视的情况下，右手持涂过润滑剂的气管导管经声门裂插入气管至胸腔入口处。此时应触摸颈部，若触到两个硬的索状物，提示气管导管插入食道，应退出重新插入；导管后端于切齿后方系上纱布条，固定在上颌上，以防滑脱；然后用注射器连接套囊上的胶管注入空气；最后将气管导管与麻醉机上螺形管接头连接，施自主呼吸或辅助呼吸。

（3）气管导管拔除。先停用吸入麻醉药，并持续输 100%氧气 3～5 min，待动物有吞咽、咀嚼及咳嗽动作且意识完全恢复和呼吸正常时拔管。拔管前，应松开固定导管的纱布条，吸出口腔、咽喉及气管内的分泌物、呕吐物及血凝块等。然后放掉套囊内的空气，迅速将导管拔出，以防导管被咬坏。

（二）非吸入麻醉

非吸入性全身麻醉是指麻醉药不经吸入方式而进入宠物体内并产生麻醉效应的方法。实际应用中多采用非吸入性全身麻醉，其操作简便，不需特殊的设备，不出现兴奋期，比较安全。缺点是需要严格掌握用药剂量，麻醉深度和麻醉持续时间不易灵活掌握。

常用于犬、猫的非吸入性全身麻醉药有速眠新合剂（846 合剂）、舒泰、氯胺酮、巴比妥类麻醉药（如硫喷妥钠、戊巴比妥钠、异戊巴比妥钠、环己丙烯硫巴比妥钠等）、赛拉嗪（二甲苯胺噻嗪）、美托咪啶、异丙酚和犬眠宝等。给药途径有多种，如静脉注射、皮下注射、肌内注射、腹腔内注射、口服及直肠内灌注等。

1. 速眠新麻醉法 速眠新具有镇痛广泛、制动确实、诱导和苏醒平稳等特点。肌内注射量为：犬、猴 0.1～0.15 mL/kg*，猫、兔 0.2～0.3 mL/kg。在犬科宠物给药后 4～7 min 内有呕吐表现（特别是当胃内充满的情况下），但当胃内空虚时则不表现呕吐，表现安静，后来卧地，全身肌肉松弛，无痛，表明已进入麻醉状态，一般维持 1 h 以上。为了减少唾液腺及支气管腺体的分泌，在麻醉前 10～15 min 皮下注射阿托品 0.05 mg/kg。如果手术时间较长，可用速眠新追加麻醉。手术结束后需要宠物苏醒时，可用速眠新的拮抗剂——苏醒灵 4 号静脉注射，注射剂量应与速眠新的麻醉剂量比例一般为（1～1.5）：1，注射后 1～1.5 min 宠物苏醒。注意本品与氯胺酮、巴比妥类药物有明显的协同作用，复合应用时要特别注意。

2. 舒泰（Zoletil）**麻醉法** 舒泰由 Zlazepam（肌松效果好，有镇静作用）和 Tiletamine

---

* 本教材中所涉及药物使用计量，除特殊说明外，均以每千克体重计，如 0.1 mg/kg 表示每千克体重 0.1 mg。

（止痛，制动作用）组成。这两个药物在药物代谢动力学上有互补作用。使用舒泰使被麻醉的动物呈熟睡状态，肌肉松弛作用好，止痛效果强，苏醒快。舒泰不抑制呼吸，不引起癫痫，但是会暂时引起动物体温降低。虽然舒泰对肝肾无毒性，但是喉头、面部、咽部反射依然存在。

使用舒泰时要考虑动物的全身状态，根据需要（镇定、镇静、麻醉时间长短）选择剂量。与其他麻醉药相似，临床使用舒泰时也要考虑动物的年龄、性别、是否妊娠、全身状态（如肥胖等）。老龄犬的使用剂量低于成年犬。

舒泰的产品剂量有 50 mg/mL、100 mg/mL、200 mg/mL 3 种。常规的使用步骤是首先按照 0.1 mg/kg 的剂量皮下注射阿托品，15 min 后注射舒泰。犬用舒泰的使用剂量见表 1-2-1。

表 1-2-1　犬用舒泰的使用剂量

临床要求	肌内注射（mg/kg）	静脉注射（mg/kg）	追加剂量（mg/kg）
镇静	7～10	2～5	
小手术（<30 min）	4	7	
大手术（>30 min）	7	10	
大手术（健康犬）	5（麻前给药）	5	5
大手术（老龄犬）	2.5（麻前给药）	5	2.5
器官插管（诱导麻醉）		2	

临床上猫使用舒泰时首先按照 0.05 mg/kg 剂量皮下注射阿托品，15 min 后肌内注射舒泰。猫在临床体检、疾病诊断、制动时的舒泰剂量是 5 mg/kg 肌内注射，小手术（如绝育手术等）的剂量是 7～10 mg/kg 肌内注射，追加剂量是 2～5 mg/kg 肌内注射；大手术（如矫形手术等）的剂量是 10～15 mg/kg 肌内注射，追加剂量是 5～7 mg/kg 肌内注射。

建议在使用舒泰前 12 h 动物禁食，使用舒泰麻醉时注意宠物的体温，使用眼药时避免眼睛干燥。舒泰不与吩噻嗪类麻醉前镇静药一起应用，因为容易使体温过低，抑制心功能。

使用舒泰后 30～120 min 动物苏醒，苏醒后动物的肌肉协调恢复快。舒泰可用于患癫痫病、糖尿病和心功能不佳的动物的麻醉。

3. 氯胺酮麻醉法　用药前常规注射阿托品，防止流涎。注射阿托品后 15 min，肌内注射氯胺酮 10～15 mg/kg（犬）、10～30 mg/kg（猫），5 min 后产生药效，一般可持续 30 min，适当增加用量可相应延长麻醉持续时间。如果因麻醉药注射过多出现全身性强直性痉挛而不能自行消失时，可静脉注射 1～2 mg/kg 的安定。临床上又常常将氯胺酮与其他神经安定药混合应用以改善麻醉状况。常用的有以下几种：

氯丙嗪＋氯胺酮麻醉法：麻醉前给予阿托品，以氯丙嗪 3～4 mg/kg（犬）、1 mg/kg（猫）肌内注射，15 min 后现给予氯胺酮 5～9 mg/kg（犬）、15～20 mg/kg（猫）肌内注射，麻醉平稳，持续 30 min。

隆朋＋氯胺酮麻醉法：先给予阿托品，再肌内注射隆朋 1～2 mg/kg，15 min 后肌内注射氯胺酮 5～15 mg/kg，持续 20～30 min。

安定＋氯胺酮麻醉法：安定 1～2 mg/kg 肌内注射，之后约经 15 min 再肌内注射氯胺酮也能产生平稳的全身麻醉。

4. 硫喷妥钠麻醉法　将硫喷妥钠稀释成 2.5% 的溶液，按 25 mg/kg 计算总药量进行静脉注射，其前 1/2 或 2/3 以较快的速度静脉注射，大约 1 mL/s。当宠物呈现全身肌肉松弛、眼睑反射减弱、呼吸平稳、瞳孔缩小时，改为缓慢注射。通常如上述一次麻醉给药可以麻醉 15～25 min。在临床具体应用时为了延长麻醉时间，当宠物有所觉醒、骚动或有叫声时，再从静脉适量推入药液，以延长麻醉时间。

（三）全身麻醉动物的监护与意外急救

1. 麻醉前检查

（1）患病动物的基本情况。种类、品种、年龄、性别、体重以及当前的饮食情况等。

（2）麻醉前临床观察。观察患病动物全身一般情况，并对呼吸系统、循环系统和中枢神经系统进行观察。

（3）基础生理指标观测。使用视诊、听诊、触诊等对呼吸、脉搏、体温、血压等进行观测。

（4）病情大体检查。呕吐、腹泻、脑病、心肺疾病、肝肾疾病以及用药情况等。

（5）病情的实验室检查。包括肝、肾、心脏和大脑的功能情况；血、粪、尿常规；生化检查；心电、脑电检查等。也可根据情况选做。

（6）调查以前的麻醉病史及其反应等。

2. 麻醉监测内容　主要监测心血管系统、呼吸系统、中枢神经系统、体温及机体其他系统的异常（主要包括水和电解质平衡酸碱平衡等）。应注意与先前监测的数值进行对比，这样才更有意义。

（1）循环系统监测。最简便易行的方法是听诊、视诊与触诊。主要注意心率的快慢、心音的强弱、脉搏的强弱、结膜和口腔颜色的变化、毛细血管的再充盈时间等。有条件的宠物医院应使用仪器监测血压，心电图。

① 心率：指心脏每分钟搏动的次数。正常犬 70～120 次/min，猫 110～140 次/min。如心率过缓，可能的原因有麻醉过深、迷走神经过度兴奋、中毒（外源性毒物如洋地黄中毒与内源性毒物如高血钾和内脏器官衰竭）、低温、低氧、心肌传导障碍等。原因不清时，可尝试给予抗胆碱能制剂，无效可用拟交感药物。如心率过快，可能的原因有麻醉过浅、低血容量、低血压、低血氧、高碳酸血症、高温、使用了抗胆碱能药物或拟交感药物等、机体有潜在疾病如甲状腺功能亢进等。

② 脉搏：有动脉脉搏和静脉脉搏之分。动脉脉搏与心室的活动有关，静脉脉搏与心房的活动相关。常说的脉搏是指动脉脉搏，是心脏收缩引起的动脉的搏动。诊查脉搏可以了解心脏的活动机能和血液循环的状态。诊查项目主要有脉搏的速度、幅度、硬度和频率等，由其可知心脏节律、心缩力量和血管壁的机能状态。

③ 血压：常指动脉血压。血压与心排血量、脉管容量、脉管阻力以及血容量有关。机体为了维护正常的血压，这些因素之间常常相互补充。低血压原因：低血容量、外周血管扩张、心排血量降低等，可采取输液 [10～20 mL/（kg·h）] 或使用多巴胺 [3～5 μg/（kg·min）] 升高血压。

④ 可视黏膜检查：包括眼结膜和鼻腔、口腔、阴道等部位的黏膜，正常情况下为淡红色和粉红色。

⑤ 心电图监测：对心律失常、心脏肥大、心梗和电解质紊乱意义明显。必须强调的是：

心电图测量的是心肌的电位变化，并不能完全反映心脏的功能。如在心肌收缩力下降、组织灌流不足时，心电图看起来还十分正常。

（2）呼吸系统监测。主要内容是通畅度、频率、幅度、呼吸音的变化、呼吸模式等。有条件可以测量潮气量，每分通气量等，可以较为精确的知道潮气量减少的程度和每分通气量的变化，也可采动脉血作血气分析来了解血液 pH 和碳酸根的变化。

① 呼吸频率：呼吸频率并不能反映机体的通气状况。

呼吸过缓：大脑水肿和血肿、麻醉抑制、严重低血氧、低碳酸血症或严重高碳酸血症等。

呼吸过快：高碳酸血症、低血氧、低血压、高热、麻醉过深或过浅、上呼吸道阻塞、过度肥胖、胸腔内部疾病、腹腔占位性疾病等。某些动物在麻醉时有正常的呼吸变快和变浅现象。

② 肺部听诊：听诊可以确定呼吸音的强度、性质等多方面的内容。

呼吸音增强：发热、肺炎、肺充血初期，支气管炎等。

呼吸音减弱：麻醉过量、呼吸肌麻痹、全身衰竭、肺膨胀不全、上呼吸道狭窄、胸部疼痛性疾病等。

啰音：是呼吸音以外的异常音。肺水肿时肺部出现广泛性湿啰音。

3. 麻醉常见的并发症及急救

（1）呼吸停止。可出现于麻醉前期或后期。前期是指在麻醉的兴奋期刺激了三叉神经或迷走神经的喉支导致呼吸反射性停止；后期是指在深麻醉时由于延髓的重要生命中枢抑制或麻醉剂中毒，机体严重缺氧，血氧过低导致的更为严重的并发症。在若干浅表不整的吸气后呼吸运动停止，发绀，角膜反射消失，瞳孔突然放大，随后心跳停止。

急救措施：撤除麻醉药物；打开口腔，拉出舌头，检查呼吸道，清除呼吸道内异物，保持呼吸道通畅，尽量在气管内插管，无法插管时行气管切开；及时供氧，进行人工呼吸，可以挤压呼吸囊，也可以人工呼吸机纯氧正压通气或人工挤压胸廓等；使用中枢性呼吸兴奋药，静脉注射尼可刹米（0.125～0.5 g）、安钠咖（0.1～0.3 g）或皮下注射樟脑油 1～2 mL、静脉注射吗乙苯吡酮（1～2 mg/kg）等。

（2）心搏骤停。通常发生在深麻醉期，常常无征兆，表现为脉搏、呼吸突然消失，瞳孔散大，创内血管停止出血。

急救措施：撤除麻醉药物，毫不迟疑采取抢救措施。方法有心脏按摩术，即用手掌在胸壁心区有节奏的按压；也可经腹腔通过膈按压心脏；有时可以考虑开胸后直接按压心脏；按压有效的标志是在外周动脉处可感知搏动、紫绀消失、散大的瞳孔开始缩小甚至出现自主呼吸。

药物治疗：属于生命支持阶段。复苏期间应一直静脉给药。有时也可经气管给药。肾上腺素 0.005～0.01 mg/kg，阿托品 0.02～0.04 mg/kg 静脉注射或气管内给药。也可用安钠咖（0.1～0.3 g）静脉注射。

后期复苏处理：进一步支持脑、循环和呼吸功能；防止肾衰；纠正水、电解质平衡和酸碱平衡；防治脑水肿、脑缺氧以及感染等；通过输液使血容量、血比容、血电解质、pH 等恢复正常；做好体温监测；防止复发等。

（3）误吸。指固体或液体性物质被吸入肺部。可发生于麻醉前期的呕吐过程，也可发生于腹腔手术的操作过程和手术后的拔管过程或拔管后；巨食道症者可随时发生。可能有呕吐或反流的表现，口腔和咽部有食物或胃内容物；咳嗽；呼吸道阻塞症状；肺炎症状。

急救措施：主要是预防，如麻醉前的禁食禁水；麻醉前给予抗胆碱类药；麻醉和手术中头低的体位；气管插管；食道插管；及时清洁口腔异物；胃肠手术时操作轻柔等等。

（4）肺水肿。由肺毛细血管血液液体成分渗漏到肺泡、支气管和间质内的一种非炎性疾病。可发生于麻醉过程中和麻醉后。肺水肿的发生原因：各种因素导致肺毛细血管压升高；血浆胶体渗透压降低；肺泡毛细血管通透性改变等。

该并发症常突然发作；进行性高度混合性呼吸困难；泡沫状鼻液；动物惊恐不安；听诊为湿啰音；必要时做 X 射线检查。

急救措施：关键是制止水肿液体的进一步形成，促进已形成液体的吸收消散。保持安静，减少刺激；供氧缓解呼吸困难；输液过量者停止输液；给予利尿药物如呋塞米（2 mg/kg）；支气管扩张剂如氨茶碱（6～10 mg/kg）；增强心脏收缩力，使用强心药物；防止休克使用皮质激素；减少分泌使用抗胆碱能药物；提高胶体渗透压输入血浆或右旋糖酐；贫血时给予红细胞等。

（5）低体温和恶性高热。麻醉会使基础代谢下降，一般会使体温降低，下降 1～2 ℃ 或 3～4 ℃ 不等。部分动物会因为应激反应强烈或对药物不适应（主要是氟烷）发生高热现象。体温低者，应保温；体温高者应降温。

（四）全身麻醉注意事项

1. 麻醉前检查 应对宠物进行健康检查，了解其整体状态，以便选择适宜的麻醉方法。全身麻醉前要停止饲喂（一般禁水 12 h、禁食 24 h），以防止腹压过大，食物反流或呕吐。

2. 正确麻醉操作，严格控制剂量 麻醉过程中注意观察宠物的状态，特别要监测宠物的呼吸、循环、反射功能以及体温、脉搏变化，发现不良反应，要立即停药，以防中毒。

3. 注意麻醉过程 在麻醉过程中如药量过大，宠物出现呼吸、循环机能紊乱（如呼吸浅表、间歇，脉搏细弱而节律不齐，瞳孔散大等症状）时，要及时抢救。可注射安钠咖、樟脑磺酸钠或苏醒灵等中枢兴奋剂。

4. 术后护理 手术结束后若宠物尚未觉醒，应安排人员守护，并检查心跳、呼吸是否异常。若发现心跳变慢变弱，应尽早注射糖盐水和强心剂。宠物开始苏醒时，其头部常先抬起，护理员应注意保护，以防摔伤或导致脑震荡；开始挣扎站立时，应及时协助直至其能自行站立，以免发生骨折等损伤。寒冷季节，当麻醉伴有出汗或体温下降时，应注意保温，防止宠物感冒。麻醉苏醒后 3～4 h 内禁止饮食，以防造成误咽。

三、局部麻醉

利用某些药物有选择性地暂时阻断神经末梢、神经纤维以及神经干的冲动传导，从而使其分布的或支配的相应局部组织暂时丧失痛觉的一种麻醉方法，称为局部麻醉。局部麻醉对全身生理干扰较少，并发症和后遗症少，且简便易行，可用于很多部位的手术。但是在局部麻醉下，宠物仍保持清醒状态，手术时应特别注意保定，必要时配合应用镇静剂、肌肉松弛剂等。常用的局部麻醉药物有盐酸普鲁卡因、盐酸利多卡因、盐酸丁卡因、氯乙烷等（表 1-2-2）。

表 1-2-2 三种常用局部麻醉药的特点比较

临床要求	普鲁卡因	利多卡因	丁卡因
组织渗透性	差	好	中等
作用显效时间	中等	快	慢
作用维持时间	短	中等	长
毒性	低	略高	较高
用途	多用于浸润麻醉	多用于传导麻醉	多用于表面麻醉

（一）表面麻醉

将局部麻醉药滴、涂布或喷洒于黏膜表面，利用局部麻醉药的渗透作用，使其透过黏膜而阻滞浅在的神经末梢而产生麻醉作用，称表面麻醉。

1. 皮肤表面麻醉 首选氯乙烷，将盛装氯乙烷的瓶子握于手掌，喷口直接垂直射向手术部位皮肤表面，距离 20～30 cm，喷射的液体在皮肤表面形成冰晶，这种"冰冻"作用使皮肤表面麻醉，常用于小的皮肤切口和穿刺。

2. 黏膜（口腔、咽、鼻、直肠、阴道）**麻醉** 麻醉部位及浓度：眼结膜及角膜用 0.5% 丁卡因或 2% 利多卡因；鼻、口、直肠黏膜用 1%～2% 丁卡因或 2%～4% 利多卡因。一般每隔 5 min 用药一次，共用 2～3 次。使用方法是将该药滴入术部或填塞、喷雾于术部。

（二）浸润麻醉

将局部麻醉药沿手术切口线皮下注射或深部分层注射于手术区的组织内，阻滞周围组织中的神经末梢而产生麻醉作用，称浸润麻醉。常用药物为 0.5%～1% 盐酸普鲁卡因。麻醉方法是将针头插至皮下，边注射药边推进针头至所需的深度及长度，亦可先将针插入到所需深度及长度，然后边退针边注入药液（图 1-2-1）。

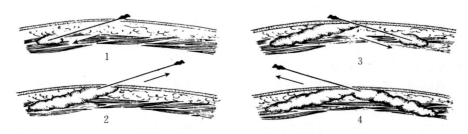

图 1-2-1 浸润麻醉的注入方法（1～4 为操作步骤）

1. 直线浸润麻醉 施行直线浸润麻醉时，根据切口长度，在切口一端将针头刺入皮下，然后将针头沿切口方向向前刺入所需部位，边退针边注入药液，拨出针头，再以同法由切口另一端进行注射，用药量根据切口长度而定。适用于体表手术或需切开皮肤的手术（图 1-2-2）。

2. 菱形浸润麻醉法 用于术野较小的手术，如圆锯术、食道切开术等。先在切口两侧的中间各确定一个刺针点 A、B，然后确定切口两端 C、D，便构成一个菱形区。麻醉时先由 A 点刺入至 C 点，边退针边注入药液。针头拨至皮下后，再刺向 D 点，边退针边注药液。然后再以同样的方法由 B 点刺入针头至 C 点，注入药液后再刺向 D 点注入药液（图 1-2-3）。

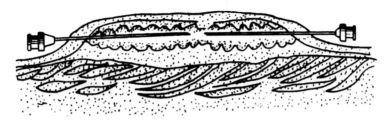

图 1-2-2　直线浸润麻醉法

3. 扇形浸润麻醉法　用于术野较大、切口较长的手术，如开腹术等。在切口两侧各选一刺点，针头刺向切口一端，边退针边注入药液，针头拨至皮下转变角度刺入创口边缘，再边退针边注入药液，如此进行完毕，再以同法麻醉另一侧。麻醉针数据切口长度而定，一般需 4～6 针不等（图 1-2-4）。

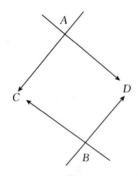

图 1-2-3　菱形浸润麻醉法

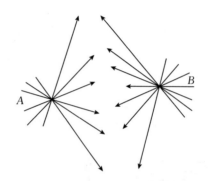

图 1-2-4　扇形浸润麻醉法

4. 多角形麻醉法　适用于横径较宽的术野。在病灶周围选择数个刺针点，使针头刺入后能达病灶基部，然后以扇形麻醉的方法进行注射。将药液按上述方法注入切口周围皮下组织内，使区域形成一个环形封锁区，故也称封锁浸润麻醉法（图 1-2-5）。

5. 深部组织浸润麻醉法　深部组织施行手术时，如创伤、弹片伤、开腹术等，需要使皮下、肌肉、筋膜及其间的结缔组织达到麻醉状态，可采取锥形或分层将药液注入各层组织之间，其方法同上述几种麻醉方法（图 1-2-6）。

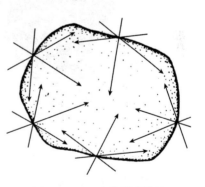

图 1-2-5　多角形麻醉法

按照上述麻醉方法注射麻醉药后，停 10 min 左右，检查麻醉效果。检查的方法可采用针刺、刀尖刺、止血钳钳夹麻醉区域的皮肤，观察有无疼痛反应。无反应则表示方法正确。

（三）传导麻醉（神经阻滞）

在神经干周围注射局部麻醉药，使其所支配的区域失去痛觉，称为传导麻醉。优点是使用少量麻醉药产生较大区域的麻醉。局部麻醉药物浓度及用量与所麻醉的神经大小成正比。传导麻醉种类很多，要求掌握被麻醉神经干的位置、外部投影等局部解剖知识并熟悉操作技

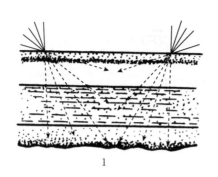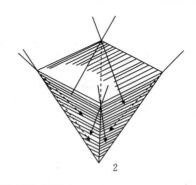

图 1-2-6　深部组织浸润麻醉法

1. 分层麻醉　2. 锥形麻醉

术，这样才能正确作好传导麻醉。

1. 犬的关节诊断性麻醉注射法　选用注射针长 3～7 cm，注射 1%～2% 盐酸普鲁卡因溶液 1～4 mL。

（1）肩关节。肩胛骨肩峰的远端大约一指宽，三角肌边缘前方和肱骨大粗隆上方，能摸到明显的窝。适宜固定关节，针水平地向后刺入窝内，深度 1～2 cm，能触及关节软骨或关节液流出（图 1-2-7）。

（2）肘关节。关节固定呈 45°角，肱骨外侧髁下面为注射点，针刺入向后推进深度 5～10 mm，能触及关节软骨或关节液流出（图 1-2-8）。

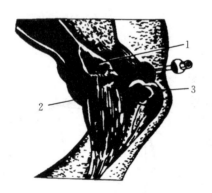

肱骨外侧髁

图 1-2-7　肩关节传导麻醉注射部位　　　　图 1-2-8　肘关节传导麻醉注射部位

1. 肩峰　2. 三角肌　3. 肱骨大粗隆

（3）髋关节。在股骨大转子的上边缘前方为注射点，针长 5～7 cm，水平刺入皮肤，水平方向推进深度 4～6 cm，关节液出现指示针已到达关节腔（图 1-2-9）。

（4）膝关节。侧卧保定，关节固定呈直角，注射部位于膝关节内侧，在胫骨的近心端和股骨的内侧髁之间，髌骨韧带的后方，能触及明显的窝，在窝的中央，针向上、向后刺入深 1～3 cm 处，针尖触及关节软骨或流出关节液。麻醉药物能影响整个膝关节，使各个关节囊均被麻醉（图 1-2-10）。

大转子

图 1-2-9　髋关节传导麻醉注射部位

2. 犬的头部神经传导麻醉

（1）眶下神经麻醉。德国牧羊犬眶下孔位于第三或第四前臼齿齿槽边缘的上方一指宽，眶下管大约在相应的位置。眶下孔触摸呈豌豆或蚕豆大小的凹陷，针刺入眶下孔进入整个管。德国牧羊犬眶下管 3～4 cm，较小品种犬大约 1 cm 或更小。注入 2%盐酸普鲁卡因溶液 1～2 mL（图 1-2-11）。

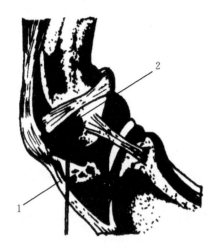

图 1-2-10 膝关节传导麻醉注射部位
1. 膝韧带 2. 股骨内侧髁

图 1-2-11 犬眶下神经麻醉

（2）下颌管内的下颌齿槽神经麻醉。通常有两个颏孔，一个位于另一个后面大约 1 cm 处。前方的一个较大，位于第一臼齿的后面，下颌的侧表面的中部。细针刺入最容易，由黏膜刺入，下唇向下拉，右手指在第一臼齿下面触及下颌表面小而浅的凹陷。针一定向下或向后刺入，通常只能刺入 1 cm（图 1-2-11）。小型犬颏孔很小，只能使用细针，注射 2%盐酸普鲁卡因 1～2 mL。后颊齿的麻醉，需要局部浸润，扩大麻醉范围。

（3）眶裂内眼神经麻醉。从眶裂延伸到眼窝的神经分为泪神经、额神经和鼻睫神经。泪神经分布到泪腺和上眼睑；额神经于泪神经分支结合通过眶上孔延伸到额部皮肤和上眼睑；鼻睫神经进入眼窝内壁的内壁层并发出滑车下神经，在此之前，分出长的睫神经，依次又分出短的睫神经到眼球，滑车下神经分布到眼的内眼角，离开眼窝分布到内眼角附近的皮肤、结膜、泪阜和泪囊。下眼睑由颧神经和上颌神经的分支支配。

眶裂内眼神经麻醉主要用于眼窝和眼睑的手术。犬用 8 cm 长针，从眶中线的后边缘向后下方向刺入眼球后间隙。也可以选择针从外眼角，针尖指向对侧下颌关节方向刺入眶内。犬注射 1%～2%盐酸普鲁卡因 5～8 mL。

（4）睑神经传导麻醉：适用于眼睑的检查和治疗，尤其对眼球术后防止眼睑挤压眼球有价值。睑神经是耳睑神经（由面神经分出）的一个分支，经颧弓走向眼部，分布到眼睑和鼻部。

在颧弓最突起部（或颧弓后 1/3 处）背侧约 1 cm 处，注射 1 mL 局麻药，除眼睑提肌处，其他所有眼睑肌均可麻醉。

3. 臂神经丛传导麻醉 适用于犬前肢手术。犬站立于诊疗台上，助手将头保定住，并偏离注射一侧。穿刺点定位于冈上肌前缘、胸侧壁和臂头肌背缘三线交界处，为一个凹陷的三角区。在此三角区内剃毛、消毒。术者左手食指触压三角区中央和第一肋骨。右手持着接有注射针（长约 7.5 cm，孔径 1.6 mm）的注射器，用力穿透皮肤，并向后沿胸外壁和肩胛下肌之间刺入，使针尖抵至肩胛冈水平位置。抽回注射器，如无血即可注入 3% 利多卡因 1~3 mL。多数动物注射 10 min 后患肢痛觉消失，逐渐运动消失，随后完全松弛，下部感觉消失。

并发症：针头如刺破大的血管，会形成血肿；如局麻药注入血管内，会引起臂神经丛损伤，导致神经炎或永久性麻痹；如针头刺入胸腔，会引起气胸。但只要技术操作熟练，一般很少发生上述并发症。

4. 犬的指（趾）神经麻醉　注射部位在第一指（趾）骨的内外侧，左手握住趾尖使趾伸展，右手持细针刺入第一指（趾）骨的侧方的皮下组织，每个注射点注射 2% 盐酸普鲁卡因溶液 2~3 mL。

（四）硬膜外腔麻醉

将局部麻醉药注入脊髓硬膜外腔，阻滞某一部分脊神经，使躯干的某一节段得到麻醉。常用于腹腔、乳房及生殖器官等手术的麻醉。根据不同手术的需要可选择腰荐间隙或荐尾间隙硬膜外腔麻醉。

1. 腰荐间隙硬膜外腔麻醉　多用于宠物的后躯、臀部、阴道、直肠、后肢以及剖宫产、胎位异常、乳房切除等手术。

宠物（犬、猫）侧卧保定，并使其背腰弓起，其注射点是两侧髂骨翼内角横线与脊柱下中轴线的交点（图 1-2-12）。在该处最后腰椎棘突顶和紧靠其后的相当于腰荐的凹陷部，垂直刺入针头，感觉弓间韧带的阻力，刺入深度大约 4 cm，然后注入局部麻醉剂。麻醉剂量为 2%~3% 普鲁卡因 2~5 mL。5~15 min 后开始进入麻醉，可维持 1~3 h。

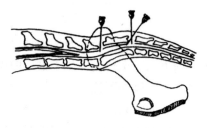

图 1-2-12　硬膜外腔注射部位

2. 荐尾间隙硬脊膜外腔麻醉　多用于宠物的阴道脱、子宫脱、直肠脱整复术和人工助产等手术。

宠物（犬、猫）侧卧保定，并使其背腰弓起，注射点可选择荐骨和第 1 尾椎或第 1、2 尾椎间隙（图 1-2-12）。手持宠物（犬、猫）尾巴上下晃动，用另一手的指端抵于尾根背部正中线，可探知尾根的固定与活动部分之间的横沟，横沟与正中点的相交点即为刺入点，注入 2% 的利多卡因溶液 1 mL。

注意事项：注射前，局麻药应加温，注射速度不宜过快，否则易使宠物产生一过性抽搐、呕吐等。因犬、猫个体小，注射前，身体前部稍高于后部，以防药物向前扩散，阻滞膈神经和交感神经，引起其呼吸困难，心动过缓，血压下降，严重时会导致其死亡。

🐾 **思考与练习**

1. 什么是麻醉？麻醉的主要目的是什么？
2. 什么是吸入性麻醉？吸入性麻醉常用哪些药物？
3. 什么是非吸入性麻醉？临床常用哪些非吸入性麻醉方法？

4. 什么是局部麻醉? 临床常用哪些局部麻醉方法?

5. 全身麻醉的注意事项有哪些?

情境二 组织分离

组织分离是显露深部组织和游离病变组织的重要步骤。组织分离的范围应根据手术的需要确定,并按照正常组织间隙的解剖平面进行。组织分离要对局部解剖位置熟悉,掌握血管、神经、较重要器官的走向和解剖关系,这样就能避免意外损伤。

一、组织分离一般原则与注意事项

1. 组织分离的一般原则 手术时充分显露术野是保证手术顺利进行的先决条件,这对深部手术更为重要。在良好的显露术野下做手术,可以清楚看到手术区的解剖关系,不但容易操作,而且安全。良好的显露术野,取决于多方面的因素。选择适宜的麻醉方法,使肌肉松弛,有利于创口拉开。选择适宜的保定体位,有利于术野显露,因此,手术时应根据切口、手术性质和操作需要,选择理想的保定方法。应用牵开器帮助显露切口是最常用的方法。良好的照明条件是保证手术进行的重要条件,为了增强术野的可见度,手术照明要采用无影灯和深创照明灯,保证术野明亮。

组织切开是显露术野的重要步骤。浅表部位手术,切口可直接位于病变部位上或其附近。深部切口,根据局部解剖特点,既要有利于术野显露,又不能造成过多的组织损伤。组织分离一般应遵循下列原则:

(1) 切口接近病变部位,最好能直接到达手术区,并能根据手术需要,便于延长扩大。

(2) 切口在体侧、颈侧以垂直于地面或斜行的切口为好,体背、颈背和腹下沿正中线或靠近正中线的纵向切口比较合理。

(3) 切口避免损伤大血管、神经和腺体的输出管,以免影响术部组织或器官的机能。

(4) 切口有利于创液的排出,特别是脓汁的排出。

(5) 二次手术时,应该避免在瘢痕上切开,因为瘢痕组织再生力弱,易发生弥漫性出血。

2. 组织分离的注意事项 按上述原则选择切口后,在操作上需要注意下列问题:

(1) 切口大小必须适当。切口过小不能充分显露术野;作不必要的大切口,会损伤过多组织。

(2) 切开时,需按解剖层次分层进行,并注意保持切口从外到内的大小相同或缩小。切口两侧要用无菌巾覆盖和固定,以免操作过程中把皮肤表面细菌带入切口,造成污染。

(3) 切开组织时手术刀与皮肤、肌肉垂直,防止斜切或多次在同一平面上切割造成不必要的组织损伤。

(4) 切开深部筋膜时,为了预防深层血管和神经的损伤,可先切开一个小口,用止血钳分离张开,然后再剪开。

(5) 切开肌肉时,要沿肌纤维方向用刀柄或手指分离,少作切断,以减少损伤,影响愈合。

(6) 切开腹膜、胸膜时,要防止损伤内脏。

（7）切割骨组织时，先要切割分离骨膜，尽可能地保存其健康部分，以利于骨组织愈合。

（8）在进行手术时，还需要借助拉钩帮助显露术野。负责牵拉的助手要随时注意手术过程，并按需要调整拉钩的位置、方向和力度，并可以利用大纱布垫将其他脏器从术野推开，以增加显露。

二、组织分离的方法

（一）组织分离的基本方法

组织分离的基本操作方法，分为锐性分离和钝性分离两种。

1. 锐性分离　用手术刀或手术剪进行切开或剪开，对组织损伤小，术后反应也少，愈合较快，适用于比较致密的组织。用手术刀分离时，以刀刃沿组织间隙作垂直的、轻巧的、短距离的切开。用手术剪时以剪刀尖端伸入组织间隙内，不宜过深，然后张开剪柄，分离组织，在确定没有重要的血管、神经后，再予以剪断。为了避免发生副损伤，必须熟悉解剖构造，需辨明组织结构时进行。

2. 钝性分离　用刀柄、止血钳、剥离器或手指等进行。适用于组织间隙或疏松组织间的分离，如正常肌肉、筋膜和良性肿瘤等的分离。方法是将这些器械或手指插入组织间隙内，用适当的力量，分离周围组织。钝性分离时，组织损伤较重，往往残留许多失去活性的组织细胞，因此，术后组织反应较重，愈合较慢。钝性分离切忌粗暴，避免重要组织结构的撕裂或损伤。

（二）不同组织的分离方法

根据组织性质不同，组织切开分为软组织（皮肤、筋膜、肌肉、腱）切开和硬组织（软骨、骨）切开。下面分别叙述不同组织的切开和分离方法。

1. 皮肤切开法

（1）皮肤紧张切开法。由于皮肤的活动性比较大，切皮时易造成皮肤和皮下组织切口不一致，为了防止上述现象的发生，较大的皮肤切口应由术者与助手用手在切口两旁或上、下将皮肤展开固定（图1-2-13），或由术者用拇指及食指在切口两旁将皮肤撑紧并固定，术者再将刀柄向上用刀刃尖部切开皮肤全层后，逐渐将手术刀放平至与皮肤间成30°～40°角，用刀刃圆突部分进行切开。至计划切开的全长时，又将刀柄抬高，用刀刃部结束皮肤切口（图1-2-14）。切开时用力要均匀、适中，要求能一次将皮肤全层整齐、深浅均匀地切开。但要避免多次切割，以免切口边缘参差不齐，出现锯齿状的切口，影响创缘对合和愈合。

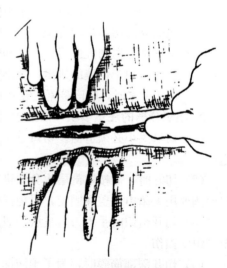

图1-2-13　皮肤紧张切开法

（2）皮肤皱襞切开法。如果在切口的下面有大血管、大神经、分泌管或其他重要器官，而皮下组织甚为疏松，为了使皮肤切口位置正确且不误伤其下层组织，术者和助手应在预定切线的两侧，用手指或镊子提拉皮肤呈垂直皱襞，并进行垂直切开（图1-2-15）。

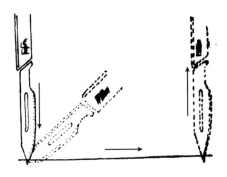 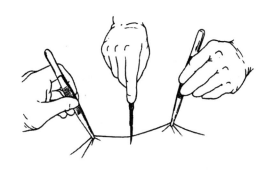

图 1-2-14　皮肤切开运刀方法　　　　　　　图 1-2-15　皮肤皱襞切开法

　　在施行手术时，皮肤切开最常用的是直线切口，既方便操作，又利于愈合，但根据手术的具体需要，也可作下列几种形状的切口：

　　梭形切开：主要用于切除病变组织（如肿瘤、瘘管）和过多的皮肤。

　　∏形或∪形切开：多用于脑部手术中的圆锯术。

　　T形及"十"字形切开：多用于需要将深部组织充分显露或摘除时应用。

　　2. 皮下组织及其他软组织的分离　切开皮肤后组织的分割宜逐层分离，保持视野干净、清楚，以便识别组织，避免或减少对大血管、大神经的损伤。原则上以钝性分离为主，必要时可使用刀、剪分离。只有当切开浅层脓肿时，才采用一次切开的方法。

　　（1）皮下疏松结缔组织的分离。皮下结缔组织内分布有许多小血管，故多采用钝性分离。方法是先将组织刺破，再用手术刀柄、止血钳或手指进行剥离。

　　（2）筋膜和腱膜的分离。用刀在其中央作一个小切口，然后用弯止血钳在此切口上、下将筋膜下组织与筋膜分开，沿分开线剪开筋膜。筋膜的切口应与皮肤切口等长。对薄层筋膜，确认没有血管时可使用刀或剪作锐性分离。若筋膜下层有神经血管，则用手术镊将筋膜提起，用反挑式执刀法作一个小孔，插入有沟探针，沿针沟外向切开。

　　（3）肌肉的分离。一般是沿肌纤维方向作钝性分离。方法是先用手术刀或手术剪顺肌纤维方向作一个小切口，然后用刀柄、止血钳或手指将切口扩大到所需要的长度（图 1-2-16），但在紧急情况下，或肌肉较厚并含有大量腱质时，为了使手术通路广阔和排液方便也可横断切开。对于横过切口的较小血管可用止血钳钳夹，或用缝线行双重结扎后，从中间将血管切断（图 1-2-17）。

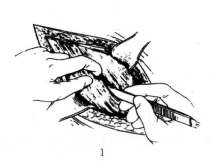 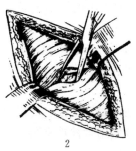 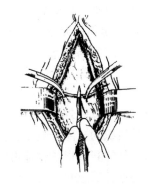

1　　　　　　　　　　　　2

图 1-2-16　肌肉的钝性分离（1 和 2 为分离步骤）　　　图 1-2-17　切断横过切口的血管

（4）腹膜的分离。切开腹膜时，为了避免伤及内脏，一般由术者用镊子或止血钳提起切口一侧的腹膜，助手用镊子或止血钳在距术者所夹腹膜对侧约 1 cm 处将另一侧腹膜提起，然后从中间作一个小切口，术者利用食指和中指或有沟探针引导，再用手术刀或手术剪分割（图 1-2-18）。

（5）肠管的切开。肠管侧壁切开时，一般于肠管纵带上或肠系膜缘对侧肠壁纵行切开，并应避免损伤对侧肠壁（图 1-2-19）。

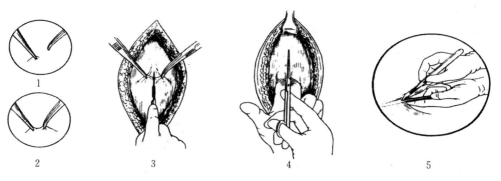

图 1-2-18　腹膜切开法（1～3 为切开顺序，4 和 5 为不同分割切口的方法）

（6）索状组织的分离。索状组织（如精索）的分割，除了可应用手术刀（剪）作锐性切割外，还可用刮断、拧断等方法以减少出血。

（7）良性肿瘤、放线菌病灶、囊肿及内脏粘连部分分离。宜用钝性分离，其方法是：对未机化的粘连可用手指或刀柄直接剥离；对已机化的致密组织可先用手术刀切一个小口，再行钝性剥离。剥离时手的主要动作应是前后方向或略施加压力于一侧，使较疏松或粘连最小部分自行分离，然后将手指伸入

图 1-2-19　肠管的侧壁切开

组织间隙，再逐步深入。在深部非直视情况下，为了避免组织及脏器的严重撕裂或大出血，应尽可能少用或慎用手指左右大幅度的剥离。对某些不易钝性分离的组织，可将钝性分离与锐性分割结合使用，一般是用弯剪伸入组织间隙，用推剪法，即将剪尖微张，轻轻向前推进，进行剥离，应避免作剪切动作。

3. 骨组织的分割　分离骨组织常用的器械有圆锯、线锯、骨钻、骨凿、骨钳、骨剪、骨匙及骨膜剥离器等（图 1-2-20）。

骨组织首先应分离骨膜，然后再分离骨组织。分离骨膜时，先用手术刀切开骨膜（切成"十"字形或"工"字形），然后用骨膜分离器分离骨膜。分离骨膜时，应尽可能完善的保存健康部分，以利骨组织愈合。

骨组织的分离一般用骨剪剪断或骨锯锯断。当锯（剪）断骨组织时，不应损伤骨膜。为了防止骨的断端损伤软部组织，应使用骨锉锉平断端锐缘，并清除骨片，以免遗留在手术创内引起不良反应和妨碍愈合。

4. 角质的分离　角质的分离属于硬组织的分离，如截断猫的脚趾或犬的悬趾时可选用骨剪。

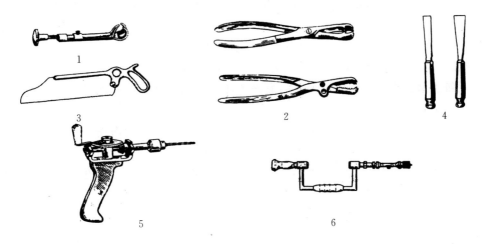

图1-2-20　骨科常用手术器械

1.三爪持骨器　2.狮牙持骨钳　3.骨锯　4.骨凿　5.骨钻　6.圆锯

思考与练习

1. 组织分离的原则和注意事项是什么?

2. 简述组织分离的基本方法。

3. 如何切开皮肤?

4. 如何分离皮下组织?

5. 如何进行骨组织的分割?

情境三　止　血

止血是手术过程中经常遇到出血后须立即进行的基本操作技术。手术中完善的止血,可以预防失血的危险和保证术部良好的显露,有利于争取手术时间,避免误伤重要器官,直接关系到施术动物的健康、切口的愈合和预防并发症的发生等。因此要求手术中的止血必须迅速而可靠,并在手术前采取积极有效的预防性止血措施。

一、出血的种类

血液自血管中流出的现象,称为出血。在手术过程中或意外损伤血管时会发生出血。

(一)按受伤血管的不同分类

1. 动脉出血　由于动脉压力大,血液含氧量丰富,所以动脉出血的特征为:血液鲜红,呈喷射状流出,喷射线出现规律性起伏并与心脏搏动一致。动脉出血一般自血管断端的近心端流出,指压动脉管断端的近心端,则搏动性血流立即停止,反之则出血状况无改变。具有吻合支的小动脉管破裂时,近心端及远心端均能出血。大动脉的出血须立即采取有效止血措施,否则可导致出血性休克,甚至引起宠物死亡。

2. 静脉出血　静脉出血时血液以较缓慢的速度从血管中均匀不断地呈泉涌状流出,颜色为暗红或紫红。一般血管远心端的出血较近心端多，指压出血静脉管的远心端则出血停止。

静脉出血的转归不同，小静脉出血一般能自行停止，或经压迫、堵塞后而停止出血，但若深部大静脉受损如腔静脉、股静脉、髂静脉、门静脉等出血，则常由于迅速大量失血而引起宠物死亡。体表大静脉受损，可因大失血或空气栓塞而死亡。

3. 毛细血管出血　毛细血管出血的血液色泽介于动、静脉血液之间，多呈渗出性点状出血。一般可自行止血或稍加压迫即可止血。

4. 实质出血　实质出血见于实质器官、骨松质及海绵组织的损伤，为混合性出血，即血液自小动脉与小静脉内流出，血液颜色和静脉血相似。由于实质器官中含有丰富的血窦，而血管的断端又不能自行缩入组织内，因此不易形成断端的血栓，易产生大失血威胁宠物的生命，故应予以高度重视。

（二）按出血后血液流至的部位分类

1. 外出血　当组织受损后，血液由创伤或天然孔流到体外时称外出血。

2. 内出血　血管受损出血后，血液积聚在组织内或腔体中，如胸腔、腹腔、关节腔等处，称内出血。

（三）按照出血的次数和时间分类

1. 初次出血　直接发生在组织受到创伤之后的出血。

2. 二次出血　主要发生在动脉，静脉极少发生，因为静脉内压低，血流缓慢且易形成血栓，血栓形成后一般不因为血压的关系而脱落。造成二次出血的原因一般认为有以下几点：

（1）血管断端结扎止血不确实，结扎线松脱。

（2）某种原因使血栓脱落，如血压增高、止血钳夹的力量和时间不足或手术后过早运动而使血栓脱落。

（3）未结扎的血管中的血栓，由于化脓或使用某些药物而溶解。

（4）粗暴地更换敷料，将血管扯伤。

3. 重复出血　多次重复出血，可见于破溃的肿瘤。

4. 延期出血　受伤当时并未出血，经若干时间后发生出血，称之为延期出血。延期出血形成的原因是：

（1）手术中使用肾上腺素，当药物作用消失后血管扩张而出血。

（2）骨折固定不良，骨折断端锐缘刺破血管。

（3）血管受到挫伤时，血管的内层及中层受到破坏，血液积聚在血管外膜的下面成血栓，当时虽未出血，但若血栓受到感染，血管壁遭受破坏则可发生延期出血。

（4）在感染区，血管受到侵害而发生破裂。

二、术前出血的预防

（一）全身预防性止血法

一般是在手术前给宠物注射增高血液凝固性的药物和同类型血液，提高机体抗出血的能力，减少手术过程中的出血。

1. 输血　目的在于增高施术宠物血液的凝固性，刺激血管运动中枢反射性地引起血管的痉挛性收缩，以减少手术中的出血。在术前 30～60 min 输入同种同型血液，犬、猫 100～300 mL。

2. 注射增强血液凝固性以及血管收缩的药物

（1）肌内注射 0.3%凝血质注射液，以促进血液凝固。犬、猫 1～2 mg。

（2）肌内注射维生素 K_3 注射液，以促进血液凝固，增加凝血酶原。犬、猫 1～5 mg。

（3）肌内注射安络血注射液，以增强毛细血管的收缩力，降低毛细血管渗透性。犬、猫 1～5 mg。

（4）肌内注射酚磺乙胺注射液，以增强血小板机能及黏合力，减少毛细血管渗透性。犬、猫 0.25～0.5 mg。

（5）肌内注射或静脉注射对羧基苄胺（抗血纤溶芳酸），以抵抗血液纤维蛋白的溶解，抑制纤维蛋白原的激活因子，使纤溶酶原不能转变成纤溶酶，从而减少纤维蛋白的溶解而发挥止血作用。对于手术中的出血及渗血、尿血、消化道出血有较好的止血效果。使用时可加葡萄糖注射液或生理盐水注射，注射时宜缓慢。犬、猫 0.05～0.2 mg。

（二）局部预防性止血法

1. 肾上腺素止血 应用肾上腺素作局部预防性止血常配合局部麻醉进行。一般是在每 1 000 mL普鲁卡因溶液中加入 0.1%肾上腺素溶液 2 mL，利用肾上腺素收缩血管的作用，达到减少手术局部出血的目的，另外，肾上腺素还可增强普鲁卡因的麻醉作用，其作用可维持 20 min至 2 h。但手术局部有炎症病灶时，因高度的酸性反应，可减弱肾上腺素的作用。此外，在肾上腺素作用消失后，小动脉管扩张，若血管内血栓形成不牢固，可能发生二次出血。

2. 止血带止血 适用于四肢、阴茎和尾部手术。可暂时阻断血流，减少手术中的失血，有利于手术操作。用橡皮管止血带或其代用品——绳索、绷带时，局部应垫以纱布或手术巾，以防损伤软组织、血管及神经。

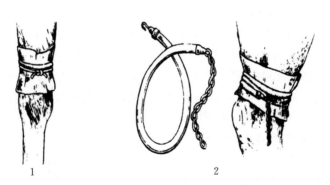

图 1-2-21　止血带的应用（1 和 2 为不同止血带代用品的用法）

橡皮管止血带的使用方法是：用足够的压力（以止血带远侧端的脉搏刚能消失为度），于手术部位上 1/3 处缠绕数周固定之，其保留时间为 2～3 h，冬季为 40～60 min，在此时间内如手术尚未完成，可将止血带临时松开 10～30 s，然后重新缠扎。松开止血带时，宜多次"松、紧、松、紧"的办法，严禁一次松开。

三、手术过程中止血法

（一）机械止血法

1. 压迫止血 用纱布压迫出血的部位，可使血管破口缩小、闭合，促使血小板、纤维蛋白和红细胞迅速形成血栓而止血。当毛细血管渗血和小血管出血时，如机体凝血机能正常，压迫片刻，出血即可自行停止。对于较大范围的渗血，利用温生理盐水、1%～2%麻黄素、0.1%肾上腺素等溶液浸湿再拧干的纱布块作压迫，有助于止血。术中用纱布压迫，还可以清除术部的血液，辨清组织和出血路径及出血点，以利于采取其他止血措施。为了提高压迫止血的效果，在止血时，必须是按压，不能擦拭，以免损伤组织或使血栓脱落。

2. 钳夹止血　利用止血钳最前端夹住血管的断端扣紧止血钳压迫，扭转止血钳1～2周，能使血管断端闭合，或用止血钳夹住片刻，轻轻去钳，能达到止血的目的。钳夹方向应尽量与血管垂直，钳住的组织要少，切不可作大面积钳夹。较大的血管断端钳夹时间应稍加延长或予以结扎。此法适用于小血管出血。

3. 结扎止血　此法是常用而可靠的基本止血法，多用于明显而较大血管出血的止血。结扎止血法有单纯结扎止血和贯穿结扎止血两种。

（1）单纯结扎止血法。是先以止血钳尖端钳夹出血点，助手将止血钳轻轻提起，使之尖端向下，术者用丝线绕过止血钳所夹住的血管及少量组织，助手将止血钳放平，将尖端稍挑起并将止血钳侧立，术者在钳端的深面打结（图1-2-22）。在打完第一个单结后，由助手松开并撤去止血钳，再打第二个单结。结扎时所用的力量也应大小适中，结扎处不宜离血管断端过近，所留结扎线尾也不宜过短，以防线结滑脱。

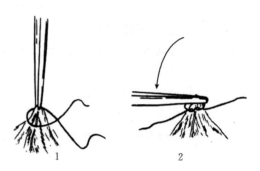

图1-2-22　单纯结扎止血法（1和2为单纯
结扎止血法步骤）

（2）贯穿结扎止血。又称缝合结扎止血法。方法是用止血钳将血管及其周围组织横行钳夹，用带有缝针的丝线穿过断端一侧，绕过一侧，再穿过血管或组织的另一侧打结的方法，称为"8"字缝合结扎法。两次进针处应尽量靠近，以免将血管遗漏在结扎之外（图1-2-23中1）。如将结扎线用缝针穿过所钳夹组织（勿穿透血管）后先结扎一结，再绕过另一侧打结，撤去止血钳后继续拉紧线再打结，即为单纯贯穿结扎止血法（图1-2-23中2）。

贯穿结扎止血的优点是结扎线不易脱落，适用于大血管或重要部分的止血。在不易用止血钳夹住的出血点，不可以用单纯结扎止血，而宜采用贯穿结扎止血的方法。

4. 创内留钳止血　用止血钳夹住创伤深部血管断端，并将止血钳留在创伤内24～48 h。为了防止止血钳移动，可用绷带把止血钳的柄环部固定在动物的体躯上。

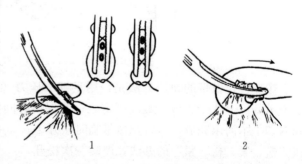

图1-2-23　贯穿结扎止血法
1."8"字缝合结扎法　2.单纯贯穿结扎止血法

5. 填塞止血　本法是在深部大血管出血一时找不到血管断端，钳夹或结扎止血困难时，采用灭菌纱布紧塞于出血的创腔或解剖腔内，压迫血管断端以达到止血目的。在填入纱布时，必须将创腔填满，以便有足够的压力压迫血管断端。填塞止血留置的敷料通常在 $12\sim24$ h 后取出。

6. 缝合止血 利用缝合使创缘、创壁紧密接触产生压力而止血的方法。常用于弥漫性出血和实质器官出血的止血。

(二) 电凝及烧烙止血法

1. 电凝止血法 利用高频电流通过电刀使组织接触电产热发生凝固达到止血目的。使用方法是用止血钳夹住血管断端，向上轻轻提起，擦干血液，将电凝器与止血钳接触，待局部发烟即可。电凝时间不宜过长，否则烧伤范围过大，影响切口愈合。在空腔脏器、大血管附近及皮肤等处不可用电凝止血，以免组织坏死，发生并发症。

电凝止血的优点是止血迅速，不留线结于组织内，但止血效果不完全可靠，凝固的组织易脱落而再次发生出血，所以对较大的血管仍应以结扎止血为宜，以免发生继发性出血。

2. 烧烙止血法 烧烙止血法用电烧烙器或烙铁的烧烙作用使血管断端收缩封闭而止血。其缺点是损伤组织较多，兽医临诊上多用于弥漫性出血的止血。使用烧烙止血时，应将电阻丝或烙铁烧得微红，才能达到止血的目的，但也不宜过热，以免组织炭化过多，使血管断端不能牢固堵塞。烧烙时，烙铁在出血处稍加按压后即迅速移开，否则组织黏附在烙铁上，当烙铁移开时会将组织扯离。

(三) 局部化学及生物学止血法

1. 麻黄素、肾上腺素止血 用 $1\%\sim2\%$ 麻黄素溶液或 0.1% 肾上腺素溶液浸湿的纱布进行压迫止血，临床上也常用上述药品浸湿系有棉线绳的棉包作鼻出血、拔牙后齿槽出血的填塞止血，待止血后拉出棉包。

2. 止血明胶海绵止血 明胶海绵止血多用于一般方法难以止血的创面出血，如实质器官、骨松质及海绵质出血。使用时将止血海绵铺在出血面上或填塞在出血的伤口内，即能达到止血的目的，如果在填塞后加以组织缝合，更能发挥优良的止血效果。止血明胶海绵的种类很多，如纤维蛋白海绵、氧化纤维素、白明胶海绵及淀粉海绵等。它们止血的基本原理是促进血液凝固和提供凝血时所需要的支架结构。止血海绵能被组织吸收并使受伤血管日后保持贯通。

3. 活组织填塞止血 该法是用自体组织如网膜，填塞于出血部位。通常用于实质器官的止血，如肝损伤用网膜填塞止血，或用取自腹部切口的带蒂腹膜、筋膜和肌肉瓣，牢固地缝在损伤的肝上。

4. 骨蜡止血 外科临诊上常用市售骨蜡制止骨质渗血，用于骨的手术和断角术。

四、急性出血的急救

1. 输血疗法 输血疗法是给患病动物静脉输入健康同种属动物血液的一种治疗方法。

输血的作用和意义：给患病动物输入血液可部分或全部地补偿机体所损失的血液，扩大血容量，同时补充了血液的细胞成分和某些营养物质。输血有止血作用，可促进凝血。输入血液能激化肝、脾、骨髓等各组织的功能，并能促进血小板、钙盐和凝血活酶进入血流中，这些对促进血液凝固有重要作用。输血对患病动物具有刺激、解毒、补偿以及增强生物学免疫功能等作用。

适应证及禁忌证：适用于大失血、外伤性休克、营养性贫血、严重烧伤、大手术的预防性止血等。禁忌证为严重的心血管系统疾病、肾疾病和肝病等。

血液的采集和保存：供血者应该是健康、体壮成年、无传染病和血液原虫病的动物。一般犬的供血者体重18～27 kg，每次采血4.5 mL/kg。为防止血液凝固，采血瓶中要加入抗凝剂。

血液相合性的判定：输血前必须进行血液相合性试验，以防发生输血反应。临床上常用的方法为玻片凝集试验法及生物学试验法。两者结合应用，更为安全可靠。每次输血时，最好先将供血者的少量血液（犬40～50 mL）注入受血者静脉内，注入后10 min内若受血者的体温、脉搏、呼吸及可视黏膜等无明显变化，即可将剩余的血液全部输入。

输血的路径、数量及速度：常用输血路径为静脉注射。一次输血量须按病情确定。急性大失血时，应该大量输血以挽救生命；以止血为目的，宜用小剂量，犬为5～7 mL/kg。输血速度宜缓慢，不宜过快。输血操作时严格保证无菌。

副作用及抢救：发热反应：输血后15～30 min，受血者出现寒战和体温升高，应停止输血。过敏反应：呼吸急迫，痉挛，皮肤有荨麻疹等症状，应停止输血。肌内注射苯海拉明或0.1％肾上腺素溶液。溶血反应：受血者在输血过程中突然不安，呼吸、脉搏增数，肌肉震颤，排尿频繁，高热、可视黏膜发绀等，应停止输血，配合强心、补液治疗。

2. 补充血容量　失血量较少时，一般情况下可得到代偿，并且骨髓造血功能增强，失去的血便可获得补足。中等量的失血可用补液代替输血。可静脉注射生理盐水或5％糖盐水。病畜体质差的需补以全血或把全血和晶体溶液（如生理盐水、复方氯化钠等）以1∶1混合后输入。大量失血时除用生理盐水等晶体液补足外，由于无法维持血中的胶体渗透压，单纯补入晶体溶液，很快经肾排出，仍然无法保持必要的血容量，一般都须输入全血、血浆等。血源困难时可用右旋糖酐和平衡液来代替血浆。

3. 应用止血药

（1）局部止血药。常用的局部止血药有3％三氯化铁、3％明矾、0.1％肾上腺素、3％醋酸铅等溶液，有促进血液凝固和使局部血管收缩的作用，用纱布浸透上述的某一种药液后填塞于创腔即可。

（2）全身止血药。常用10％枸橼酸钠、10％氯化钙等药液静脉注射，也可用凝血质、维生素 K_3 等药液肌内注射，其能增强血液的凝固性，促进血管收缩而止血。

🐾 思考与练习

1. 按受伤血管的不同出血可分为哪几类？

2. 二次出血和延期出血的原因分别是什么？

3. 术前全身预防性止血可注射哪些药物？犬、猫的用量分别是多少？

4. 手术过程中有哪些止血方法？

5. 急性大出血如何抢救？

6. 输血疗法有哪些作用和副作用？

情境四　缝合与拆线

缝合是将已经切开、切断或因外伤而分离的组织、器官进行对合或重建其通道，是外科手术中的基本操作技术，也是创口能否良好愈合、外科治疗能否成功的关键因素。缝合的目的在于促进止血，减少组织紧张度，防止创口哆开，保护创伤免受感染，为组织再生创造良好条件，以期加速创伤的愈合。拆线是指拆除皮肤缝线。

一、缝 线

缝线是用于闭合组织和结扎血管的缝合材料。缝线按照在宠物体内吸收的情况分为可吸收缝线和不可吸收缝线。缝合材料在宠物体内，60 d 内发生变形，其张力强度很快丧失的为可吸收缝线。缝合材料在宠物体内 60 d 以后仍然保持其张力强度的为不可吸收缝线。缝线按照来源又可分为天然缝线和人造缝线。选择缝线应根据缝线的生物学和物理学特性、创伤局部的状态以及各种组织创伤的愈合速度来决定。

（一）理想的缝线条件

完全理想的缝线目前是没有的，但是当前所使用的缝线，各自都具有其本身的优良特性。理想的缝线应该是在活组织内具有足够的缝合创伤的张力强度；对组织刺激性小；应该是非电解质、非毛细管性质、非变态反应和非致癌物质；打的结应该确实，不易滑脱；容易灭菌，灭菌时不变性，不受腐蚀；无毒性，不能隐藏细菌并可使其生长繁殖；理想的可吸收缝线应该在创伤愈合后 30～60 d 吸收，被包埋的缝线没有术后并发症。

（二）可吸收缝线

可吸收缝线按来源分为宠物源缝线和合成缝线两类。前者是胶原异体蛋白，包括肠线、胶原线和筋膜条等；后者为聚乙醇酸线，是近年来应用较为广泛的一种可吸收缝线。其型号从 0/6 到 1 号。

1. 肠线 肠线由羊肠黏膜下组织或牛的小肠浆膜组织制成，主要是结缔组织和少量弹力纤维。肠线经过铬盐处理，减少被胶原吸收的液体，因此肠线张力强度增加，变性速度减小。所以，铬制肠线吸收时间延长，并减少软组织对肠线的反应性。

（1）种类。肠线有 4 种类型即 A、B、C、D 型，A 型为普通型或未经铬盐处理型，在植入体内 3～7 d 被吸收，会引起严重的组织反应，张力强度很快丧失，手术时一般不使用，仅仅用于愈合迅速的组织，如用于浆膜、黏膜的缝合或小血管的结扎和感染创中使用。B 型为轻度铬盐处理型，植入体内 14 d 被吸收。C 型为中度铬盐处理型，植入体内 20 d 被吸收，是手术最常用的肠线，一般用于尿道黏膜、胃肠黏膜、膀胱、子宫及眼科手术和被感染的皮肤、肌肉等的缝合。D 型为超级铬盐处理型，植入体内 40 d 被吸收。

（2）体内吸收过程。首先在组织内因酸的水解作用和溶胶原作用使分子键断裂造成肠线张力强度丧失；其次，肠线植入体内后期，由于蛋白分解酶出现，使肠线消化和吸收。肠线为异体物质，植入体内后会发生异物反应，产生刺激作用。当用肠线缝合胃时，在酸性胃蛋白酶的作用下，吸收速度加快；在被感染的创伤和血管丰富的组织可看到肠线过早地被吸收。蛋白氮缺乏的衰竭患畜，肠线吸收也加速。

（3）使用肠线时应注意下列 5 个问题。①刚从玻管贮存液内取出的肠线质地较硬，须在温生理盐水中浸泡，待柔软后再用，但浸泡时间不宜过长，以免肠线膨胀、易断。②不可持针钳、止血钳夹持肠线，也不要将肠线扭折，以免其皲裂、易断。③肠线经浸泡吸水后发生膨胀，较滑，当结扎时，结扎处易松脱，所以须用三叠结，剪断后留的线头应较长，以免滑脱。④由于肠线是异体蛋白，在吸收过程中可引起较大的组织炎症反应，所以一般多用连续缝合，以免线结太多致使手术后异物反应显著。⑤在不影响手术效果的前提下，尽量选用细肠线。

（4）缺点。易诱发组织的炎症反应，张力强度丧失较快，偶尔能出现过敏反应。肠线一般运用于胃肠、泌尿生殖道的缝合，不能用于胰手术，因肠线易被胰液消化。

2. 聚乙醇酸缝线　该缝线是羟基乙酸的聚合物，是一种人工合成的可吸收缝线。

（1）特点。聚乙醇酸缝线的张力比铬制肠线约强 25%，在活体上第六天其张力不变，但组织反应与肠线相比明显减小，完全吸收需 $40\sim60$ d。其他特点与肠线相似。

（2）体内吸收过程。聚乙醇酸缝线的吸收方式是脂酶作用，被水解而吸收。试管内试验观察，聚乙醇酸水解产物是很有效的抗菌物质，吸收过程、炎症反应很轻微。在碱性环境中水解作用很快，试管内观察，在尿液里过早被吸收。

（3）应用。聚乙醇酸缝线适用于清净创和感染创的缝合。不应该缝合愈合较慢的组织（韧带、腱），因为该缝线张力强度丧失较快。

（4）缺点。该缝线穿过组织时费力、缓慢、能切断脆弱组织，在使用前要浸湿，以减少摩擦系数。该缝线打结不确实，打结时，每道结要注意拉紧，打三叠结或多叠结，以防松脱。

（三）不可吸收缝线

1. 丝线　丝线是蚕茧的连续性蛋白质纤维，是传统的、应用广泛的不可吸收缝线。它的优点是有柔韧性、组织反应小、质软不滑、打结方便、来源容易、价格低廉、拉力较好，但不能被吸收，在组织内为永久性异物。

丝线有黑色和白色两种，并有多种型号，有 0/5 到 18 号，号越大线越粗，用于缝合不同的组织。丝线的规格、用途和特点见表 1-2-3。

丝线灭菌不当，如高压蒸气灭菌时间过长、温度及压力过高或重复灭菌等，易使丝线变脆、拉力减小。一般要求条件是 6.67×10^5 Pa 压力下灭菌 20 min。煮沸灭菌对丝线影响较少，但重复煮沸或时间过长，丝线膨胀，拉力减弱。因此在每一次消毒后，未用完的丝线应及时浸泡在95%酒精内保存，待下次手术时直接取出使用。

表 1-2-3　丝线的规格、用途和特点

规　格	一般用途	特　点
细（0、1、4号）	用于肠管缝合，小血管结扎，尿道黏膜缝合等张力不大的精细手术	1. 组织反应轻，愈合快，术后瘢痕小
中（7号）	用于肌膜、腹膜的缝合，中等血管的结扎，中、小宠物的胃、皮肤等的缝合和精索结扎等	2. 不能被吸收，日久被包埋，因此不能用于污染创，否则容易形成窦道
粗（10号）	用于大宠物的皮肤缝合，疝修补术，牛、马去势时精索的结扎	3. 柔软、张力好，易于消毒，不易滑脱
特粗（12、18号）	用于张力大的皮肤缝合，特别是作减张缝合时用	4. 价廉易得

2. 不锈钢丝　现在使用的不锈钢丝是唯一被广泛接受的金属缝线。适用于制作不锈钢丝的材料是铬镍不锈钢。有单丝和多丝不锈钢丝。

不锈钢丝生物学特性为惰性，植入组织内不引起炎症反应。植入组织内，能保持其张力强度，适用于愈合缓慢的组织的缝合，如筋膜、肌腱的缝合及皮肤减张缝合。该缝线操作困难，特别是打结困难，打结的锐利断端刺激组织，引起局部组织坏死，因此，对于易活动的组织，打结断端要细致处理。缝合张力大的组织，应垫橡皮管，以防钢丝割裂皮肤。

3. 尼龙缝线 尼龙由六次甲基二胺和脂肪酸制成。尼龙缝线分为单丝和多丝两种。其生物学特性为惰性，植入组织内对组织影响很小。张力强度较强。单丝尼龙缝线无毛细管现象，在污染的组织内感染率较低。单丝尼龙缝线可用于血管缝合，多丝尼龙缝线适用于皮肤缝合，但是不能用于浆膜腔和滑膜腔缝合，因为埋植的锐利断端能引起局部摩擦而产生炎症或坏死，其缺点是：操作使用较困难，打结不确实，要打三叠结。

4. 组织黏合剂 使用最广泛的组织黏合剂是腈基丙烯酸酯。腈基丙烯酸酯的单分子由聚合作用从液态而转化为固态。这一转化过程是在组织表面存在少量水分子起催化作用而进行的。根据涂膜厚度和湿度不同，其凝结时间不同，一般凝结时间在 $2 \sim 60$ s。组织黏合剂用于实验性和临床实践上的口腔手术，肠管吻合术。

（四）缝线的选择

缝线的选择应根据缝线的生物学、物理学和兽医临床需要情况来决定。选择缝线应遵循下列原则：

1. 缝线张力强度应该和被缝合组织获得张力强度相适应 皮肤张力强，愈合慢，缝线强度要求较强，植入组织内，其强度要求保持时间较长。不可吸收缝线适用于皮肤缝合。胃、肠组织脆弱，愈合快，要求缝线强度较小，植入组织内保持张力强度在 $14 \sim 21$ d，可吸收缝线适用于这些组织。

2. 缝线的生物学作用能改变创伤愈合过程 同样的线，单丝缝线耐受污染创比多丝缝线好。人造缝线抵抗创伤感染能力比天然缝线好。聚乙醇酸缝线、单丝尼龙等用于污染组织，感染率很低。膀胱、胆囊的缝合，应用丝线易形成结石。

3. 缝线机械特性应该与被缝合的组织特性相适应 聚丙烯和尼龙缝线最适用于缝合具有伸延性组织，例如皮肤；而肠线和聚乙醇酸缝线适用于较脆弱组织，例如肠管、子宫等。

4. 不同的组织使用不同的缝线 皮肤缝合使用丝线、尼龙等不可吸收缝线；皮下组织的缝合使用人造可吸收缝线；腹壁和许多其他部位的筋膜的缝合应使用中等规格尼龙等不可吸收缝线。对张力较小部位的筋膜，可以应用人造可吸收缝线。肌肉缝合应用人造可吸收或不可吸收缝线。空腔器官缝合应用肠线、聚乙醇酸缝线和单丝不可吸收缝线。腱的修补通常应用尼龙、不锈钢丝等。聚丙烯缝线、尼龙缝线用于血管缝合。神经缝合要考虑对缝合组织无反应性，应用尼龙和聚丙烯缝线。

二、缝合的基本要求

在愈合能力正常的情况下，愈合是否完善与缝合的方法及操作技术有一定的关系。为了确保愈合，缝合时要遵守下列原则。

（1）严格遵守无菌操作。缝合时尽量局限在术区，避免和有菌物件接触，以防止感染。被污染的器材均应弃去或重新消毒后再用。

（2）缝合前必须彻底止血，清除创内凝血块、异物及无生机的组织。

（3）为了使创缘均匀接近，在两针孔之间要有相当距离，以防拉穿组织。

（4）缝针刺入和穿出部位应彼此相对，针距相等，否则易使创伤形成皱襞或裂隙。

（5）凡无菌手术创或非污染的新鲜创经外科常规处理后，可作对合密闭缝合。具有化脓腐败过程以及具有深创囊的创伤可不缝合，必要时作部分缝合。

（6）在组织缝合时，一般是同层组织相缝合，除非特殊需要，不允许把不同类的组织缝合在一起。缝合、打结应有利于创伤愈合，如打结时既要适当收紧，又要防止拉穿组织，缝合时不宜过紧，否则将造成组织缺血。

（7）合理应用缝针、缝线，正确地选用缝合方法。按照组织张力的大小，选用不同粗细的缝针和缝线。细小的组织应用细线、小针。应用圆针缝合皮肤常很困难，需改用三棱针，内脏器官不能应用三棱针。张力比较大的创口需采用减张缝合。所有内脏器官均应采用内翻缝合，以使浆膜贴紧，利于愈合。皮肤、肌肉大都用间断缝合，以保证血液供应，术后即使有1~2针发生断裂，也不至于发生创口全部哆裂。腹膜则用连续缝合，保证密闭。

（8）松紧适宜。过松，创缘裂开，运动时创缘不时发生摩擦，不利于愈合；过紧，缝合部血液循环障碍，组织反应重，易导致水肿，反而使缝线环更趋紧张，缝线嵌入组织，以致局部发生缺血性坏死或缝线断裂、创口哆开。

（9）创缘、创壁应互相均匀对合，皮肤创缘不得内翻，创伤深部不应留有死腔、积血和积液。缝合的深浅要适宜，缝线应正好穿过创底。过深会造成皮肤内陷，过浅则皮肤下造成死腔。缝合后的皮肤应稍微外翻，以利愈合。在条件允许时，可作多层缝合，正确与不正确的缝合见图1-2-24。

（10）缝合的创伤，若在手术后出现感染症状，应迅速拆除部分缝线，以便排出创液。

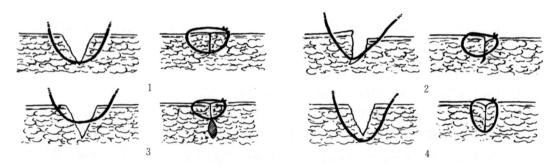

图1-2-24　正确与不正确的切口缝合

1. 正确的缝合　2. 两侧皮肤创缘不在同一平面，边缘错位　3. 缝合太浅，形成死腔　4. 缝合太紧，皮肤内陷

三、打　　结

打结是外科手术最基本的操作之一，正确而牢固地打结是结扎止血和缝合的重要环节。熟练地打结，不仅可以防止结扎线的松脱而造成的创伤哆开和继发性出血，而且可以缩短手术时间。

1. 结的种类　常用的结有方结、三叠结和外科结。如若操作不正确，会出现假结或滑结，这两种结应避免发生。

（1）方结。又称平结，由两个方向相反的单结组成（图1-2-25中1）。此结比较牢固，不易滑脱，是手术中最常用的结。用于结扎较小的血管和各种缝合时的打结。

（2）三叠结。又称加强结、三重结，是在方结的基础上再加一个与第二单结方向相反（与第一单结相同）的单结，共3个单结（图1-2-25中2）。此结的缺点是遗留于组织中的结扎线较多。三叠结常用于有张力部位的缝合，大血管和肠线的结扎。

（3）外科结。打第一个单结时绕两次，使摩擦面增大（图 1-2-25 中 3），故打第二个结时第一单结不易滑脱和松动。此结牢固可靠，多用于大血管、张力较大的组织和皮肤缝合。

（4）假结。又称斜结或十字结。是打方结时，因打第二个单结的动作与第一个单结相同，使两个单结方向一致而形成（图 1-2-25 中 4）。此结易松脱，不应采用。

（5）滑结。打方结时，虽则两手交叉打结，但两手用力不均，只拉紧一根线而形成（图 1-2-25 中 5）。滑结极易滑脱，应注意避免使用。

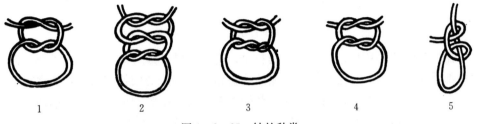

图 1-2-25　结的种类
1. 方结　2. 三重结　3. 外科结　4. 假结　5. 滑结

2. 打结方法　常用的打结方法有三种，即单手打结法、双手打结法和器械打结法。

（1）单手打结法。左右手均可打结。虽各人打结的习惯常有不同，但基本动作相似（图 1-2-26）。一手持线端打结时，需要另手持另一线端进行配合。用力不均或紧线方向错误会出现滑结。图 1-2-26 示右手单手打结法。右手持线端；左手持较长线端或线轴。若结扎线的游离端短线头在结扎右侧，可依次先打第一个单结，然后再打第二个单结，若游离的短线头在结扎的左侧，则应先打第二个单结，然后再打第一单结。若短端在结扎点的左侧，也可用左手照正常顺序进行打结。

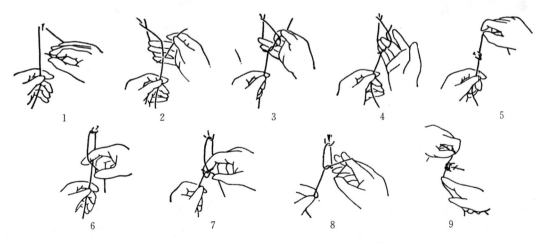

图 1-2-26　单手打结法（1～9 为打结步骤）

（2）双手打结法。第一个单结与单手打结法相同，第二个单结换另一只手以同样方法打结（图 1-2-27）。除了用于一般结扎外，结扎较为方便可靠，不易出现滑结。适用于深部、较大血管的结扎或组织器官的缝合。左、右手均可为打结的主手，第一、第二两个单结的顺序可以颠倒。

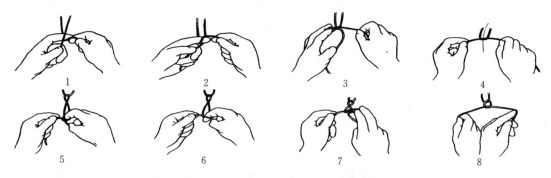

图 1-2-27　双手打结法（1~8 为打结步骤）

（3）器械打结法。用持针钳或止血钳打结。适用于结扎线过短、狭窄的术部、创伤较深和某些精细手术的打结。方法是把持针钳或止血钳放在缝线的较长端与结扎物之间，用长线头端缝线环绕持针钳一圈后，用持针钳夹住短线头，交叉拉紧即可完成第一单结；打第二结时将长线头用相反方向环绕持针钳一圈后，再用持针钳夹住短线头拉紧，成为方结（图 1-2-28）。

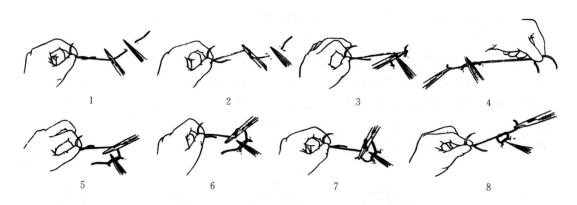

图 1-2-28　器械打结法（1~8 为打结步骤）

3. 打结注意事项

（1）打结收紧时要求三点成一直线，即左、右手的用力点与结扎点成一直线，不可成角向上提起，否则结扎点容易撕脱或结松脱。

（2）无论用何种方法打结，第一结和第二结的方向不能相同，即两手需交叉，否则即成假结。如果两手用力不均，可成滑结。

（3）用力均匀，两手的距离不宜离线太远，特别是深部打结时，最好用两手食指伸到结旁，以指尖顶住双线，两手握住线端，徐徐拉紧，否则易松脱（图 1-2-29）。埋在组织内的结扎线头，在不引起结扎松脱的原则下，剪短以减少组织内的异物。重要部位的结扎线和肠线头留长些，缝合皮下的细丝线头留短些。丝线、棉线一般留 3~5 mm，较大血管的结扎应略长，以防滑脱，肠线留 4~6 mm，不锈钢丝 5~10 mm，并应将钢丝头扭转埋入组织中。

（4）正确的剪线方法是术者结扎完毕后，将双线尾提起略偏术者的左侧，助手用稍张开的剪刀尖沿着拉紧的结扎线滑至结扣处，再将剪刀稍向上倾斜，然后剪断，倾斜度越大，所留线头越长，倾斜的角度取决于要留线头的长短（图 1-2-30）。如此操作比较迅速准确。

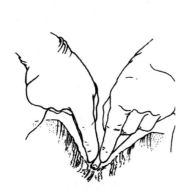

图 1-2-29　深部打结法

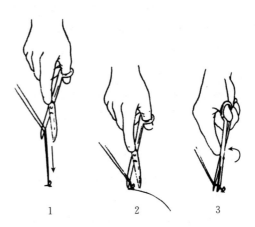

图 1-2-30　剪线法（1～3 为剪线法步骤）

四、缝合方法与缝合技术

（一）缝合方法

当前兽医外科手术中软组织缝合的方法甚多，可依缝合后两侧组织边缘的位置状况将常用的缝合方法归纳为对接缝合法、内翻缝合法及外翻缝合法。各种缝合又可依据缝合时一根线在缝合过程中是否打结和剪断的情况分为间断缝合和连续缝合。一根线仅缝一针或两针，单独一次打结，称为间断缝合。以一根缝线在缝合中不剪断缝线打结，仅在缝合开始和创口闭合缝合结束时打结的缝合方法称为连续缝合。

1. 对接缝合法　缝合后切口两侧组织彼此平齐靠拢。常用的单纯缝合法有：

（1）单纯间断缝合。又称结节缝合，是最常用的缝合方式。缝合时，将缝针引入 15～25 cm 缝线，于创缘一侧垂直刺入，于对侧相应的部位穿出打结。每缝一针，打一次结（图 1-2-31）。缝合时要求创缘要密切对合。缝线距创缘距离，根据缝合的皮肤厚度来决定，犬、猫 0.3～0.5 cm，大动物 0.8～1.5 cm。缝线间距要根据创缘张力来决定，使创缘彼此对合，一般间距 0.5～1.5 cm。打结在切口同一侧，防止压迫切口。用于皮肤、皮下组织、筋膜、黏膜、血管、神经、胃肠道缝合。

图 1-2-31　单纯间断缝合

单纯间断缝合的优点是操作相对容易，迅速。在愈合过程中，即使个别缝线断裂，其他邻近缝线不受影响，不致整个创面裂开。能够根据各种创缘的伸延张力正确调整每个缝线张力。如果创口有感染可能，可将少数缝线拆除排液。对切口创缘血液循环影响较小，有利于创伤的愈合。其缺点是需要较多时间，使用缝线较多。

（2）单纯连续缝合。又称螺旋形缝合，是用一根长的缝线自始至终连续地缝合一个创口，最后打结（图 1-2-32）。即开始先作一结节缝合，打结后剪去缝线短头，用其长线头连续缝合，以后每缝一针，对合创缘，避免创口形成皱褶，使用同一缝线以等距离缝合，拉紧缝线，最后将线尾留在穿入侧与缝针所带之双股缝线打结。此种缝合法具有缝合速度快、打结少、创缘对合严密、止血效果较佳等优点。但抽线过紧，会使环形缝合缩小，且若有一处断裂或因伤口感染而需剪开部分缝线作引流时，会导致伤口全部哆开。常用于具有弹性、无太大张力的较长创口，如用于皮下组织、筋膜、血管、胃肠道的缝合。

图1-2-32 单纯连续缝合

（3）"8"字形缝合法。又称为十字缝合法，可分内"8"字形和外"8"字形两种（图1-2-33）。内"8"字形缝合多用于数层组织构成的深创的缝合，在创缘的一侧进针，在进针侧的创面中部出针，第二针于对侧创面中部稍下方进针，方向向创底，通过创底出针后，再穿向第一针出针处出针的稍下方出针，最后于第二进针点的稍上方进针，于相对的创缘处出针。外"8"字形缝合时，第一针开始，缝针从一侧到另一侧出针后，第二针平行第一针从第一针进针侧穿过切口到另一侧，缝线的两端在切口上交叉形成X形，拉紧打结。用于张力较大的皮肤和腱的缝合。

（4）连续锁边缝合法。又称锁扣缝合，这种缝合方法开始与结束与单纯连续缝合法相同，只是每一针要从缝合所形成的线襻内穿出（图1-2-34）。这种缝合法能使创缘对合良好，并使每一针缝线在进行下一次缝合前就得以固定，缝线均压在创缘一侧。多用于皮肤直线形切口及薄而活动性较大部位的缝合。

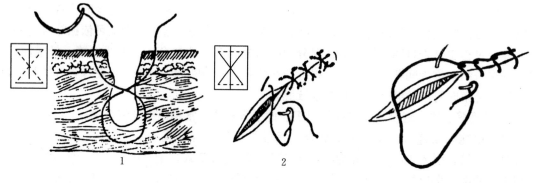

图1-2-33 "8"字形缝合法
1. 内"8"字形　2. 外"8"字形

图1-2-34 连续锁边缝合法

（5）表皮下缝合法。这种缝合适用于宠物表皮下缝合。缝合从切口一端开始，缝针刺入真皮下，再翻转缝针刺入另一侧真皮，在组织深处打结。应用连续水平褥式缝合平行切口。最后缝针翻转刺向对侧真皮下打结，埋置在深部组织内（图1-2-35）。一般选择可吸收缝合材料。这种缝合法的优点是能消除表皮缝针孔所致的小瘢痕，操作快，节省缝线。其同样具有连续缝合的缺点且这种缝合方法张力强度较差。

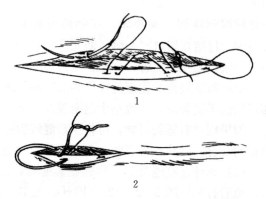

图1-2-35 表皮下缝合法（1和2为缝合步骤）

（6）减张缝合法。适用于张力大的组织缝合，可减少组织张力，以免缝线勒断针孔之间的组织或将缝线拉断。减张缝合常与结节缝合一起应用。操作时，先在距创缘比较远处（2～4 cm）作几针等距离的结节（减张）缝合（图1-2-36）；缝线两端可系缚纱布卷或橡胶管等（这种方法也称圆枕缝合法），借以支持其张力，其间再作几针结节缝合即可（图1-2-37）。

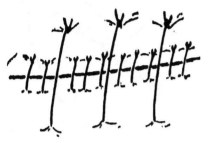

图1-2-36　减张缝合法

图1-2-37　圆枕缝合法
1. 缝线两端系缚纱布卷　2. 缝线两端系缚橡胶管

（7）挤压缝合法。挤压缝合用于肠管吻合的单层间断缝合法，尤其适用于犬、猫的肠管吻合缝合。缝针刺入浆膜、肌层、黏膜下层和黏膜层进入肠腔。在越过切口前，从同侧肠腔再刺入黏膜到黏膜下层。越过切口，转向对侧，从黏膜下层刺入黏膜层进入肠腔。在同侧从黏膜层、黏膜下层、肌层到浆膜刺出肠表面。两端缝线拉紧、打结（图1-2-38）。这种缝合是浆膜、肌层相对接；黏膜、黏膜下层内翻。这种缝合是肠组织本身组织的相互压挤，具有良好的防止液体泄漏，肠管吻合的密切对接和保持正常的肠腔容积的作用。

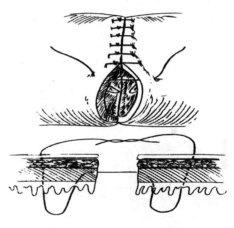

图1-2-38　挤压缝合法

2. 内翻缝合　缝合后两侧组织边缘内翻，使吻合口周围浆膜层互相粘连，外表光滑，以减少污染，促进愈合。主要用于胃肠、子宫、膀胱等空腔器官的缝合。

（1）伦勃特（Lembert）氏缝合法。又称为垂直褥式内翻缝合法，是胃肠手术的传统缝合方法。分为间断与连续两种，常用的为间断伦勃特氏缝合法。在胃或肠吻合时，用以缝合浆膜肌层。

间断伦勃特氏缝合法：胃肠手术中最常用、最基本的浆膜肌层内翻缝合法（图1-2-39）。于距吻合口边缘外侧约3 mm处横向进针，穿经浆膜肌层后于吻合口边缘附近穿出；越过吻合口于对侧相应位置作方向相反的缝合。每二针间距3～5 mm。结扎不宜过紧，以防缝线勒断肠壁浆膜肌层。

连续伦勃特氏缝合法：于切口一端开始，先作一浆膜肌层内翻缝合并打结，再用同一缝线作浆膜肌层连续缝合至切口另一端结束时再打结（图1-2-40）。其用途与间断内翻缝合相同。

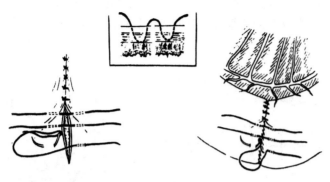

图1-2-39　间断伦勃特氏缝合法　　　　　图1-2-40　连续伦勃特氏缝合法

（2）库兴（Cushing）氏缝合法。又称连续水平褥式内翻缝合法，这种缝合法是从伦勃特氏连续缝合法演变来的。缝合方法是于切口一端开始先做一浆膜肌层间断内翻缝合，再用同一缝线于距切口边缘2～3 mm处刺入一侧肠壁的浆膜肌层，缝针在黏膜下层内沿与切口边缘平行方向行针3～5 mm；穿出浆膜肌层，垂直横过切口，在与出针直接对应的位置穿透对侧浆膜肌层做缝合（图1-2-41）。结束时，拉紧缝线再作间断伦勃特氏缝合后结扎。适用于胃、子宫浆膜肌层缝合。

（3）康奈尔（Connel）氏缝合法。又称连续全层内翻缝合法，其缝合法与连续水平褥式内翻缝合基本相同，仅在缝合时缝针要贯穿全层组织，随时拉紧缝线，使两侧边缘内翻（图1-2-42）。多用于胃、肠、子宫壁缝合。

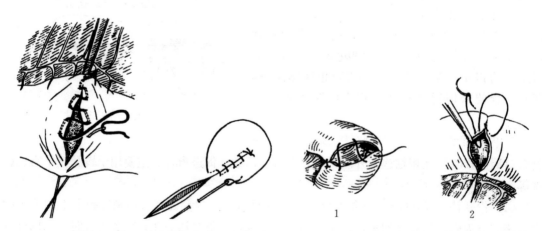

图1-2-41　库兴氏缝合法　　　　图1-2-42　康奈尔氏缝合法（1和2均为康奈尔氏缝合法）

（4）荷包缝合法。又称袋口缝合（图1-2-43），即在距缝合孔边缘3～8 mm处沿其周围作环状的浆膜肌层连续缝合，缝合完毕后，先作一单结，并轻轻向上牵拉时，将缝合孔边缘组织内翻包埋后，拉紧缝线，完成结扎。主要用于胃肠壁上小范围的内翻缝合，如缝合小的胃肠穿孔。此外还用于胃肠、膀胱插管引流固定的缝合方法及肛门、阴门暂时缝合以防脱出。

3. 外翻缝合　缝合后切口两侧边缘外翻，里面光滑。常用于松弛皮肤的缝合、减张缝合及血管吻合等。

（1）间断垂直褥式外翻缝合。间断垂直褥式外翻缝合是一种减张缝合。缝合时，缝针先于距离创缘 8～10 mm处刺入皮肤，经皮下组织垂直横过切口，到对侧相应处刺出皮肤。然后缝针翻转在穿出侧距切口缘 2～4 mm刺入皮肤，越过切口到相应对侧距切口 2～4 mm 处刺出皮肤，与另一端缝线打结（图1-2-44）。该缝合要

图1-2-43　荷包缝合法

求缝针刺入皮肤时，只能刺入真皮下，切口两侧的刺入点要求接近切口，这样皮肤创缘对合良好，又不使皮肤过度外翻。缝线间距为 5 mm。该缝合方法具有较强的抗张力强度，对创缘的血液供应影响较小；但缝合时，需要较多时间和较多的缝线。

（2）间断水平褥式外翻缝合。特别适用于犬和牛、马的皮肤缝合。针刺入皮肤，距创缘 2～3 mm，创缘相互对合，越过切口到对侧相应部位刺出皮肤，然后缝线与切口平行向前约 8 mm，再刺入皮肤，越过切口到相应对侧刺出皮肤，与另一端缝线打结（图1-2-45）。

图1-2-44　间断垂直褥式外翻缝合

图1-2-45　间断水平褥式外翻缝合

该缝合要求缝针刺入皮肤时，刺在真皮下，不能刺入皮下组织，这样皮肤创缘对合才能良好（图1-2-46）。根据缝合组织的张力，每个水平褥式缝合间距为 4 mm 左右。该缝合具有一定抗张力条件，对于张力较大的皮肤，可在缝线上放置胶管或纽扣，增加抗张力强度。

1

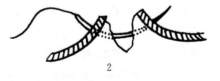

2

图1-2-46　水平褥式缝合的位置
1. 正确缝合位置　2. 不正确缝合位置

（3）连续外翻缝合。多用于腹膜缝合和血管吻合。若胃肠胀气、张力较大或炎症所致腹膜水肿，均需用连续外翻缝合以避免腹膜撕裂。缝合时自腔（血管）外开始刺入腔（管）内，再由对侧穿出，于距1～5 mm 处再向相反方向进针。两端可分别打结或与其他缝线头打结（图1-2-47）。

（4）近远-远近缝合。近远-远近缝合是一种张力缝合。第一针接近创缘垂直刺入皮肤，越过创底，到对侧距切口较远处垂直刺出皮肤。翻转缝针，越过创口到第一针刺入侧，距创缘较远处，垂直刺入皮肤，越过创底，到对侧距创缘近处垂直刺出皮肤，与第一针缝线末端拉紧打结（图1-2-48）。

图1-2-47　连续外翻缝合　　　　　　　图1-2-48　近远-远近缝合

优点：该缝合方法创缘对合良好，具有一定抗张力强度。

缺点：切口处有双重缝线，需要缝线数量较多。

（二）软组织缝合

1. 皮肤的缝合　一般常用单纯间断缝合法，每侧边距为0.5～1 cm；针距1.0～1.5 cm。可根据皮下脂肪厚度及皮肤的弛张度而略有增减。皮下脂肪厚者，边距及针距均可适当增加；皮肤松弛者，应适当变小。缝合皮肤时必须用断面为三棱形的弯针或直针。缝合材料一般选用丝线。缝合结束时在创缘侧面打结，打结不能过紧。皮肤缝合完毕后，必须再次将创缘对好。

2. 皮下组织的缝合　缝合时要使创缘两侧皮下组织相互靠拢，消除组织的空隙，这样可减小皮肤缝合的张力。使用可吸收性缝线或丝线作单纯间断缝合，打结应埋置在组织内。选用圆弯针进行缝合。

3. 肌肉的缝合　肌肉缝合要求将纵行纤维紧密连接，瘢痕组织生成后，不能影响肌肉收缩功能。缝合时，应用结节缝合分别缝合各层肌肉。当小宠物手术时，肌肉一般是纵行分离而不切断，因此，肌肉组织经手术细微整复后，可不需要缝合。对于横断肌肉，因其张力大，应该在麻醉或使用肌松剂的情况下连同筋膜一起进行结节缝合或水平褥式外翻缝合。

4. 腹膜的缝合　一般用0号或1号缝线、圆弯针行单纯连续缝合。如腹膜张力较大，缝合容易撕破时，可用连续水平褥式外翻缝合或连续锁边缝合。若腹膜对合不齐或个别针距较大时，可加补1～2针单纯间断缝合。腹膜缝合必须完全闭合，不能使网膜或肠管漏出或嵌闭在缝合切口处形成疝。

5. 血管的缝合　血管缝合常见的并发症是出血和血栓形成。血管端吻合要严格执行无菌操作，防止感染。血管内膜紧密相对，因此，血管的边缘必须外翻（图1-2-49），让内膜接触，外膜不得进入血管腔。缝合处不宜有张力，血管不能有扭转。血管吻合时，应该用弹力较低的无损伤的血管夹阻断血流。缝合处要有软组织覆盖。

6. 空腔器官缝合　空腔器官（胃、肠、子宫、膀胱）缝合，根据空腔器官的生理解剖学和组织学特点，缝合时要求良好的密闭性，防止内容物泄漏；保持空腔器官的正常解剖组织学结构和蠕动收缩机能。因此，对于不同器官，缝合要求是不同的。

胃缝合：胃内具有高浓度的酸性内容物和消化酶。缝合时要求良好的密闭性，防止污染，缝线要保持一定的张力强度，因为术后宠物呕吐或胃扩张对切口产生较强压力；术后胃腔容积减少，对宠物影响不大。因此，胃第一层用连续水平内翻缝合。第二层缝合在第一层缝合上面，采用浆肌层间断或连续垂直褥式内翻缝合。

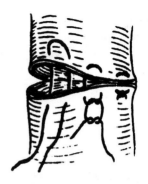

图1-2-49 水平褥式外翻缝合

小肠缝合：小肠血液供应好，肌肉层发达，其解剖特点是低压力导管，而不是蓄水囊。其内容物是液态的，细菌含量少。小肠缝合后3～4 h，纤维蛋白覆盖密封在缝线上，产生良好的密闭条件，术后肠内容物泄漏发生机会较少。由于小肠肠腔较小，缝合时防止肠腔狭窄是重要的。因此，可行间断全层内翻缝合法再行浆肌层内翻缝合。较小的胃肠道穿孔可用间断或平行褥式外翻缝合法将内层掩盖。

大肠缝合：大肠内容物是固态的，细菌含量多。大肠缝合并发症是内容物泄漏和感染。内翻缝合是唯一安全的方法。内翻缝合时浆膜与浆膜对合，防止肠内容物泄漏，并能保持足够的缝合张力强度。内翻缝合采用第一层连续全层或连续水平内翻缝合，第二层采用间断垂直褥式浆膜肌层内翻缝合。内翻缝合部位血管受到压迫，血流阻断，术后第三天黏膜水肿、坏死，第五天内翻组织脱落。黏膜下层、肌层和浆膜保持接合强度。术后14 d左右瘢痕形成，炎症反应消失。

子宫缝合：剖宫取胎术实行子宫缝合有其特殊意义，因为子宫缝合不良会导致母畜不孕，术后出血和腹腔内粘连。缝合时最好是作两层浆膜肌层内翻缝合，使线结既不露于子宫内膜，也不使子宫表面暴露。

空腔器官缝合时，要求使用无损伤性缝针，圆体针，以减少组织损伤。

7. 神经的缝合 神经缝合应操作轻柔、有精细的缝合器械、神经横断面要准确对合、避免神经鞘内和神经周围出血、缝合时不能损伤神经组织。

神经断裂后，远侧端神经变性，神经断端缝合后，近端神经轴伸入远端，近端神经纤维在没有瘢痕、血块、异物时开始伸入远端，恢复神经的传导功能。外周神经损伤断裂后，缝合愈早，功能恢复的希望愈大。创口清净，神经断裂面整齐是缝合效果良好的有利条件。当有创口感染、有严重的关节僵直、肌肉重度萎缩、神经缺损过大、缝合张力无法解除时不能进行神经缝合。

神经缝合依损伤程度不同，可分为端端缝合和部分端端缝合两种。

（1）端端缝合。用以修复神经干完全断裂。对新鲜损伤，经清创后，用利刃修切神经干两断端使断面整齐，然后在神经两端的内外侧各缝一针，作固定牵引线，按2～3 mm的针距，2 mm左右的边距用细丝线作结节或单纯连续缝合。前侧缝合完毕后，调换固定缝线，使神经翻转180°，以同法缝合后侧（图1-2-50）。缝合后，神经置于健康肌肉或皮下组织内覆盖。

（2）部分端端缝合。用于修复部分断裂的神经干，对新鲜的神经部分切割断面整齐者，可直接作结节缝合。反之，用利刃切除损伤部分，再行部分端端缝合。

图 1-2-50 神经端端缝合

A. 新鲜神经损伤的处理 B. 神经断端缝合法

1. 定点缝合 2. 缝合前侧 3. 缝合后侧

对晚期神经部分断裂伤，应将神经充分显露并游离出来，在健康与损伤的交界处，纵切神经外膜，仔细地分开损伤与正常的神经束，切除神经纤维瘤或疤痕组织，将两断端对合后作结节缝合（图 1-2-51）。缝合时要消除部分张力，以免断端接触不良妨碍神经再生。

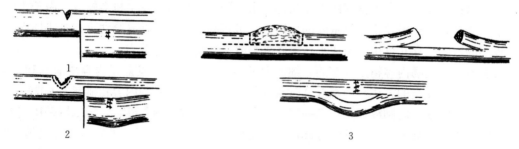

图 1-2-51 神经部分端端缝合

1. 损伤断面整齐得可直接缝合 2. 断面有挫伤者，经清创并切除损伤部分再缝合

3. 对陈旧性神经部分损伤缝合时，先切除神经纤维瘤疤痕组织，再行部分端端缝合

8. 腱的缝合 腱的断端应紧密连结，如果末端间有裂缝被结缔组织填补，将影响腱的功能。操作要轻柔，不能使腱的末端受到挫伤而引起坏死。缝合部位周围粘连，会妨碍腱愈合后的运动。因此，要保留腱鞘或重建；腱、腱鞘和皮肤缝合部位，不要相互重叠，以减少腱周围的粘连，手术必须在无菌操作下进行。腱的缝合使用白奈尔氏（Bunned）缝合，缝线放置在腱组织内，以保持腱的滑动机能（图 1-2-52）。腱鞘缝合应使用不可吸收缝合材料，可使用特制的细钢丝进行结节缝合。缝合完毕后，一般至少要进行肢体固定三周，使缝合的腱组织不负担任何张力。

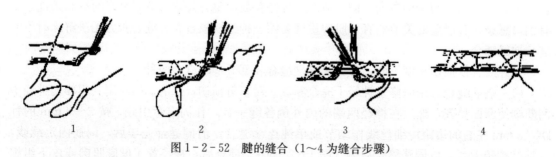

图 1-2-52 腱的缝合（1～4 为缝合步骤）

9. 实质器官缝合 不同器官组织的解剖结构不同，其缝合方法是不同的。脾组织非常脆弱，如果脾损伤时，不能缝合，只有实行脾摘除术。

肝的缝合分为两种情况：浅表裂创，创面无活动性出血，可用 1～0 号肠线作结节缝合修补，每针相距1～1.5 cm。较深裂创，可作褥式缝合。肝组织小范围缺损，可在创面填塞带蒂大网膜后，再以1～0号肠线作创口两侧贯穿缝合，缝线先穿过大网膜，后穿过肝实质。肝组织完全断裂，创面有活动性出血，应该先结扎出血点，将血管从创面钝性分离，结扎。然后以1～0号肠线平行创缘作一排褥式缝合，再在上述褥式缝合外方，以1～0号肠线作两侧贯穿缝合，使创口对合（图1-2-53）。

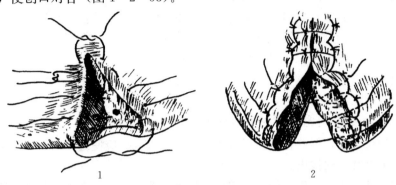

图1-2-53　肝破裂缝合法（1和2为不同缝合法）

肾缝合：肾组织切开后，对小的出血点，压迫止血即可，然后用手指将两瓣切开的肾组织紧密对合，轻轻压迫，使纤维蛋白胶接起来，不需要进行肾组织褥式缝合，只需要连续缝合肾被膜。

（三）骨缝合

骨缝合用不锈钢丝或其他金属丝进行全环扎和半环扎术。

1. 全环扎术　全环扎术是应用不锈钢丝紧密缠绕360°，固定骨折断端。此法适用于斜骨折长度大于骨直径两倍以上，不适用于短的斜骨折。骨折断片能充分整复。适用于圆柱形骨，例如股骨、肱骨、胫骨等，如果用于圆椎骨，容易滑脱，应该在骨皮质上作一缺口。配合骨髓针内固定，效果最好。不适用于应用邻近关节和骨骺端的固定。一个金属丝不能同时固定邻近的两块骨，例如桡骨和尺骨。

全环扎术必须同时由两个金属丝固定，间距不少于1 cm，距骨折断端不少于5 mm（图1-2-54）。如只应用一个金属丝缠绕不确实，容易滑脱。

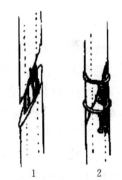

图1-2-54　全环扎术（1和2为全环扎术步骤）

2. 半环扎术　金属丝通过每个骨断片钻成小孔，将骨折端连接、固定称为半环扎术。金属丝从皮质穿入骨髓腔，由对侧骨折断片皮质出口，然后两个金属末端拧紧（图1-2-55）。配合螺钉固定，可以避免骨断片旋转。

（四）组织缝合的注意事项

（1）目前外科临床中所用的缝线（可吸收或不可吸收）对机体来讲均为异物量，因此在缝合过程中要尽可能地减少缝线的用量。

（2）缝线在缝合后的张力与缝合的密度（即针数）成正比，但是为了减少伤口内的异物量，缝合的针数不宜过多，一般间隔为1～1.5 cm，使每针所加于组织的张力相近似，以便均匀地分担组织张力。缝合时不可过紧或过松，过紧引起组织缺氧，过松引起对合不良，以致影响组织愈合。皮肤缝合后应将积存的液体排出，以免造成皮下感染和线结脓肿。

（3）不同组织缝合要选用相应的针和线。一般三棱针用于缝合皮肤或瘢痕及软骨等坚韧组织。其他组织缝合均用不同规格的圆针。缝线的粗细要求以能抗过组织张力为准。缝线太粗，不易扎紧，且存留异物多，组织反应明显。

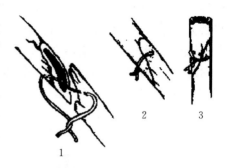

图 1-2-55　半环扎术（1～3 为半环扎术步骤）

（4）组织应按层次进行缝合，较大的创伤要由深而浅逐层缝合，以免影响愈合或裂开。浅而小的伤口，一般只作单层缝合，但缝合必须通过各层组织，缝合时应使缝针与组织呈垂直刺入，拔针时要按针的弧度和方向拔出。

（5）根据腔性器官的生理解剖和组织学的特点，缝合时应注意以下问题：缝合时要求闭合性好，不漏气不透水，更不能让内容物溢入腹腔；保持原有的收缩功能。为此，缝合时应尽量采用小针、细线，缝合组织要少，除第一道作单纯连续缝合外，对于肠管，第二道一般不宜做一周性的连续缝合，以免形成一个缺乏弹性的瘢痕环，收缩后变狭窄，影响功能；腔性器官缝合的基本原则是使切开的浆膜向腔体内翻，浆膜面相对，借助于浆膜在受损后析出的纤维蛋白原，在酶的作用下很快凝固为纤维蛋白黏附在缝合部，修补创伤，为此，在第二道缝合时均应以浆膜对浆膜的内翻缝合。

五、拆　线

拆线是指拆除皮肤缝线。缝线拆除的时间，一般是在手术后 7～8 d 进行，凡营养不良、贫血、老龄宠物、缝合部位活动性较大、创缘呈紧张状态等，应适当延长拆线时间（10～14 d），但创伤已化脓或创伤缘已被线撕断不起缝合作用时，可根据创伤治疗需要随时拆除全部或部分缝线。拆线方法如下：

（1）先用生理盐水洗净创围，尤其是线结周围；再用 5% 碘酊消毒创口、缝线及创口周围皮肤后，将线结用镊子轻轻提起，剪刀插入线结下，紧贴针眼并轻压线结侧皮肤，露出原来埋在皮下的部分缝线，将线剪断。

（2）用镊子将缝线拉出，拉线方向应向拆线的一侧，动作要轻巧，如强行向对侧硬拉，则可能将伤口拉开。注意不能将原来露在皮肤外面的缝线拉入针孔。

（3）再次用碘酊消毒创口及周围皮肤。拆线方法如图 1-2-56 所示。

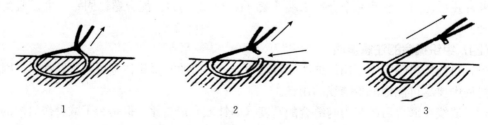

图 1-2-56　拆线法（1～3 为拆线步骤）

思考与练习

1. 试述肠线的特点和使用注意事项。
2. 选择缝线的主要原则是哪些?
3. 组织缝合的基本要求和注意事项是什么?
4. 手术中常用结有哪些? 请练习三种基本打结方法。
5. 试述缝合的种类和方法,请练习各种缝合方法。
6. 胃、小肠、大肠、子宫如何缝合?
7. 骨缝合的种类和方法有哪些?
8. 简述拆线的方法。

模块三 ◆ 包扎与引流

情境一 包 扎

包扎是指用绷带等材料包扎患部，或先将适宜的敷料覆盖于患部（或加上衬垫），再以绷带包扎的方法。包扎的目的是加压止血，保护创面，防止创面进一步损伤，促进创伤内液体吸收，限制创伤活动，使创缘接近，促进受伤组织愈合的一种外科治疗方法。

一、包扎材料及其应用

（一）敷料

常用敷料有纱布、海绵纱布、棉花、棉布、防水材料和麻布等。

1. 纱布 纱布要求质软、吸水性强。多选用医用的脱脂纱布。根据需要剪叠成大小不同的纱布块，其纱布块四周毛边向里折转，四边要求光滑、没有脱落棉纱，并用双层纱布包好，高压蒸气灭菌后备用。纱布块用于覆盖创口、止血、填充创腔和引流渗出液等。

2. 海绵纱布 海绵纱布是一种多孔皱褶的纺织品（一般是棉制的）。质柔软，吸水性比纱布好，其用法同纱布。

3. 棉花 选用脱脂棉花。棉花不能直接与创面接触，应先放纱布块，棉花则放在纱布上。为此，常可预制棉垫，即在两层纱布间铺一层脱脂棉，再将纱布四周毛边向棉花折转使其成方形或长方形棉垫。其大小按需要制作。棉花也是四肢骨折外固定的重要敷料。使用前应高压灭菌。

4. 棉布 用白布作复绷带、三角带、多头绷带、明胶绷带等。

5. 防水材料 有油纸、油布、胶布、蜡纸等。一般放在纱布或棉花外层，用以防水，避免伤口浸湿污染。

6. 麻布 有亚麻布、帆布或麻袋片等，用以保护绷带或作爪部包扎材料。

（二）绷带

绷带是用于动物体表的包扎材料，常用绷带多由纱布、棉布等制作成圆筒状，故又称卷轴绷带或卷轴带。另根据绷带的临床用途及制作材料的不同，还有其他绷带命名，如复绷带、结系绷带、夹板绷带、石膏绷带、支架绷带等。

1. 卷轴绷带 卷轴绷带按其制作材料可分为纱布绷带、棉布绷带、弹力绷带和胶带等4种。

（1）纱布绷带。长度一般6 m，宽度有3、5、7、10和15 cm不等。根据临床需要选用不同规格。纱布绷带质柔软，压力均匀，价格便宜，但在使用时易起皱、滑脱。

（2）棉布绷带。用本色棉布按上述规格制作。因其布料厚，坚固耐洗，施加压力不变形或断裂，常用以固定夹板、肢体等。

（3）弹力绷带。是一种弹性网状织品，质地柔软，包扎后有伸缩力，故常用于烧伤、关节损伤后的包扎等。此绷带不与皮肤、被毛粘连，故拆除时动物无不适感。

（4）胶带。目前多数胶带是多孔制胶带，也称胶布或橡皮膏。胶带使用时难撕开，需用剪刀剪断。胶带是包扎不可缺少的材料。通常受伤局部剪毛，盖上敷料后，多用胶布条粘贴在敷料及皮肤上将其固定。也可在使用纱布或棉布绷带后，再用胶带缠缚固定。

2. 复绷带　复绷带是按动物一定部位的形状而缝制、具有一定结构、大小的双层盖布，在盖布上缝合若干布条以便打结固定。复绷带虽然形式多样，但都要求装置简便、固定确实。常用的复绷带如图1-3-1所示。

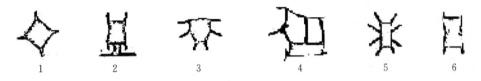

图1-3-1　复绷带
1.眼绷带　2.前胸绷带　3.背腰绷带　4.腹绷带　5.喉绷带　6.鬐甲绷带

装置复绷带时应注意的几个问题：

（1）盖布的大小、形状应适合患部解剖形状和大小的需要，否则外物易进入患部。

（2）包扎须牢靠，以免动物运动时松动。

（3）绷带的材料与质地应优良，以便经过处理后反复使用。

3. 结系绷带　结系绷带又称缝合包扎，是用缝线代替绷带固定敷料的一种保护手术创口或减轻伤口张力的绷带。结系绷带可装在宠物身体的任何部位，其方法是在圆枕缝合的基础上，利用游离的线尾，将若干层灭菌纱布固定在圆枕之间和创口之上（图1-3-2）。

4. 夹板绷带　夹板绷带是借助于夹板保持患部固定，避免加重损伤、移位和使伤部进一步复杂化的制动作用的绷带，可分为临时夹板绷带和预制夹板绷带两种。前者通常用于骨折、关节脱位时紧急救治，后者可作为较长时期的制动。

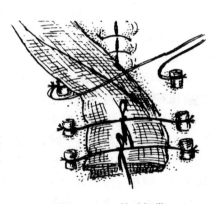

图1-3-2　结系绷带

临时夹板绷带可用胶合板、普通薄板、竹板、树枝、压舌板、硬纸壳、竹筷等作为夹板材料。预制夹板绷带常用金属丝、薄铁板、木料、塑料板等制成适合四肢解剖形状的各种夹板。另外，厚层棉花绷带的包扎也起到夹板作用。无论临时夹板绷带或预制夹板绷带，皆由衬垫的内层、夹板和各种固定材料构成。

夹板绷带的包扎方法是，先将患部皮肤刷净，包上较厚的棉花、纱布棉花垫或毡片等衬垫，并用蛇形或螺旋形包扎法加以固定，尔后再装置夹板。夹板的宽度视需要而定，长度既应包括骨折部上下两个关节，使上下两个关节同时得到固定，又要短于衬垫材料，避免夹板两端损伤皮肤。最后用绷带螺旋包扎或用结实的细绳加以捆绑固定（图1-3-3）。

5. 石膏绷带　石膏绷带是在淀粉液浆制过的大网眼纱布上加上煅制石膏粉制成的。这种绷带用水浸后质地柔软，可塑制成任何形状敷于伤肢，一般十几分钟后开始硬化，干燥后成为坚固的石膏夹。根据这一特性，石膏绷带应用于整复后的骨折、脱位的外固定或矫形都可收到满意的效果。

（1）石膏绷带的制备。医用石膏是将自然界中的生石膏，即含水硫酸钙（$CaSO_4 \cdot 2H_2O$），加热烘焙，使其失去一半水分而制成煅石膏（$CaSO_4 \cdot H_2O$）。煅石膏及石膏绷带市场上均有出售。自制煅石膏绷带，是将生石膏研碎、加热（100～120 ℃），煅成洁白细腻的石膏粉，手拭粉时略带黏性且发涩，或手握粉能从指缝漏出，为

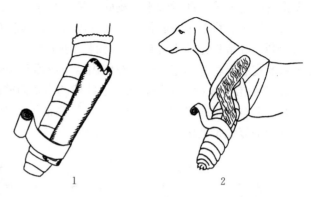

图 1-3-3 夹板绷带
1. 塑料夹板绷带　2. 纤维板夹板绷带

煅制成功的标志。将干燥的上过浆的纱布卷轴带，放在堆有石膏粉的搪瓷盘中，打开卷轴带的一端，从石膏堆上轻拉过，再用木板刮匀，使石膏粉进入纱布网孔，然后轻轻卷起。根据动物大小，制成长 2～4 m，宽 5～10 cm（四肢用）或 15 cm（躯干用）的石膏绷带卷，置密封箱内贮存备用。

（2）石膏绷带的装置方法。应用石膏绷带治疗骨折时，可分为无衬垫和有衬垫两种，一般为无衬垫石膏绷带疗效较好。骨折整复后，消除皮肤上泥灰等污物，涂布滑石粉。然后于肢体上、下端各绕一圈薄纱布棉垫，其范围应超出装置石膏绷带卷的预定范围。根据操作时的速度逐个地将石膏绷带卷轻轻地横放盛有 30～35 ℃的温水中，使整个绷带卷被淹没。待气泡出完后，两手握住石膏绷带圈的两端取出，用两手掌轻轻对挤，除去多余水分。从病肢的下端先作环形包扎，后作螺旋包扎向上缠绕，直至预定的部位。每缠一圈绷带，都必须均匀地涂抹石膏泥，使绷带紧密结合。骨的突起部，应放置棉花垫加以保护。石膏绷带上下端不能超过衬垫物，并且松紧要适宜。根据伤肢重力和肌肉牵引力的不同，可缠绕 2～4 层（犬、猫）。在包扎最后一层时，必须上下衬垫向外翻转，包住石膏绷带的边缘，最后表面涂石膏泥，待数分钟后即可成型。但为了加速绷带的硬化，可用吹风机吹干。犬、猫石膏绷带应从第二、四指（趾）近端开始。

当开放性骨折或有创伤的其他四肢疾病时，为了观察和处理创伤，常应用有窗石膏绷带。"开窗"的方法，是在创口上覆盖灭菌的布巾，将大于创口的杯子或其他器皿放于布巾上，杯子固定后，绕过杯子按前法缠绕石膏绷带。在石膏未硬固之前用刀作窗，取下杯子即成窗口，窗口边缘用石膏泥涂抹平。有窗石膏绷带虽然有便于观察和处理创伤的优点，但其缺点是可引起静脉瘀血和创伤肿胀。若窗孔过大，往往影响绷带的坚固性，可采用桥形石膏绷带。其制作方法是用 5～6 层卷轴石膏绷带缠绕于创伤的上、下部，作为窗孔的基础，待石膏硬化后于无石膏绷带部分的前后左右各放置一条弓形金属板即"桥"，代替一段石膏绷带的支持作用，金属板的两端入置在患部上下方绷带上，然后再缠绕 3～4 层卷轴石膏绷带加以固定。

为了便于固定和拆除，外科临床上也有长压布石膏绷带。其制作和使用方法是：取纱布宽度为要固定部位圆周的一半，长度视需要而定。将纱布均匀地布满煅石膏粉后，逐层重叠，再浸以温水，挤去多余的水分后放在患肢前面。用同法做成的另一半长压布，放在患肢

后面。待干燥之后再用卷轴绷带将两页固定于患部。

在宠物临床上有时为了加强石膏绷带的硬度和固定作用，可在卷轴石膏绷带缠绕后的第二层暂停缠绕，修整平滑并置入夹板材料，使之成为石膏夹板绷带。

（3）包扎石膏绷带时应注意的事项。

① 将一切物品备齐，然后开始操作，以免临时出现问题延误时间。由于水的温度直接影响着石膏硬化时间（水温降低会延缓硬化过程），应予注意。

② 患病动物必须保定确实，必要时可作全身或局部麻醉。

③ 装置前必须整复到解剖位置，使病肢的主要力线和肢轴尽量一致，为此，在装置前最好应用 X 射线摄片检查。

④ 长骨骨折时，为了达到制动的目的，一般应固定上下两个关节，才能达到制动的作用。

⑤ 骨折发生后，使用石膏绷带作外固定时，必须尽早进行。若在局部出现肿胀后包扎，则在肿胀消退后，皮肤与绷带间会出现空隙，达不到固定作用。此时，可施以临时石膏绷带，待炎性肿胀消退后将其拆除，重新包扎石膏绷带。

⑥ 缠绕时要松紧适宜，过紧会影响血液循环，过松会失去固定作用。一般在石膏绷带两端以插入一手指为宜。

⑦ 未硬化的石膏绷带不要指压，以免向下凹陷压迫组织，影响血液循环或发生溃疡、坏死。

⑧ 石膏绷带敷缠完毕后，为了使石膏绷带表面光滑美观，可用干石膏粉少许加水调成糊，涂在表面，使之光滑整齐。石膏夹两端的边缘，应修理光滑并将石膏绷带两端的衬垫翻到外面，以免摩擦皮肤。

⑨ 最后用紫铅笔在石膏夹表面写明装置和拆除石膏绷带的日期，并尽可能标记出骨折线或其他。

（4）石膏绷带的拆除。石膏绷带拆除的时间，应根据不同的患病动物和病理过程而定。一般 3～8 周，但遇下列情况，应提前拆除或拆开另行处理。如石膏夹内有大出血或严重感染；患病动物出现原因不明的高热；患病动物肢体萎缩，石膏夹过大或严重损坏失去作用；包扎过紧，肢体受压，影响血液循环；患病动物不安、食欲减少、末梢部肿胀，蹄（指）温变冷等。

由于石膏绷带干燥后十分坚硬，拆除时多用专门工具，包括锯、刀、剪、石膏分开器等。

拆除的方法是：先用热醋、双氧水或饱和食盐水在石膏夹表面划好拆除线，使之软化，然后沿拆除线用石膏刀切开、石膏锯锯开，或石膏剪逐层剪开。为了减少拆除时可能发生的组织损伤，拆除线应选择在较平整和软组织较多处。外科临床上也常直接用长柄石膏剪沿石膏绷带近端外侧缘纵行剪开，尔后用石膏分开器将其分开，石膏剪向前推进时，剪的两页应与肢体的长轴平行，以免损伤皮肤。

二、包扎类型和包扎方法

（一）包扎类型

根据敷料、绷带性质及其不同用法，包扎方法有以下几类：

1. 干绷带法 又称干敷法，是临床上最常用的包扎法。凡敷料不与其下层组织粘连的均可用此法包扎。本法有利于减轻局部肿胀，吸收创液，保持创缘对合，提供干净的环境，促进愈合。

2. 湿敷法 对于严重感染、脓汁多和组织水肿的创伤，可用湿敷法。此法有助于去除内湿性组织坏死，降低分泌物黏性，促进引流等。根据局部炎症的性质，可采用冷、热敷包扎。

3. 生物学敷法 指皮肤移植，将健康的动物皮肤移植到缺损处，消除创伤面，加速愈合，减少瘢痕的形成。

4. 硬绷带法 用指夹板和石膏绷带等。这类绷带可限制动物活动，减轻疼痛，降低创伤应激，缓解缝线张力，防止创口裂开和术后肿胀等。

根据绷带使用的目的，通常各有命名。例如局部加压借以阻断或减轻出血及制止淋巴液渗出，预防水肿和创面肉芽过剩为目的而使用的绷带，称为压迫绷带；为防止微生物侵入伤口和避免外界刺激而使用的绷带，称为创伤绷带；当骨折或脱臼时，为固定肢体或体躯某部，以减少或制止肌肉和关节不必要的活动而使用的绷带，称为制动绷带等。

（二）基本包扎法

卷轴绷带多用动物四肢游离部、尾部、角部、头部、胸部和腹部等。包扎时，一般左手持绷带的开端，右手持绷带卷，以绷带的背面紧贴肢体表面，由左向右缠绕。当第一圈缠好之后，将绷带的游离端反转盖在第一圈绷带上，再缠第二圈压在第一圈绷带。然后根据需要进行不同形式的包扎法缠绕。无论用哪种包扎法，均应以环形开始并以环形终止。包扎结束后将绷带末端剪成两条打个单结，以防撕裂。最后打结于肢体外侧，或以胶布将末端加以固定。卷轴绷带的基本包扎法有如下：

1. 环形包扎法 用于其他形式包扎的起始和结尾，以及用于系部、掌部、跖部等较小创口的包扎。方法是在患部把卷轴带呈环形缠数周，每周盖住前一周，最后，将绷带端剪开打结或以胶布加以固定（图1-3-4）。

2. 螺旋形包扎法 以螺旋形由下向上缠绕，每后一圈遮盖前一圈的1/3～1/2。用于掌部、跖部及尾部等的包扎（图1-3-4）。

3. 折转包扎法 又称螺旋回反包扎。用于上粗下细径圈不一致的部位，如前臂和小腿部。方法是由下向上作螺旋形包扎，每一圈均应向下回折，遮盖上圈的1/3～1/2（图1-3-4）。

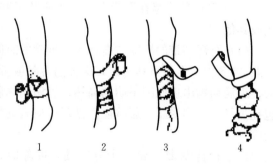

图1-3-4 卷轴绷带包扎法
1. 环形包扎法 2. 螺旋形包扎法
3. 折转包扎法 4. 蛇形包扎法

4. 蛇形包扎法 或称蔓延包扎法。斜持向上延伸，各圈互不遮盖。用于固定夹板绷带的衬垫材料（图1-3-4）。

5. 交叉包扎法 又称"8"字形包扎。用于腕、跗、球关节等部位，方便关节屈曲。包扎方法是在关节下方作一环形带，然后在关节前面斜向关节上方，做一周环形带后再斜行经过关节前面至关节之下方。如上述操作至患部完全被包扎住，最后以环形带结束（图1-3-5）。

（三）各部位包扎法

1. 尾包扎法　用于尾部创伤或用于后躯，肛门、会阴部施术前、后固定尾部。先在尾根作环形包扎，然后将部分尾毛折转向上作尾的环形包扎后，将折转的尾毛放下，作环形包扎，目的是防止包扎滑脱，如此反复多次，用绷带作螺旋形缠绕至尾尖时，将尾毛全部折转作数周环形包扎后，绷带末端通过尾毛折转形成的圈内（图 1-3-6）。

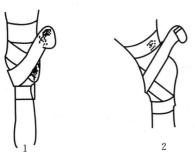

图 1-3-5　交叉包扎法（1 和 2 均为关节交叉包扎法）　　　　图 1-3-6　尾包扎法

2. 耳包扎法

（1）垂耳包扎法。先在患耳背侧安置棉垫，将患耳及棉垫反折使其贴在头顶部，并在患耳耳郭内侧填塞纱布。然后绷带从耳内侧基部向上延伸到健耳后方，并向下绕过颈上方到患耳，再绕到健耳前方。如此缠绕 3~4 圈将耳包扎（图 1-3-7）。

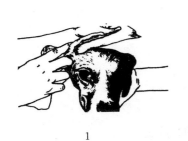

图 1-3-7　耳包扎法
1、2. 垂耳包扎法　3. 竖耳包扎法

（2）竖耳包扎法。多用于耳成形术。先用纱布或材料做成的圆柱形支撑物填塞于两耳郭内，再分别用短胶布条从耳根背侧向内缠绕，每条胶布断端相交于耳内侧支撑上，依次向上贴紧。最后用胶带"8"字包扎将两耳拉紧竖直（图 1-3-7）。

3. 掌（跖）部包扎法　方法是将绷带的起始部留出约 20 cm 作为缠绕的支点，在腕（跗）骨部做环形包扎数圈后，绷带缠绕至指（趾）骨游离端扭缠，以反方向缠绕至腕（跗）骨部，最后与游离端绷带打结固定。为防止绷带被玷污，可在外部加上帆布套。

（四）包扎注意事项

（1）按包扎部位的大小、形状选择宽度适宜的绷带。过宽使用不便，包扎不平；过窄难以固定，包扎不牢固。

（2）包扎要求迅速确实，用力均匀，松紧适宜，避免一圈松一圈紧。压力不可过大，以免发生循环障碍，但也不宜过松，以防脱落或固定不牢。在操作时绷带不得脱落。

（3）在临床治疗中不宜使用湿绷带进行包扎，因为湿布不仅刺激皮肤，而且容易造成感染。

（4）对四肢部的包扎须按静脉血流方向，从四肢的下部开始向上包扎，以免静脉瘀血。

（5）包扎至最后端应妥善固定以免松脱，一般用胶布贴住比打结更为光滑、平整、舒适。如果使用末端撕开系结，则结扣不可置于隆突处或创面上。结的位置也应避免动物啃咬而松脱。

（6）包扎应美观，绷带应平整无折皱，以免发生不均匀的压迫。交叉或折转应成一线，每圈遮盖多少要一致，并除去绷带边上活动的线头。

（7）解除绷带时，先将末端的固定结松开，再朝缠绕反方向以双手相互传递松解。解下的部分应握在手中，不要拉很长或拖在地上。紧急时可以用剪刀剪开。

（8）对破伤风等厌氧菌感染的创口，尽管作一定的外科处理，不宜用绷带包扎。

🐾 思考与练习

1. 什么是包扎？常用于包扎的敷料有哪些？
2. 卷轴绷带有哪几种？其包扎方法有哪些？
3. 练习夹板绷带和石膏绷带的制作和使用方法。
4. 包扎石膏绷带时应注意什么？
5. 练习犬尾和耳的包扎。
6. 包扎方法有哪几类？包扎应注意哪些事项？

情境二 引 流

引流是指排除创伤或手术切口内液体分泌物或渗出物的方法。

一、适 应 证

1. 引流用于治疗的适应证

（1）皮肤和皮下组织切口严重污染，经过清创处理后，仍不能控制感染时，在切口内放置引流物，使切口内渗出液排出，以免其蓄留发生感染，一般需要引流24～72 h。

（2）脓肿切开排脓后，放置引流物，可使继续形成的脓液或分泌物不断排出，使脓腔逐渐缩小而治愈。

2. 引流用于预防的适应证

（1）切口内渗血，未能彻底控制，有继续渗血可能，尤其有形成残腔可能时，在切口内放置引流物，可排除渗血、渗液，以免形成血肿、积液或继发感染。一般需要引流24～48 h。

（2）愈合缓慢的创伤。

（3）手术或吻合部位有内容物漏出的可能。

（4）胆囊、胆管、输尿管等器官手术，有漏出刺激性物质的可能。

二、引流种类

1. 纱布条引流　应用防腐灭菌的干纱布条涂上软膏，放置在腔内，排出腔内液体。纱布条引流在几小时内吸附创液，创液和血凝块沉积在纱布条上，阻止进一步引流。

2. 胶管引流　应用乳胶管，壁薄，管腔直径 $0.635\sim2.45$ cm。在插入创腔前用剪刀将引流管剪成小孔。引流管小孔能引流其周围的创液。这种引流管对组织无刺激作用，在组织内不变质，对组织引流的影响很小。应用这种引流能减少术后血液、创液的蓄留。

三、引流的特点和应用

1. 引流特点　引流管或纱布插入组织内，会出现组织损伤，引流物本身是动物体内的异物，能损伤其附近的腱鞘、神经、血管或其他脆弱器官。如果引流管或纱布放置时间太长，或放置不当，会腐蚀某些器官的浆膜表面。引流的通道与外界相通，在引流通道的周围，有发生感染的可能。在引流插入部位上有发生创口哆开或疝形成的可能。引流的应用，虽然有很多适应证，但是不应该代替手术操作的充分排液、扩创、彻底止血和良好的缝合。

2. 引流应用　创伤缝合时，引流管插入创内深部，创口缝合，引流的外部一端缝到皮肤上。在创内深处一端，由缝线固定。引流管不要由原来切口处通出，而要在其下方单独切开一个小口通出引流管。引流管要每天清洗，以减少发生感染的机会。引流管在创内时间放置越长，引流引起炎症的机会增多，如果认为引流已经失去引流作用时，应该尽快取出。应该注意，引流管本身是异物，放置在创内，会诱发产生创液。

3. 引流应用注意事项

（1）使用引流管的类型和大小一定要适宜：选择引流管类型和大小应该根据适应证、引流管性能和创液排出量来决定。

（2）放置引流管的位置要正确：一般脓腔和体腔内引流出口尽可能放在低位。不要直接压迫血管、神经和脏器，防止发生出血、麻痹或瘘管等并发症。手术切口内引流管应放在创腔的最低位。体腔内引流管最好不要经过手术切口引出体外，以免发生感染。应在其手术切口一侧另造一小创口通出。切口的大小要与引流管的粗细相适宜。

（3）引流管要妥善固定：不论深部或浅部引流，都需要在体外固定，防止引流管滑脱、落入体腔或创伤内。

（4）引流管必须保持畅通：注意不要压迫、扭曲引流管。引流管不能被血凝块、坏死组织堵塞。

（5）引流必须详细记录：引流管取出的时候，除根据不同引流适应证外，主要根据引流管流出液体的种类决定。引流管流出液体减少时，应该及时取出。所以放置引流管后要每天检查和记录引流情况。

四、引流的护理

应该在无菌状态下引流，引流出口应该尽可能向下，有利于排液。出口下部皮肤涂以软膏，防止创液、脓汁等腐蚀、浸渍被毛和皮肤。每天应该更换引流管或纱布，如果引流排出量较多，更换次数要多些。因为引流管的外部已被污染，不应该直接由引流管外部向创内冲洗，否则引流管外部细菌和异物会进入创内。要控制住患病动物，防止引流管被舔、咬或拉出创外。

思考与练习

1. 哪些情况下需要引流?
2. 引流有哪些方法?
3. 引流时应注意哪些问题?
4. 练习纱布条和胶管引流的方法。

项目二　常见手术

模　块		学习目标
一	头颈部手术	1. 了解常见头颈部手术的适应证。 2. 了解头颈部局部解剖特点。 3. 掌握常见头颈部手术的过程。 4. 熟知手术后注意事项以及术后护理方法。
二	躯干部手术	1. 了解常见躯干部手术的适应证。 2. 了解胸廓、腹壁以及腹腔内脏器官的局部解剖特点。 3. 掌握常见躯干部各手术的手术过程。 4. 熟知手术后注意事项以及术后护理方法。
三	四肢手术	1. 了解常见四肢各手术的适应证。 2. 了解四肢各关节的局部解剖特点。 3. 掌握常见四肢各关节手术的过程。 4. 熟知手术后注意事项以及术后护理方法。
四	阉割术	1. 掌握公犬、公猫去势术的适应证、保定与麻醉及手术方法。 2. 熟悉犬、猫卵巢、子宫局部解剖特点。 3. 学会母犬、猫卵巢、子宫摘除术的操作方法。

模块一 ◇ 头颈部手术

情境一 眼部手术

一、眼睑内、外翻矫正术

眼睑内翻是指部分或全部眼睑缘向眼球方向翻转，导致睫毛和眼睑缘对眼球持续刺激的一种反常状态。眼睑内翻时睫毛刺激角膜、结膜，引起眼睑痉挛、流泪、结膜充血、角膜表面有新生血管形成，严重时引起角膜炎和角膜溃疡，影响视力。其病因有先天性、痉挛性和后天性三种。眼睑内翻是犬常见的一种眼病，多发生于面部皮肤皱褶较多的犬种，如沙皮犬、松狮犬、圣伯纳犬和运动型犬等。

眼睑外翻是眼睑缘离开眼球向外翻转，导致眼睑结膜、眼球结膜及角膜的异常显露的一种状态。以下眼睑外翻多见。外翻的眼睑结膜长期暴露在外，很易引起眼结膜炎和角膜炎，还可导致角膜和眼球干燥。先天性眼睑外翻表现为异常发育、睑裂变大，多见于可卡犬、圣伯纳犬等。后天性眼睑外翻多见于老龄犬，因其眼轮匝肌的紧张性降低所致。

【适应证】 适用于药物治疗效果不佳，出现眼睑痉挛或异常分泌物增多的眼睑内翻和外翻。

【局部解剖】 眼睑从外科角度分为两层，外层为皮肤、皮下组织和眼轮匝肌，内层为睑板和睑结膜。犬仅上眼睑有睫毛，而猫无真正的睫毛。眼睑皮肤较为疏松，移动性大。皮下组织为疏松结缔组织，易因水肿或出血而肿胀。眼轮匝肌为环形平滑肌，起闭合睑裂的作用。睑板是眼轮匝肌内面的致密纤维样组织，有支持眼睑和维持眼睑外形的作用，睑板上有睑板腺（高度发育的皮脂腺），其导管开口于睑缘，分泌油脂状物，滑润眼睑与结膜。睑结膜紧贴于眼睑内面，在远离眼睑缘侧翻折覆盖于巩膜的前面，称为球结膜。结膜光滑透明，薄而松弛，可分泌黏性液体，有湿润角膜的作用。

【术前准备】 手术前，先对两只眼睛用大量人造眼泪或抗生素眼药软膏以保护角膜。手术部位周围除去被毛时，一定注意避免损伤眼睑组织，可以轻轻地刷去毛发或用胶带清理毛发。用洗眼药水冲洗结膜囊。做皮肤的无菌准备时，用浸过稀释抗菌药的棉棒或软的手术海绵清理，不要用肥皂、酒精等清理，以免损伤角膜。

【保定与麻醉】 多取健侧侧卧保定，患眼在上。全身麻醉或全身使用镇静剂配合眼睑局部浸润麻醉。

【手术方法】

1. 眼睑内翻矫正术 根据眼睑内翻的不同情况，分别使用眼睑折叠和切除的矫正方法。青年犬常使用眼睑折叠术；而成熟的或接近成熟的犬才可做永久性的切除组织矫正。

（1）眼睑折叠术。术部常规处理，铺眼部手术洞巾。在离眼睑缘 3 mm 处将缝针插入皮肤，并穿过睑板和眼轮匝肌，在距离插入点 5 mm 处穿出，完成第一针缝合；缝针远离眼，在眶缘上做第二针缝合，缝针穿过皮肤、皮下组织和眼眶筋膜，从距离穿入点 5 mm 处穿出。注意缝合时不要穿透睑缘和结膜，系紧缝线，内翻皮肤沟（图2-1-1）。可以根据需要，再做几道缝合。2～3周后除去缝合线。

（2）切除操作。术部常规处理，铺眼部手术洞巾。用镊子在距下眼睑缘2～4 mm捏起眼睑内翻部位的皮肤，估计需要切除的椭圆形皮肤的大小，并用止血钳夹住。夹起皮肤的长度与内翻的眼睑缘相等，夹持皮肤的多少，视内翻严重程度而定，钳夹时眼睑应稍呈外翻状态。用力钳夹皮肤0.5～1 min后松开止血钳，这样便于切除，减少出血。再用手术剪沿皮肤压痕将其剪除，切除后的皮肤创口呈半月形。注意不要切除眼轮匝肌和结膜。最后用丝线结节缝合创缘，闭合创口。缝合时首先从切口中间开始（图2-1-2），使皮肤更精确地闭合，缝合要紧密，间距为2～3 mm。朝向眼睛的缝合线末端要剪短，以免刺激角膜。由于炎症和水肿，术后会出现眼睑外翻。一般在术后5～7 d才能评价矫正是否充足。

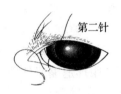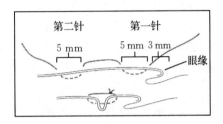

图2-1-1 眼睑内翻折叠术操作示意

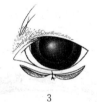

图2-1-2 眼睑内翻皮肤切除的缝合方法（1～4为缝合步骤）

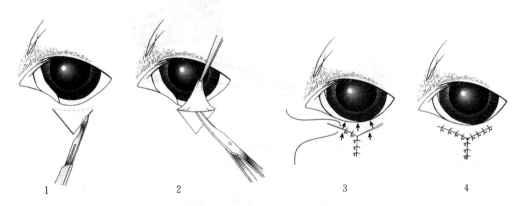

图2-1-3 V-Y形眼睑外翻矫正术（1～4为矫正步骤）

2. 眼睑外翻矫正术 眼睑外翻的矫正方法有多种，但最常用的是V-Y形矫正术。
首先术部常规处理，在距眼睑外翻下缘2～3 mm处切一个V形皮肤切口，其V形基底部应宽于外翻部分的长度（图2-1-3中1）。并从其尖端向上分离皮下组织，使三角形皮瓣游离（图2-1-3中2），再用剪刀钝性分离V形皮肤切口周围皮下组织。然后从尖端向上作Y形缝合，边缝合边向上移动皮瓣（图2-1-3中3），直到外翻矫正为止。最后缝合皮瓣和皮肤切口（图2-1-3中4）。使V形创面变为Y形。缝合要紧密，针距为2 mm。

【术后护理】 术后患眼可用抗生素眼膏或抗生素眼药水，每天3～4次，以消除因眼睑内、外翻引起的结膜炎或角膜炎。颈部使用伊丽莎白颈圈，防止病犬自我损伤病眼。10～14 d可拆除缝线。

二、眼球摘除术

【适应证】 眼球摘除术是指摘除眼球和第三眼睑的手术。适用于严重眼球外伤，眼球全脱出且伴发坏死或眼内肿瘤，难以治愈的青光眼、眼内炎及化脓性全眼球炎等疾病的治疗。

【局部解剖】 眼球位于眼眶内（图2-1-4）。前部除角膜外有球结膜覆盖，中后部有眼肌附着，分别为上、下、内、外直肌，上、下斜肌与眼球退缩肌，后端借视神经与间脑相连。眼球4条直肌起始于视神经孔周围，包围在眼球退缩肌外周，以腱质止于巩膜表面。眼球上斜肌起始于筛孔附近，沿内直肌内侧前行，通过滑车转向外侧，经上直肌腹侧止于巩膜。眼球下斜肌起始于泪骨眶面、泪囊窝后方的小凹陷内，经眼球腹侧向外延伸止于巩膜。眼球退缩肌起始于视神经孔周围，由上、下、内、外侧4条肌束组成，呈锥形包裹于视神经周围，止于巩膜。手术要点就是切断眼球与球结膜及7条眼肌的联系，切断视神经及相邻血管，分离眼球周围脂肪组织，即可将眼球从眼眶内顺利摘除。

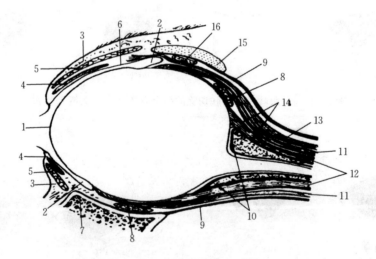

图2-1-4 眼球周围组织解剖

1. 球结膜 2. 结膜穹隆 3. 上、下眼睑 4. 上、下眼板腺 5. 眼轮匝肌 6. 眼睑结膜 7. 颧骨断面
8. 上、下眼球斜肌 9. 眼骨膜 10. 肌膜鞘 11. 眼球直肌 12. 眼球退缩肌 13. 上眼睑提肌
14. 深筋膜 15. 眶上突 16. 泪腺

【保定与麻醉】 多用健侧侧卧保定，患眼在上，要确实固定头部。全身麻醉。

【手术方法】 有经眼睑摘除和经结膜摘除两种方法，临床上常用的是经结膜摘除术。当宠物全眼球化脓或眶内肿瘤已蔓延到眼睑时，采用经眼睑眼球摘除术最为理想。

1. 经结膜眼球摘除术 用眼睑开张器固定张开眼睑，先在外侧眼角切开皮肤1～2 cm，然后用组织镊夹持眼睑缘附近的结膜，做360°的角膜缘环形切开（图2-1-5中1）。用弯剪顺巩膜面向眼球赤道方向分离筋膜囊，暴露四条直肌和上、下斜肌的止端，再用手术剪挑起，尽可能靠近巩膜将其剪断。眼外肌剪断后，术者一手持止血钳夹持眼球直肌残端，一手持弯剪紧贴巩膜，利用其开闭向深处分离眼球周围组织至眼球后部。用止血钳夹持眼球壁做旋转运动，如果眼球可随意转动，证明各眼肌已断离，仅遗留退缩肌及视神经束。将眼球继续前提，弯剪继续深入球后剪断退缩肌和视神经束（图2-1-5中2）。该过程应避免过多地牵引视神经，以免影响另一只眼的视力。

眼球摘除后，立即用温生理盐水纱布填塞眼眶，压迫止血。出血停止后，取出纱布块，再用生理盐水清洗创腔。将各条眼外肌和眶筋膜对应靠拢缝合。也可先在眶内放置球形填充物，再将眼外肌覆盖于其上面缝合，可减少眼眶内腔隙。切除第三眼睑和部分眼睑缘，停止于眼角正中（图2-1-5中3）。使用可吸收缝合线，连续缝合结膜、眶隔、眼球囊（图2-1-5中4）；使用结节缝合闭合皮下组织和眼睑皮肤（图2-1-5中5）。将球结膜和筋膜创缘作间断缝合，最后闭合上下眼睑。

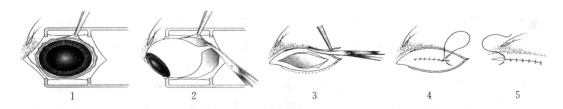

图2-1-5 经结膜眼球摘除术（1～5为摘除步骤）

2. 经眼睑眼球摘除术 连续缝合上、下眼睑，环绕眼睑缘作一椭圆形切口，在犬，此椭圆形切口可远离眼睑缘。切开皮肤、眼轮匝肌至睑结膜（不要切开睑结膜）后，一边牵拉眼球，一边分离球后组织，并紧贴眼球壁切断眼外肌，以显露眼缩肌。用弯止血钳伸入眼窝底连同眼缩肌及其周围的动、静脉和神经一起夹住，再用手术刀或者弯剪沿止血钳上缘将其切断，取出眼球。于止血钳下面结扎动、静脉。移走止血钳，再将球后组织连同眼外肌一并结扎，堵塞眶内死腔。此法既可止血，又可替代纱布填塞死腔。最后结节缝合皮肤切口，并作结系绷带或装置眼绷带以保护创口。

【术后护理】 术后可能因眶内出血、肿胀，从创口处或鼻孔流出血清色液体。术后3～4 d渗出物会逐渐减少。局部温敷可减轻肿胀，缓解疼痛。全身应用抗生素3～5 d。术后7～10 d拆线。

三、第三眼睑腺摘除与复位术

【适应证】 此手术适用于第三眼睑腺脱出。第三眼睑腺脱出是指第三眼睑腺增生肥大、向外翻转越过第三眼睑游离缘而脱出眼内侧角的一种眼病。因脱出的腺体呈黄豆大小的粉红色或鲜红色软组织块，状如樱桃，故又称为"樱桃眼"。本病是某些品种犬如北京犬、沙皮犬、可卡犬、斗牛犬、比格犬等常见的一种眼病，以结膜炎、角膜炎甚至角膜溃疡为主要特征，需要进行手术治疗。

【局部解剖】 第三眼睑即瞬膜，是位于眼内侧的半月状结膜褶，内有一个扁平的T形软骨支撑，软骨臂与第三眼睑游离缘平行，而软骨杆则包埋于第三眼睑腺基部。第三眼睑腺的大部分位于第三眼睑球面下方，被覆脂肪组织，其腺体组织在犬呈浆液黏液样，在猫呈浆液样，腺体分泌液经多个导管抵达球结膜表面，提供角膜大约 35% 的水性泪膜。第三眼睑具有保护角膜、除去角膜表面异物、分泌和驱散角膜泪膜及免疫等作用。

【术前准备】 冲洗患眼。

【保定与麻醉】 多用健侧侧卧保定，患眼在上，要确实固定头部。全身麻醉或全身镇静配合患眼表面麻醉。

【手术方法】

1. 第三眼睑腺摘除术 洗眼后左手持有齿镊提起腺体，右手持小弯止血钳钳夹腺体基部，停留数分钟后用手术刀沿止血钳上缘将腺体切除。如发生出血，用干棉球压迫眼内角止血。增生较大的第三眼睑腺往往在切除腺体后其基部出血较多，用干棉球压迫止血无效。因此，最好采用如下方法，即左手持有齿镊提起腺体，先用一把止血钳尽量向下夹住腺体基部，再用另一把止血钳反方向同样夹住腺体基部，然后固定下方止血钳，顺时针转动上方止血钳，约 10 s 腺体自行脱落。此法几乎达到滴血不出的效果，即使有少量出血，用干棉球压迫也可迅速止血。

2. 第三眼睑腺复位术 在泪腺功能不全，不宜做第三眼睑腺全摘除术时采用。用止血钳夹提起第三眼睑腺并向外翻转，在脱出的第三眼睑腺最上部至第三眼睑基部腹侧穹隆切开，用剪刀在结膜与腺体间钝性分离，再用 4～0 号可吸收缝线将腺体、球结膜及巩膜浅层做水平褥式内翻缝合，当抽紧缝线后腺体便回复到第三眼睑下方，第三眼睑内侧切口留其自然愈合。

【术后护理】 术后，用抗生素眼药膏或眼药水点眼，每天 3～4 次，持续 5～7 d，以消除因第三眼睑腺突出引起的结膜炎或角膜炎症状。

🐾 思考与练习

1. 在哪种情况下需要做眼睑矫形术和眼球摘除术？
2. 制订出眼睑内翻、外翻矫正术和眼球摘除术的手术计划。
3. 练习眼睑内翻、外翻矫正术和眼球摘除术。

情境二 耳 手 术

一、犬耳整容成形术

【适应证】 对于某些品种犬，为使耳竖起，达到标准的外貌要求，需施耳整容成形术。

耳修剪的长度和形状因动物性别、品种、体型不同而异。一般母犬耳比公犬耳细小，耳在修整时应直而狭、保留小腹部、耳屏和对耳屏多修剪，使耳弯向头侧，对于某些品种犬如拳师犬头宽，其耳大而宽，故如按标准长度进行修剪，耳就不会竖立；短而粗的耳应视动物外貌修整；公犬体型大，母犬骨架小，应量型修剪。

耳修剪的最佳年龄是 8～12 周龄，小型犬为 12 周龄。年龄愈大，其整容成功率就愈低。表 2-1-1 列举了部分品种犬修耳的适宜年龄和耳的标准长度。

表 2-1-1 部分品种犬修耳的适宜年龄和耳的标准长度

犬 品 种	适宜年龄	保留耳的长度
拳师犬	9～10 周龄	2/3～3/4
大丹犬	9 周龄或 8～10 kg（以体重计）	3/4
波士顿㹴	4～6 月龄	尽可能长

【局部解剖】 耳郭内凹外凸，卷曲呈锥形，以软骨作为支架，由耳郭软骨和盾软骨组成。耳郭软骨在其凹面由耳轮、对耳轮、耳屏、对耳屏、舟状窝和耳甲腔等组成（图 2-1-6）。

耳轮为耳郭软骨周缘；舟状窝占据耳郭凹面大部分；对耳轮位于耳郭凹面直外耳道入口的内缘；耳屏构成直外耳道的外缘，与对耳轮相对应，两者被耳屏耳轮切迹隔开；对耳屏位于耳屏的后方；耳甲腔呈漏斗状，构成直外耳道，并与耳屏、对耳屏和对耳轮缘一起组成外耳道口。

盾软骨呈靴筒状，位于耳郭软骨和耳肌的内侧，协助耳郭软骨附着于头部。

耳郭内外被覆皮肤，其背面皮肤较松弛，被毛致密，凹面皮肤紧贴软骨，被毛纤细、疏薄。

外耳血液由耳大动脉供给。耳大动脉是颈外动脉的分支，在耳基部分内、外 3 支行走于耳背面，并绕过耳轮缘或直接穿过舟状窝供应耳郭内面的皮肤。耳基皮肤则由耳前动脉供给，后者是颞浅动脉的分支。

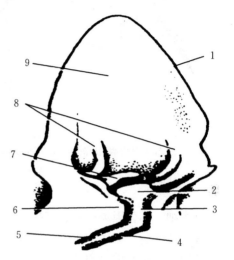

图 2-1-6 外耳局部解剖
1. 耳轮后缘 2. 听道 3. 直外耳道
4. 水平外耳道 5. 环状软骨 6. 耳屏
7. 对耳轮隆起 8. 耳回 9. 舟状窝

耳大神经是第二颈神经的分支，支配耳甲基部、耳郭背面皮肤。耳后神经和耳颞神经为面神经的分支，支配耳郭内外面皮肤。外耳的感觉则由迷走神经的耳支所支配。

【保定与麻醉】 全身麻醉，行胸卧保定。犬下颌垫上折叠的毛巾，抬高其头部。两耳剃毛、消毒。外耳道口填塞棉球。

【手术方法】

1. 确定切除线 在两耳后缘耳屏和对耳屏软骨下方即耳支与头交界处皮肤各剪一个三角形缺口。耳拉直，用塑料尺在耳郭内面测量，确定切除线，并用标记铅笔标明（图 2-1-7 A）。再在切除顶端剪一裂口。将两耳对齐拉直，在另一耳相应位置剪一裂口。确保两耳保留一致的长度。

2. 切除耳郭 助手固定欲切除耳郭和上部。术者左手在切除线外侧向内顶托耳郭，防止剪除时因剪头的推移使皮肤松弛。右手持手术剪（最好为有齿软骨剪）由耳基向耳尖（右耳）或由耳尖向耳基（左耳）沿切除线剪除耳郭（图 2-1-7 B）。

为防止切缘出现皱褶和出血，在修剪前可用直的肠钳由上向下沿切口线前缘钳住耳郭，但不宜超过欲切长度的 2/3。剩余 1/3 保留其自然皱褶状态。用手术刀沿肠钳后缘由上向下切除钳夹的耳郭，其余部门则用剪剪除。在切除基部耳郭时，务必使保留的部分呈足够的喇

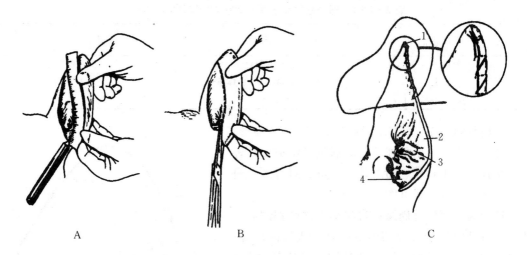

图 2-1-7　耳郭切除及缝合

A. 在耳内侧用尺测量，确定切除线，并用标记笔标明　B. 剪除耳郭，实线为标准切除线，
虚线为适当调整后的切除线　C. 缝合方法

1. 耳尖　2. 耳腹部　3. 对耳轮　4. 耳屏

叭形。否则，耳会因失去基础支持而不能竖立。

耳郭切除后，彻底止血，并修平创缘。

按同样方法修剪对侧耳郭。

3. 缝合耳郭　用 4 号丝线在距耳尖 6～12 mm 处作简单连续缝合。先从内侧皮肤进针，越过软骨缘，穿过外侧皮肤，再到内侧皮肤，如此反复缝合，针距 8 mm 左右。这样，抽紧缝线时，外侧松弛的皮肤可遮盖软骨缘。缝到 7～8 针（有的需到耳腹部）时，改用全层（穿过皮肤和软骨）连续缝合（图 2-1-7 C），这样有助于增加此处的缝合强度。但部分软骨因未被皮肤遮覆暴露在外，会影响创口的愈合。

另一种缝合方法从耳基部开始。先结节缝合耳屏处皮肤切口（不包括软骨）（图 2-1-8 中 1），其余创缘均仅作皮肤的简单连续缝合，当缝至耳尖时，缝线不打结（图 2-1-8 中 2，图 2-1-8 中 3）。这种缝合方法有助于促进创口的愈合，减少感染和瘢痕形成。

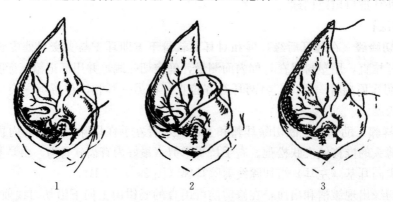

图 2-1-8　另一种耳郭创缘缝合方法

1. 仅结节缝合耳屏处皮肤切口　2. 开始连续缝合皮肤创缘　3. 耳郭创缘完全闭合，其耳尖部缝线不打结

【术后护理】　术后患耳必须安置支撑物、包扎耳绷带以限制耳摆动，促使耳竖立。支撑物可用纱布卷、塑料管等材料。

手术结束后，将纱布卷曲成锥形填塞外耳内，锥体在下，锥尖在上。为防止胶带粘连创缘，在两耳创缘各放一纱布条，将耳直立，用多条短胶带由耳基部向上呈鸠尾形包扎，固定纱布卷，即可将耳直立（图 2-1-9）。最后，两耳基部用胶带"8"字形固定，进一步确保两耳直立，可按耳下垂的相反方向将耳卷曲固定。5 d 换胶带 1 次。也可用硬质材料如塑料管等支撑耳朵。包扎方法同上。术后 7～10 d 拆线。

图 2-1-9　竖耳的包扎

用纱布卷成锥形填塞于外耳内，然后用多条短的胶带（约 2.5 cm 宽）由耳基向耳尖粘贴包扎。每圈盖住前圈胶带 1/3。两耳间"8"字形胶带缠绕，使耳直立

对于急性外耳炎，清洗后局部涂抗生素软膏，每天 1～2 次；化脓性外耳炎，可用抗生素软膏和皮质类固醇类软膏，也可涂布氧化锌软膏，有助于保护收敛，每天 1 次；体温升高者，可全身应用抗生素；寄生虫感染者，可于耳内滴杀螨剂；如患有慢性外耳炎的动物，炎性分泌物多，药物治疗时间长且难根治，可施部分耳道切除引流。

二、外耳道切除术

【适应证】　主要用于治疗严重外耳道炎，或存在发育方面的致病因素的一些疾病，如耳毛过多、外耳道狭窄、肿瘤或先天性畸形等。

【术前准备】　耳郭、耳外侧、耳腹侧及面部广泛地剪毛、清洗及消毒。用消毒液反复冲洗外耳道，并用脱脂棉吸干外耳道内的液体。

【保定与麻醉】　多用健侧侧卧保定，患耳朝上，要确实固定头部。全身麻醉。

【手术方法】　外耳道切除术有三种，即外侧耳道切除术、全直外耳道切除术和全外耳道切除术。应根据外耳道病情选择适宜的手术方法。

1. 外侧耳道切除术　适用于直外耳道先天性闭锁、耳毛过多、耳道狭窄、严重溃疡、外耳道增生或耳疣及炎性憩肉等。手术目的是打开外耳道，降低耳道内湿度及温度，也便于水分及分泌物的排泄。

用钝头探针探明外耳道方向及垂直范围。从耳屏处沿直外耳道作一个 U 形皮肤切口，其长度超过直外耳道的一半（图 2-1-10 A）。分离皮下组织、耳降肌和腮腺背侧顶端，显露直外耳道软骨。按皮肤 U 形由耳屏向下剪开其软骨至水平外耳道。剪除 1/2 软骨瓣，余者向下翻折与皮肤结节缝合（图 2-1-10 B、C）。再将直外耳道软骨创缘与同侧皮肤创缘结节缝合，缝合应紧密，但打结不宜过紧。

2. 全直外耳道切除术和全外耳道切除术　直外耳道增生、肿瘤、严重增生性外耳道炎及慢性深部外耳道炎施外侧耳道切除术或全直外耳道切除术不见效者，应施全外耳道切除术。

术部先作 T 形皮肤切口，即平行于耳屏近缘切开（图 2-1-11 中 1），并在此切口中间垂直向下切开皮肤，超过水平外耳道 1 cm。止血钳插入外耳道探明其深度（图 2-1-11 中 2）。向两侧翻转皮肤，分离皮下组织和腮腺，显露直外耳道软骨（图 2-1-11 中 2）。

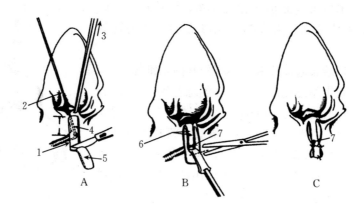

图2-1-10 外侧耳道切除术

A. 探针探明直外耳道深度和方向,U形切除皮肤 B.U形切开直外耳道软骨至水平,外耳道入口,

切除1/2软骨 C. 余下软骨与皮肤结节缝合

1.U形皮肤切除的长度是直外耳道的两倍 2. 探针 3. 牵引耳屏 4. 暴露外耳道软骨

5.U形皮肤及皮下组织 6. 切除直外耳道外侧壁软骨 7. 水平外耳道入口

如施全直外耳道切除术,仅向下分离暴露部分水平外耳道的环状软骨。紧贴环状软骨向内分离,使其与周围组织完全脱离(图2-1-11中3)。然后,在水平外耳道上方切断直外耳道。

如作全外耳道切除术,在分离出部分环状软骨后,继续向下向内分离,暴露全部水平外耳道环状软骨,避免伤及腮腺、血管及神经(图2-1-11中3、图2-1-11中4)。于听道内颞骨岩部处截断环状软骨。用组织钳夹住外耳道远端,提起,钝性或锐性分离直外耳道内侧组织,使直外耳道和水平外耳道游离。继续延长T形臂的切口,即在耳轮和耳轮隆起上方,向前向后环形切开皮肤和软骨(图2-1-11中2),并作适当分离后,即将直外耳道或直、水平外耳道完整地切除。

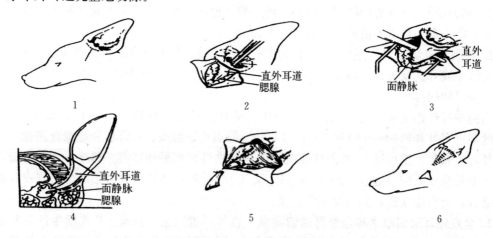

图2-1-11 全外耳道切除术

1. 在直外耳道处皮肤作T形切口 2. 探明直外耳道深度,已暴露直外耳道外侧面,

虚线表示T形臂皮肤延续切口 3. 暴露整个直外耳道软骨和部分环状软骨

4. 外耳道切除范围示意图,左下粗线为环状软骨切除线,右上粗线为直外耳道切除线

5. 创内安置橡皮引流管 6. 缝合创口,虚线表示皮肤楔形切除,以便皮肤缝合后增加竖耳的支撑作用

术部用生理盐水冲洗和彻底止血，在外耳道远端安置橡皮引流管，引出体外，固定在皮肤上（图 2-1-11 中 5）。常规闭合各层组织。对于竖耳犬，为增加耳郭的支持作用，可在闭合内层组织后，先作一个楔形切口（图 2-1-11 中 6，虚线表示楔形皮肤切除线），再将其缝合起来。

【术后护理】 包括保持引流通畅、局部包扎、止痛、装颈枷等，并配合全身抗生素治疗，控制感染。术后 3~4 d 拔除引流管。术后 10~14 d 拆线。

三、耳血肿手术

【适应证】 主要用于治疗严重耳血肿。

【术前准备】 禁食 6 h，禁水 2 h，耳朵内外耳郭均进行剃毛，彻底清洁耳道后，外耳道口塞脱脂棉，防止血肿内容物流入。术部常规消毒。

【保定与麻醉】 多用健侧侧卧保定，患耳朝上，要确实固定头部。全身麻醉。

【手术方法】 在耳的凹面做一个 S 形切口，切口从一端到另一端，暴露血肿及其内容物。清除纤维蛋白凝块，然后冲洗空腔。缝合耳凹面的皮肤及其下面的软骨，缝合口长 0.75~1.0 cm。缝合时，缝线平行于主要血管（垂直而不是水平）。缝合软骨时不要缝合耳凸面的皮肤，也可做全层缝合。缝合要紧密，不留空腔，以免积聚液体。不要结扎耳凸面可见的耳主动脉的分支。不要缝合切口，应留有小空隙，以便进行持续的引流。手术结束后，在切口及手术缝合处用碘伏消毒。取出耳内的堵塞棉球，用轻质的绷带包扎耳朵并使耳向上直立。术后佩戴伊丽莎白项圈保护耳朵。

【术后护理】 术后 6 h 给予饮水，次日给予流质饮食。输液、消炎持续 3~5 d。如耳部包扎绷带，可 3 d 更换一次；如没有用绷带包扎，可每天用洗必泰溶液清洗伤口，保持伤口整洁，根据耳部的愈合情况决定拆线时间。

思考与练习

1. 在哪种情况下需要做犬耳整容成形术和外耳道切除术？
2. 简述犬耳局部解剖结构。
3. 制订犬耳整容成形术和外耳道切除术的手术计划。
4. 简述犬耳整容成形术和外耳道切除术的手术方法。
5. 简述犬耳整容成形术和外耳道切除术的术后护理措施。
6. 练习犬耳整容成形术和外耳道切除术。

情境三 颈部手术

一、犬消声术

【适应证】 犬常爱吠或吠声过大，影响周围住户的休息，可通过犬消声术减小或消除犬吠声。犬消声术又称声带切除术，分口腔内喉室声带切除术和颈腹侧喉室声带切除术两种。前者适应于短期犬的消声，后者可长期消声。

【局部解剖】 声带位于喉腔中部的侧壁上，为一对黏膜褶，由声带韧带和声带肌组成。

两侧声带之间间隙称为声门裂。声带（声褶）上端始于勺状软骨的最下部（声带突），下端终于甲状软骨腹内侧面中部，并在此与对侧声带相遇。由于勺状软骨向腹内侧扭转，使声带内收，改变声门裂形状，由宽变狭，似菱形或 V 形。喉室黏膜有黏液腺体，分泌黏液以润滑声带。

喉腔在声门裂以前的部分称为喉前庭，其外侧壁较为凹陷，称为喉侧室，其为吠叫提供声带振动的空间。在喉侧室前缘有喉室褶。喉室褶类似于声带，但比声带小。两侧室褶间称前庭裂，比声门裂宽。由于解剖上的原因，有些犬声带切除后会出现吠声变低或沙哑现象。

【保定】 经颈腹侧喉室声带切除时，应将犬仰卧保定，在犬齿后用绷带套住下颌，并将头颈拉直，头部稍低；经口腔做声带切除时，应将犬做胸卧位保定，用开口器打开口腔。

【麻醉】 全身麻醉。如施腹侧喉室声带切除术，动物应进行气管内插管，配合吸入麻醉。应选择较细的气管插管，否则会妨碍声带的切除。

【手术方法】

1. 颈腹侧喉室声带切除术 颈腹侧喉部做常规术前处理。在甲状软骨腹侧面上，沿甲状软骨突起处纵向切开皮肤 3~4 cm，切开皮下筋膜，钝性分离胸骨舌骨肌，并用小型扩创钩牵拉创口，以暴露气管、环甲软骨韧带和甲状软骨，充分止血。在甲状软骨突起最明显处用手术刀沿腹中线纵向做一个小切口，然后用三棱针由切口内向两侧分别穿过甲状软骨，放置牵引线。助手向两侧牵拉牵引线，同时向前、后扩开甲状软骨，暴露喉腔，并充分止血（图 2-1-12）。用止血钳由前向后钳夹住一侧声带的中部，用手术剪剪断声带腹侧（近切口处）与甲状软骨相连部

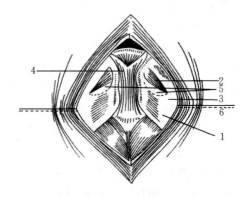

图 2-1-12 暴露喉腔，切除声带
1. 声带 2. 外侧室 3. 牵开甲状软骨创缘
4. 喉动脉分支区域 5. 声带切除范围 6. 牵引固定线

分。然后向外并向对侧轻轻牵拉止血钳，清理止血后切断或剪断与勺状软骨声带突相连的声带部分。此时应特别注意清除喉腔及气管口处的血液和血凝块，其方法是用止血钳夹住小纱布卷，将其伸入喉腔内及气管口清除血液和血凝块，最后用纱布压迫喉侧壁创口止血。采用同样的方法摘除另一侧声带。在确保止血后，再进行切口闭合。用带有 4 号丝线的小三棱针穿过 1/2 甲状软骨及表面筋膜做结节缝合 3~4 针，缝线不要穿过喉黏膜。最后，常规缝合胸骨舌骨肌、皮下组织及皮肤。待动物清醒后，拔除气管插管。

2. 口腔内喉室声带切除术 充分打开口腔，舌拉出口腔外，并用喉镜镜片压住舌根和会厌软骨尖端，暴露喉室两条呈 V 形的声带（图 2-1-13 A）。用一个长柄鳄鱼式组织钳（其钳头具有切割功能）作为声带切除的器械。将组织钳伸入喉腔，抵于一侧声带的背侧顶端。活动钳头伸向声带内侧，非活动钳头位于声带外侧（图 2-1-13 B）。握紧钳柄，钳压，切割。依次从声带背侧向下切至其腹侧处（图 2-1-13 C）。如果没有鳄鱼式组织钳，也可先用一般长柄组织钳依次从声带背侧钳压，再用长的弯手术剪剪除钳压过的声带。对手术中的出血可采用钳夹、小的纱布块压迫或电灼止血。另一侧声带采用同样方法切除（图 2-1-13 D）。为防止血液流入气管深部，在切除声带后装气管插管，并将头放低，若已有血液流入气管内，可经临时气管插管内插入一根管子吸出。

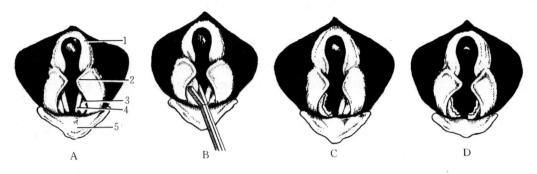

图2-1-13　口腔喉室声带切除术（A～D为切除术步骤）

1. 小角状突　2. 楔状突　3. 构状会厌襞　4. 声带　5. 会厌软骨

【注意事项】

（1）麻醉要确实。麻醉过浅，犬在手术过程中挣扎，声带切除困难；麻醉过深，犬咳嗽反射消失，喉腔中少量渗血或血凝块不易咳出。

（2）手术中注意止血，特别注意清除气管口喉室的血液和血凝块。声带切除后的出血一般采用钳夹或小纱布块压迫止血即可。止血困难时，也可采用电烙铁烧烙止血。在止血操作时，应注意保持呼吸通畅，切勿使止血纱布块完全堵塞切口或气管口，以免血液或血凝块被吸入气管或肺内。清除喉腔血液、血块时，会出现咳嗽反射，但仍可继续手术操作。

（3）若偏离颈腹正中线切开甲状软骨时，一侧声带将被劈开。此时应注意辨认，并向颈腹中线方向切断部分声带，再暴露喉腔。

（4）声音的消除程度与声带切除程度有关，即声带切除越彻底，则消声效果越好。

（5）甲状软骨及其表面筋膜缝合不严密时，偶尔在术后出现局部皮下气肿，严重时气肿可延至颈部和肩胛部。此时，应拆除1～2针皮肤缝合线，并用手挤压气肿部以排出气体。

（6）术后应密切监护，待犬苏醒。

【术后护理】　将手术犬单独放置于安静的环境中，以免诱发其鸣叫，影响创口愈合。每日创口涂擦碘酊1～2次。术后使用抗生素3～5 d，以防止感染。

二、气管切开术

气管切开术是在颈段气管切开2～4个气管环，放入气管套管以保持呼吸道畅通的手术。

【适应证】　各种原因引起的上呼吸道完全阻塞（如气管阻塞、咽喉水肿、鼻腔异物、喉囊积脓等），必须紧急采取气管切开术，以抢救其生命；肺水肿、异物性肺炎等引起的下呼吸道分泌物阻塞，采用气管切开术有利于吸取气管内的分泌物，改善呼吸；有时头、颈部在进行手术时，为便于气管插管和吸入麻醉或维持术后呼吸道通畅，需施气管切开术；另外上呼吸道有不能消除的瘢痕性狭窄，双侧的面神经麻痹以及不能治疗的肿瘤需要作永久性气管切开术。

【局部解剖】　气管起自喉的环状软骨，沿颈椎腹侧向后延伸，经胸腔入口进入胸腔。在颈前部腹侧，其被覆层薄，从体表较容易触及；在颈后部腹侧由于胸头肌覆盖，不易触及。气管是半硬质的、可弯曲的管子，由35～45个C状气管环组成，环的背侧不相接，软骨环之间由环间韧带连接。

【保定与麻醉】　上呼吸道阻塞引起呼吸困难者，不用全身麻醉，仅局部麻醉即可，应立即进行手术。在非紧急情况下，应进行全身麻醉，动物仰卧保定，头颈伸直。颈术部剃毛、消毒、盖上创布。

【手术通路】 手术的切口位置是在颈腹侧中线的上1/3段与中1/3段的交界处，在此处有两侧胸头肌与肩胛舌骨肌共四条肌肉，它们构成一个菱形区域。在此区域内，气管与表面皮肤之间只隔着左、右两条薄的胸骨甲状舌骨肌，气管的位置浅，是进行气管切开手术最方便、安全的区域。

【手术方法】 术部常规处理后，在颈腹侧正中线上依次切开皮肤、皮下组织，钝性分离左右两条胸骨甲状舌骨肌和气管周围结缔组织；用扩创钩将切口向两边拉开，充分显露气管，彻底止血并清除创内积血。根据气管导管的大小，在环间韧带做一个横断切口，在靠近切口的两边气管环上切除一个小的椭圆形软骨片（图2-1-14中1）；切软骨环时要用镊子牢固夹住，避免软骨片落入气管中，引起气管堵塞和窒息；气管创缘如有出血，应立即压迫止血，防止血液流入气管内。然后用止血钳压迫软骨近端或用环绕的缝合线提起软骨的远端，将准备好的气管套管正确地插入气管内（图2-1-14中2），并将气管套管上下皮肤做结节缝合，或用纱布条将气管套管缚于颈部固定，导管口用纱布覆盖，以防异物吸入。常规缝合肌肉、皮肤。

在紧急情况下，术部不予麻醉和无菌准备。可立即在颈腹侧中线切开皮肤、肌肉和气管，使气管开张，保持通气。待窒息缓解后，再修整创缘，插入气管套管。如没有套管，气管创缘和同侧皮肤临时缝合，保持气管切口的开张。

【术后护理】 密切注意术部气管套管是否通畅。如有分泌物，应立即清除。一旦气管通气功能恢复，原发病解除，就可拔除气管套管。上呼吸道手术动物，多数在术后24～48 h拔管。严重病例可延长数日或数周。套管拔除前，手捂住套管外口。如动物鼻道呼吸正常，即可拔除套管。套管拔除后，创口作一般处理，取第二期愈合。

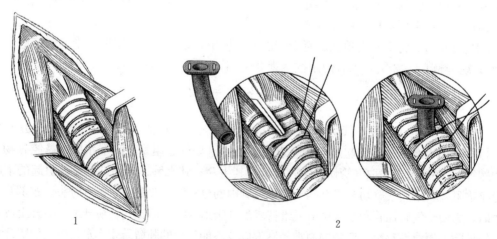

图2-1-14 气管切开术（1和2为切开术步骤）

三、食管切开术

【适应证】 因各种原因导致的食道阻塞经保守治疗无效，或因误食鱼刺、缝针、鱼钩等尖锐异物造成食道穿孔等急需实施食道切开术治疗。此外食道内有肿瘤和息肉时，也需用食道切开术进行治疗。

【局部解剖】 食道起始于咽，沿气管软骨环背侧后行，至第四颈椎处渐偏移至气管的左侧，然后再其后行的过程中又渐伸向气管的背侧，至第七颈椎处转到气管的左背侧，在第三胸椎处转到气管的背侧，最后穿过膈食管裂孔，终止于胃。

食道壁从外向内分为 4 层：

（1）纤维层。食道的最外层，为白色结缔组织，食道无浆膜。

（2）肌层。颈部为横纹肌，到心脏基底部变为平滑肌，颈部食管较薄，胸部食管变厚，但管腔变窄，在贲门处肌肉增厚，称之为括约肌。

（3）黏膜下层。很疏松，便于黏膜扩张。

（4）黏膜层。灰白色，被以复层扁平上皮，以发达的黏膜下层与肌层连接，在没有食物通过时，管腔很小。黏膜呈纵褶。

【保定与麻醉】 全身麻醉。采用右侧卧保定。

【手术通路】 食道位于颈部左侧的颈静脉沟处，分为上切口通路和下切口通路（图 2-1-15）。上切口通路定位：在颈静脉上缘，沿臂头肌下缘作与颈静脉平行的切口，此切口距食道最近，适用食道损伤不大，术后切口可获一期愈合的病例；下切口通路定位：在颈静脉下缘，沿胸头肌上缘作与颈静脉平行的切口，此切口能确保创液顺利排出，适于时间较长的食道损伤严重、有坏死的病例，术后宜作开放性治疗。

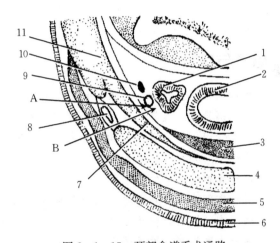

图 2-1-15 颈部食道手术通路
A. 上切口通路 B. 下切口通路
1. 食道 2. 气管 3. 胸骨舌骨肌 4. 胸头肌 5. 皮肌
6. 皮肤 7. 肩胛舌骨肌 8. 颈静脉 9. 颈动脉
10. 迷走交感神经干 11. 臂头肌

【手术方法】 术部常规处理。

先用手指在颈静脉沟触诊，以确定阻塞部位，其一般也是手术切口的位置。纵向切开皮肤 4～5 cm，切口的大小依阻塞物的大小而定。分离皮下组织，钝性分离颈静脉和胸头肌或臂头肌之间的筋膜，用扩创钩扩大创口，然后手指或止血钳继续向阻塞食管方向分离。食管向外分离后，轻轻地尽量向外牵引，用浸有生理盐水的灭菌纱布隔离。

在切开食道前，首先吸除聚积在阻塞部食道内的唾液，以减少术部的污染，若未能完全吸出食管内分泌物，也可用肠钳夹住食管切开位置的前后，在靠近或位于异物处纵向切开食道，用器械小心地将异物去除后，用生理盐水清洗创口，除去坏死组织。然后缝合食管，第一层用可吸收缝线螺旋缝合食道黏膜切口，缝合要紧密，第二层用结节或内翻缝合肌层和外膜。缝合时食管包埋切勿过多，以免引起食道狭窄。缝合完毕后，在伤口上涂油剂青霉素，取出衬垫的纱布及器械，将食道送回原位。常规闭合切口。

如食道阻塞部缺血性坏死或穿孔，应将其切除，作食道补丁修补术，即用邻近组织覆盖在缺陷的食道上。在颈部常用胸骨舌骨肌或胸骨甲状肌作为补丁移植物（图 2-1-16）。

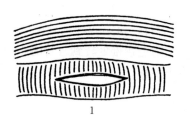

图 2-1-16　用胸骨舌骨肌或胸骨甲状肌修补食道示意

1. 狭窄段食道作一纵形切口　2. 食道壁和肌肉作钮孔状缝合，最后收缩打结

【术后护理】　术后需要对动物进行严密监测 2～3 d，注意有无食道泄漏或感染症状。术后 1～2 d 内禁止饲喂及饮水，以减少对食管的刺激，第 3 天可给与饮水和易消化的流质食物，一周左右，逐渐恢复正常饮食。但注意在未恢复采食之前不能停止输液，术后使用抗生素 5～7 d。如禁食超过 72 h，可采用另一种饮食法，即经胃切开插管或空肠插管供饮食。

🐾 思考与练习

1. 制订消声术、气管切开术和食道切开术的手术计划。

2. 叙述消声术、气管切开术和食道切开术的适应证。

3. 简述颈腹侧喉室消声术和口腔内喉室消声术的手术方法。

4. 简述气管切开术的手术方法。

5. 简述食道切开术的手术方法。

6. 通过查阅资料，叙述在颈部食道和气管的关系。

7. 通过查阅资料，叙述食道和肠管结构的不同点以及对愈合有什么影响。

8. 通过查阅资料，看看还有无其他手术通路可以进行食道切开术。

9. 练习消声术、气管切开术和食道切开术。

模块二 ◇ 躯干部手术

情境一 胸部手术

一、肋骨切除术

【适应证】 当发生肋骨骨折、骨髓炎、肋骨坏死或化脓性骨膜炎时，作为治疗手段进行肋骨切除手术。为打开通向胸腔或腹腔的手术通路，也需切除肋骨。

【术前准备】 除一般常用软组织分割器械之外，要有肋骨剥离器、肋骨剪、肋骨钳、骨锉和线锯等。

【保定与麻醉】 侧卧保定。常用局部麻醉，也可用全身麻醉。局部麻醉采用肋间神经传导麻醉和皮下浸润麻醉相结合。

肋间神经与其背侧皮下的传导麻醉：在欲切除肋骨与髂肋肌的外侧缘相交处，将针头垂直刺入抵达肋骨后缘，再将针头滑过后缘，向深层推进 $0.3 \sim 0.5$ cm，注入 $3\tfrac{1}{2}\%$ 盐酸普鲁卡因溶液 10 mL，使肋间神经麻醉。然后将针头退至皮下，注射相同的量以麻醉其背侧。在注射药液时，需左右转动针头，目的是扩大浸润范围，增强效果。经 $10 \sim 15$ min 后，神经支配的皮肤、肌肉、骨膜均被麻醉。为得到更好的效果，可在麻醉的前一肋骨做相同的操作。

皮肤切开之前，在切开线上做局部浸润麻醉。

【手术方法】 在欲切除肋骨中轴，直线切开皮肤、浅肌膜、胸深肌膜和皮肌，显露肋骨的外侧面。用创钩扩开创口，认真止血。在肋骨中轴纵行切开肋骨膜，并在骨膜切口的上、下端做补充横切口，使骨膜上形成"工"字形骨膜切口。用骨膜剥离器剥离骨膜，再用半圆形剥离器插入肋骨内侧与肋膜之间，向上向下均力推动，使整个骨膜与肋骨分离。骨膜剥离的操作要谨慎，注意不得损伤肋骨后缘的血管神经束，更不得把胸膜戳穿。

骨膜分离之后，用骨剪或线锯切断肋骨的两端，断端用骨锉锉平，以免损伤软组织或术者的手臂。拭净骨屑及其他破碎组织。

关闭手术创时，先将骨膜展平，用可吸收缝线或不可吸收缝线间断缝合，肌肉、皮下组织分层常规缝合。

【注意事项】 当发生骨髓炎时，肋骨呈宽而薄的管状，其内充满坏死组织和脓汁。在这样的情况下，肋骨切除手术变得很复杂，骨膜剥离很不容易，只能细心剥离，以免损伤胸膜。如果骨膜也发生坏死，应在健康处剥离，然后切断肋骨。

二、开 胸 术

【适应证】 膈疝修补术、胸部食道堵塞手术、食道憩室手术、右主动脉弓残迹手术、肺切除以及治疗心脏疾病等手术的先行手术。

【局部解剖】 犬胸腔比较宽阔，胸侧壁弯度很大，膈的肋骨附着缘比其他动物低，胸腔容积显著增大。胸骨、肋骨、胸椎构成胸腔支架，呈圆筒状，入口呈卵圆形。胸骨长，两侧压扁，由8块不成对的胸骨片组成并形成了胸腔的底部结构。犬、猫通常有13对肋骨，第1～9肋骨为真肋，第10、11、12肋骨没有与胸骨连接而形成了两侧的肋弓，第13肋骨的软骨部分终止于肌肉组织（图2-2-1）。

胸两侧有皮肤、皮下组织和肌肉覆盖，肋间隙有内、外肋间肌，在肋间有血管、神经束。肋骨表面有锯肌，腹侧是胸肌，背侧表面是背阔肌。胸内动、静脉在胸骨与肋骨结合的背侧，前后穿行。

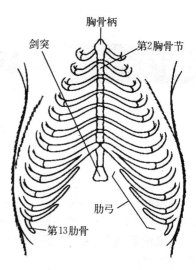

图2-2-1　胸腔的骨架

【保定与麻醉】　麻醉前使用阿托品减少口腔分泌物，并使用异丙酚等诱导麻醉，再做气管插管吸入异氟烷等维持麻醉。侧卧保定，前肢向前牵引。开胸时应用呼吸机进行人工呼吸，这是实施开胸手术的必需条件。

【手术通路】　手术切口位置随不同手术目的而定，可以经肋间切开或将胸骨切开实施手术，在临床上多采用肋间切开或肋骨切除切开，切口与肋骨平行。切口部位的确定，一般从最后肋骨倒计数。前胸手术部位常选在第2、3肋间，心脏和肺门手术部位选在第4、5肋间，尾侧食管和膈的手术部位选在第9肋间。切口可前可后时，最好选择后切口，因为靠后的肋间隙较宽。

【手术方法】　有下列几种方法。

1. 侧胸切开（不切除肋骨）　动物侧卧保定，以肋间切口通向胸腔，两侧胸壁均可作为手术通路。肋间的确定以X射线照相或从最后肋骨倒计数，如果病变在两肋间之间，选择倾向前侧的肋间，因为肋骨向前牵引要比向后容易。切开皮肤之后，再一次核实肋间的位置，用剪刀剪开各层肌肉。背阔肌平行肋骨切开，尽量少破坏背阔肌，依次剪开锯肌或其腹侧的胸肌。肋间肌用剪刀分离，用剪时采取半开状态，沿肋间推进，而不是反复开闭，以减少不必要的损伤。剪开宜靠近肋骨前缘，避开肋间的血管和神经。内肋间肌的分离，不得损伤胸膜。接着在胸膜上作一个2～3mm小切口，当呼气时空气流入胸腔，肺萎缩离开胸壁，不必担心延长胸膜切口时对肺造成的损伤。若切口偏下接近胸骨，要避开胸内动静脉，或作好结扎。

将湿的灭菌创巾放置在切口的边缘，安上牵拉器，扩开切口，进行胸腔探查，处理病变。

切口闭合用单股可吸收缝线或不可吸收缝线，缝合4～6针将切口两侧肋骨拉紧并打结。在打结之前用肋骨接近器或巾钳使切口两侧肋骨靠近，要求切口密接又不要重叠，肋间肌用可吸收缝线缝合（图2-2-2）。其他肌层用可吸收缝线连续或间断缝合，背阔肌间断缝合。主要肌腱部分，各层肌肉间要分别缝合，减少术后的机械障碍，皮肤常规缝合。用胸导管或穿刺针排空胸腔内剩余的空气。

如果装置引流管，要注意引流管的畅通，拔除时注意防止气胸。

2. 侧胸切开（切除肋骨）　本法可得到充分暴露的大切口。先进行肋骨切除术，通过肋骨切口，通向胸腔。有肋骨切除与肋骨横切两种方法。

（1）肋骨切除。皮肤、皮下组织及肌肉切开同前。在肋骨中央纵行切开骨膜，并在此切口两端各作一横切口，形成"工"字形骨膜切口、用骨膜剥离器剥离骨膜（图2-2-3中1），然后用骨钳剪断肋骨（图2-2-3中2）并将肋骨取出，断端锐缘用骨挫挫平，拭净骨屑及其他破碎组织。在暴露的肋骨骨膜床上做一个2～3 mm的胸膜小切口，空气通过骨膜和胸膜切口进入胸腔，造成肺萎缩脱离胸腔壁。用手术剪将切口扩大，

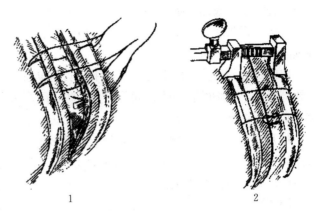

图2-2-2　肋间切口闭合
1. 缝合　2. 打结

同时开始正压给氧控制或人工压迫气囊辅助呼吸。在胸腔切口的边缘放置湿润的无菌纱布，用肋骨牵开器充分牵开肋骨。此时可进行心脏、肺、横膈或胸部食道的手术操作。如需要进行胸腔引流，在闭合胸腔之前放置引流管。

创口闭合先在骨膜、胸膜和肋间肌上进行，用可吸收缝线，单纯间断或连续缝合，各层肌肉和皮肤缝合同前。

（2）肋骨横切。能获得比肋骨切除还要大的胸腔显露。在肋骨切除的基础上，对邻近的肋骨的背侧和腹侧两端横切，两端各切除4～5 mm并去掉，只靠软组织连接。这样的肋骨能重新愈合，动物呼吸时不会产生摩擦，术后疼痛也减少。本技术利用靠近前后的两个肋骨，不会有并发症，也不需要金属丝固定肋骨断端，切口闭合或愈合之后，不影响胸部机能。肌肉、皮肤的闭合按常规进行。

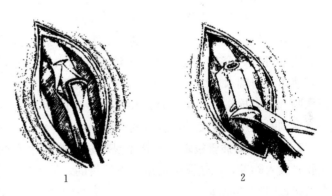

图2-2-3　切除肋骨
1. 用骨膜剥离器剥离骨膜　2. 用骨钳剪断肋骨

3. 头侧胸壁瓣切开　前胸被前肢覆盖，如果将胸骨切开和胸壁切开相结合，就能广泛地暴露前部胸腔器官。犬半仰卧保定，前肢抬高并屈肘，显露胸和侧壁（图2-2-4）。腹中线切开，从胸骨柄向后延伸到4或5胸骨节片，侧胸做皮肤切口使肋间与胸中线切口连接，胸内动静脉进行双重结扎。胸骨切开用骨锯或骨刀分离，为了防止误伤胸内脏器，宜先侧胸切开，用手伸入胸腔保护胸内器官。切口向前延伸到颈腹侧肌之间，可

图2-2-4　头侧胸壁瓣手术切开线

减少开胸时肌肉收缩的抵抗。

两切口开张后，用无菌湿纱布或创巾垫在创口边缘。本通路能暴露 2/3 的食道和气管、胸纵隔和前侧的大血管。

切口闭合，将分开的胸骨靠近，用结实的单股缝线做间断缝合，缝合针要进入胸骨片及胸软骨部分，侧胸的肋间闭合同前。为了防止缝合破裂，要充分利用皮下组织的缝合，术后犬常常处于胸卧位，胸下的压力相当大。皮肤按常规闭合。

4. 胸骨切开 全部胸骨纵切，以显露胸腔脏器。犬背侧卧，切口从胸骨柄延至腹白线，部分膈被腹背方向切开，这是一种最大的开胸。除背侧脏器不易接近之外，胸和腹的部分脏器均被显露。闭合方法同前。

【术后护理】 限制犬、猫做剧烈运动，密切观察犬、猫的呼吸情况，定期检查创口。为防止感染可连续注射抗菌药物 5～7 d。

三、胸腔穿刺及引流术

【适应证】 犬和猫在胸腔内有液体或气体蓄积而影响呼吸时，用胸腔穿刺术或放置胸导管，以达到急救和治疗目的。

【保定与麻醉】 站立、胸卧位或侧卧位保定。局部浸润麻醉。

【手术方法】

1. 胸腔穿刺术 在紧急情况下，进行胸腔穿刺技术，用 18～20 号注射针头，接上短的塑料管，若连接上"三通"可方便连续吸液。

穿刺的位置选在第 7 至第 9 肋间。当动物侧卧时，气体的穿刺部位应在胸中部；若动物站立或胸卧位，穿刺气体在背正中线和肩端水平线之间中、下 1/3 与 7～9 肋间的交界处，穿刺液体在肩端水平线下 1～4 cm 与 7～9 肋间的交界处。过低的位置容易穿透膈的穹隆或损伤肺。针尖损伤肺的实质将产生气胸，若改用乳头导管或通过针头放入软管，可避免损伤。穿刺时利用手或夹子控制针的深度。

2. 胸廓造口插管技术 本技术是在进行胸腔手术后，胸壁造口，将胶管、聚乙烯管或硅胶管放入胸腔，以达到引流或排液的目的。插入的导管要求柔韧又不易折叠，管口直径可大到接近肋间的距离，小到 1/2～1/3 间的宽度，大的直径导管有利于脓汁的排出。一般认为在导管头每增加一个孔可增大流速 5%，在插管端常设有 5～6 个孔，孔的直径约为管周的 1/4，若直径超过管周的 1/3，则导管容易扭曲。商业上出售的胸导管，能在 X 射线透视下显影，确定导管位置。

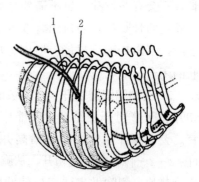

胸管要求放置在胸区最低处，向前达到心脏，甚至超越心区。这个位置对液体和气体的排出都有良好效果。

安装胸导管的手术技术，先在第 9 或第 10 肋间皮肤造一小口，用弯止血钳尖向前造一皮下通道，通过 7、8 肋间进入胸腔。胸导管放置在前胸，管尾用止血钳由胸腔

图 2-2-5 胸导管安装技术
1. 皮肤切口 2. 胸膜穿孔

的 7～8 肋间和 9～10 肋间的皮肤小口拉出体外，用荷包缝合固定（图 2-2-5）。

![思考与练习] **思考与练习**

1. 制订开胸术的手术计划。
2. 做开胸术需要哪些特殊仪器设备和器械?
3. 叙述开胸术的手术方法。
4. 哪种情况下需要做开胸术?
5. 通过查阅资料,说一说如果术后出现气胸会有什么症状出现。
6. 试述胸腔引流的适应证和手术方法。

情境二　开　腹　术

【适应证】　开腹术是切开腹壁进入腹腔的外科手术,目的是诊断和治疗胃、肠、脾、肾、膀胱、子宫、卵巢等各种腹腔器官的疾病。

【局部解剖】

1. 腹腔各部划分　腹腔位于膈和骨盆腔之间,它前邻膈,后以盆腔入口为界,背面是第13胸椎和腰部肌肉及膈的腰部,侧界和腹底壁为腹壁肌肉和第8~13肋骨。临床上叙述腹腔器官位置和手术切口,常将小动物腹腔划分为4个区域(图2-2-6)。

2. 腹壁肌肉分层　腹壁的大部分由皮肤、肌肉、腱膜等软组织构成。按层次由外向内依次为:皮肤→腹横筋膜→腹外斜肌→腹内斜肌→腹直肌→腹横肌→腹膜外脂肪及腹膜(图2-2-7)。

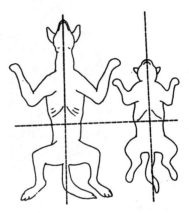

图2-2-6　犬、猫的腹部各区

通过脐的横断面和矢状面将犬、猫的腹部划分为四个区:左前区、右前区、左后区、右后区

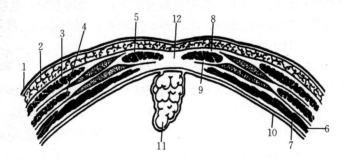

图2-2-7　犬腹底壁肌肉分层

1. 皮肤　2. 皮下组织　3. 腹外斜肌　4. 腹内斜肌　5. 腹直肌　6. 腹横肌　7. 腹横筋膜
8. 腹直肌浅鞘　9. 腹直肌深鞘　10. 腹膜　11. 镰状韧带及脂肪　12. 腹中线

3. 腹正中线(腹白线)　腹正中线即腹白线是由剑状软骨到耻骨前沿在腹底壁中央纵行的纤维性缝际,它由两侧腹斜肌和腹横肌的腱膜在腹底壁中央处联合形成。两条腹直肌位于腹中线两侧。从胸骨到耻骨径路的2/3处是脐孔(犬)。脐前部腹直肌鞘较发达,脐后部腹

直肌鞘变狭窄，在犬、猫几乎消失。在肥胖动物，腹中线外面紧紧覆盖着一厚层脂肪。

4. 镰状韧带 为脐至膈肌的一个腹膜褶，附着在肝的左内叶与方叶之间，在其上附着大量的脂肪。幼龄犬、猫的镰状韧带游离缘较厚，较厚的部分称为肝圆韧带，成年犬的肝圆韧带完全消失，镰状韧带也仅存留在膈到脐之间（图2-2-7），在脐前腹中线切口，镰状韧带常挡住进入腹腔的手术通路，为了便于进行腹腔手术操作，术中一般要将其切除。

5. 大网膜 犬的大网膜附着在胃大弯，沿腹腔底壁向后延伸称为浅层，至骨盆腔入口处向背侧转折，再沿浅层的背面向前延伸，这部分称为深层，抵止于腹腔的背侧壁。网膜呈带状，游离性较大，除位于左侧的降结肠、右侧的降十二指肠和后部的膀胱不被大网膜覆盖外，腹腔内其余肠管均被网膜覆盖（图2-2-8）。可利用网膜修补器官。

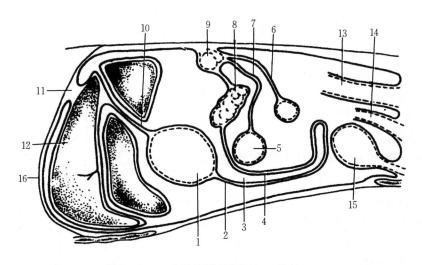

图2-2-8 犬的腹膜转折图解（纵断面）

1. 胃 2. 大网膜浅层 3. 网膜囊 4. 大网膜深层 5. 横结肠 6. 肠系膜 7. 横结肠系膜 8. 胰腺
9. 淋巴结 10. 小网膜 11. 冠状韧带 12. 肝 13. 降结肠 14. 子宫 15. 膀胱 16. 膈肌

网膜孔位于肝尾叶的后内侧，十二指肠前曲与正中矢状面的右侧，开口向背侧方向。网膜孔的背面为后腔静脉，腹面为门静脉，手指伸入网膜孔内可触及到门静脉，当肝出血时，可用手指压迫门静脉以暂时阻断肝的出血。

6. 腹部的血液供应 腹前部的血管来自肋间动脉与腹壁前动脉。肋间动脉分布于腹横肌、腹外斜肌、皮肌和皮肤。腹壁前动脉是胸内动脉的延续，由肋弓和剑状软骨交界处出胸腔，在腹直肌外侧面向后，其末端与腹壁后动脉吻合，动脉伴有同名静脉。

腹中部的血液供应来自肋间动脉、旋髂深动脉与腹壁前动脉。旋髂深动脉是髂外动脉的分支，由髋结节下缘分为前支与后支。

腹壁后动脉来自髂外动脉的耻前动脉，沿腹直肌外侧缘向前行走，在脐部与腹壁前动脉吻合。

腹皮下动脉来自耻前动脉的阴部外动脉，在腹黄膜表面前行，在脐部与胸内、外动静脉吻合。

7. 腹壁的神经分布 犬的腹壁神经由最后胸神经腹支、髂下腹前神经、髂下腹后神经和髂腹股沟神经所支配。

【保定与麻醉】 全身麻醉，仰卧或半仰卧保定。

【手术通路】　腹腔的手术通路很多，但在小动物最常用腹底壁正中线切口通路。又依据手术目的的不同，可有腹正中线切口和腹正中线旁切口两种。

（1）腹正中线切口。犬、猫开腹术最常用的手术切口通路，多数腹腔手术经由此切口完成。它具有出血少、组织损伤轻、腹腔暴露充分、操作简单等优点。切口部位在腹正中线上，但具体位置视手术目的而定。肝、胃、肾等手术可在剑状软骨至脐孔之间的腹正中线做切口部位；而膀胱、肠管、子宫、卵巢等手术则在脐孔至耻骨前缘之间的腹正中线作为切口部位。

（2）腹正中线旁切口。切口部位在腹正中线一侧，做一个与正中线平行的切口，此切口部位可不受性别的限制。适用于一侧腹腔探查和脏器的手术。

【手术方法】

1. 腹正中线切开法　根据手术目的，可在脐前或脐后部腹正中线上作切口，切口长度视需要而定，一般5～10 cm，必要时可越过脐部延长切口（图2-2-9）。

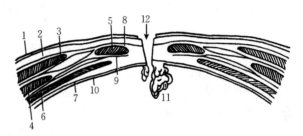

图2-2-9　犬的腹正中线切口
1. 皮肤　2. 皮下组织　3. 腹外斜肌　4. 腹内斜肌　5. 腹直肌
6. 腹横肌　7. 腹横筋膜　8. 腹直肌外鞘　9. 腹直肌内鞘
10. 腹膜　11. 镰状韧带　12. 腹中线切口

（1）紧张切开皮肤，显露腹中线。犬、猫的皮下常有一层厚厚的脂肪组织，为了显露腹中线，应从两侧向腹中线分离脂肪并将其切除。如为公犬，在切至包皮时，应绕过包皮，在侧方平行于腹正中线切开皮肤，分离皮下组织，切断包皮肌，将包皮和阴茎移向一侧，暴露其下面的腹白线。

（2）左手持有齿镊子夹持腹中线并上提，右手持手术刀经腹中线向腹腔内戳透腹膜后退出手术刀，将手术剪的一个剪股经切口伸入腹腔内，一边将手术剪的剪端向腹外撬起，一边剪开腹中线，扩大腹中线切口。也可在手指的导引下切开腹中线和扩大腹中线切口。

在切开腹壁后，应先将镰状韧带从腹腔中引出，从切口后端向前在与两侧腹膜连接处剪开，至肝的左内叶与方叶之间的附着处用止血钳夹住，经结扎后切除镰状韧带。如不切除，既会影响术中手术操作，又可能在术后造成脏器粘连。

（3）腹膜用4号丝线或可吸收缝线连续缝合，腹中线用7～10号丝线进行间断缝合，皮下脂肪层进行连续缝合。缝合切口内皮下脂肪层时，缝针应先穿过切口内一侧脂肪层创缘，然后缝合腹直肌外鞘，再穿过对面的腹直肌外鞘及脂肪层创缘，拉紧缝线打结后皮下不遗留死腔。皮肤用7～10号丝线间断缝合。犬、猫的皮肤缝合还可采取连续皮下缝合法，由切口的尾端开始，缝针紧贴皮下向切口的头端交叉平行引线。此缝合法使切口对合严密而美观，术后不必拆线。

2. 腹正中线旁切开（腹白线旁切开）法　切口位于腹正中线旁平行腹中线，如图2-2-10所示有三种定位法：经腹直肌内侧缘的腹中线旁切口；经腹直肌外侧缘的腹中线旁切口；经腹直肌的腹中线旁切口。

（1）经腹直肌内侧缘0.5～1 cm处的腹中线旁切口（图2-2-10A）。切口以脐部分为脐前中线旁切口和脐后中线旁切口。根据手术要求可以延长切口。切开皮肤显露皮下

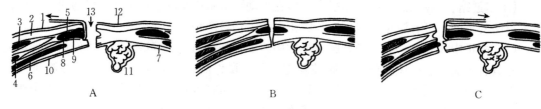

图 2-2-10　犬腹中线旁切口

A. 经腹直肌内侧缘通路　B. 经腹直肌通路　C. 经腹直肌外侧缘通路

1. 皮肤　2. 皮下组织　3. 腹外斜肌　4. 腹内斜肌　5. 腹直肌　6. 腹横肌　7. 腹横筋膜
8. 腹直肌外鞘　9. 腹直肌内鞘　10. 腹膜　11. 镰状韧带　12. 腹中线　13. 切口

疏松脂肪组织，用手术剪分离皮下脂肪组织，显露腹直肌外鞘，切开外鞘显露腹直肌纤维。将腹直肌用拉钩向外侧牵拉显露腹直肌内鞘和腹膜，然后切开腹直肌内鞘和腹膜进入腹腔。

（2）经腹直肌外侧缘 0.5～1 cm 处的腹中线旁切口（图 2-2-10B）。切开皮肤，分离皮下脂肪，切开腹直肌外鞘，显露腹直肌纤维。用拉钩将腹直肌纤维向腹中线方向牵拉，显露腹直肌内鞘和腹膜，切开内鞘和腹膜进入腹腔。

（3）经腹直肌的腹中线旁切口（图 2-2-10C）。该切口是纵向的通过腹直肌，距腹中线的距离为 2～3 cm，切口长 7～15 cm。此切口在分离腹直肌纤维时出血较多，但切口缝合后不易发生切口裂开，切口愈合良好。

切开皮肤，显露皮下脂肪。切开腹直肌外鞘，显露腹直肌。分离腹直肌并切开内鞘，用拉钩牵引创缘显露腹膜外脂肪，分离脂肪显露腹膜，切开腹膜，进入腹腔。

上述三种腹中线旁切口的闭合方法可按图 2-2-11 所示进行缝合。用 7 号丝线或 1 号肠线对腹直肌外鞘、内鞘和腹膜进行连续缝合。采用皮下连续缝合闭合皮肤切口。

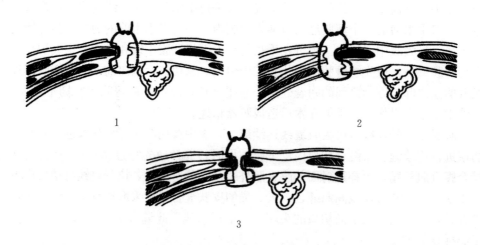

图 2-2-11　犬腹中线旁切口的闭合方法

1. 经腹直肌内侧缘的腹中线旁切口的闭合　2. 经腹直肌外侧缘的腹中线旁切口的闭合
3. 经腹直肌的腹中线旁切口的闭合

【术后护理】　限制犬、猫做剧烈运动，定期检查创口。为防止感染可连续注射抗生素 5～7 d。

思考与练习

1. 制订开腹术的手术计划。
2. 实施开腹术时，可不可以使用腹侧壁切口通路？其与腹底壁通路切口有何优缺点？
3. 叙述开腹术的手术方法。
4. 哪种情况下需要做开腹术？
5. 公、母犬、猫的腹底壁手术切口通路有何不同？

情境三 胃 手 术

胃的位置随充盈程度不同而改变。空虚时，胃前下部被肝和膈肌掩盖，后部被肠管掩盖，位于肋弓之前、正中矢状面的左侧；胃充盈时与腹腔底壁相接触，在肋弓之后突出，胃底部抵达第二或第三腰椎的横断面。

胃贲门部在贲门周围；胃底部位于贲门的左侧和背侧，呈圆隆顶状；胃体部最大，位于胃的中部，自左侧的胃底部至右侧的幽门部；幽门部，沿胃小弯估算，约占远侧的1/3部分。幽门部的起始部叫做幽门窦，然后变狭窄，形成幽门管，其与十二指肠交界处称幽门。幽门处的环形肌增厚构成括约肌。

胃弯曲呈"C"字形。大弯主要面对左侧，小弯主要面对右侧。大血管沿小弯和大弯进入胃壁。胃的腹侧面称壁面，与肝接触；背侧面称脏面，与肠管接触。向后牵引大弯可显露脏面，脏面中部为胃切开手术的理想部位（图2-2-12）。

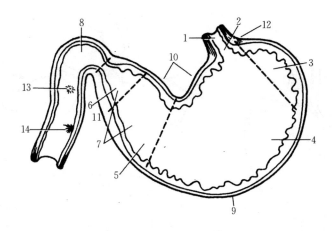

图2-2-12 犬胃的分区

1. 食管 2. 贲门 3. 胃底部 4. 胃体部 5. 幽门窦 6. 幽门管 7. 幽门 8. 十二指肠 9. 胃大弯
10. 胃小弯 11. 胃切迹 12. 贲切迹 13. 十二指肠大乳头 14. 十二指肠小乳头

一、胃切开术

【适应证】 胃切开术是指切开胃壁进入胃腔的手术，常用于取出胃内异物、纠正胃扩张——扭转、摘除胃内肿瘤、切除坏死胃壁、探查胃内的疾病（如慢性胃炎或食物过敏时胃壁活组织检查）等。

【术前准备】　非紧急手术，术前应禁食 24 h 以上。对患急性胃扩张—扭转的病犬，术前应积极补充血容量和调整酸碱平衡，对已出现休克症状的犬应纠正休克。经口插入胃管以导出胃内蓄积的气体、液体或食物，以减轻胃内压力。对患病动物要进行全面检查，全面评估，确保手术的成功率。

【保定与麻醉】　仰卧保定。全身麻醉，对于危重病例可采用吸入麻醉。气管内插入气管导管，以保证呼吸道畅通，减少呼吸道死腔和防止胃内容物反流误咽。

【手术通路】　脐前腹中线切口。从剑状突末端至脐之间做切口，但不可自剑状突旁侧切开。犬的膈肌在剑状突旁切开时，极易同时开放两侧胸腔，形成气胸造成致命性危险。切口长度因犬体型、年龄和疾病性质而不同。

【手术方法】　术部常规处理。在腹底壁脐孔至剑状软骨的腹正中线常规切开皮肤、皮下组织、腹白线及腹膜。显露腹腔后，将切口周围的镰状韧带剪除，用腹壁牵开器扩大创口。术者将手伸入腹腔做一般探查，把胃从腹腔中引出，并在其周围用湿润的无菌大纱布隔离。放置牵引线，既利于手术操作，又可防止胃内容物溢出污染腹腔。

在胃大弯和小弯之间、胃腹侧血管较少的位置做切口（图 2-2-13），并用手术剪扩大创口（图 2-2-14 中 1、图 2-2-14 中 2），切口长度视手术需要而定，但切口不可靠近幽门，否则缝合切口时，可能会因为大量组织包埋在胃腔内而引起流出口阻塞。使用吸引器抽取胃内容物减少溢出。取出胃内异物，并探查胃内各部（贲门、胃底、幽门窦、幽门）有无异物、肿瘤、溃疡、炎症及胃壁是否坏死等，若胃壁发生坏死，应将坏死的胃壁切除。

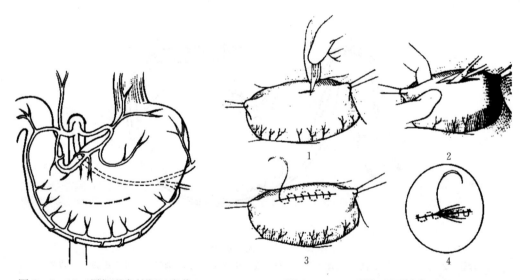

图 2-2-13　胃切开术的切口定位　　　　图 2-2-14　胃切开及缝合示意

用温的青霉素生理盐水冲洗胃壁切口，然后用可吸收缝线做胃壁全层连续缝合或水平内翻缝合，生理盐水冲洗后，第二层用伦勃特氏或库兴氏缝合法缝合浆膜、肌层（图 2-2-14 中 3、图 2-2-14 中 4）。再用温青霉素生理盐水冲洗胃壁后，将之还纳于腹腔。常规闭合腹壁。

【术后护理】　术后 24 h 内禁饲，不限饮水。24 h 后给予少量肉汤或牛奶，术后 3 d 可以给予软的易消化的食物，应少量多次喂给。在恢复期间，应注意动物水、电解质代谢是否发生了紊乱及酸碱平衡是否发生了失调，必要时应予以纠正。术后 5 d 内每天定时给予抗生素。手术后还应密切观察胃的解剖复位情况，特别在胃扩张—扭转的病犬，经胃切开减压整复后，注意犬的症状变化，一旦发现胃扩张—扭转复发，应立即进行救治。

二、犬幽门肌切开术

【适应证】　消除犬顽固性幽门肌痉挛、幽门肌狭窄和促进胃的排空，避免发生胃扩张—扭转综合征。或作为胃扩张—扭转综合征治疗的一部分。

【术前准备】　术前禁食 24 h 以上，麻醉后插入胃导管，尽量排空胃内容物。

【保定与麻醉】　仰卧保定，全身麻醉。

【手术通路】　脐前腹中线切口。

【手术方法】　开腹后用生理盐水纱布垫隔离腹壁切口，装置牵开器，充分显露胃、十二指肠和胰腺等脏器，用温生理盐水纱布垫隔离胰、肝和胆总管。在胃大弯和胃小弯交界处的胃体部无血管区装置牵引线，向腹壁切口处游离胃壁。小心地切断胃肝韧带和与其相连的结缔组织，将幽门游离到腹壁切口处。用温生理盐水纱布隔离幽门，将幽门拉出腹壁切口之外，并用生理盐水纱布垫隔离，防止缩回。

在幽门的腹面、前缘与后缘之间的无血管区内，作一个足够长的直线切口。切口一端为十二指肠边缘，另一端到达胃壁。小心地切开浆膜及纵行肌和环形肌，使黏膜层膨出在切口之外。若黏膜不能向切口外膨出，切口两边创缘可能会重新黏合。为此，在切开纵行肌纤维以后，对环形肌纤维必须完全地切断。如果环形肌纤维未能完全切断，将限制黏膜下层从切口中膨出。在切断环形肌纤维时，可沿着不同的纵行部位进行切开，这样可以避免切透黏膜层。在环形肌完全切开之后，可用米氏钳或止血钳进行分离，使黏膜膨出切口外。在幽门的近心端应一直分离到胃壁的斜肌和结构正常的胃壁肌纤维，幽门的远心端应分离到穹隆部（图 2-2-15），在这一部位，稍有疏忽就可能撕破附着在该处的浅表黏膜。需要注意的是，既要完全分离开肌层，当显露出向内倾斜的穹隆部黏膜后，又必须停止继续分离，以免撕破在此处反折而靠近表面的黏膜。

在分离黏膜下层时，若有轻微的渗血，可用棉球或纱布球压迫 1~2 min，很少需要结扎止血。可用手指轻轻压迫十二指肠以阻塞肠腔，将胃内气体挤入幽门管以检查黏膜有无破损。若有黄色泡沫状液体出现，说明黏膜有穿孔，可用 3~0 号或 4~0 号肠线作水平褥式缝合以闭合裂口，必要时可将一部分网膜松松地扎入线结内，使网膜紧贴缝合处又不致发生绞窄。对黏膜的小穿孔，可在幽门括约肌上切片肌瓣，用剥离器将其游离，转移肌瓣覆盖黏膜穿孔处，并将肌瓣固定于对侧幽门括约肌上，必要时用网膜覆盖。如黏膜发生了大的穿孔，则应进行幽门肌成形术（图 2-2-16）。

用生理盐水冲洗幽门部及胃壁，拆除胃壁上的牵引固定线，清点纱布，确认腹腔内没有遗留下任何异物，将幽门和胃还纳回腹腔内。最后常规关腹。

【术后护理】　手术中幽门黏膜没有穿孔的犬，在麻醉苏醒后 4 h 即可让其饮糖盐水，24 h 后可给少量米汤、肉汤或牛奶，48 h 后即可恢复其正常的饲喂量。若幽门黏膜发生了穿孔，经缝合修补的犬，术后应禁食 24 h 以上，可静脉内补液并供给能量。有部分犬术后发生

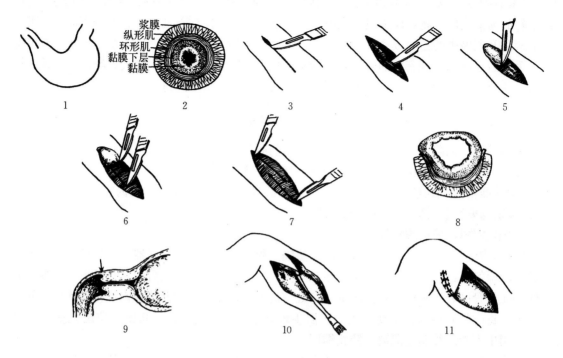

图 2 - 2 - 15　犬幽门肌切开术

1. 幽门肌切开部位　2. 幽门肌组织分层：浆膜、纵形肌、环形肌、黏膜下层、黏膜　3. 切开浆膜

4、5. 切开纵形肌纤维　6、7. 在不同的径路上切开环形肌纤维　8. 黏膜膨出，幽门狭窄缓解　9. 箭头所指处为危

险区（穹隆处），肥厚的幽门肌穿入十二指肠腔内，十二指肠黏膜在此处反折，构成穹隆区　10. 黏膜穿孔，

切片—肌瓣，用剥离器剥离　11. 转移肌瓣覆盖住黏膜穿孔处，将肌瓣固定于对侧幽门括约肌上

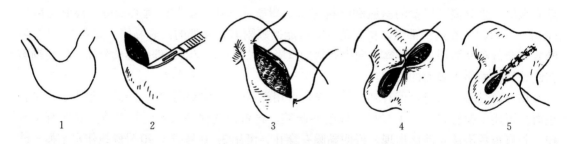

图 2 - 2 - 16　幽门肌成形术

1. 幽门肌切开线　2. 切开幽门环形肌纤维及黏膜　3. 切口的两端系缝合线

4. 拉紧缝合线使纵向切口变为横向　5. 全层简单、间断缝合

呕吐，但在 4～5 d 即可停止。术后 3～4 d 可使用抗生素，以预防切口感染。

三、犬幽门肌成形术

【适应证】　本手术可减少胃内容物潴留。作为胃排空性手术，又是犬胃扩张—扭转综合征经手术整复后防止再发的常规手术。

【术前准备、保定与麻醉、手术通路】　均同幽门肌切开术。

【手术方法】 手术方法开始与幽门肌切开术相同，纵行切开幽门纵行肌与环形肌纤维后，再切开黏膜层，吸去幽门切口内的胃内容物，用弯圆针带 3～0 号或 0 号铬制肠线，在纵向切口的一端胃幽门交界处的浆膜外进针，黏膜层出针，然后针在纵向切口的另一端幽门十二指肠交界处的黏膜层进针，幽门外浆膜层出针，将该缝合线拉紧打结后，使幽门部的纵向切口变为横向，从而使幽门管变短变粗，幽门管内径明显增大。用 3～0 或 1～0 号铬制肠线对已变成横向的切口进行全层简单、间断缝合。缝毕，用生理盐水冲洗，将大网膜覆盖在幽门缝合区（图 2-2-16）。

另一种缝合方法是二层缝合，第一层用 3～0 号或 1～0 号铬制肠线进行全层间断缝合，经生理盐水冲洗后，再进行第二层伦贝特氏缝合。该缝合方法因造成了组织内翻，可能抵消了幽门成形术的目的——扩大了的幽门排出道经缝合后又有变狭窄的趋向。如果所做的幽门部纵向切口有足够的长度，可避免缝合后的狭窄。

【术后护理】 同幽门肌切开术。

🐾 思考与练习

1. 制订胃切开术的手术计划。
2. 哪种情况下需要做胃切开术？
3. 叙述胃切开术的手术方法。
4. 叙述胃切开术中无菌阶段和污染阶段的关键转换环节，以及如何转换。
5. 哪种情况下需要做幽门肌切开术和幽门肌成形术？
6. 叙述幽门肌切开术和幽门肌成形术的手术方法。

情境四　肠 手 术

肠包括小肠（十二指肠、空肠和回肠）和大肠（结肠、盲肠和直肠）。十二指肠自幽门起，走向正中矢状面右侧，向背前方行很短一段距离便向后折转，称为前曲，然后沿升结肠和盲肠的外侧与右侧腹壁之间向后行，称为降十二指肠，至接近骨盆入口处向左转，称为十二指肠后曲，再沿降结肠和左肾的内侧向前行便是升十二指肠，于肠系膜根的左侧和横结肠的后方向下转为十二指肠空肠曲，连接空肠。

空肠自肠系膜根的左侧开始，形成许多弯曲的小肠襻，占据腹腔的后下部；回肠是小肠的末端部分，很短，自左向右，它在正中矢状面的右侧，经回结口延接结肠；盲肠短而弯曲，长 10～15 cm，盲肠位于第二、三腰椎下方的右侧腹腔中部，盲肠尖向后，前端经盲结口与升结肠相连接；结肠无纵带，被肠系膜悬吊在腰下部。结肠依次分为下述几段。升结肠：自盲结口向前行，很短（约 10 cm），位于肠系膜根的右侧。横结肠：升结肠行至幽门部向左转称为结肠右曲，经肠系膜根的前方至左侧腹腔，于左肾的腹侧面转为结肠左曲，向后延接为降结肠。降结肠：是结肠中最长的一段，长 30～40 cm，起始于肠系膜根的左侧，然后斜向正中矢状面，至骨盆入口处与直肠衔接。在降结肠与升十二指肠之间有十二指肠结肠韧带相连。

一、肠切开术

【适应证】 肠切开术是在肠未发生坏死的情况下，切开创壁进入肠腔的手术，常用于治疗肠道内异物阻塞、肠道狭窄、肠道肿瘤、肠道息肉等。

【术前准备】 对待施术动物要控制饮食，一般情况下成年动物术前 12～18 h 控制饮食，幼年动物术前 4～8 h 控制饮食。

【保定与麻醉】 仰卧保定，全身麻醉。

【手术方法】

1. 寻找闭结点肠段 经脐前腹中线切开腹壁后，将犬的大网膜向前拨动，即可显露出十二指肠、空肠和回肠，可在直视下寻找闭结点，一般闭结点前方有膨气积液现象。

2. 肠切开 将闭结部肠段牵引至切口外，用浸过生理盐水的纱布垫保护肠管并隔离术部。用两把肠钳闭合闭结点两侧肠腔，由助手扶持使之与水平面呈 45°角紧张固定。术者用手术刀在闭结点的小肠对侧肠系膜侧做一个纵向切口，切口长度以能顺利取出阻塞物为原则。助手自切口的两侧适当推挤阻塞物，使阻塞物由切口自动滑出（图 2-2-17 中 1）。助手仍以 45°角位置固定肠管，用酒精棉球或 0.1% 硫柳汞液消毒切口缘，转入肠切口的缝合。

3. 肠缝合 用生理盐水冲洗或用浸有消毒剂的棉球清洁切口。结节全层缝合切口（图 2-2-17 中 2），针孔距创缘距离 2～3 mm，针距 3～4 mm。如果肠腔较小，也可对切口做横向结节缝合（图 2-2-18），即把切口两端的两点先缝合，使纵向的切口变成横向的切口，然后每隔 2～3 mm 做一次缝合。肠管缝合完毕后，向肠腔内注射生理盐水，如有液体漏出，应追加缝合。用生理盐水冲洗干净，在创口上覆盖大网膜并缝合固定。

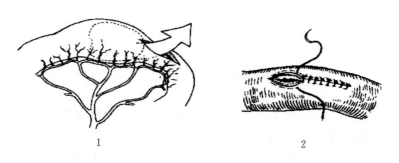

图 2-2-17 肠管切开术（1 和 2 为操作步骤）

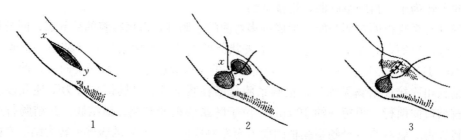

图 2-2-18 横向缝合切口（1～3 为操作步骤）

4. 肠管还纳与腹壁切口闭合 用生理盐水清洗肠管上的血凝块及污物后，将肠管还纳回腹腔内，常规闭合腹腔。

【**术后护理**】　术后禁食18~24 h，不限制饮水。当患病动物出现排粪、肠蠕动音恢复正常后方可给予易消化的优质饲料。对术后出现水、电解质代谢紊乱及酸碱平衡失调者，应静脉补充水、电解质并调整酸碱平衡。若术后24 h仍不排粪、患病动物出现肠肿胀、肠音弱或出现呕吐症状，应考虑是否因不正确的肠管缝合或病部肠管的炎性肿胀，造成肠腔狭窄、闭结再度发生。为此，应给患病动物灌服油类泻剂并给以抗生素，经治疗后不见效时，应进行剖宫探查术。肠麻痹也是小肠切开术后常常出现的症状之一。由于闭结点对肠管的压迫或手术时的刺激，均可造成不同程度的肠麻痹，表现为肠蠕动音减弱，粪便向下运行缓慢，肠臌胀等症状。在术后18 h后肠麻痹症状逐渐减轻，肠臌胀消退，肠蠕动音恢复，不久即可排粪。为了促进肠麻痹的消退和粪便的排出，术后可给予兴奋胃肠蠕动的药物或配合温水灌肠。

二、肠切除吻合术

【**适应证**】　各种原因引起的肠坏死、肠粘连、不宜修复的肠损伤或肠瘘，以及肠肿瘤的根治手术。

【**术前准备**】　肠坏死的动物大多伴有严重的水、电解质代谢紊乱和酸碱平衡失调，并常常发生中毒性休克，术前应纠正脱水和注意酸碱平衡，并纠正休克。在非紧急情况下，术前12 h禁食，术前2 h禁水，并给以口服抗菌药物，如卡那霉素、磺胺嘧啶或红霉素等，这样可有效地抑制厌氧菌和整个肠道菌群繁殖。

【**保定与麻醉**】　仰卧保定，全身麻醉，并进行气管插管，以防呕吐物逆流入气管内。

【**手术方法**】

1. 确定肠管切除范围　经脐前腹中线切口切开腹壁，用浸过生理盐水的纱布保护切口，术者手经创口伸入腹腔内探查病部肠段，重点探查扩张、积液、积气的肠段，遇此肠段应将其牵引出腹壁切口外，以判定肠切除范围。若变位肠段范围较大，经腹壁切口不能全部引出或因肠管高度扩张与积液，强行牵拉肠管有肠破裂危险时，可将部分变位肠管引出腹腔外，由助手扶持肠管进行小切口排液，术者手臂伸入腹腔内，将变位肠管近心端肠襻中的积液向腹腔切口外的肠段推移，并经肠壁小切口排出，以排空全部变位肠管中的积液，方可将全部变位肠管引出腹腔外。用浸过生理盐水的纱布保护肠管，隔离术部，并判定肠管的生命力。在下列情况下可认为肠管已经坏死：肠管呈暗紫色、黑红色或灰白色；肠壁很薄、变软无弹性，肠管浆膜失去光泽；肠系膜血管搏动消失；肠管失去蠕动能力等。若判定可疑，可用生理盐水温敷5~6 min，若肠管颜色和蠕动仍无改变，肠系膜血管仍无搏动，可判定肠壁已经坏死。

2. 切除部分肠管　肠切除线应在病变部位两端3~5 cm的健康肠管上，近端肠管切除范围应更大些。展开肠系膜，在肠管切除范围上，对相应肠系膜作V形或扇形预定切除线，在预定切除线两侧，将肠系膜血管进行双重结扎，然后在结扎线之间切断血管与肠系膜（图2-2-19）。肠系膜由双层浆膜组成，系膜血管位于其间，若缝针刺破血管，就会造成肠系膜血肿。扇形肠系膜切断后，应特别注意肠断端的肠系膜侧三角区出血的结扎（图2-2-20）。

3. 吻合方法　肠吻合方法有端端吻合、侧侧吻合与端侧吻合三种。端端吻合最常用，但犬、猫吻合后容易出现肠腔狭窄，侧侧吻合能克服肠腔狭窄之虑。以下介绍肠切除端端吻合方法。

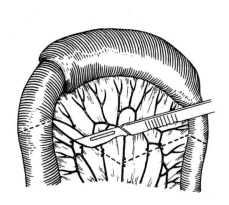

图 2 - 2 - 19　肠系膜血管双重结扎后的肠系膜切除线

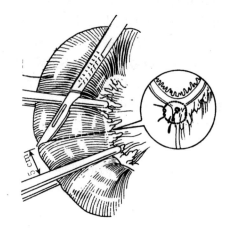

图 2 - 2 - 20　在预切除肠管线两侧钳夹无损伤肠管，距健侧肠钳 5 cm 处切断肠管，注意结扎肠系膜侧三角区内出血点

（1）**修剪肠断端肠系膜缘过多的脂肪**。病变肠管切除后，剪除距两健康肠断端 3 mm 处肠系膜缘上过多的脂肪组织，以便在肠吻合时能看清肠系膜侧的肠壁。

（2）**肠系膜侧和对肠系膜侧装置牵引线**。用 1～2 号丝线或 3～0 号铬制肠线，在肠系膜缘的肠壁外，距肠断缘 3 mm 处浆膜面上进针，通过肠壁全层在肠腔内的黏膜边缘处出针，然后针转到对边黏膜边缘进针，呈一定角度通过黏膜下层、肌层，在距肠断缘 3 mm 处浆膜上出针，然后打结并留较长线尾作为牵引线。在对肠系膜侧作同样的缝合作为牵引线，并交助手牵引（图 2 - 2 - 20）。

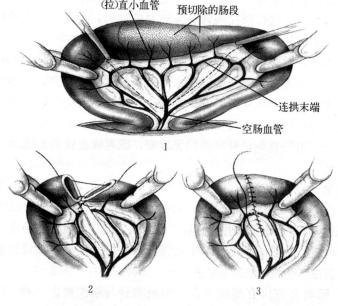

图 2 - 2 - 21　肠切除端端吻合术（1～3 为端端吻合术步骤）

（3）肠后壁的简单间断缝合。由肠系膜侧向对肠系膜侧缝合肠后壁。在距肠断端 3 mm 处的浆膜上进针，向肠腔的黏膜缘出针，针再转入对侧肠壁的黏膜缘进针，在距肠断端 3 mm 处的浆膜面出针打结，完成一个简单间断缝合。缝合至对肠系膜侧要进行数个针距 3 mm 的简单间断缝合。

在两肠断端的横断面上，常常看到黏膜层脱垂外翻，影响操作亦影响肠的愈合，为此，在缝合过程中不断地、适度地轻压外翻的黏膜，将有助于减轻黏膜外翻的程度。打结时切忌黏膜外翻，每一个线结都应使黏膜处于内翻状态。

（4）肠前壁的简单间断缝合。后壁缝合后，再按同样的缝合方法完成肠前壁的缝合（图 2-2-21）。

（5）补针和网膜包裹。简单间断缝合之后，检查缝合有否遗漏或封闭不全，可进行补针，直至确定安全为止。最后用大网膜的一部分将肠吻合处包裹并将网膜用缝线固定于肠管之上，以进行保护。

（6）肠系膜缺损处用 4～0 号丝线进行间断缝合。

三、肠套叠整复术

【适应证】　当犬、猫发生肠套叠后，如套叠部肠管尚未坏死，可进行肠套叠整复术。若套叠部肠管已经坏死，即应进行肠管切除吻合术。

【术前准备】　肠套叠发生后，动物因腹痛、出汗以及套叠部肠管的渗出和套叠前方肠管扩张积液、呕吐等，动物出现水、电解质代谢紊乱和酸碱平衡失调，术前应给以纠正。静脉注射林格尔氏液、地塞米松和抗生素；用胃管导胃以减轻胃肠内压；使用镇痛、镇静剂以减轻动物的疼痛。

【保定与麻醉】　仰卧保定，全身麻醉。

【手术通路】　犬采用脐前腹中线切口。

【手术方法】

1. 探查套叠部肠段　术者手经腹壁切口伸入腹腔内探查套叠部肠段。肠套叠部肠管增粗，如火腿肠样硬度，表面光滑，套叠前方肠管高度积液，套叠后方肠管空虚塌瘪。

2. 将套叠部肠段引出腹腔外　肠套叠一般为三层肠壁组成，外层为鞘部，内层为套入部，套入部进入鞘部后口沿肠管向前行进，同时肠系膜也随之进入。肠套叠越长，肠系膜进入越长，从而导致肠系膜血管受压迫，肠系膜紧张，小肠的游离性显著减小。从腹腔内向切口外牵引套叠部肠管应十分仔细，缓慢向外牵引，切忌向切口外猛拉、用手指用力掐压和抓持套叠部，以防撕裂紧张的肠系膜或导致肠破裂。从腹腔内向外牵引套叠部肠管时，应先显露肠套叠部远心端肠段，然后再缓慢向外牵引出套叠部肠段和套叠的近心端肠段，并用温生理盐水浸过的纱布隔离，判定肠段部是否发生了坏死。对套叠部肠管仍有生命力者，应进行肠套叠整复术。

3. 肠套叠的整复方法　用手指在套叠的顶端将套入部缓慢逆行推挤复位（自远心端向近心端推），也可用左手牵引套叠部近心端，用右手牵引套叠部远心端使之复位。操作时需耐心细致，推挤或牵引的力量应均匀，不得从远、近两端猛拉，以防肠管破裂。若经过较长时间不能推挤复位时，可用小手指插入套叠鞘内扩张紧缩环，一边扩张一边牵拉套入部，使之复位。若经过较长时间仍不能复位时，可以剪开套叠的鞘部和套入部的外层肠壁浆、肌层，必要时可以切透至肠腔，然后再进行复位。肠壁切口进行间断伦勃特氏缝合（图2-2-22）。

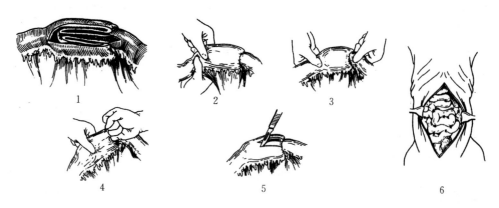

图2-2-22　肠套叠整复术（1～6为操作步骤）

1. 小肠套叠模式图　2. 用手自套叠部顶端将套入部自远而近的推挤复位　3. 双手分别牵引近心端和远心端肠管使之复位　4. 用小手指插入套叠鞘内扩张紧缩环　5. 切开鞘部与套入部外层
6. 预防肠套叠复发的相邻肠管及肠管与腹膜的缝合固定

套叠肠管复位后，应仔细检查肠管和肠系膜是否存活，若肠已坏死，应将其套叠部肠段切除进行肠吻合术。

犬的肠套叠经手术矫正复位后，约有20％的犬再度发生肠套叠，肠套叠再复发的部位，位于肠套叠原发肠段的近心端，在术后72 h到20 d内复位。据报道，犬的肠套叠手术整复前，给犬肌内注射抗胆碱能药物，以降低肠的蠕动能力，给药组术后没有复发，而非给药组术后有15％的犬复发了肠套叠。

为了预防术后犬肠套叠的复发，在套叠肠管手术复位后，从十二指肠韧带到降结肠之间的肠管，以8～12 cm的针距对相邻肠管浆膜肌层进行间断缝合，对与腹膜壁层相接触的部分肠管的浆肌层与腹膜进行间断缝合，进行固定。

【术后护理】

（1）及时静脉补充水、电解质，并注意酸碱平衡。

（2）术后一周内使用足量的抗生素和糖皮质激素类药物，以预防腹膜炎的发生。

（3）术后禁饲，只有当动物肠蠕动音恢复、排粪和排气正常，全身情况恢复后方可给予优质易于消化的饲料，开始量小，逐日增大至正常饲养量。

（4）术后早期牵遛运动，对胃肠机能的恢复很有帮助。

🐾 思考与练习

1. 制订肠管切开术和吻合术的手术计划。

2. 临床上哪种情况下需要做肠管切开术和吻合术？

3. 查阅资料叙述大动物和宠物肠管切开术及吻合术的手术方法有何异同。

4. 叙述肠管切开术中无菌阶段和污染阶段的关键转换环节，以及如何转换。

情境五　泌尿道手术

一、膀胱切开术

【适应证】　膀胱或尿道结石、膀胱肿瘤和膀胱破裂等疾病。

【局部解剖】　膀胱的位置取决于储存的尿液量的多少，当膀胱空虚时，膀胱位于骨盆腔内。膀胱分为膀胱颈和膀胱体，膀胱颈连接尿道和膀胱体。

【保定与麻醉】　仰卧保定，全身麻醉。

【手术方法】　术部常规处理。

1. 腹壁切开　雌犬在耻骨前缘至脐孔的腹白线上切开皮肤；雄犬在阴茎旁绕过包皮，大约一指宽，平行于阴茎切开皮肤（图2-2-23），再将包皮和阴茎向一侧牵引，分离皮下组织，切开腹白线进入腹腔。腹壁切开时应特别注意，防止损伤充满尿液的膀胱。

2. 膀胱切开　用腹壁牵开器扩大创口，手指伸入腹腔探查，将膀胱引出切口外，并在膀胱下面垫上浸过生理盐水的纱布，隔离膀胱。在膀胱底壁上做预置缝合线（图2-2-24中1），以方便操作。在膀胱的背侧或腹侧做一个小切口，将吸引器插入切口内，吸取尿液；如不方便抽吸，也可在膀胱切开前进行膀胱穿刺抽出尿液。

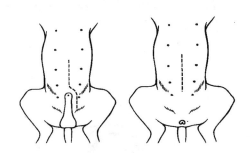

图2-2-23　膀胱切开术切口定位

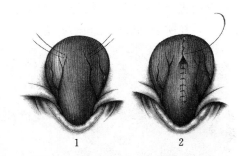

图2-2-24　做牵引线及膀胱缝合（1和2为缝合步骤）

3. 取出结石　尿液排出后，扩大切开创口，用茶匙或胆囊勺将膀胱内的结石取出或将肿瘤切除，特别注意取出狭窄的膀胱颈及近端尿道的结石。将导尿管从膀胱插入尿道，注入生理盐水冲洗尿道内结石；或由生殖道口插入导尿管，用温生理盐水逆向反复冲洗尿道。尿道冲通后，冲洗膀胱，将血凝块及小结石全部冲洗干净。

4. 膀胱缝合　缝合膀胱分两层，第一层为全层连续缝合或连续内翻缝合，第二层浆膜、肌层包埋缝合（图2-2-24中2）。生理盐水冲洗后还入腹腔。

5. 缝合腹壁　常规闭合腹腔。

【术后护理】　术后连续应用抗生素5～7 d，注意观察动物的排尿情况，术后会有轻度的血尿，或尿中有血凝块。如果无尿液排出，可做腹腔穿刺，看是否发生膀胱泄漏。

二、尿道切开术

【适应证】　雄性犬尿道结石和异物的治疗、尿道阻塞（如狭窄、瘢痕组织、赘生物等）

的活组织检查。为了避免发生术后尿道狭窄，在结石可以被冲入膀胱的情况下，最好采用膀胱切开术。

【保定与麻醉】 仰卧或俯卧保定。全身麻醉。

【手术部位】 尿道切开术可分为阴囊前尿道切开术和会阴尿道切开术。阴囊前尿道切开术适用于结石在阴囊前尿道内，触摸到结石的部位，在阴茎腹侧正中线切开；会阴尿道切开术适用于取出坐骨弓处的尿道结石，切口部位在阴囊和肛门之间的尿道上，做正中线切口。

【手术方法】

1. 阴囊前尿道切开术 动物仰卧保定。术部常规处理。

将导尿管插入尿道中，尽可能将导管伸入阻塞部位。手触摸到结石部位，在结石部位的阴茎皮肤切开，分离皮下组织，用阴茎牵开器向一侧牵拉肌肉，暴露尿道海绵体（图2-2-25）。纵行切开尿道海绵体，也就是在导尿管的上方纵行切开，显露尿道腔。如果有必要，用手术剪扩大创口，用镊子取出结石。将导尿管从切口向下、向上插入尿道，用温生理盐水冲洗尿道或将结石冲入膀胱内。

上下尿道冲洗通畅后，将导尿管留置于尿道内，结节缝合尿道黏膜和尿道海绵体，间断缝合皮下组织和皮肤。

2. 会阴尿道切开术 动物俯卧保定，四肢垂于手术台边缘。术部常规处理。

对肛门进行荷包缝合。将导尿管插入尿道中，尽可能将导尿管伸入会阴的阻塞部位。犬保定好后，在阴囊到肛门之间的尿道上，作一个正中线皮肤切口（图2-2-26）。

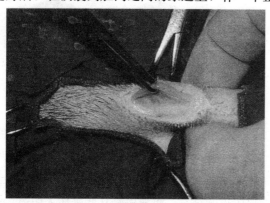

图2-2-25 阴囊前尿道切开术

图2-2-26 会阴尿道切开术切口定位

将皮下组织切开，露出阴茎退缩肌，提起该肌并侧拉（图2-2-27中1）；分离脊部的成对球海绵体肌，暴露尿道海绵体（图2-2-27中2）。然后切开尿道海绵体，进入尿道管腔（2-2-27中3）。如有必要，用手术剪扩大创口，用镊子取出结石。将导尿管从切口向下、向上插入尿道，用温生理盐水冲洗尿道或将结石冲入膀胱内。

上下尿道冲洗通畅后，将导尿管留在尿道内，结节缝合尿道黏膜和尿道海绵体，间断缝合皮下组织和皮肤（图2-2-27中4）。

移除肛门的荷包缝合。

【术后护理】 术后连续应用抗生素5～7 d。尿道插管保留3～5 d。术后注意观察排尿情况。如尿闭或排尿困难时，应及时查明原因，及时处理。

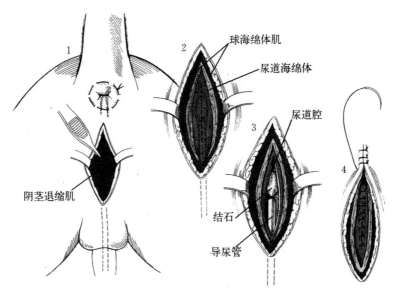

图 2-2-27 会阴尿道切开术（1~4 为会阴尿道切开术步骤）

三、输尿管吻合术

【适应证】 输尿管损伤、输尿管结石。

【保定和麻醉】 仰卧保定和全身麻醉。

【手术方法】 腹下正中线切口。

1. 输尿管断端的修整和缝合 将吻合的两个输尿管断端分别剪成三角铲形，使连接的两端呈"尖与底"连接。在 6 倍放大镜或手术显微镜帮助下，使用纤维聚乙醇酸缝线缝合。缝合前，吻合两端先放置支持缝线，然后进行连续缝合。

2. 检查缝合效果 输尿管吻合缝合完毕，使用细注射针管直接注入少量灭菌生理盐水到输尿管腔内，加大腔内压力，观察在吻合处是否有泄漏。吻合处如有轻微渗漏，可以涂布氟化组织黏合剂，使该处形成薄膜，防止渗漏。这种组织黏合剂比其他黏合剂毒性小，炎性反应轻微，不影响正常的组织愈合。

3. 腹壁切口缝合 常规逐层缝合腹部切口。

【术后护理】

（1）观察动物的排尿情况，患畜静脉注射 5% 葡萄糖溶液，促进动物排尿。

（2）给予动物抗生素药物，防止术后感染。

🐾 思考与练习

1. 分别制订肾切除术、肾切开术、膀胱切开术和尿道切开术的手术计划。

2. 哪种情况下需要做肾切除术、肾切开术、膀胱切开术和尿道切开术？

3. 查阅资料研究肾切除术的其他手术通路。

4. 叙述膀胱切开术和尿道切开术的手术方法。

5. 查阅资料，叙述尿道结石形成的原因以及如何预防。

6. 叙述膀胱切开术中无菌阶段和污染阶段的关键转换环节，以及如何转换。

情境六　脾切除术

【适应证】　脾切除术是指采用外科手术的方法部分或全部切除脾。本手术主要适用于治疗脾肿瘤、脾损伤以及由各种原因导致的脾肿大等疾病。

【局部解剖】　脾位于腹腔左侧前1/4处。通常与胃大弯面平行；其确切位置依赖于脾的大小和腹腔其他器官的相对位置。当胃收缩时，脾常位于肋弓处；当胃膨胀严重时，脾会到达腹腔后部。脾的包囊由弹性结缔组织和平滑肌纤维组成。脾的实质部分由白髓和红髓组成。脾收缩时，质地会变硬。正常的脾呈红色。

脾的动脉血管是腹腔动脉的分支。脾动脉在经过大网膜时有3~5个初级分支。第一个分支通向胰；另外两个分支通向脾的中部附近，在此处有20~30个脾分支进入实质。然后这些分支在胃脾韧带处进入胃大弯，在此形成胃短动脉和胃网膜左动脉。其他分支供应脾结肠韧带和大网膜（图2-2-28）。

【保定与麻醉】　仰卧保定，全身麻醉。

【手术方法】　腹底壁常规处理。在脐孔至剑状软骨的腹正中线上常规切开腹壁，显露腹腔。如果切除时需要腹腔探查，切口可进一步扩大。一般当怀疑有肿瘤时，需要检查整个腹腔。打开腹腔后，将脾从腹腔中拉出，用湿的生理盐水纱布隔离。

1. 部分脾切除术　当动物脾局部损伤或创伤时，为防止影响脾的正常功能，需要进行局部的脾切除。

首先确定需要切除的位置，并对这一部位的供血血管双重结扎（图2-2-29中1），在结扎线之间剪断血管。在预定切除线部位，挤压脾组织，用两把手术镊夹住压平的部位（图2-2-29中2），然后在两镊子之间剪断脾。使用可吸收缝线连续缝合脾的切断表面，如果持续出血，可再次连续缝合脾的切断端（图2-2-29中3）。

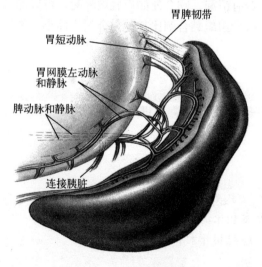

图2-2-28　脾的血液供应

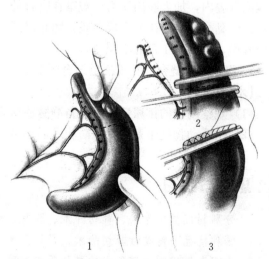

图2-2-29　部分脾切除术（1~3为切除术步骤）

2. 脾全切除术　当脾肿瘤、胃或脾扭转以及脾严重创伤时，可采用手术将整个脾全部切除。

双重结扎供应脾血液的门脉区血管，并在门脉附近切断血管。如果可能的话，在进行脾切除时，尽量保留胃短动脉分支（图2-2-30）。

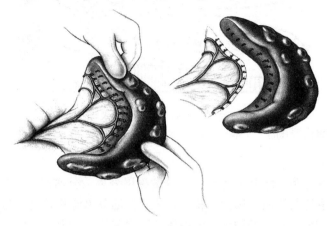

图2-2-30　脾全切除术

【术后护理】　24 h内严密监护患病动物，注意有无出血。术后注意输液治疗，纠正电解质和酸碱平衡紊乱。

思考与练习

1. 制订脾切除术的手术计划。
2. 哪种情况下需要做脾切除术?
3. 叙述脾全切除术的手术方法。
4. 叙述与本手术有关的血管分布。

情境七　乳房切除术

【适应证】　乳腺肿瘤是乳房切除术的主要适应证，乳房外伤或感染有时也需做此手术。

【术前准备】　全身麻醉，仰卧保定，四肢向两侧牵拉固定，以充分暴露胸部和腹股沟部。

【手术方法】　乳腺切除方法的选择取决于动物体况和乳房患病的部位及淋巴流向。一般有四种乳腺切除法：单个乳腺切除，仅切除一个乳腺；区域乳腺切除，切除几个患病乳腺或切除同一淋巴流向的乳腺（图2-2-31中3）；一侧乳腺切除，切除整个一侧乳腺（图2-2-31中1）；两侧乳腺切除，切除所有乳腺。

对单个、区域或同侧乳腺的切除，在所涉及乳腺周围作椭圆形皮肤切口。切口外侧缘在乳腺组织的外侧，切口内侧缘应在腹正中线。第一乳腺切除时，其皮肤切口可向前延伸至腋部；第五乳腺的切除，皮肤切口可向后延至阴唇水平处。对于两侧乳腺全切除者，仍是以椭圆形切开两侧乳腺的皮肤，但胸前部应作Y形皮肤切口，以免在缝合胸后部时产生过多的

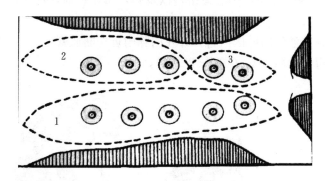

图 2-2-31　乳房切除术

1. 同侧乳腺的切除　2. 第一、第二级第三乳腺的切除　3. 第四及第五乳腺的切除

张力。

皮肤切开后，先分离、结扎大的血管，再做深层分离。分离时，尤其注意腹壁后浅动、静脉。第一、第二乳腺与胸肌筋膜紧密相连，故须仔细分离使其游离。其他乳腺与腹壁肌筋膜连接疏松，易钝性分离开。若肿瘤已侵蚀体壁肌肉和筋膜，须将其切除。如胸部乳腺肿块未增大或未侵蚀周围组织，腋淋巴结一般不予切除，因该淋巴结位置深，接近臂神经丛。腹股沟浅淋巴结紧靠腹股沟乳腺，通常连同腹股沟脂肪一起切除。

缝合皮肤前，应认真检查皮内侧缘，确保皮肤上无残留乳腺组织。皮肤缝合是本手术最困难的部分，尤其是切除双侧乳腺的情况。大的皮肤缺损缝合需先作水平褥式缝合，使皮肤创缘靠拢并保持一致的张力和压力分布。然后做第二道结节缝合以闭合创缘。如皮肤结节缝合恰当，可减少因褥式缝合引起的皮肤张力。如有过多的死腔，特别在腹股沟部易出现血肿，应在手术部位安置引流管。

【术后护理】　使用复绷带 2～3 d，压迫术部，消除死腔，防止血肿、污染和自我损伤，并保护引流管。术后应用抗生素 3～5 d，控制感染。术后 2～3 d 拔除引流管，并于术后 4～5 d 拆除褥式缝合线，以减轻局部刺激并避免瘢痕形成。术后 10～12 d 拆除结节缝线。

🐾 思考与练习

1. 制订乳房切除术的手术计划。
2. 哪种情况下需要做乳房切除术？
3. 叙述乳房切除术的手术方法。

情境八　犬断尾术

【适应证】　尾肿瘤、损伤或以"美容"为目的。

【手术方法】　犬的断尾术根据断尾的年龄分为幼小犬断尾术和成年犬断尾术。

1. 幼小犬断尾术　断尾的适宜日龄是出生后 7～10 d，这时断尾出血和应激反应较小。断尾长度根据不同品种及主人的选择来决定。

断尾方法：不进行麻醉，尾部消毒，尾根部放置止血带。在预计截断的部位，用剪刀在尾的两侧作两个侧方皮肤皮瓣，横断尾椎，对合两侧皮肤皮瓣，应用可吸收缝线间断缝合皮肤，以便控制出血和防止治愈后出现无毛瘢痕，特别对于短毛犬，更要注意使用可并吸收缝线的缝合。除去止血带。缝线一般可以术后被吸收，有时可被犬舔掉。

2. 老龄犬和猫的断尾术　麻醉：全身麻醉或硬膜外麻醉。

尾部消毒，术部剃毛消毒。

尾根部放置止血带。预计截断的部位，用手指触及椎间隙。在截断处作背腹侧皮肤皮瓣切开，皮肤瓣的基部在预计截断的椎间隙处。结扎截断处的尾椎侧方和腹侧的血管。应用外科刀横切断尾椎肌肉，从椎间隙截断尾椎。缝合截断断端上皮肤皮瓣，覆盖尾的断端（图 2 - 2 - 32）。为了防止断端形成血肿，在缝合时，首先应用可吸收缝线作 2～3 个皮下缝合，防止死腔形成或出现血肿。然后应用单股不可吸收缝线作间断皮肤缝合。10 d 后拆线。

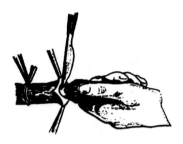

图 2 - 2 - 32　犬断尾手术

思考与练习

1. 犬断尾术的目的是什么？
2. 简述幼小犬和成年犬的断尾方法。

模块三 ◆ 四肢手术

情境一 髋关节脱位整复术

【适应证】 髋关节脱位是指股骨头与髋臼脱离。临床上最常见的是因外伤引起的股骨头相对于髋臼向背侧脱出。当髋关节脱位后，用闭合性整复失败或因髋关节脱位引起圆韧带和关节囊的撕裂、撕断，使得整复后的关节复发脱位的病例，均可以采用本手术。

【局部解剖】 髋关节是由股骨头和髋臼构成的球和窝的关节。正常构造是：环绕肌肉组织、关节液对关节有牵引作用，股骨头韧带对关节有稳定作用。关节面在髋臼的背外侧面，内侧面是圆韧带所在。关节囊的纤维连接于外侧的髋臼边缘，嵌入到股骨颈部。臀部周围起稳定作用的肌肉组织包括臀肌、内旋肌、外旋肌以及内侧的髂腰肌。

【保定与麻醉】 动物患肢在上的侧卧保定，充分暴露患病侧的髋关节。全身麻醉。

【手术通路】 采用髋关节背侧通路。从髂骨后1/3的背侧缘，越过大转子向下到大腿近端1/3水平，作弧形皮肤切口（图2-3-1A）。分离下方皮下组织、臀肌膜和股肌膜张肌。然后分别向前、后牵拉股肌膜张肌和股二头肌，暴露浅臀肌，在该肌的抵止点前将腱切断（图2-3-1B），把臀肌翻向背侧，暴露中臀肌和深臀肌。在股骨的外侧，用骨凿或骨锯切断大转子的顶端，包括中、深臀肌的附着点，大转子的骨切线与股骨长轴成45°角（图2-3-1C）。将中臀肌、深臀肌和被切断的大转子顶端一并翻向背侧，暴露关节囊，再在髋臼唇的外侧3～4 mm距离将关节囊切开和向两侧伸延，即可显露全部关节。

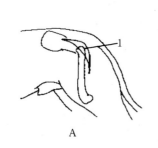 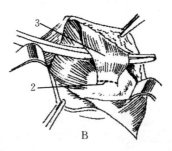 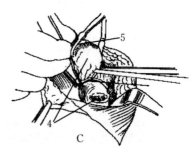

图2-3-1 手术通路
A. 皮肤切口 B. 切断浅臀肌 C. 切断大转子
1. 大转子 2、3. 浅臀肌及其切断线 4、5. 切断的大转子

【手术方法】 如果关节囊完整，可以通过关节囊的重建来固定髋关节。当关节囊不能被完整闭合时，必须进行其他重建手术确保髋关节稳定3～4周，直至关节囊愈合。

手术通路打开后，对髋臼和股骨进行全面检查，查看是否有骨折和关节软骨的损伤，有骨折的需清除骨折碎片。用组织剪从股骨头和关节窝处剪除被拉断的圆韧带，髋臼用灭菌生理盐水冲洗，彻底清理其中的组织碎片以及血凝块。

1. 关节囊重建 关节囊重建需要两个条件，即关节囊可以辨认以及髋关节的形状正常或接近正常。此种情况下，将脱臼关节复位后，用不可吸收缝线结节缝合关节囊，使撕裂的关节囊闭合（图 2 - 3 - 2）。如果关节囊从它的附着处撕裂，则可在股骨颈上钻孔，通过这个孔穿过缝合线使关节囊重新附着。

2. 关节重建 但在很多情况下，由于关节囊撕裂到一定程度而不能进行简单的缝合。在这种情况下，只有进行关节重建来维持复位。

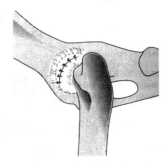

图 2 - 3 - 2 闭合关节

在股骨的颈部背侧钻一个孔，用粗的不可吸收缝线，在金属丝的辅助下通过该孔（图 2 - 3 - 3A）；在骨盆髋臼缘装置小的带有扁平金属垫圈的骨螺丝钉，其位置分别在 10 点钟和 1 点钟位置（图 2 - 3 - 3B）；然后将大转子颈部的缝合线与骨螺钉之间进行"8"字缠绕和打结（图 2 - 3 - 3C）。操作中注意放置骨螺丝钉时不要将骨螺丝钉拧到骨盆腔内。

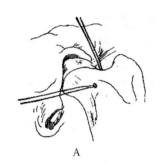
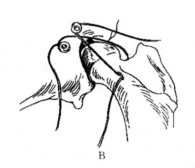
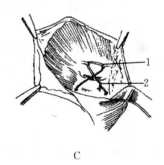

A B C

图 2 - 3 - 3 关节重建
A. 大转子颈的背侧钻孔 B. 髋臼缘装螺钉 C. 大转子顶端复位和固定
1. 髓内针 2. 张力带金属丝

关节囊闭合后，把切断的大转子恢复到解剖位置，由髓内针和张力金属丝固定。常规闭合浅臀肌腱、股二头肌和股肌膜张肌以及皮肤。

本手术通路有较宽敞的术野，手术操作极为方便。但大转子的切断对猫或未成年的犬易于出现生长畸形，故建议切断中和深臀肌止点腱的方法。但由于坐骨神经是从髋关节的后侧通过，手术时注意不要损伤。

通过闭合性整复复位，腿部功能恢复到好和良好的成功率较低，特别在髋关节发育不良或者髋关节形状很差的犬成功率更低；但进行开放整复后，腿部功能恢复到好和良好的成功率较高。临床研究表明闭合整复失败后再进行手术，与一开始就把手术复位作为基本治疗手段，其成功率没有差别。因此对髋关节脱位的犬先进行闭合整复是合理的。

【术后护理】 在术后三周内进行笼养限制活动，以后逐步增加其活动量并逐渐让犬恢复到正常活动量。

🐾 思考与练习

1. 制订髋关节脱位整复术的手术计划。

2. 哪种情况下需要做髋关节脱位整复术？

3. 叙述髋关节脱位整复术的手术方法。

情境二　犬股骨头和股骨颈切除术

【适应证】　犬股骨头和股骨颈切除术是指将股骨头和股骨颈完全切除，在髋部形成假关节。本手术主要适用于股骨头无菌性坏死、股骨头和髋臼无法修复的骨折、复发性髋关节脱位以及继发退行性关节病变的严重髋关节发育不良。本手术在小型犬效果较好。

【局部解剖】　参考髋关节脱位整复术

【保定与麻醉】　动物患肢在上的侧卧保定，充分暴露患病侧的髋关节。全身麻醉。

【手术通路】　以大转子为中心，近端始于近背中线处，远端止于近股骨 1/3～2/3 处，在股骨干前缘做一个弧形切口。

【手术方法】　术部常规处理。

按预定切口切开皮肤。分离皮下组织，在股前外侧找到股二头肌与臀筋膜和阔筋膜张肌的结合部，沿股二头肌前缘切开，将阔筋膜张肌切断。分离暴露由背侧的臀中肌、臀深肌、外侧的股外侧肌以及内侧的股直肌组成的股三角区。然后将臀中肌和股二头肌向后拉，将阔筋膜和阔筋膜张肌向上拉，部分分离臀中肌和股外侧肌的附着部，并剥离髋关节肌。钝性分离髋关节囊上的脂肪，显露关节囊。

沿股骨颈方向剪开关节囊，并尽量向远端分离，充分显露转子窝和股骨颈，保证股骨颈被尽可能完全切除。向外旋转股骨，弯剪深入关节囊内剪断圆韧带。

助手在股骨头下面用骨凿等器械做支撑，使骨凿与骨干成 45°角切下股骨颈和股骨头。用持骨钳或止血钳夹住凿下的股骨头，剪断与之连接的软组织。去除关节囊和髋臼内残留的股骨头碎片，骨挫挫平股骨颈断端，以免刺激软组织引起疼痛，用温生理盐水冲洗术部，并用吸引器吸引。

可吸收缝线连续闭合关节囊，将分离的肌肉恢复原位并连续缝合。结节缝合皮肤。

【术后护理】　术后犬可以应用抗生素避免感染，使用镇痛药减少疼痛。术后不应限制运动和髋关节活动。术后 72 h，可以做髋关节被动活动，每天两次；或在术后早期鼓励患犬使用手术肢体，这有助于髋关节保持良好的活动范围。但手术肢体很难恢复到术前状态，手术肢体可能会发生萎缩，并且因股骨头和股骨颈切除，肢体会变短，因此术后会出现轻度跛行。

🐾 思考与练习

1. 制订股骨头与股骨颈切除术的手术计划。

2. 哪种情况下需要做股骨头与股骨颈切除术？

3. 叙述股骨头与股骨颈切除术的手术方法。

情境三　膝关节十字韧带修补术

【适应证】　膝关节十字韧带断裂是犬最常见的关节疾病之一，是指膝关节十字韧带完全或部分损伤，这也是犬膝关节退行性关节病的主要原因。本手术主要适用于对膝关节前、后十字韧带断裂的修复与固定，包括关节囊内固定术和关节囊外固定术两种方法。通常在大型或巨型犬上，关节囊内固定术和关节囊外固定术可以联合应用。

【保定与麻醉】　患肢在上的侧卧保定。全身麻醉。

【手术通路】

（1）前十字韧带断裂关节囊外固定术。一般体重较小的犬常施用此手术方法。皮肤切口在大腿内侧远端向下经髌骨旁至胫结节，其前缘向前外侧反转，分离皮下组织，暴露膝部内、外侧筋膜，在关节囊内侧切开关节囊。分别用缝合线将内、外侧腓骨固定在胫结节上以防止胫骨前移。

（2）前十字韧带断裂关节囊内固定术。又称关节囊内韧带重建术。一般体重较大的大型品种犬常采用此手术方法。皮肤切口在大腿中部前内侧向下经髌骨到胫骨近端前外侧，切开皮肤，分离皮下组织，暴露髌韧带和髌骨。手术目的是用部分髌韧带或部分大腿外侧阔筋膜穿越膝关节，代替前十字韧带，使膝处于稳定状态。

（3）后十字韧带断裂修补术。在膝关节内、外侧各作一个皮肤切口，分离皮下组织，暴露膝关节后室，切除断裂的韧带和半月板，再闭合关节囊。

【手术方法】

1. 前十字韧带断裂关节囊外固定术　在外固定之前首先在关节囊内侧切开关节囊，清除关节腔内积液以及十字韧带断端或损伤的半月板，用可吸收缝线结节缝切开的关节囊。然后用不可吸收缝线进行关节囊外固定。

切开腓骨近端内、外侧缝匠肌和股二头肌筋膜，暴露股腓纤维组织，并在股腓纤维组织内侧缝一根、外侧缝两根10～12号丝线。

然后在胫结节水平钻孔，将上述内外侧两根缝合线穿过此孔，外侧另一根线缝到髌骨近端筋膜上。使关节屈曲40°同时握住胫骨向后、向外旋转，先收紧股腓纤维组织与髌骨间缝线，再依次收紧外侧、内侧缝线并打结（如图2-3-4）。最后常规闭合皮下组织和皮肤。打结系绷带。

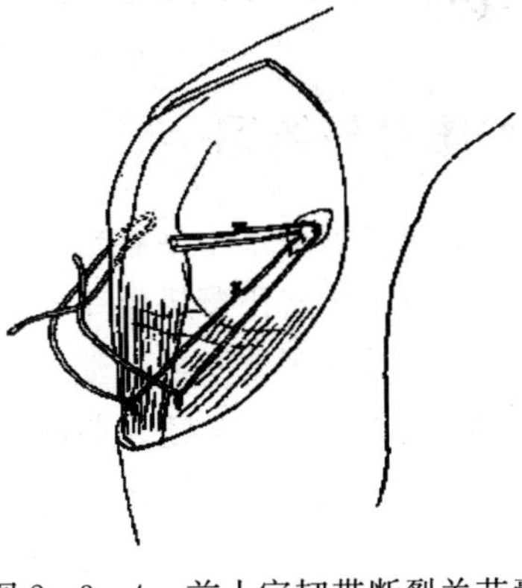

2. 前十字韧带断裂关节囊内固定术　手术通路打开后，从胫结节向上沿髌韧带内侧1/3纵向切开髌韧带和阔筋膜，楔形切除部分髌骨，制作一条腱移植物，其长度约为胫结节与髌骨间距的两倍，并使其游离至胫结节（图2-3-5中1）。

图2-3-4　前十字韧带断裂关节囊外固定法

在腱移植物游离端缝一根10号丝线，通过先行内侧关节囊切开术，清除关节内积液和破损组织后，将其缝合。向外侧牵引髌骨和股四头肌，暴露外侧腓骨，并在股骨和腓骨间的纤维组织作一个小的垂直切口，使关节处于完全屈曲的状态，然后用一个弯止血钳经此切口，穿破后关节囊，越过股外侧髁顶端而穿出髁间窝，并夹持韧带移植物末端的缝线（图2-3-5中2）。

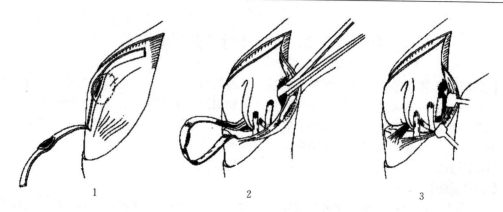

图 2-3-5　前十字韧带关节囊内固定方法（1~3 为固定步骤）

　　退出止血钳，牵拉缝线，将腱移植物引出股腓间切口。向后拉紧腱移植物直到胫骨不再前移为止。再用金属线将其末端与骨膜、股腓纤维组织缝合在一起（图 2-3-5 中 3）。

　　最后闭合关节囊，常规闭合筋膜、皮下组织和皮肤，注意防止髌骨内方脱位。

　　3. 后十字韧带断裂修补术　先分别在后关节囊内、外侧作数针钮孔状缝合，使后关节囊叠盖紧缩，稳定膝关节。

　　然后分别在髌韧带（腱）近端内、外侧穿一根粗线。内侧线穿过预先在胫骨后内角钻的孔洞，外侧线固定在腓骨头，在关节直立姿势下，两线收紧打结。

　　最后在髌骨外侧制作一条阔筋膜束，穿过腓骨头，反折与本筋膜束缝合在一起，加强关节的外侧稳定性。常规闭合关节囊。

　　【术后注意事项】　术后动物患肢一般不需要用夹板外固定，或者仅做短时间固定。关节囊外固定术后 6 周内限制犬活动，以后逐渐增加活动量，直至自由活动；关节囊内固定犬术后 12 周内限制活动，以后逐渐增加活动量直至自由活动。同时注意经常将关节进行内曲和外展有利于保持关节活动幅度。

🐾 思考与练习

　　1. 制订膝关节十字韧带修补术的手术计划。

　　2. 哪种情况下需要做膝关节十字韧带修补术？

　　3. 叙述膝关节十字韧带修补术的手术方法。

　　4. 查阅资料，叙述哪些品种犬容易发生膝关节退行性关节病。

情境四　爪、悬趾截除术

一、猫去爪术

　　【适应证】　猫爪的基部损伤，用保守疗法无效时，施行去爪术；健康猫破坏家具、地毯，主人请求去爪时进行。

【局部解剖】　猫的远端指（趾）节骨［第三指（趾）节骨］主要由爪突和爪嵴组成。爪突是一个弯的锥形突，伸入爪甲内，爪嵴是一个隆凸形骨，构成第三指（趾）节骨的基础，其近端接第二指节骨的远端。深指（趾）屈腱附着于爪嵴的掌（跖）侧，总指（趾）伸肌腱附着于爪嵴的背侧。

爪的生发层在近端爪嵴，是断爪的部位，只有将生发层全部除去，才能防止爪的再生。若残留生发层，在几周或一个月后，能长出不完全的或畸形的角质（图2-3-6）。

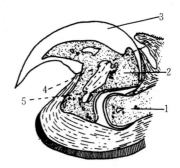

【手术方法】　断爪时将猫全身麻醉，侧卧或仰卧保定，爪鞘的基部对疼痛极为敏感，局部麻醉效果不好。手术时指（趾）端剪毛、无菌处理，用外科手术刀在爪基部环形切开皮肤，然后再分离深部的软组织，直到第三指（趾）节骨断离为止，充分止血，皮肤作1～2针缝合，安置压迫绷带。一般不需要特殊护理。

图2-3-6　猫去爪术

1. 第二指（趾）骨　2. 第三指（趾）骨
3. 爪甲　4. 不正确断爪　5. 正确断爪

从图2-3-6的指示线切断第三指（趾）骨，减少对足垫的破坏，从而减少术后的长期疼痛。创口是缝合或是开放，各有利弊，经验证明缝合1～2针，可减少出血和疤痕形成。

二、悬指（趾）切断术

悬指（趾）又称悬爪或副爪，是犬的第一指（趾），其切断术多应用于宠物犬，切除后便于剪毛和修饰。猎犬前肢的悬爪在复杂地形活动，极易被撕裂，最好切除。手术一般选在出生后3～4 d进行。手术时作好术部准备，用剪或刀在第一和第二指节间切断，充分止血，缝合皮肤。

若错过早期切除时间，一般2月龄时手术较好。操作前进行皮肤准备，围绕手术指（趾）作一个椭圆形皮肤切口，分离皮下组织，暴露第一掌（跖）骨和近端指（趾）节骨。将指（趾）拉起并分离深部组织，直到指（趾）节骨与掌（跖）骨互相分离，充分止血。也可以用骨剪从掌（跖）骨切断，取下指（趾）骨。

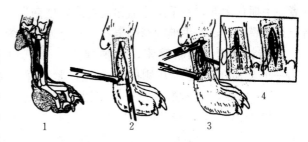

图2-3-7　犬悬趾截除术

1. 悬趾与周围组织的关系　2. 椭圆形切开皮肤
3. 跖趾关节　4. 缝合皮下组织和关节

皮下组织结节缝合，皮肤常规缝合，安置绷带（图2-3-7）。

思考与练习

1. 猫为什么要断爪？
2. 简述猫断爪术的手术方法。
3. 简述犬悬指（趾）截断术的适应证和手术方法。

模块四 ◆ 阉 割 术

情境一 去 势 术

一、公犬去势术

【适应证】 适用于犬的睾丸癌或经一般治疗无效的睾丸炎症。切除两侧睾丸用于良性前列腺肥大和绝育。还可用于改变公犬的不良习性，如发情时的野外游走、和别的公犬咬斗、尿标记等。去势后不改变公犬的兴奋性，不引起嗜睡，也不改变犬的护卫、狩猎和玩耍表演能力。

【术前准备】 术前对去势犬进行全身检查，注意有无体温升高、呼吸异常等全身变化。如有，则应待恢复正常后再行去势。还应对阴囊、睾丸、前列腺、泌尿道进行检查。若泌尿道、前列腺有感染，应在去势前1周进行抗生素药物治疗，直到感染被控制后再行去势。去势前剃去阴囊部及阴茎包皮鞘后2/3区域内的被毛。

【保定与麻醉】 仰卧保定，两后肢向后外方伸展固定，充分显露阴囊部。全身麻醉。

【手术方法】

1. 显露睾丸 术者用两手指将两则睾丸推挤到阴囊底部前端，使睾丸位于阴囊缝际两侧的阴囊底部最前的部位。从阴囊最低部位的阴囊缝际向前的腹中线上，作一个5～6 cm的皮肤切口，依次切开皮下组织。术者左手食指、中指推顶一侧阴囊后方，使睾丸连同鞘膜向切口内突出，并使包裹睾丸的鞘膜绷紧。固定睾丸，切开鞘膜，使睾丸从鞘膜切口内露出。术者左手抓住睾丸，右手用止血钳夹持附睾尾韧带，并将附睾尾韧带从附睾尾部撕下，右手将睾丸系膜撕开，左手继续牵引睾丸，充分显露精索（图2-4-1）。

2. 结扎精索、切断精索、去掉睾丸 用三钳法在精索的近心钳夹第一把止血钳，在第一把止血钳的近睾丸侧的精索上，紧靠第一把止血钳钳夹第二、第三把止血钳。用4～7号丝线，紧靠第一把止血钳钳夹精索处进行结扎，当结扎线第一个结扣接近打紧时，松去第一把止血钳，并使线结恰好位于第一把止血钳的精索压痕，然后打紧第一个结扣和第二个结扣，完成对精索的结扎，剪去线尾。在第二把与第三把钳夹精索的止血钳之间，切断精索。用镊子夹持少许精索断端组织，松开第二把钳夹精索的止血钳，观察精索断端有无出血，在确认精索断端无出血时，方可松去镊子，将精索断端还纳回鞘膜管内。

在同一皮肤切口内，按上述操作，切除另一侧睾丸。在显露另一侧睾丸时，切忌切透阴囊中隔。

3. 缝合阴囊切口 用20号铬制肠线或4号丝线间断缝合皮下组织，用4～7号丝线间断缝合皮肤，外打结系绷带。

【术后护理】 术后阴囊潮红和轻度肿胀，一般不需要治疗。伴有泌尿道感染和阴囊切口有感染倾向者，在去势后应给予抗菌药物治疗。

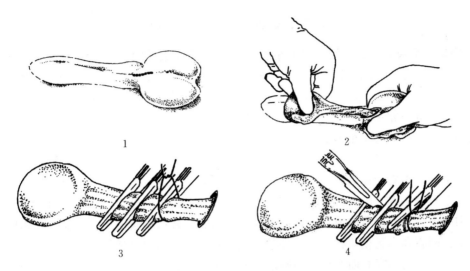

图 2-4-1　公犬去势示意

1. 切口定位　2. 显露睾丸和精索　3. 精索上钳夹 3 把止血钳在紧靠第一把止血钳处的精索上结扎精索

4. 松去第一把止血钳，使线结扎在钳痕处，在第二把与第三把止血钳之间切断精索

二、公猫去势术

【适应证】　防止猫乱交配和对猫进行选育，对不能作为种用的公猫进行去势。公猫去势可减少其本身特有的臭味和发情时的性行为，如猫在夜间发出叫声等。

【术前准备】　剃去阴囊部被毛，常规消毒。

【保定与麻醉】　左或右侧卧保定，两后肢向腹前方伸展，猫尾要反身背部提举固定，充分显露肛门下方的阴囊。全身麻醉。

【手术方法】　将两侧睾丸同时用手推挤到阴囊底部，用食指、中指和拇指固定一侧睾丸，并使阴囊皮肤绷紧。在距阴囊缝际一侧 0.5～0.7 cm 处平行阴囊缝际做一个 3～4 cm 的皮肤切口，切开肉膜和总鞘膜，显露睾丸。术者左手抓住睾丸，右手用剪刀剪断阴囊韧带，向上撕开睾丸系膜，然后将睾丸引出阴囊切口处，充分显露精索。结扎精索和去掉睾丸的方法同公犬去势术。两侧阴囊切口开放。

【术后护理】　注意阴囊区有无明显肿胀。若阴囊切口有感染倾向，可给予广谱抗生素治疗。

🐾 思考与练习

1. 公犬、猫为什么要去势？

2. 公犬去势前要做哪些准备工作？

3. 简述公犬、公猫去势术的手术方法。

情境二 卵巢、子宫切除术

一、犬、猫卵巢、子宫局部解剖

1. 卵巢 细长而表面光滑，犬卵巢长约 2 cm，猫卵巢长约 1 cm。卵巢位于同侧肾后方 1～2 cm 处。右侧卵巢在降十二指肠和外侧腹壁之间，左卵巢在降结肠和外侧腹壁之间，或位于脾中部与腹壁之间。怀孕后卵巢可向后、向腹下移动。犬的卵巢完全由卵巢囊覆盖，而猫的卵巢仅部分被卵巢囊覆盖，在性成熟前卵巢表面光滑，性成熟后卵巢表面变粗糙和有不规则的突起。卵巢囊为壁很薄的一个腹膜褶囊，它包围着卵巢。输卵管在囊内延伸，输卵管先向前行（升），再向后行（降），终端与子宫角相连。卵巢通过固有韧带附着于子宫角，通过卵巢悬吊韧带附着于最后肋骨内侧的筋膜上。

2. 子宫 犬和猫的子宫很细小，甚至经产的母犬、母猫子宫也较细。子宫由子宫颈、子宫体和两个长的子宫角构成。子宫角背面与降结肠、腰肌和腹横筋膜、输卵管相接触，腹面与膀胱、网膜和小肠相接触。在非怀孕的犬、猫，子宫角直径是不变的，子宫角几乎是向前伸直的。子宫角的横断面在猫近似圆形，而在犬呈背、腹压扁状，怀孕后子宫变粗，怀孕一个月后，子宫位于腹腔底部。在怀孕子宫膨大的过程中，阴道端和卵巢端的位置几乎不改变，子宫角中部变弯曲向前下方沉，抵达肋弓的内侧。

子宫阔韧带是把卵巢、输卵管和子宫附着于腰下外侧壁上的脏腹膜褶。子宫阔韧带悬吊除阴道后部之外的所有内生殖器官，可分为相连续的 3 部分：子宫系膜，自骨盆腔外侧壁和腰下部腹腔外侧壁至阴道前半部、子宫颈、子宫体和子宫角等器官的外侧部；卵巢系膜为阔韧带的前部，自腰下部腹腔外侧壁，至卵巢和固定卵巢的韧带；输卵管系膜附着于卵巢系膜，并与卵巢系膜一起组成卵巢囊。

卵巢动脉起自肾动脉至髂外动脉之间的中点，它的大小、位置和弯曲的程度随子宫的发育情况而定。在接近卵巢系膜内，分作两支或多支，分布于卵巢、卵巢囊、输卵管和子宫角。至子宫角的一支，在子宫系膜内与子宫动脉相吻合。

子宫动脉起自阴部内动脉。子宫动脉分布于子宫阔韧带内，沿子宫体、子宫颈向前延伸，并且与卵巢动脉的子宫支相吻合（图 2-4-2）。

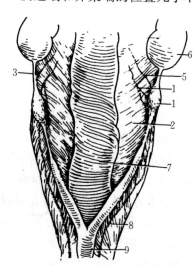

图 2-4-2 犬的子宫

1. 卵巢 2. 子宫系膜 3. 卵巢悬吊韧带 4. 卵巢静脉 5. 卵巢动脉 6. 肾 7. 直肠 8. 子宫动脉 9. 子宫体

二、犬卵巢、子宫切除术

【适应证】 雌性犬绝育术，健康犬在 5～6 月龄是手术适宜时期，成年犬在发情期、怀孕期不能进行手术。卵巢囊肿、肿瘤、子宫蓄脓经抗生素等治疗无效，子宫肿瘤或伴有子宫壁坏死的难产，慕雄狂，糖尿病，乳腺增生和肿瘤等的治疗。这些疾病行卵巢子宫切除术时，不受时间限制。卵巢子宫切除术不能与剖宫产同时进行。如果手术是单纯的绝育手术，则只需摘除卵巢而不必切除子宫。

【术前准备】 术前禁饲 12 h 以上，禁水 2 h 以上，对手术犬进行全身检查，因子宫疾病进行手术的犬，术前应纠正水、电解质代谢紊乱和酸碱平衡失调。

【保定和麻醉】 仰卧保定，全身麻醉。

【手术通路】 脐后腹中线切口，根据犬体型大小，切口长 4～10 cm。也可选择腹侧壁手术通路。

【手术方法】

（1）从脐后腹正中线切开皮肤、皮下组织及腹白线、腹膜，显露腹腔，切口 4～10 cm。用拉钩将肠管拉向一侧，当膀胱积尿时，可用手指压迫膀胱使其排空，必要时可进行导尿和膀胱穿刺。

（2）术者手伸入骨盆前口找到子宫体，沿子宫体向前找到两侧子宫角并牵引至创口，顺子宫角提起输卵管和卵巢，钝性分离卵巢悬韧带，将卵巢提至腹壁切口处。

（3）在靠近卵巢血管的卵巢系膜上开一个小孔，用 3 把止血钳穿过小孔夹住卵巢血管及其周围组织（三钳钳夹法），其中一把靠近卵巢，另两把远离卵巢；然后在卵巢远端止血钳外侧 0.2 cm 处用缝线做结扎，除去远端止血钳（图 2-4-3），或者先松开卵巢远端止血钳，在除去止血钳的瞬间，在钳夹处做一结扣；然后从中止血钳和卵巢近端止血钳之间切断卵巢系膜和血管（图 2-4-4），观察断端有无出血，若止血良好，取下中止血钳，再观察断端有无出血，若有出血，可在中止血钳夹过的位置做第二次结扎，注意不可松开卵巢近端止血钳。

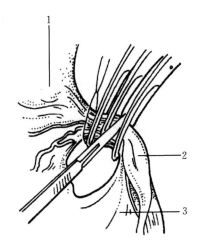
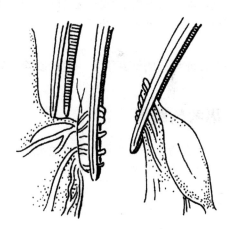

图 2-4-3 三钳钳夹法结扎卵巢血管　　　图 2-4-4 在松钳的瞬间结扎卵巢血管然
　　1. 肾　2. 卵巢　3. 卵巢系膜　　　　　　　后切断卵巢系膜和血管

（4）将游离的卵巢从卵巢系膜上撕开，并沿子宫角向后分离子宫阔韧带，到其中部时剪断索状的圆韧带，继续分离，直到子宫角分叉处。

（5）结扎子宫颈后方两侧的子宫动、静脉并切断（图 2-4-5），然后尽量伸展子宫体，采用上述三钳钳夹法钳夹子宫体，第一把止血钳尽量夹在靠近阴道的子宫体上，在第一把止血钳与阴道之间的子宫体上做贯穿结扎，除去第一把止血钳，从第二、三把止血钳之间切断子宫体（图 2-4-6），去除子宫和卵巢。松开第二把止血钳，观察断端有无出血，若有出血可在钳夹处做贯穿结扎，最后把整个蒂部集束结扎。如果是年幼的犬、猫，则不必单独结扎子宫血管，可采用三钳钳夹法把子宫血管和子宫体一同结扎。

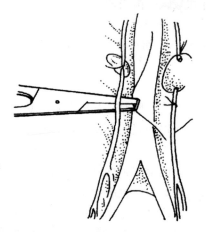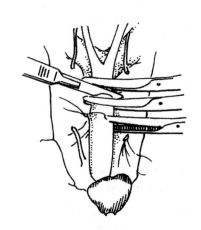

图2-4-5　贯穿结扎子宫血管　　　　　图2-4-6　三钳钳夹法切断子宫体

（6）清创后常规闭合腹壁各层。

【术后护理】　创口处做保护绷带，全身应用抗生素，给予易消化的食物，1周内限制剧烈运动。

三、猫卵巢、子宫切除术

术前准备、麻醉、保定与犬的相同。手术通路取腹中线切口，脐与骨盆耻骨连线的中点为切口，向前、向后切开4～8 cm。术式和犬的基本相同，因猫的体型小，手术应更加细心。

但目前母猫的绝育手术一般仅摘除双侧卵巢，不摘除子宫。

🐾 思考与练习

1. 什么情况下需要做卵巢子宫摘除术？
2. 简述犬卵巢子宫摘除术的手术方法。

项目三 外科疾病

模块		学习目标
一	损伤	1. 掌握创伤概念、症状和分类方法，理解创伤愈合的过程。 2. 正确进行创伤、挫伤、血肿和淋巴外渗的检查、诊断和治疗。 3. 学会烧伤、冻伤和化学性损伤的处理。 4. 学会休克的诊断和治疗，溃疡和瘘管的外科处理。
二	外科感染	1. 熟知外科感染的概念和发生与发展规律。 2. 会正确处理毛囊炎、疖、痈、脓肿和蜂窝织炎。 3. 会全身化脓性外科感染的诊断和治疗。
三	头颈部疾病	1. 熟知眼、牙齿、耳、口腔等常见疾病的种类，发病原因等。 2. 能正确诊断和治疗眼结膜炎与角膜炎。 3. 能正确诊断和治疗外耳炎、中耳炎、耳血肿等耳部疾病。 4. 会处理齿龈炎和牙周炎。 5. 会正确诊断和治疗食道异物。
四	胸腹部疾病	1. 掌握肋骨骨折、胸腹壁透创等疾病的诊断和治疗方法。 2. 掌握脐疝、会阴疝、腹股沟阴囊疝的诊断和治疗方法。 3. 熟知脱肛的病因和症状，掌握脱肛的诊断和治疗方法。 4. 掌握肛门腺疾病的病因、症状和治疗方法。
五	四肢疾病	1. 了解骨折的病因及骨折类型，掌握骨折的诊断和治疗方法。 2. 了解跛行的病因及分类，掌握跛行的诊断方法。 3. 掌握关节扭伤、关节创伤、关节脱位、退行性关节炎的诊断和治疗方法。 4. 掌握风湿病的分类、诊断和治疗方法。
六	肿瘤	1. 理解肿瘤的分类、诊断与治疗方法。 2. 掌握犬、猫常见的肿瘤诊断和处理方法。
七	皮肤病	1. 掌握皮肤病常见症状和诊断方法。 2. 会进行常见皮肤病的诊断和治疗。

模块一 ◆ 损　伤

损伤是指各种不同的外界因素（机械、物理、化学或生物因素等）作用于机体，引起机体组织器官产生解剖结构上的破坏或生理机能上的紊乱，并伴有不同程度的局部或全身反应的病理现象。根据损伤组织和器官的性质，损伤可分为软组织损伤（包括开放性损伤和非开放性损伤）和硬组织损伤（如关节和骨损伤等）；按病因的不同，损伤可分为机械性损伤、物理性损伤、化学性损伤和生物性损伤。

情境一　开放性损伤——创伤

一、创伤的概念

创伤是因锐性外力或强烈的钝性外力作用于机体组织或器官，使受伤部皮肤或黏膜出现伤口及深部组织与外界相通的机械性损伤。

创伤一般由创缘、创口、创壁、创底、创腔、创围等部分组成。创缘为皮肤或黏膜及其下的疏松结缔组织；创缘之间的间隙称为创口；创壁由受伤的肌肉、筋膜及位于其间的疏松结缔组织构成；创底是创伤的最深部分，根据创伤的深浅和局部解剖特点，创底可由各种组织构成；创腔是创壁之间的间隙，管状创腔又称为创道；创围指围绕创口周围的皮肤或黏膜（图 3-1-1）。

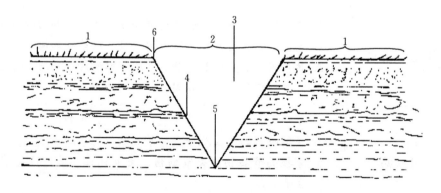

图 3-1-1　创伤各部位名称
1. 创围　2. 创口　3. 创腔　4. 创壁　5. 创底　6. 创缘

二、创伤的症状

（一）新鲜创的症状

新鲜创是指无菌手术创和 8 h 之内的污染创。

1. 出血及组织液外流　组织发生开放性损伤后立即出血，并有大量微黄色的组织液外流，但常被血液所掩盖而不被人们看见。由于受伤部位、受伤程度、血管受到损伤的种类及大小不同，出血量的多少也有差异。毛细血管及小血管的出血可自行停止，而动脉及较大静脉的出血，则多呈持续性出血。

少量出血对机体影响不大，但创腔内遗留的血凝块能妨碍创伤的愈合。当出血量多，特别是大量失血超过全血量 25％以上时，则可出现急性失血性休克症状，如可视黏膜苍白、脉搏微弱、血压下降、出冷汗、呼吸促迫、四肢发凉等。

2. 创口裂开　一切开放性机械性损伤均伴有创口裂开。创口裂开是由受伤组织断离和收缩而引起的。创口裂开的程度决定于受伤的部位、创口的方向、长度和深度以及组织的弹性。

3. 疼痛　发生创伤时感觉神经末梢、神经丛或神经干遭到损伤而引起疼痛。感觉神经分布丰富的部位如爪、外生殖器、肛门和骨膜等发生创伤时疼痛更加显著。

4. 机能障碍　由于疼痛和受伤部位的解剖组织学结构被破坏，常出现局部机能障碍。根据受伤部位及疼痛程度的不同，机能障碍表现的程度也有所不同，如四肢创伤可引起跛行；严重的胸壁创伤可引起呼吸困难等。

（二）感染创的症状

感染创是指创伤内有大量病原微生物侵入，并呈现化脓性炎症的创伤。根据感染创的临床特征，分为两个不同阶段。

1. 化脓期（化脓创）　由于创伤发生病原微生物感染而使组织发生充血、渗出、肿胀、剧痛和局部温度增高等急性炎症症状。随着病程的发展，受损伤的组织细胞发生坏死，分解液化，形成脓汁。引起化脓感染的细菌主要有葡萄球菌、链球菌、化脓棒状杆菌、绿脓杆菌、大肠杆菌等，临床上多为混合感染。

创伤发生后是否发生感染，除取决于细菌的毒力和数量外，更主要的是取决于机体抗感染的能力及受伤的局部组织状态。

在化脓期由于宠物从化脓病灶吸收有害的分解产物及毒素而出现体温升高、呼吸加快、脉搏增数等一系列全身症状。严重的病例可继发败血症。

2. 肉芽期（肉芽创）　随着机体抵抗力的增强，创伤向好的方向转化，在化脓后期急性炎症消退，化脓症状逐渐减轻，毛细血管内皮细胞及成纤维细胞不断增多，形成了肉芽组织以填充创腔。健康的肉芽组织质地坚实、粉红色，呈粟粒大的颗粒状。病理性肉芽组织质地脆弱、苍白或暗红色、颗粒不均、易出血，表面有大量脓汁。

在肉芽组织生长的同时，创缘上皮由周围向中央生长。当肉芽组织填充创腔时，上皮覆盖创面而愈合。当上皮生长缓慢而不能完全覆盖创面或创口较大时，则由结缔组织形成瘢痕而愈合。

三、创伤的分类

（一）按致伤物的性状分类

1. 刺创　是由尖锐细长物体刺入组织内而引起的损伤。创口不大，创腔狭而深，有的由于肌肉的收缩，创腔呈弯曲状态，易伤及深部组织和器官，不易被发现，出血少。异物易残留于创腔内，极易感染化脓。

2. 切创　是由锐利的刀刃、玻璃片等切割组织造成的损伤。创缘和创面比较平整，挫灭组织较少；易造成神经血管破裂，出血较多；疼痛较轻；创口裂开明显，污染较少。一般经外科处理后，能迅速愈合。

3. 砍创 是由斧、铁锹、柴刀等砍劈宠物所引起的创伤。其特征是组织损伤较重，伤口大，出血量较多，疼痛剧烈，常伴有骨膜组织的损伤。

4. 挫创 是由钝性外力的作用或宠物跌倒在硬地上所致的组织损伤。创缘创面不整，挫灭组织较多，出血量较少，创内常存有创囊及血凝块，创伤多被尘土、砂石、粪块、被毛等污染，极易感染化脓。

5. 裂创 是由钩、钉等钝性牵引作用，使组织发生机械性牵张而断裂的损伤。组织发生断裂或剥离，创缘创面不整，创内深浅不一，创口裂开很大，并存有创囊或有大量组织碎片。出血较少，疼痛明显，容易发生坏死或感染。

6. 压创 是由车轮碾压或重物挤压所致的组织损伤。创形不整，挫灭组织较多，重者皮肤缺损，发生粉碎性骨折。一般出血较少，疼痛不剧烈，污染严重，极易感染化脓。

7. 咬创 是由动物的牙咬所致的组织损伤，在斗狗较多见。被咬部呈管状创或近似裂创。创内常有挫灭组织，出血少，因被口腔细菌感染，易继发蜂窝织炎。

8. 烧伤创 是当热能施加的速度超过组织吸收和散发的速度时引起的皮肤及皮下组织的损伤。火、滚烫的开水、水蒸气和热油等都是引起宠物常见烫伤的原因。

9. 搔创 被犬和猫爪搔抓致伤，皮肤常被损伤，呈线性，一般比较浅。被熊爪抓伤时可形成广泛的组织缺损。

10. 火器创 是由枪弹或弹片所造成的开放性损伤。主要特点是损伤严重，受伤部位多，污染严重，感染快。

11. 复合创 是指具备上述两种以上创伤特征的损伤。常见的有挫刺创、挫裂创等。

12. 其他创伤 如化学物质烧伤、电损伤、蜂蜇伤、毒蛇咬伤等。

（二）按创伤后经过的时间分类

1. 新鲜创 伤后的时间较短，创伤内尚有血液流出或存有血凝块，且创内各部组织的轮廓仍能识别，有的虽被严重污染，但未出现创伤感染症状。

2. 陈旧创 指伤后经过时间较长，创内各组织的轮廓不易识别，出现明显的创伤感染症状，有化脓创和肉芽创之分。化脓创有脓汁排出，肉芽创内出现肉芽组织。

（三）按创伤有无感染分类

1. 无菌创 是指严格遵守无菌条件所做的手术创。

2. 污染创 是指创伤被细菌和异物所污染，但进入创内的细菌仅与损伤组织发生机械性接触，并未出现局部和全身的感染症状。一切自然灾害创均为污染创。污染较轻的创伤，经适当的外科处理后，可能取第一期愈合；但当创伤时间达 6～8 h，污染严重，即转为感染创。

3. 感染创 是指创伤被病原微生物感染，致病菌大量发育繁殖，并向创伤深部侵入，使伤部组织出现明显的创伤感染症状，甚至引起机体的全身性感染。常发生在伤后 2～3 d。感染创表面覆盖有黏稠的渗出液。

4. 保菌创 是指化脓创晚期细菌已丧失毒力，不再向健康组织侵害的创伤。在正常情况下保菌创有促进创伤内组织净化和促进组织再生的作用，但要注意它和感染创在临床上可以相互转化。

四、创伤的愈合

(一) 创伤愈合的种类及过程

创伤愈合分为第一期愈合、第二期愈合和痂皮下愈合三种类型。

1. 第一期愈合（非化脓创的愈合）　该愈合方式是一种较为理想的愈合方式。条件是创缘、创壁整齐，创口吻合，无感染，出血少，创内无异物和肉眼可见的组织间隙，炎症反应较轻微，组织仍有生活能力，失活组织较少。大部分无菌的手术创和轻微污染并及时清创处理的自然创可达到此种愈合条件。新鲜污染创如能及时作清创术处理，也可以达到此期愈合。

第一期愈合过程是从伤口出血停止时开始，伤口内有少量血液、血浆、纤维蛋白和白细胞等将伤口黏合，刺激创壁组织，毛细血管扩张充血，渗出浆液，白细胞等进入黏合的创腔缝隙内，进行吞噬、溶解和搬运，以清除创腔内的凝血及坏死组织，使创腔净化。经过 1～2 d 后，创内有结缔组织细胞及毛细血管内皮细胞分裂增殖，以新生的肉芽组织将创缘连接起来，同时创缘上皮细胞增生，逐渐覆盖创口，最后肉芽组织逐渐转变为疤痕组织。这个过程需时 6～7 d，所以无菌手术创口可在术后 7 d 左右拆线，经 2～3 周后完全愈合。

特点是经历的时间短，形成的疤痕小。

2. 第二期愈合（化脓创的愈合）　临床上多数创伤病例取此期愈合。条件是创缘及创壁有较大的空隙或破损，伤口内有血凝块、细菌、异物、坏死组织。该愈合过程常分为两个阶段，即炎性净化期和组织修复期，此两个阶段不能很明确的分开，由一个阶段逐渐过渡到另一个阶段。

（1）炎性净化期。此期实质是通过炎性反应达到创伤的自家净化。临床上主要表现为创伤部发红、肿胀、增温、疼痛，随后创内坏死组织液化，形成脓汁并从伤口流出。

脓汁的形成过程就是通过组织溶解和吞噬现象形成生物学屏障的过程。脓汁形成虽然对创伤净化有利，但是脓汁不能及时排出体外，可成为细菌繁殖的良好环境，所以，促使排脓通畅，是创伤外科处理的重要任务。

（2）组织修复期。此期实质是肉芽组织的新生，修复、填补缺损的过程。肉芽组织是由新生的毛细血管和大量成纤维细胞构成。其中成纤维细胞的体积较大，细胞核也较大，呈椭圆形并有核仁。这种细胞在伤后的初期增生快，由伤口边缘及底逐渐向中心生长。与此同时，有大量新生的毛细血管混杂在成纤维细胞之间，自伤口周围向中心生长。肉芽组织除有成纤维细胞和毛细血管外，在表面还有大量的中性粒细胞、巨噬细胞以及其他炎性细胞，其可防止感染，对组织起保护作用。肉芽组织成熟时，增生的成纤维细胞开始产生胶原纤维，自身转化为纤维细胞。与此同时，肉芽组织中大量毛细血管闭合、退化、消失，只留下部分毛细血管及细小的动脉和静脉营养该处。最后肉芽组织转变为疤痕。

此期特点是经历的时间长，形成的疤痕大。

3. 痂皮下愈合　特征是表皮擦伤，伤面浅并有少量出血，血液或渗出的浆液逐渐干涸而形成痂皮，被覆于创面起保护作用，同时痂皮下损伤的边缘再生表皮而治愈合。如感染细菌化脓时则取第二期愈合。

(二) 影响创伤愈合的因素

创伤愈合的速度常受许多因素影响，这些因素包括外界条件方面的、人为的和机体方面的。创伤治疗时，应尽力消除妨碍创伤愈合的因素，创造有利于创伤愈合的条件。

1. 创伤感染 创伤感染化脓是影响创伤愈合的重要因素。病原微生物可引起组织遭受破坏和产生各种炎性产物及毒素，降低机体抵抗力，影响创伤的修复过程。

2. 创内存有异物或坏死组织 当创内存留异物或坏死组织时，炎性净化过程的时间延长，同时也为创伤感染创造了条件，甚至成为长期化脓的根源。

3. 受伤部血液循环不良 受伤部血液循环不良，不但影响炎性净化过程，而且影响肉芽组织的生长，从而延长了创伤愈合的时间。

4. 受伤部活动性较大 受伤部位进行有害的活动如不适当的活动会影响新生肉芽组织的生长，推迟创伤愈合的时间。

5. 处理创伤不合理 如新鲜创时止血不彻底，清创过晚和不彻底，引流不畅，不合理的缝合和包扎，不合理的用药，频繁地检查创伤和不必要的更换绷带，以及不遵守无菌原则等，均可导致创伤愈合时间延长。

6. 机体营养不良 蛋白质或维生素缺乏等都妨碍创伤的愈合。蛋白质缺乏致使机体衰弱，抵抗力降低，创伤易感染，组织修复缓慢。维生素 A 缺乏时，上皮细胞的再生迟缓；缺乏 B 族维生素影响神经纤维的再生；维生素 C 缺乏影响细胞间质和胶原纤维的形成，毛细血管的脆弱性增加，导致肉芽组织水肿、易出血；维生素 K 缺乏时凝血酶原浓度降低，导致血液凝固缓慢，使创伤愈合时间延长。

五、创伤的检查方法

1. 一般检查 通过问诊，了解创伤发生的时间、致伤物的性状、致伤后宠物的表现等。再详细检查体温、脉搏、呼吸、可视黏膜颜色、精神状态等。注意检查受伤部位和救治情况，以及对全身其他部位及机体的影响。

2. 创伤的外部检查 按由外向内的顺序，仔细地对受伤部位进行检查。观察创伤部位大小、形状、方向、性质、伤口裂开程度，有无创围被毛脱落、炎症程度，出血量多少，创缘是否整齐，创伤有无感染等。再观察创缘和创壁是否整齐、平滑，有无肿胀及血液浸润，有无异物。然后对创围进行柔和而细致的触诊，以确定局部温度、疼痛情况、组织硬度、皮肤弹性及移动性等。

3. 创伤内部检查 检查前先将创围剪毛、消毒，检查过程中应遵循无菌规则。检查创壁是否平整、肿胀情况，创内有无异物、血凝块及挫灭的组织，创底的深度及方向，必要时可用探针或戴乳胶手套的手指进行探查。注意观察分泌物的颜色、气味、黏稠度、数量及排出情况。必要时可进行分泌物的酸碱度的测定、脓汁涂片的显微镜检查。

在肉芽期应检查肉芽组织的数量、颜色及生长情况，区别是健康的肉芽组织还是赘生的肉芽组织，以便采取不同的治疗方法。也可作创面按压标本的细胞学检查，以了解机体的防卫机能状态。

（1）脓汁检查。用玻璃吸管吸取创伤深部的脓汁 1 滴，如脓汁较黏稠，可少加生理盐水稀释后，做脓汁抹片 3～4 张，待干燥后，分别用革兰氏及姬姆萨氏染色，镜检。

创伤炎症严重时，经镜检可看到大量处于崩解状态的嗜中性白细胞及其他细胞，个别中性粒细胞内含有未溶解的微生物。嗜酸性粒细胞及淋巴细胞较少。

肉芽生长良好时，可见到大量形态完整的中性粒细胞，细胞内含有较多已被溶解的微生物。有较多的淋巴细胞、单核细胞及巨噬细胞。

（2）创面按压标本检查。镜检创面按压标本，观察创面表层细胞形态学的变化及创面再生状态，以判断创伤治疗措施的合理程度。

采用生理盐水棉球清除创面上的脓汁，取 3～4 张已脱脂、灭菌的载玻片，将玻片的平面依次直接触压创面，待按压片自然干燥后，放入甲醇中固定 15 min。分别用革兰氏及姬姆萨氏染色，镜检。

创伤处于急性炎症时，看到大量处于分解阶段的中性粒细胞。当创伤愈合良好时，细菌全部被中性粒细胞吞噬并溶解。

当机体处在高度衰竭状态时，可看到大量细菌，看不到中性粒细胞的吞噬及溶解现象，中性粒细胞完全崩解，看不到大吞噬细胞。

六、创伤的治疗

（一）创伤治疗的一般原则

创伤治疗的一般原则是抗休克、防治感染、纠正水与电解质平衡、消除影响创伤愈合的因素和加强饲养管理等。

1. 抗休克 一般是先抗休克，待休克好转后再进行清创术，但对大出血、胸壁穿透创及肠道脱出，则应在积极抗休克的同时，进行手术治疗。

2. 防治感染 灾害性创伤，一般不可避免地被细菌等污染，伤后应立即开始使用抗生素，预防化脓性感染，同时进行局部治疗，使污染的伤口变为清洁的伤口并进行缝合。

3. 纠正水与电解质平衡 通过输液调节机体水与电解质的平衡。

4. 消除影响创伤愈合的因素 影响创伤愈合的因素很多，在创伤治疗过程中，注意消除影响创伤愈合的因素，可使肉芽组织生长正常，促进创伤早期愈合。

5. 加强饲养管理 增强机体抵抗力，能促进创伤愈合。对严重的创伤，应给予高蛋白及富于维生素的饲料。

（二）创伤治疗的基本方法

1. 清洁创围 目的是防止创伤感染，促进创伤愈合。首先用数层灭菌纱布块覆盖创面，以防止异物落入创内。再用剪毛剪由外围向创缘方向剪除被毛，剪毛面积以距创缘 10 cm 左右为宜。若被毛黏有血污时，可用 3％过氧化氢溶液或其他消毒剂浸湿、洗净后再剪毛。用5％碘酊消毒创围，用 75％酒精脱碘。离创缘较远的皮肤，可用肥皂水和消毒液洗刷干净，但应防止洗刷液落入创内。

2. 清洁创腔

（1）新鲜创。除去覆盖创口的纱布，清除创伤内的被毛及异物。用生理盐水彻底冲洗创腔，用灭菌纱布吸净创腔内药液。对污染严重的可用 0.1％～0.2％高锰酸钾溶液、0.1％～0.5％新洁尔灭溶液、3％过氧化氢溶液或 0.1％雷佛奴耳溶液等消毒液冲洗创腔。用无菌操作的方法修整创缘、扩大创口、切除创内的挫灭组织、除去异物和血凝块后，再用消毒液冲洗创腔，用灭菌纱布吸净创腔内残留药液。力求新鲜污染创变为近似手术创，争取创伤的第一期愈合。

（2）化脓创。化脓初期呈酸性反应，应用碱性药液冲洗创腔。可应用生理盐水、2％碳酸氢钠溶液、0.1％～0.5％新洁尔灭溶液等冲洗。若为厌氧菌、绿脓杆菌、大肠杆菌感染，可用 0.1%～0.2%高锰酸钾溶液、2%～4%硼酸溶液或 2%乳酸溶液等酸性药物冲洗创腔。

（3）肉芽创。肉芽组织生长良好时，不可用强刺激性药物冲洗，可选用生理盐水、0.1%～0.2%高锰酸钾溶液洗去或拭去脓汁。冲洗的次数不宜过频，压力不宜过大。

3. 清创手术 用器械除去创内异物、血凝块，切除挫灭组织，清除创囊及凹壁，适当扩创以利排液。化脓创的创囊过深时，可在低位作反对孔，以利排脓。

修整创缘时，用手术剪除去破碎的创缘皮肤和皮下组织，形成平整的创缘以便于缝合；扩创时要沿创口的上角或下角切开组织，扩大创口，消灭创囊，充分暴露创底，除去异物和血凝块，以保证排液通畅或便于引流。对于创腔深、创底大和创道弯曲不便于从创口排液的创伤，可选择创底最低处且靠近体表的健康部位，尽量在肌肉结缔组织处做适当长度的辅助切口，必要时可做多个，以利排液。

在创缘修整和扩大创口时，应切除创内所有失活组织，造成新创壁。失活组织一般呈暗紫色，刺激不收缩，切割时不出血，无明显疼痛反应。对暴露于创腔内的神经和健康的血管应注意保护，注意止血。

4. 创伤用药 新鲜创经处理后，应用抗生素、碘仿磺胺粉等抗感染的药物；化脓创可应用高渗溶液清洗创腔，常用药物有 8%～10%氯化钠溶液、10%～20%硫酸镁或硫酸钠溶液，以促进创伤的净化；肉芽创可应用磺胺软膏、青霉素软膏、金霉素软膏等药物以促进肉芽的生长。对赘生的肉芽组织可用硝酸银、硫酸铜等将其腐蚀掉。当赘生肉芽组织较大时，可在创面撒布高锰酸钾粉，用厚棉纱研磨，使其重新生长出健康的肉芽组织。

创伤用药的方法有以下几种：

（1）撒布法。将粉剂均匀撒布于创面或吹撒于创面，如撒布青霉素粉等。

（2）贴敷法。将膏剂或粉剂厚层放置于数层灭菌纱布块上，再贴敷于创面，并用绷带固定。

（3）涂布法。将液体药液涂布于创面，如创面涂布碘伏、龙胆紫等。

（4）湿敷法。将浸以药液的数层纱布块贴敷于创面，并经常向纱布块上浇洒药液。

（5）灌注法。将挥发性或油性药剂灌注入创道或创腔内，如向瘘管内灌注碘甘油等。

5. 缝合与包扎 对于创伤的缝合可根据其具体情况分为初期缝合、延期缝合和肉芽缝合等。初期缝合是对清洁创或经过彻底外科处理的新鲜污染创的缝合，适用于创伤无严重污染，创缘及创壁完整等情况。延期缝合是对药物治疗后消除了感染的创伤进行缝合，适用于感染创或创伤部肿胀显著等。肉芽创缝合是对生长良好的肉芽创进行缝合，可加快愈合，减少或避免瘢痕。

创伤的包扎应根据创伤具体情况而定。一般经外科处理后的新鲜创都要包扎。当创内有大量脓汁、厌氧性及腐败性感染以及炎性净化后而出现良好肉芽组织的创伤，一般可不包扎，采取开放疗法。创伤包扎不但可以防止感染，又能保温，有利于创伤愈合。一般创伤绷带有 3 层，即从内向外由吸收层（灭菌纱布块）、接受层（灭菌脱脂棉块）和固定层（绷带）组成。

6. 引流疗法 主要用于创道长而弯曲，创腔内潴留脓汁而不能排出的创伤。可经引流物将药物导入创腔内，同时使创腔内炎性物质及脓汁沿着引流物排到体外。

常用引流法是纱布条引流。引流纱布条是将适当长、宽的纱布条浸以药液（如青霉素溶液、碘伏溶液、20%氯化钠溶液等）制成的。具体方法是用长镊子将引流纱布条的两端分别夹住，先将一端疏松地导入创底，另一端游离于创口下角。

临床上除用纱布条作为主动引流物之外，也常用胶管、塑料管做被动引流。

当创伤炎性肿胀和炎性渗出物增加，体温升高、脉搏增数时是引流受阻的标志，应及时取出引流物，作创内检查，并换引流物。引流物也是创内的一种异物，长时间使用能刺激组织细胞，妨碍创伤的愈合。因此，当炎性渗出物很少时，应停止使用引流物。对于炎性渗出物排出通畅的创伤、已形成肉芽组织坚强防卫面的创伤、创内存有大血管和神经干的创伤以及关节和腱鞘创伤等，均不应使用引流疗法。

7. 全身疗法　对局部化脓症状剧烈的病畜，除局部治疗外，为减少炎性渗出及防止酸中毒，可静脉注射 10％氯化钙注射液 50～100 mL，5％碳酸氢钠注射液 100～200 mL。连续应用抗生素或磺胺类药物 3～5 d，并需根据病情对症治疗。

（三）不同创伤的治疗方法

1. 新鲜污染创　根据情况，首先进行止血（可选用压迫止血、钳夹止血、填塞止血及结扎止血和药物止血相结合的方法止血）和保护创伤（镇静、镇痛，防止进一步的损伤发生）。通过初步的病史询问和检查来评估创伤，并将结论告知主人。然后清洁创围，用灭菌纱布将创伤覆盖，剪除周围被毛，然后用温肥皂水或消毒液将创周围的污物和血迹清洗干净。再选用生理盐水、3％过氧化氢液、0.1％高锰酸钾溶液、0.1％新洁尔灭溶液、0.1％聚维酮碘等彻底清洗创伤。对污染较轻的切创和小刺创，不必作清创手术；对污染较重的创伤尽早做清创手术，手术完毕，用 5％碘酊或 0.1％新洁尔灭溶液清洗创腔。创面涂布抗生素粉或防腐消毒药来抑制感染。无感染时可施行密闭缝合；有创伤感染危险时，可行创伤部分缝合，并留置引流口；严重感染时不可缝合，采用开放疗法。一般对于新鲜污染创，特别是四肢下部的创伤，均应包扎绷带。

2. 陈旧感染创　通过病史询问和检查来评估创伤，并将结论告知主人。然后清洁创围：用抗菌力较强药液反复冲洗创腔，除去脓汁，用灭菌纱布吸干。常用的药液有 3％过氧化氢溶液、0.2％高锰酸钾溶液、0.01％～0.05％新洁尔灭溶液。如感染绿脓杆菌，使用 2％～4％硼酸溶液或 2％乳酸溶液效果更佳。扩大创口，除去深部异物，切除坏死组织，消灭创囊，排除脓汁。通过高渗的作用，使创液从组织深部排出创面，加速炎性净化。如用 10％食盐溶液、10％硫酸钠溶液，有良好疗效。用纱布条浸上述药液，特别是浸以高渗剂进行创伤引流最常用，且效果良好。根据需要应用抗生素、磺胺类药物、碳酸氢钠等。

3. 肉芽创　首先清洁创围和创面，清洁创面时不可使用刺激性强的药液冲洗，以免伤害肉芽组织。可用生理盐水或微弱的防腐剂清洗，除去过多脓汁，不可强力摩擦或刮伤肉芽创面，以免损伤肉芽组织。应选择刺激性小、能促进肉芽组织生长的药物（一般用油剂抗生素）加速上皮新生，防止肉芽赘生，促进创伤愈合。对于赘生的肉芽组织，可用硝酸银、硫酸铜等将其腐蚀掉，必要时可用手术切除。对于创口较大的肉芽创，经过处理后可进行缝合或部分缝合。

🐾 思考与练习

1. 引起创伤的原因有哪些？

2. 创伤有哪些临床症状？

3. 临床上如何检查创伤？

4. 创伤愈合一般规律是怎样的？

5. 如何处理与治疗不同的创伤？

6. 外科手术时形成的创伤属哪一类创伤？外科手术创的愈合是怎样的？

情境二　非开放性损伤

非开放性损伤是指由于钝性外力的撞击、挤压或跌倒等而致软组织受伤，伤部的皮肤黏膜保持完整而有深部组织的损伤。软组织的非开放性损伤因无伤口，感染机会较少。常见的有挫伤、血肿和淋巴外渗。

一、挫　　伤

挫伤是机体在诸如棍棒打击、车辆冲撞、车轮碾压、跌倒或坠落时钝性外力打击或冲撞下，造成的组织非开放性损伤。受伤的组织或器官可能是皮肤、皮下组织、肌肉、血管等。

【症状】　挫伤部位皮肤出现轻微的致伤痕迹，如被毛凌乱或脱离，有擦伤等，表现为局部溢血、肿胀、疼痛及机能障碍等。

1. 溢血　由于皮下组织内血管破裂，血液积聚于组织间隙。在皮肤色素少的部位溢血斑点较明显，指压不褪色。

2. 肿胀　皮下组织受伤后，因溢血、炎性渗出及淋巴液渗出、肌肉及组织纤维发生断裂而引起局部肿胀。轻微挫伤时肿胀较轻而质地坚实，局部温度增高；四肢部挫伤时，在挫伤的下方呈捻粉样水肿；重剧挫伤可继发血肿或淋巴外渗。

3. 疼痛　组织受到挫伤的同时也损伤了神经末梢或因炎症渗出物刺激或压迫神经末梢而引起疼痛反应，一般挫伤疼痛为瞬时性。

4. 机能障碍　根据挫伤发生部位及轻重程度的不同，机能障碍的表现程度也有所不同。如发生于头部，出现意识障碍；发生于肌肉、骨及关节，影响运动机能；发生于胸部，影响呼吸机能；发生于腹部，形成腹壁疝、内出血等影响全身机能；发生于腰、荐部，可发生后躯瘫痪；发生于四肢，出现跛行。

挫伤不但可引起血肿或淋巴外渗，一旦发生感染还可继发蜂窝织炎或脓肿，此时全身症状恶化。

【治疗】　主要是保持宠物安静，防止溢血和渗出，促进炎性产物吸收，镇痛消炎，防止感染、休克及酸中毒。

1. 轻度挫伤　患部剪毛后，用消毒药洗净，涂擦 2% 碘酊或龙胆紫溶液。四肢下部的挫伤，可用卷轴绷带包扎后，向绷带上浸透 2% 碘酊，2～3 次/d，连用 3～5 d。

2. 重剧挫伤　病初局部冷敷，也可涂布复方醋酸铅散等减轻疼痛和肿胀。经过 2 d 后改用温热疗法、红外线照射，或采用病灶周围普鲁卡因封闭疗法。局部涂擦刺激性药物，如樟脑酒精、樟脑软膏或 5% 鱼石脂软膏等。并发感染时，按外科感染治疗。

二、血　　肿

血肿是局部组织在外力作用下，血管破裂，溢出的血液分离周围组织，并聚积在所形成的腔洞内的一种非开放性损伤。

【病因】 多因钝性物体的冲撞、刺创、咬创、火器创等原因而形成，但在采血不当、非开放性骨折时也可出现血肿。犬的血肿经常发生于耳根、颈部、股部。猫的血肿常发生于耳根。

血肿可发生于皮下、筋膜下、肌间、骨膜下及浆膜下。根据损伤的血管不同，血肿分为动脉性血肿、静脉性血肿和混合性血肿。血肿形成的速度较快，其大小决定于受伤血管的种类、粗细和周围组织性状，一般均呈局限性肿胀，且能自然止血。较大的动脉断裂时，血液沿筋膜下或肌间浸润，形成出血性浸润。较小的血肿会由于血液凝固而缩小，血凝块在蛋白分解酶的作用下软化、溶解和被组织逐渐吸收。其后周围肉芽组织的新生使血肿结缔组织化。较大的血肿周围，可形成较厚的结缔组织包囊。

【症状】 受伤后肿胀迅速增大、肿胀呈明显的波动感或饱满富有弹性，局部不痛、无热。4～5 d 后由于血液凝固并渗出纤维素，触诊时肿胀周围呈坚实感，局部增温并有捻发音，中央部有波动。穿刺时有血液流出。如伴发感染，可见淋巴结肿大和体温升高等全身症状。

血肿感染可形成脓肿，注意与脓肿、寄生虫性囊肿、疝、肿瘤和蜂窝织炎相鉴别。

【治疗】 主要是防止溢血，排出积血及防止感染。

（1）患部剪毛消毒，24 h 内应用冷却疗法并装置压迫绷带。在患部涂 2％～5％碘酊，同时可配合应用止血药，肌内注射维生素 K_3 注射液或 0.5％酚磺乙胺注射液，也可选用 10％氯化钙注射液静脉注射。

（2）经 4～5 d 后，如仍有小血肿，可无菌穿刺抽出积血后，装压迫绷带；如血肿较大，可切开皮肤，清除积血、血凝块及破碎组织。如发现继续出血，可行结扎止血，用生理盐水清洗创腔后，撒布青霉素粉剂，施行密闭缝合创口或开放治疗。

三、淋巴外渗

淋巴外渗是指在钝性外力作用下导致淋巴管断裂，致使淋巴液聚积于组织内的一种非开放性损伤。

【病因】 主要是宠物体表受到钝性外力强行滑擦，致使皮肤或筋膜与其下部组织发生分离，造成淋巴管断裂而发生的。淋巴外渗常发生于淋巴管较丰富的皮下结缔组织，而筋膜下或肌间则较少。犬、猫常发生于颈部、胸前部、腹下部、股内侧部等。

【症状】 淋巴外渗的症状发生缓慢，一般于伤后 3～4 d 出现肿胀，并逐渐增大，皮肤不紧张，界限清楚，有明显的波动感，炎症反应轻微。穿刺流出橙黄色稍透明的液体，或混有少量的血液。时间较久，因可析出纤维素块，触诊则有坚实感。

【治疗】 主要是减少运动，保持安静，以减少淋巴液渗出。

1. 穿刺疗法 用于较小的淋巴外渗。患部剪毛消毒后，施行无菌穿刺抽出淋巴液，注入 95％酒精或酒精福尔马林溶液（95％酒精 100 mL、福尔马林溶液 1 mL、碘酊数滴，混合备用），半小时后抽出创内药液，装压迫绷带，以期淋巴液凝固堵塞淋巴管断端，而达到制止淋巴液流出的目的。应用一次无效时，可行第二次注入。

2. 切开法 用于较大的淋巴外渗。患部剪毛消毒后，无菌切开患病局部，排出淋巴液及纤维素，然后用酒精福尔马林溶液冲洗，并将浸有上述药液的纱布填塞于腔内，作假缝合，两天更换 1 次纱布块。当破裂的淋巴管完全闭塞后，可按创伤治疗。

治疗淋巴外渗时禁止应用按摩及外敷疗法。

思考与练习

1. 什么是非开放性的损伤？

2. 非开放性损伤包括哪几种？它们有什么不同？

3. 如何进行非开放损伤的治疗，有哪些注意事项？

情境三　物理化学性损伤

由物理和化学因素所致的损伤种类较多，高温、低温和某些化学物质所致的烧伤、冻伤和化学性损伤在临床上最常见。

一、烧　伤

烧伤是由高温（火焰、热液或蒸汽）作用于机体组织，且超过机体所耐受的温度，使组织细胞内的蛋白质（包括酶）发生变性而引起的热损伤。热液所引起的烧伤又称为烫伤。热损伤的程度取决于温度和作用时间，表皮组织的坏死发生在 70 ℃作用 1s，或 50 ℃作用 3 min，或 42 ℃作用 6 h 的条件下。

【病因】　宠物受到固体的、液体的或蒸汽高温，如火焰、凝固汽油弹、火焰喷射器等作用后，可导致轻重程度不同的烧伤。

【症状】　烧伤程度包括指烧伤深度和烧伤面积，但也与烧伤部位、年龄和体质等有关。临床上常以烧伤程度来判定烧伤的预后和制订治疗措施。

1. 烧伤深度　是指局部组织被损伤的深度。

（1）一度烧伤。皮肤表层被损伤。受伤部位被毛烧焦，留有短毛，动脉性充血，毛细血管扩张，局部轻微的肿、痛、热，呈浆液性炎症变化，7 d 左右自行愈合，不留疤痕。

（2）二度烧伤。皮肤表层及真皮层的一部分或大部分被损伤。伤部被毛被烧光或烧焦。局部血管通透性显著增加，血浆大量外渗积聚在表皮与真皮之间，呈明显水肿、疼痛。经 3～5 周创面愈合，常遗留轻度疤痕。

（3）三度烧伤。皮肤全层或深层组织（筋膜、肌肉和骨）被损伤。组织蛋白凝固，血管栓塞，形成焦痂，成深褐色干性坏死，有时出现皱褶。伤部因神经末梢和血液循环遭到破坏，疼痛反应不明显或缺乏，局部温度下降。在 1～2 周内，坏死组织开始溃烂、脱落，露出红色创面，易感染化脓。

较重的烧伤可在烧伤的当时或伤后的 1～2 h 出现休克。表现精神高度沉郁，反应迟钝，脉弱而小，呼吸快而浅，可视黏膜苍白，瞳孔散大，耳、鼻及四肢末端发凉，食、饮欲废绝。从受伤后 6 h 开始因伤部血管通透性增高，血浆及血液蛋白大量渗出，造成微循环障碍，引起继发性休克。由于受伤部化脓感染后，渗出物及坏死组织分解产物被吸收，可继发败血症。

2. 烧伤面积　烧伤面积越大，伤势越重，全身反应越明显。临床上计算烧伤面积的方法有多种，一般采用烧伤部位占机体体表总面积的百分比来表示。

【治疗】

1. 现场急救 及时灭火和清除宠物上的致伤物质，保护伤面，及时注射止痛药物。

2. 防止休克 宠物保持安静，注意保暖。肌内注射氯丙嗪，亦可静脉内缓慢注射 0.25％盐酸普鲁卡因注射液。并进行全身治疗，如静脉补液，强心，维护血容量，纠正酸中毒。

3. 伤面处理 患部周围剪毛、消毒后，一度烧伤用生理盐水洗涤拭干后，保持干燥，可自行痊愈；二度烧伤，用5％～10％高锰酸钾溶液连续涂布3～4次，或用3％龙胆紫溶液涂布，隔1～2 h处理一次。三度烧伤面积较大，经伤部处理后，在肉芽期的创面应早期实行皮肤移植手术，可加速创面愈合。

4. 防止败血症 二度以上烧伤，对有感染倾向者，要及时应用大剂量抗菌药物及碳酸氢钠注射液，以控制和及时治疗败血症。青霉素和链霉素联合应用，一般能收到良好的效果，必要时也可应用广谱抗生素。有败血症症状时，按败血症治疗。

二、冻 伤

冻伤是低温作用于宠物所引起的局部组织损伤。

【病因】 冻伤常发生于气候寒冷的冬季。气候寒冷、饥饿、大失血、长期缺乏活动等更易诱发本病。冻伤的程度与寒冷的强度成正比。一般而言，温度越低、湿度越高、风速越大、暴露时间越长，发生冻伤的机会越大，亦越严重。机体远端部位容易发生冻伤。

冻伤可分为全身性和局部性。全身性冻伤（冻僵）发生机体功能障碍，临床上少见。局部性冻伤是指局部组织在冰点下发生损伤，常见于机体末梢、缺乏被毛或被毛发育不良以及皮肤薄的部位，如阴茎、阴囊、爪、耳等。

【症状】 目前认为受冻组织的主要损伤是原发性冻融损伤和继发性血液循环障碍。根据冷损伤的范围、程度和临床表现，将冻伤分成三度。

1. 一度冻伤 皮肤及皮下组织水肿、疼痛。数日后局部反应消失，症状逐渐减轻，在宠物中常不易发现。

2. 二度冻伤 皮肤及皮下组织呈弥散性水肿，并扩展到周围组织，有的在患部出现水泡并充满乳光带血样液体。水泡破溃后形成愈合迟缓的溃疡。

3. 三度冻伤 由于伤部血液循环障碍而引起不同深度与距离的组织干性坏死。患部冷厥而缺乏感觉，皮肤或皮下组织发生坏死，或达骨部引起全部组织坏死。通常静脉血栓形成、周围组织水肿以及继发感染后形成湿性坏疽。

【治疗】 消除寒冷作用，使冻伤组织复温，恢复组织内血液和淋巴循环，预防感染。为此，应将宠物迅速移到温暖的室内，用肥皂水洗净患部，然后用樟脑酒精擦拭或进行复温治疗。

1. 复温 病初用18～20 ℃水进行温水浴，并不断加入热水，在25 min内使水温逐渐达到38 ℃左右，如在水中加入高锰酸钾（1∶500），并对皮肤无破损处进行按摩更为适宜。也可用热敷的方法复温。复温后用肥皂水清洗患部，再用75％酒精涂擦后，包扎保暖绷带或覆盖保暖物。

2. 治疗 一度冻伤时可应用樟脑酒精涂擦患部，涂碘甘油或樟脑油后，装以棉花纱布软垫保温绷带。二度冻伤时患部涂擦 5％龙胆紫溶液或 5％碘酊，并装以酒精绷带或施行开放疗法。可用 0.25％盐酸普鲁卡因注射液封闭治疗，根据患病部位的不同，选用静脉内封闭或四肢环状封闭疗法。为减少血管内凝集与栓塞，改善微循环，可静脉注射低分子右旋糖酐和肝素。广泛的冻伤需早期应用抗生素疗法。三度冻伤治疗时以预防发生湿性坏疽为主。发生湿性坏疽时，应加速坏死组织的断离，以利排出组织分解产物，促进肉芽组织生长和上皮的形成，预防全身感染。为此，组织坏死时，可进行坏死部位切开，以利于排出组织分解产物，可切除、摘除和截断坏死的组织。治疗中应全身应用抗生素，及时注射破伤风类类毒素或抗毒素。

三、化学性损伤

化学性损伤是指具有烧伤作用的化学物质（强酸、强碱或磷等）直接作用于宠物有机体所引起的损伤。

【病因及症状】

1. 酸类烧伤　酸类物质如硫酸、硝酸、盐酸等可引起蛋白质凝固，形成厚痂，使患部呈致密的干性坏死。不同酸损伤所形成的焦痂的颜色有所不同。硫酸损伤时，焦痂呈黑色或棕褐色；硝酸损伤时，焦痂呈黄色；盐酸或碳酸损伤时，焦痂呈白色或灰白色。故临床上可根据焦痂的颜色，大致判断酸的种类。烧伤程度因酸类强弱、接触时间和面积不同而异，可从皮肤肿痛至皮肤和肌肉的坏死。

2. 碱类烧伤　碱类物质如生石灰、苛性钠或苛性钾，可引起组织蛋白溶解，形成碱性蛋白化合物，能烧伤深部组织。虽然局部疼痛较轻，但能损伤深部组织，所以损伤程度一般较酸性损伤重。

3. 磷烧伤　磷损伤常见于战时磷手榴弹、磷炸弹的烧伤。磷有自燃能力，发出白色烟雾，有火柴燃烧味。磷氧化时形成五氧化二磷，并释放出热能，对皮肤产生腐蚀和烧伤作用。五氧化二磷吸收组织中的水分，形成磷酸酐，再与较多的水分形成磷酸，溶于水和脂肪，被大量吸收后进入血液循环时会引起全身中毒。

【治疗】　酸类烧伤时立即用大量清水冲洗，用 5％碳酸氢钠溶液中和。如石炭酸烧伤时，可用酒精或甘油涂于伤部，使石炭酸溶于酒精或甘油中，从而便于除去石炭酸和保护皮肤及黏膜。

碱类烧伤时用大量清水冲洗或用食醋、6％醋酸溶液中和。如苛性钠烧伤时，用 5％氯化铵溶液冲洗；如生石灰烧伤时，应先清除伤部干石灰后再清洗，避免冲洗时产生热量而加重烧伤。

磷类烧伤后，患部沾染的磷颗粒，在暗室或夜间发绿色荧光，可用镊子除去，也可用 1％硫酸铜溶液涂于患部，磷变为黑色的磷化铜后用镊子除去，再用大量清水冲洗，以 5％碳酸氢钠溶液湿敷，包扎 1～2 h，以中和磷酸，以后按烧伤治疗。对新鲜的磷烧伤，不可应用油脂敷料，以免磷溶于脂内及渗入深层组织。

🐾 思考与练习

1. 如何对烧伤深度进行判定？

2. 如何急救和治疗烧伤？

3. 如何治疗冻伤？

4. 如何处理酸类烧伤和碱类烧伤？

情境四　损伤并发症

重大外伤的早期，由于大出血和疼痛，病毒很容易并发休克和贫血；临床常见的外科感染、严重组织挫灭产生毒素的吸收、机体抵抗力弱、营养不良及治疗不当，往往发生溃疡、瘘管等损伤晚期并发症。

一、休　克

休克是指机体在各种强烈的有害因素（如严重创伤、大失血、严重感染等）作用下所发生的血液循环障碍，主要是微循环血液灌流不足，导致机体各器官组织，特别是生命的重要器官缺血、缺氧、细胞代谢紊乱和功能障碍，从而危及生命的全身性病理过程。休克不是一种独立疾病，而是神经、内分泌、循环、代谢等发生严重障碍时在临床上表现的症候群。

在外科临床上，休克多见于重剧的外伤和伴有广泛组织损伤的骨折、神经丛或大神经干受到异常刺激、大出血、大面积烧伤、不麻醉进行较大的手术、胸腹腔手术时粗暴的检查、过度牵张肠系膜等。

【病因与分类】

1. 低血容量性休克　由于外伤、消化道溃疡、内脏器官破裂引起的大出血等导致血容量降低。严重的呕吐、腹泻、肠梗阻引起的大量体液丢失导致的血液浓缩，血量减少。

2. 烧伤性休克　大面积烧伤，伴有血浆大量丢失，早期可有剧烈的疼痛及低血容量，后期可以发生感染。

3. 感染性休克　由于病原微生物感染所致，多见于某些细菌、病毒、霉菌感染，常发生败血症。

4. 创伤性休克　严重的创伤、骨折等所致，此类休克主要是由于疼痛引起血管扩张，失血引起血容量下降。

5. 过敏性休克　由药物、生物制剂引起的变态反应，由于抗原抗体结合引起血管活性物质释放，导致血管扩张。

6. 心源性休克　由心排血量减少引起，多见于广泛性心肌炎、心肌梗死、心包积液等。

7. 神经源性休克　剧烈疼痛、高位脊髓麻痹或损伤，可引起神经源性休克，其发生与血管运动中枢抑制或交感缩血管纤维功能障碍引起血管扩张，以致血管容积增加有关。

【机理】　近几年通过大量的实验研究和临床观察，认为在休克过程中，微循环的变化要经历三个阶段：微循环缺血期、微循环瘀血期和微循环凝血期。下面以低血容性休克为例来说明休克的过程。

在微循环缺血期，由于有效血容量减少，组织灌流量不足，机体主要代偿方法是交感—肾上腺髓质系统兴奋，所释放的儿茶酚胺增加，引起微动脉、毛细血管前括约肌及微静脉收缩，微循环灌流量不足，处于缺血状态。由于皮肤、黏膜及内脏的血管对儿茶酚胺类较敏感。而脑、肺和心的血管对儿茶酚胺类反应较弱，故休克早期，常是皮肤、黏膜及内脏血管收缩，而心、脑血管扩张，全身血流重新分布。此时心跳加快，循环血量基本不减少。

到达微循环瘀血期后，因为循环障碍没有改善，组织细胞缺氧，细胞无氧呼吸加强，大量酸性产物和细胞崩解产物蓄积，使微循环前阻力血管对儿茶酚胺类敏感性降低，从而血管扩张，而微循环后阻力血管对酸性环境有难受力，另外儿茶酚胺类的释放量并未减少，故小静脉和微静脉仍处于收缩状态，于是大量血液在组织的微循环内淤积。此时微血管壁通透性增大，血浆大量丢失，导致循环血量急剧减少。

在微循环凝血期时，血流由停滞而发生凝集，在微循环内形成广泛性微血栓，并继发纤维蛋白溶解，出现弥漫性出血和组织细胞的变性坏死，从而造成多个器官功能衰竭。

由此可见，尽管休克的起源不同，但微循环障碍是共同的转归。在治疗早期休克时主要是针对发病原因，而当休克发展到一定阶段，必须针对休克的共同病理变化及时纠正微循环障碍，才能得到预期结果。

【症状】

1. 初期（微循环缺血期）　表现兴奋不安，可视黏膜苍白，皮温降低，四肢末梢发凉。脉搏、呼吸加快。出冷汗，无意识地排尿、排粪，但少尿或无尿。这个过程短则几秒钟即消失，长者不超过 1 h，所以在临床上往往被忽视。

2. 中期（微循环瘀血期）　精神沉郁，食欲废绝，视觉、听觉、痛觉反应微弱或消失，呼吸浅表不规则。运动时后躯摇摆，站立时四肢无力，肌肉颤抖。可视黏膜发绀，脉搏快速而无力，心音弱。体温下降，四肢发凉。

3. 晚期（弥漫性血管凝血期）　呈昏迷状态，体温下降明显，四肢厥冷。对痛觉、视觉、听觉的刺激全无反应。肌肉张力极度下降。瞳孔散大，可视黏膜呈暗紫色。脉搏快而微弱，呼吸快而浅表，呈陈-施氏呼吸，无尿。

【诊断】　治疗休克，关键在于尽早诊断。现将临床检查和生理生化测定指标作为休克的诊断和不断评价患病动物机体对疾病应答反应的能力，作为预防和治疗的依据。

1. 检查机体外周血液循环状况　要特别注意牙龈和舌边血液灌流情况。通常采用手指压迫齿龈或舌边缘，记载压迫后血流充满时间。在正常情况下血流充满时间是小于 1 s，这种办法只作为测定微循环的大致状态。

2. 测定血压　血压测定是诊断休克的重要指标，休克动物血压一般降低。

3. 测定体温　除某些特殊情况体温增高之外，一般休克时体温低于正常，特别是末梢体温。

4. 测定呼吸次数　在休克时，呼吸次数增加；用以补偿酸中毒和缺氧。

5. 测定心率　心率是很敏感的参数，患病动物表现为心率过速是预后不良的表示。

6. 心电图检查　心电图可以诊断心律不齐、电解质失衡。酸中毒和休克结合能出现大的 T 波。

7. 观察尿量　肾功能是诊断休克的另一个参数，休克时肾灌流量减少，当大量投给液体，尿量能达正常的两倍。

8. 测定有效血容量　血容量的测定，对早期休克诊断很有帮助，也是输液的重要指标。

9. 测定血清离子　测定血清钾、钠、氯、二氧化碳结合力和非蛋白氮等对诊断休克有一定价值。

【治疗】　去除原发病，改善微循环，补充血容量，纠正酸中毒，恢复器官机能。

1. 去除原发病　及时止血止痛。可采用注射吗啡、哌替啶等药物止痛，败血症继发时应选用对病原菌敏感的抗生素治疗，过敏性休克可注射肾上腺素。

2. 补充血容量　补充血容量是治疗休克的最基本方法。可选用全血、血浆、复方氯化钠溶液来静脉注射。实践证明首次输入同种动物的血液不会出现输血反应。

3. 纠正酸中毒　酸中毒是休克中后期的最主要表现，也是休克进一步加深的主要因素。应静脉注射 5％碳酸氢钠注射液。

4. 肾上腺皮质激素疗法　早期注射大剂量的地塞米松、氢化可的松、泼尼松龙可以取得较好疗效。

5. 防止继发感染　为防止或控制继发感染，早期应用抗生素或磺胺类药物。

6. 改善心脏功能　肾上腺素和多巴胺除能加强心肌收缩外，还能轻度收缩皮肤和肌肉血管，还具确选择肾血管扩张的作用。洋地黄能增强心肌收缩，减慢心率。大剂量的皮质类固醇，能促进心肌收缩，降低周围血管阻力，有改善微循环的作用。

发生休克的动物要加强管理，指定专人，使动物保持安静，要注意保温，但也不能过热，保持通风良好，给予充分饮水，输液时液体温度同体温相同。

二、溃　疡

溃疡是皮肤或黏膜上经久不愈合的病理性肉芽创。

【病因】　主要见于局部血液循环和淋巴循环障碍，神经营养机能和物质代谢机能紊乱，维生素缺乏，某些传染病、感染、炎症的刺激，动物体衰弱及组织再生能力降低、严重消瘦、异物长期刺激，防腐消毒药选择和使用不当。

【症状与治疗】

1. 单纯性溃疡　溃疡的肉芽表面覆有少量黏稠黄白色的脓性分泌物，干涸后则形成痂皮，易脱落。下面被覆鲜红色、颗粒均匀的健康肉芽。溃疡周围皮肤及皮下组织肿胀，缺乏疼痛感。溃疡周围的上皮形成比较缓慢，新形成的幼嫩上皮呈淡红色或淡紫色。上皮有时也在溃疡面的不同部位上增殖而形成上皮突起，然后与边缘上皮带汇合。

治疗时应以促进肉芽的正常生长和上皮的形成为主。防止粗暴处置及禁止使用强刺激性的防腐剂冲洗，可应用鱼肝油软膏等膏剂消炎药。

2. 炎症性溃疡　临床上较常见。是由于长期受到机械性、理化性物质的刺激及生理性分泌物和排泄物的作用，以及脓汁和腐败性液体潴留的结果。该病表面被覆大量脓性分泌物，呈明显的炎性浸润。肉芽组织呈鲜红色，有时呈微黄色，周围肿胀，触诊疼痛。

治疗时禁止使用强刺激防腐剂，可在溃疡周围用青霉素盐酸普鲁卡因溶液封闭。溃疡面涂以磺胺乳剂或用浸有 20％硫酸镁溶液的纱布覆盖在创面上，以防止毒素被吸收。

3. 蕈状溃疡　局部出现高出于皮肤表面、大小不同、凸凹不平的蕈状突起，其外形恰如散布的真菌故称伞状溃疡。肉芽常呈紫红色，被覆少量脓性分泌物且容易出血。上皮生长缓慢，周围组织呈炎性浸润。常发生于四肢末端有活动肌位通过部位的创伤。

治疗时可应用硝酸银棒等烧灼腐蚀剂除去赘生的肉芽组织，如赘生的蕈状肉芽组织超出于表面很高，可切除或剪除，亦可削刮后进行烧烙止血。溃疡面涂以膏剂消炎药。

4. 褥疮性溃疡 坏死的皮肤被毛脱落、质地较硬、干燥，呈灰褐色。皮肤坏死、脱落，露出肉芽，肉芽组织表面有少量脓汁。

平时应通过将病畜翻转身体、局部按摩等措施，尽量预防褥疮的发生。治疗时可每日涂擦 3％～5％龙胆紫酒精或 3％煌绿溶液，并可配合紫外线、红外线、激光或磁疗，缩短治愈时间。

三、瘘　管

瘘管是深部组织、器官或解剖腔与体表相通的不易愈合的病理性管道。

【病因】

（1）创内有异物（如：钉子、砂石、针刺等）存留，长期刺激组织而引起持续性排脓。

（2）当脓肿、蜂窝织炎、开放性化脓性骨折、骨坏疽及化脓性骨髓炎等深部脓汁不能顺利排出时，容易形成瘘管。

【症状】 从体表的瘘管口不断地排出脓汁，当动物活动时脓汁的排出量增加。在瘘管口下方的被毛和皮肤上常附有干涸的脓痂。瘘管与腺体（腮腺、乳腺）相通时，可排出腺体分泌物，与排泄管相通时可排出排泄物（尿液、食糜、胃肠内容物）。新鲜的瘘管，管口和管壁是肉芽组织，陈旧的瘘管，管口和管壁为瘢痕组织。

【治疗】 治疗原则是消除病因和病理性管壁，通畅引流以利愈合。

1. 保守疗法 对于管道较直的瘘管，可用灭菌纱布盖住管口，清洁创围，用消毒药冲洗。彻底刮取管壁，取出异物。用消毒药再次冲洗管腔，然后向内灌注 10％碘仿醚。

2. 腐蚀疗法 对于管道较直的瘘管，也可以选用硝酸银、硫酸铜、高锰酸钾等粉制剂，用灭菌纱布包裹，制成药捻、导入管腔，约 2 d 后按化脓创处理。

3. 手术疗法

（1）对于管道弯曲，较复杂的瘘管。术前向管口处灌入紫药水，顺着管道插入探针，然后术者沿探针切开瘘管，刮去管壁，取出异物，用消毒药冲洗管腔后撒布青霉素粉或磺胺类药物。必要时可开反对孔。

（2）对于通往解剖腔或排泄管道的瘘管。首先插入探针确定瘘管的方向和深度，用纱布堵住瘘管口，沿瘘管口周围做菱形切口，剥离粘连的周围组织，找出内口，切除瘘管，修整内口，密闭缝合，用消毒水冲洗后，撒布青霉素粉。再分层缝合其他组织，撒布抗生素粉，皮肤切口涂碘酊。

🐾 思考与练习

1. 损伤并发症有哪些？它们形成的原因是什么？

2. 休克的机理是什么？如何合理处理休克？

3. 溃疡有哪几种？如何治疗？

4. 瘘管治疗的方法有哪几种？

模块二 ◆ 外 科 感 染

外科感染是指在一定条件下，病原微生物经皮肤、黏膜创伤或其他途径侵入动物机体内，在生长繁殖过程中产生的毒素（代谢产物）使局部组织发生相应的防御性炎症反应，或引起全身性的病理变化过程，如体温升高、机能障碍等。常引起外科感染的病原微生物有葡萄球菌、链球菌、大肠杆菌、绿脓杆菌、肺炎球菌、化脓棒状杆菌等。

外科感染与其他感染的不同点是：绝大部分的外科感染是由外伤所引起的；外科感染一般均有明显的局部症状；常为混合感染；损伤的组织或器官常发生化脓和坏死过程；治疗后局部常形成疤痕组织。

外科感染是机体与病原微生物之间相互作用的病理过程。外科感染的局部与全身反应的轻重程度，与机体抵抗力的强弱、病原菌的种类及数量、侵害的组织和器官有着密切的关系。机体局部防御机能下降，可引起脓肿、蜂窝织炎等局部感染；当机体防御机能下降时局部感染可导致败血症等全身性感染；当机体抵抗力增强时，无论是局部感染还是全身性感染，又经合理治疗则可很快治愈。因此在机体发生局部感染时，不但要及时处理局部病变，而且要注意全身变化。

情境一 局部化脓性感染

一、毛 囊 炎

毛囊炎是由致病微生物引起的皮肤毛囊及其周围组织的炎症。根据毛囊炎的发病范围，临床上宠物的单纯性散在性毛囊炎如果治疗不及时，炎症扩散会造成疖、痈和脓皮病。

【病因】 临床上毛囊炎的主要原因是不洁物或皮肤分泌物堵塞毛囊口，毛囊内蠕形螨寄生，毛囊内细菌繁殖，内分泌失调等。毛囊炎的主要致病菌是中间型葡萄球菌。

【症状】 单纯性散在性毛囊炎在临床上十分常见，犬主要发生在口唇周围、背部、四肢内侧和腹下部，猫一般见于头部、颈背部。多见毛囊口局部产生大小不等的脓疱。

【诊断】 临床上常见犬的毛囊炎是蠕形螨寄生和内分泌失调引起的。正确的诊断是治疗的前提。一般可刮取皮肤样品做实验室检查，细菌培养和药敏试验是必需的。

【治疗】 根据诊断结果用药。可采取皮肤消毒，除去致病原因，涂擦抗生素软膏。杀螨虫和细菌的药物可选用红霉素、林可霉素及磺胺类药物。也可用抗菌香波洗澡，每周2～3次。内分泌失调的病例可采取调节激素等治疗措施，一般疗效较好。

二、疖及疖病

疖是毛囊、皮脂腺及其周围皮肤和皮下蜂窝组织内发生的局部化脓性炎症过程；多数疖同时散在出现或反复发生而长久不愈，称为疖病。

【病因】 临床上疖及疖病的主要原因是皮肤不洁、局部摩擦损害皮肤、外寄生虫侵害等。

【症状】 疖出现时，局部有小而硬的结节，逐渐成片出现，可能有小脓疱；此后病患部周围出现肿、痛症状，触诊时动物敏感；局部化脓可以向周围或深部组织蔓延，形成小脓肿，破溃时形成小的溃疡面，痂皮出现后逐渐形成小的瘢痕。一般情况下，全身症状不明显。只有当疖病失去控制时，才可能出现脓皮病、化脓性血栓性静脉炎，甚至败血症。

主要的致病微生物是金黄色葡萄球菌、表皮葡萄球菌、大肠杆菌等。在一定条件下，疖病也可继发皮肤真菌的感染。

【诊断】 诊断的主要目的是确定致病菌的种类和得到药敏试验结果。

【治疗】 根据诊断结果用药，治疗方法是局部用药配合全身治疗。局部治疗时首先做局部清洁和消毒，然后每日涂擦高锰酸钾、鱼石脂软膏、敏感抗生素软膏、碘软膏等；如果局部化脓，可用双氧水等处理局部。全身治疗可根据药敏试验结果选择合适的抗生素，口服或注射给药。也可用抗菌香波洗澡，每周2～3次。

三、痈

痈是由致病菌同时侵入多个相邻的毛囊、皮脂腺或汗腺所引起的急性化脓性感染。有时痈为许多个疖及疖病发展而来，实际上是疖和疖病的扩大。其已侵害皮下的深筋膜。

【病因】 痈的致病菌主要是葡萄球菌，其次是链球菌，有时是葡萄球菌和链球菌的混合感染。它们或同时侵及多个并列的皮脂腺，或最初只侵及一个皮脂腺而发生疖，此时感染可向下蔓延至深筋膜，也可形成多头疖。由于感染的持续发展而形成很大的痈。

【症状】 痈的初期在患部形成一个迅速增大有强烈疼痛的化脓性炎性浸润，此时局部皮肤紧张、坚硬、界限不清。继而在病灶中央区出现多个脓点，破溃后呈蜂窝状。以后病灶中央部皮肤、皮下组织坏死脱落，在其自行破溃或手术切开后形成大的脓腔。痈深层的炎症范围超过外表脓灶区。除局部疼痛外，动物常有寒战、高热等全身症状。痈常伴有淋巴管炎、淋巴结炎和静脉炎。病情严重者可引起全身化脓性感染，动物血常规检查时白细胞明显升高。

【诊断】 诊断的主要目的是确定致病菌的种类和得到药敏试验结果。

【治疗】 应注重局部治疗和全身治疗相结合。痈初期全身应用抗菌药物，如青霉素、红霉素类药物。动物患部制动、适当休息和补充营养。局部配合使用50%的硫酸镁，也可外用金黄膏等。病灶周围用普鲁卡因封闭疗法可获得较好的效果。如局部水肿的范围大，并出现全身症状时，可行局部十字切开。术后应用开放疗法。

四、脓肿

组织或器官内形成的外有完整的脓肿膜包裹，内有脓汁积聚的局限性脓腔称为脓肿。如果在解剖腔内（例如胸腔、颅腔、关节腔、心包腔等）有脓汁潴留时则称之为蓄脓。如关节蓄脓、心包蓄脓等。

【病因】 引起脓肿的致病菌主要是葡萄球菌，其次是化脓性链球菌、棒状杆菌、大肠杆菌、绿脓杆菌和腐败性细菌等。水合氯醛、氯化钙、高渗盐水及砷制剂等刺激性强的化学药品漏出血管，使局部组织坏死引起无菌性脓肿。另外某些脓肿由特殊的致病菌引起，如放线菌侵害骨骼引起的淋巴结脓肿和骨骼脓肿。

【病理过程】 初期局部呈现急性进行性炎症，由于炎症组织中心酸度增高，血液循环和组织代谢障碍，进而引起细胞坏死，细菌繁殖所释放的毒素使细胞更进一步坏死。炎症区域血管扩张，血管壁的渗透性增高，白细胞大量渗出使局部呈现炎性细胞浸润，白细胞分泌蛋白分解酶促进坏死细胞和组织的溶解，因而在炎症病灶的周围与健康组织有分界线，此时脓肿亦告成熟。

脓汁由脓清、脓球和分解的坏死组织三个部分组成。脓清一般不含纤维素，因此不易凝固。脓球的组成随病程的进展而有中央形成充满脓汁的腔洞，在病灶的周围形成了脓肿膜。在脓腔周围生长有肉芽组织形成的脓肿壁，从而形成了脓腔明显的不同，一般它是由多种细胞组成，中性粒细胞最多。其次是单核细胞、淋巴细胞等，有的还含有少量红细胞、组织分解产物和细菌等。

【症状】 脓肿根据其在机体的解剖部位不同，常分为浅在性脓肿和深在性脓肿两种。

1. 浅在性脓肿 常发生于皮下结缔组织、筋膜下及表层肌肉组织内。初期局部肿胀，凸出于皮肤表面，与周围组织无明显的界限。触诊时局部温度增高，坚实，疼痛剧烈。脓肿成熟以后，界限明显，有红、肿、热、痛等典型症状，压之剧痛，有波动感。后来中央逐渐软化，皮肤变薄，破溃，排出脓汁，但常因皮肤溃口过小，脓汁不易排净。

2. 深在性脓肿 常发生于深层肌肉、肌间、骨膜下、腹膜下及内脏器官。由于脓肿部位较深，外面又被覆较厚的组织，因此症状很不明显。有时患部皮下组织水肿，指压留痕，并有压痛，检查可见局部淋巴结肿胀，无明显的波动，穿刺可抽出脓汁。有时可表现出全身症状。

【诊断】 根据症状对浅在性脓肿比较容易确诊，对某些深在性脓肿确诊有困难时可进行诊断性穿刺。当肿胀尚未成熟时常不能排出脓汁。

在脓肿诊断时，必须与血肿、肿瘤和囊尾蚴包囊互相区别。通过穿刺，血肿病灶可抽出血液，囊尾蚴包囊可抽出水样液体，其中常含有白色结节状颗粒，肿瘤常抽不出任何物质。

【治疗】

1. 消炎、止痛及促进炎症产物消散吸收 当局部肿胀正处于急性炎性细胞浸润阶段、脓肿尚未完全成熟时，可局部涂擦樟脑软膏，或用冷敷疗法（如复方醋酸铅溶液、鱼石脂酒精等冷敷）和封闭疗法，以抑制炎性渗出和止痛。当炎性渗出停止后，可用温热疗法促进炎症产物的消散吸收。局部治疗的同时，可根据动物的情况配合应用抗菌药物，并采用对症治疗。

2. 促进脓肿成熟 当炎症产物已无消散吸收的可能时，可患部剪毛消毒，涂鱼石脂软膏，或施行温热疗法，以促进脓肿成熟。待局部出现明显波动时，应立即进行手术治疗。

3. 手术疗法

（1）切开法。较大的脓肿成熟后并出现波动者，应立即进行手术切开。切口应选择在波动最明显且容易排脓的部位。按常规对局部进行剪毛、消毒，并进行局部或全身麻醉。切开前为防止脓汁因脓肿内压力过大而出现喷射，可先用较粗的针尖刺入脓肿内，排出或抽出部分脓汁。然后分层切开，避免损伤大的血管和神经。排出脓汁后，用防腐消毒剂彻底冲洗脓腔，用纱布吸净脓腔内残留冲洗液后，注入抗生素溶液，创口按化脓创处理。术后应用5～7 d的抗生素或磺胺疗法。

（2）抽吸法。适用于深部的脓肿。其方法是利用注射器将脓肿腔内的脓汁抽出，然后用生理盐水反复冲洗脓腔，抽净腔中的液体，最后注入抗生素溶液。

（3）摘除法。常用以治疗脓肿膜完整的浅在性小脓肿。术部常规处理后，切开皮肤，摘除脓肿（注意不要刺破脓肿膜），止血、撒布抗生素后缝合切口。

注意事项：①切口应选择在波动最明显且容易排脓的部位；②切开时一定要防止手术刀损伤对侧的脓肿膜；③及时对出血的血管进行结扎或钳夹止血以防脓肿内的致病菌进入血液循环，导致菌血症和转移性脓肿；④避免挤压排脓，防止感染扩散；⑤一个切口不能彻底排空脓汁时亦可根据情况作必要的辅助切口。

五、蜂窝织炎

蜂窝织炎是指疏松结缔组织内发生急性弥漫性化脓性炎症。犬、猫常发生于臀部、大腿等部位的皮下、黏膜下、筋膜下及肌肉间的蜂窝组织内，其特征是浆液性、化脓性和腐败性渗出液浸润，常伴有明显的全身症状。

【病因】 引起蜂窝织炎的致病菌主要是化脓菌，特别是溶血性链球菌、金黄色葡萄球菌和腐败菌。疏松结缔组织内误注或漏注刺激性强的药物和变质疫苗也能引起蜂窝织炎。犬、猫由于相互抓咬最易发生原发性感染，也可继发于疖、痈、淋巴结炎或机体某一部位感染。

【病理过程】 蜂窝织炎的发生，主要是由于病原菌在患部大量繁殖，产生毒素，造成组织的广泛损伤。感染初期首先发生急性浆液性渗出，其渗出液透明，后逐渐形成了化脓性浸润，形成化脓灶。炎症区域迅速沿疏松结缔组织向四周蔓延扩散，导致所涉及的组织发生溶解。一方面是因为机体防卫能力降低，给病原菌的繁殖创造了条件，另一方面链球菌产生的透明质酸酶和链激酶能加速结缔组织基质和纤维蛋白的溶解，有助于致病菌和毒素向周围组织扩散。所以因致病菌和毒素的扩散形成的蜂窝织炎性脓肿，脓肿膜不完整，易破溃。

【症状】

1. 局部症状 蜂窝织炎病程发展迅速。主要表现为大面积肿胀，局部温度显著增高，疼痛剧烈和机能障碍。浅在病灶病初按压患部有压痕，化脓后有波动感，常发生多处皮肤破溃，并排出脓汁。深在病灶成坚实的肿胀，界限不清，局部增温，剧痛，化脓后导致患部内压增高，患部皮肤、筋膜及肌肉高度紧张，皮肤不易破溃。脓肿切开流出灰色血样脓汁。

2. 全身症状 主要表现为病畜精神沉郁，体温升高 $1\sim2$ ℃，食欲不振并出现各系统（循环、呼吸及消化系统等）的机能扰乱，血液检查白细胞总数升高，中性粒细胞总数下降，单核细胞总数升高。深部的蜂窝织炎可继发败血症。

【治疗】 减少炎性渗出，抑制感染扩散，减轻组织内压，改善全身状况，增强机体抵抗力，局部与全身治疗并重。

1. 局部疗法 最初 $24\sim48$ h，局部可用冷敷（10％鱼石脂酒精、90％酒精或复方醋酸铅溶液等），以控制炎性渗出。同时用 0.25％～0.5％盐酸普鲁卡因青霉素溶液 $20\sim30$ mL 作病灶周围封闭。当炎性渗出已基本平息（病后 $3\sim4$ d），为了促进炎症产物的消散吸收可用上述溶液温敷。

2. 手术疗法 当局部肿胀和全身症状明显时，应立即进行手术切开。手术切开时做局部或全身麻醉。应充分切开皮肤、筋膜、腱膜及肌肉等组织。为了保证渗出液的顺利排出，切口必须有足够的长度和深度，作好引流。四肢应作多处切口，最好是纵切或斜切。仔细检查伤口内有无异物。伤口止血后用3%过氧化氢溶液或0.1%新洁尔灭溶液或0.1%高锰酸钾溶液冲洗创腔，用纱布吸净创腔内药液，用50%硫酸镁或20%氯化钠溶液浸泡的纱布条引流，并及时更换。

3. 全身疗法 全身应用抗生素，配合应用肾上腺皮质激素，及时纠正水、电解质及酸碱平衡。当局部已形成脓肿，按脓肿进行处理。

思考与练习

1. 局部化脓性感染有哪几种？
2. 毛囊炎的主要原因是什么？如何治疗？
3. 如何治疗疖及疖病？
4. 如何治疗痈？
5. 脓肿是不是一定要通过手术治疗？手术治疗脓肿有哪几种方法？
6. 蜂窝织炎是怎样形成的？如何治疗蜂窝织炎？

情境二 全身化脓性感染

全身化脓性感染是机体从感染病灶吸收致病菌及其毒素和组织分解产物所引起的全身性病理过程，又称为急性全身性感染。包括败血症、脓血症和脓毒败血症等多种情况。败血症是指病原微生物侵入机体后，在局部不断繁殖，达到一定的毒力和数量后侵入血液循环，并不断释放毒素，引起机体广泛损伤的全身性病理过程。它是机体从感染病灶吸收致病菌（主要是化脓菌）及其代谢产物和组织分解产物所引起的。脓血症是指局部化脓灶的细菌栓子或脱落的感染血栓，间歇进入血液循环，并在机体其他组织或器官形成转移性脓肿。如果败血病和脓血症同时存在，又称为脓毒败血症。

一般说来，全身化脓性感染都是继发的，它是开放性损伤、局部炎症和化脓性感染以及手术后的一种最严重的并发症，如不及时治疗动物常因发生感染性休克而死亡。

【病因】 开放性损伤、局部炎症及手术中因受到化脓性病原微生物感染而治疗不及时或处理不当，或动物抵抗力降低等均可导致本病的发生。其致病菌主要由金黄色葡萄球菌、溶血性链球菌、大肠杆菌、绿脓杆菌、坏疽杆菌等，可单一感染，也可混合感染。

此外，免疫机能低下的动物，还可并发内源性感染，尤其是肠源性感染，肠道细菌及内毒素进入血液循环，导致本病的发生。

【病理过程】 机体局部败血病灶内存有的大量无血液供应或血液供应不良的坏死组织是致病菌生长繁殖的有利条件。这种情况下致病菌在感染灶内可以大量生长繁殖，其代谢产物、局部新陈代谢和组织蛋白分解产物及致病菌本身，可以随着血液循环及淋巴循环进入体内，因其数量很大，机体不能将其分解为无毒物质，因而对心脏、血管系统、神经系统、实质器官产生毒害作用而使它们发生一系列的机能障碍。

【症状】

1. 脓血症 致病菌通过细菌栓子或感染的血栓进入血液循环而被带到各组织和器官内，形成转移性脓肿。脓肿由粟粒大至拳头大不等，可见于机体的任何器官。

病灶周围严重水肿，剧痛。肉芽组织发绀、坏死、分解、表面有大量稀而恶臭的脓汁。病畜精神沉郁，食欲废绝，饮欲增强，恶寒战栗，呼吸及脉搏加快，体温升高达 40 ℃以上，多呈弛张热或间歇热。血沉快，白细胞总数增多，核左移。

2. 败血症 病畜体温明显增高，多呈稽留热，恶寒战栗，四肢发凉。动物常躺卧，起立困难，步态不稳。有时出汗。随病程发展，可出现感染性休克或神经系统症状，病畜会表现食欲废绝，结膜黄染，呼吸困难，烦躁不安或嗜睡，尿量减少并含有蛋白质。皮肤黏膜有时有出血点。死亡前体温下降。

【诊断】 败血症的诊断一般并不困难。但有时它可能与急性炎症过程时发生的中毒相似。在消除了中毒的来源——脓灶后，患病动物的体温即可显著下降，食欲恢复正常，消瘦终止。但当发生败血症时，即使对败血病灶进行细致的外科处理后也不能终止其病理过程。患病动物全身状态无明显改变。

【治疗】 机体一旦有向败血症发展的迹象时，就必须采取综合性治疗措施。败血症是严重的全身性病理过程。因此必须及早采取综合性治疗措施。治疗原则是：增强机体的抵抗力，处理原发病灶，应用抗生素控制感染。

1. 局部疗法 彻底清除所有的坏死组织，摘除异物，排除脓汁，畅通引流，用刺激性较小的防腐消毒剂彻底冲洗败血病灶。然后局部按化脓性感染创进行处理。创围用青霉素盐酸普鲁卡因溶液封闭。

2. 全身疗法 早期应用广谱抗菌药物及增效磺胺并配合补液强心，提高机体抵抗力，犬、猫可应用5％葡萄糖氯化钠注射液 500～1 000 mL、40％乌洛托品注射液 10～20 mL、5％碳酸氢钠注射液 50～100 mL，静脉注射。10％樟脑磺酸钠注射液 5～10 mL，肌内注射。大量给予饮水，补充维生素。

3. 对症治疗 目的在于改善和恢复全身化脓性感染时受到损害的系统和器官的机能。当心脏衰弱时可应用强心剂，肾机能紊乱时可应用乌洛托品，败血性腹泻时静脉注射氯化钙。

🐾 **思考与练习**

1. 败血症发生的主要原因是什么？

2. 如何治疗败血症？

模块三 ◇ 头颈部疾病

情境一 眼 病

一、结 膜 炎

结膜炎是指眼结膜受外界刺激和感染而引起的炎症，是最常见的一种眼病，在绝大多数情况下呈慢性经过。根据渗出物性质和临床症状，可大致分为下列几种：

（一）黏液性结膜炎

【病因】 大多数继发于眼睑内翻或外翻、睫毛生长排列不整齐的犬、猫，少数由于鼻泪管闭塞引起。结膜异物刺激和外伤，也可引发该病。

【症状】 患眼羞明、流泪、结膜充血、肿胀、不断流出浆液性分泌物。

【治疗】 除去病因，用3％硼酸水或0.1％利凡诺溶液清洗患眼。充血严重时可对患眼冷敷并用0.5％～1％硝酸银溶液点眼，每日1～2次，用药10 min后用生理盐水仔细反复冲洗，以防银沉着在眼内，并保持眼部卫生。如果渗出物已减少，可用0.5％～2％的硫酸锌溶液点眼，每日2～3次；也可用2％～5％蛋白银点眼。

对慢性结膜炎，可对患眼进行温敷，即用较浓的硫酸锌或硝酸银溶液点眼，也可以用2％黄降汞眼药膏点眼。如果渗出物已变成脓性，就应进行细菌分离培养和药物敏感性试验，选择有效抗生素进行治疗。

（二）急性化脓性结膜炎

【病因】 急性化脓性结膜炎大多由全身性疾病（如犬瘟热）所引起，也可能是局部化脓菌感染所致。如果不能确定病因，就要对脓性分泌物进行细菌分离与培养。

【症状】 眼内流出脓性分泌物，常使上下眼睑黏在一起。化脓性结膜炎常波及角膜而形成溃疡。

【治疗】 在等待细菌与药物敏感性试验结果期间，应使用广谱抗生素。用新霉素和多黏菌素B配制的点眼剂，每天至少要点4次以上。在应用抗生素前，对眼及附属器官用洗眼液进行洗涤。

猫在上呼吸道感染时，经常会引起急性化脓性结膜炎，这是由胸膜炎球菌引起的。有时是由病毒感染所致。应该积极治疗原发病，同时用抗生素点眼剂每日滴眼4～5次。这类疾患常波及角膜，故应经常检查角膜，如果引起继发性的角膜炎，就应积极治疗角膜炎。

（三）慢性化脓性结膜炎

【病因】 本病和黏液性结膜炎病因一样，常由眼睑异常、外伤及鼻泪管的阻塞引起，也可由干燥性角膜炎和结膜炎引起。

【症状】 患病动物羞明，流出脓性分泌物。结膜呈天鹅绒状，严重者继发溃疡性角膜炎。

【治疗】 将脓性分泌物进行细菌培养及药物敏感性试验。为了防止并发眼睑炎，对患眼要采用热敷法。以 0.1% 利凡诺溶液洗眼。当结膜上存在溃疡时，可用抗生素配合类固醇类制剂进行治疗。如眼睑痉挛严重时，也可用阿托品点眼或眼睑皮下注射。在查明培养结果后，用细菌敏感的特异性抗生素治疗。为了抑制结膜的慢性增生变化，延长治疗时间颇为重要。

（四）滤泡性结膜炎

【病因】 该病的多发部位是瞬膜。病因尚未查明，但最大的可疑病因是慢性变态反应。

【症状】 患病动物有时流泪或出现黏液性渗出物，结膜明显充血，动物表现出不安，一般仅在患眼有刺激反应时，才能进行治疗。在确诊为滤泡性结膜炎之前，应彻底检查是否有其他疾病。

【治疗】 当眼球结膜及眼睑结膜表面形成滤泡，即可确诊。用烧灼或其他方法将滤泡弄破是最佳治疗方法。也可不刺破滤泡，而用抗生素与醋酸可的松点眼。

（五）猫的传染性结膜炎

猫在发生流行性感冒时，常发生传染性结膜炎。本病可能与眼内存有异物及药品刺激有关，也可能由外伤引起，嗜血杆菌感染可引发本病，因变态反应也会引发本病。

【病因】 据报道，国外已有由嗜血杆菌感染而引起结膜炎的实例。笼养仔猫曾连续发生该病，感染原因确认是由带菌者传进的。这种微生物经常会引起气管炎，广泛存在于人体内。由此可见，诊断时应进行细菌检查，以判明其病原菌。

【症状】 一般结膜炎症状如患眼羞明、流泪、结膜充血、肿胀、不断流出浆液性分泌物。

此外，新生仔猫的结膜炎也屡见不鲜。由于仔猫睁眼需 10 d 左右，所以睁眼前结膜囊内充满脓汁，一般不为人所注意。脓汁有时会以眼屎状从下眼睑溢出，除去脓汁后可见到结膜明显充血，甚至会有较重的角膜炎存在。这种疾病一般是在出生前感染的，虽然感染过程尚未查清，但其病原体通常是链球菌、葡萄球菌及大肠杆菌。

【治疗】 猫的结膜炎会侵害眼部的附属器官，还可能取慢性经过，所以不应轻视。在怀疑病毒引起疾患时，必须经常进行细致的检查。如有可能，在进行细菌学检查的同时，进行药物敏感性试验，以便选择最有效的抗菌药物。在应用抗生素药物的同时，用生理盐水反复冲洗结膜囊，保持清洁。对变态反应性结膜炎，可选用可的松混悬液点眼。结膜炎变为慢性经过时，可用糖皮质激素治疗，有时还须将增生的结膜切除。

二、角 膜 炎

角膜炎是犬、猫眼的常发病之一，可分为外伤性、表层性、深层性（实质性）及化脓性角膜炎等数种。发病后可引起角膜混浊、睫状体充血、眼前房内纤维素样物沉着、角膜溃疡和穿孔以及角膜周边新生血管形成，并常遗留角膜云翳或角膜斑翳。

【病因】 角膜炎常由外伤（如鞭梢的打击、尖锐物体的刺激等）或异物（如碎玻璃、碎铁屑等）误入眼内引起。角膜暴露、细菌感染、营养障碍、邻近组织病变的蔓延等均可诱发本病。眼结膜炎或眼的其他疾病也可继发角膜炎。此外某些传染病（如犬传染性肝炎）能并发角膜炎。

眶窝浅，眼球比较突出的犬发病率高。

【症状】 外伤性角膜炎在角膜表面常有外伤痕迹，损伤部粗糙不平，角膜的上皮损伤如继发感染，则局部形成白色隆起——角膜浸润。在炎性刺激因素继续存在的情况下，角膜因营养障碍而发生变质，可引起角膜上皮的剥脱，引起组织缺损性溃疡——角膜溃疡；患病动物表现为羞明、流泪、视物模糊，有时还发生眼睑痉挛等。若致炎因素消失，则角膜溃疡边缘逐渐清洁化，周围上皮细胞再生，将溃疡面完全覆盖，并留下浅在的混浊——角膜云翳（浅在性混浊）或角膜斑翳（片状疤痕）或角膜白。

内在炎性刺激引起的角膜炎，不引发溃疡变化，由于浸润的细胞过多，角膜内部压力增高，造成角膜营养和代谢障碍，产生组织坏死，从而引起角膜深部的结缔组织增生使角膜混浊不清并发生进行性溃疡，炎症刺激因素持续存在，溃疡可侵入角膜的全层而达到角膜穿孔的阶段。在角膜发生穿孔的瞬间，房水急剧涌出，虹膜可被冲至伤口，引起虹膜局部脱出，从而引起虹膜与角膜的粘连；瞳孔缩小，房水流出受阻而发生继发性青光眼。

任何严重的角膜炎症，都可通过反射作用引起虹膜及睫状体的刺激，轻者形成角膜后面的沉淀物，重者产生脓样渗出物，其沉积于前房下部，造成前房的积脓状态。

角膜病变引起角膜周缘充血和新生血管、结膜血管伸达角膜表面形成波纹状分出旁支血管网，深层睫状血管向角膜周围伸入，形成毛刷样不分出旁支的血管网。

【治疗】 角膜炎的治疗原则，首先是要了解炎症性质，然后除去病因。其次是促进溃疡愈合和基质浸润水肿的吸收，减少瘢痕形成以及预防并发症的发生。

1. 抗生素溶液的应用 目的在于控制或预防角膜感染。给药方式及途径如下：

一般浓度眼药水：主要用于轻度感染或预防感染，如 $0.6\% \sim 1\%$ 链霉素、$0.5\% \sim 1\%$ 新霉素，0.25% 氯毒素，0.5% 四环素，每天点眼 $4 \sim 6$ 次，每次 $1 \sim 2$ 滴。

高浓度眼药水：用于控制严重角膜感染，例如 4 万 IU/mL 青霉素，5% 链霉素，4 万 U/mL 多黏菌素或黏菌素（绿脓杆菌性角膜炎），每半小时滴眼药水 $1 \sim 2$ 滴。在炎症剧烈阶段，每天要求滴眼 $15 \sim 20$ 次。

2. 球结膜下注射 用于控制角膜严重感染。青霉素：犬一次用 5 万 $\sim$ 10 万 IU，猫 2 万 $\sim$ 4 万 IU。链霉素：犬一次用 $0.2 \sim 0.5$ g，猫 $0.1 \sim 0.2$ g。新霉素：犬一次用 40 mg，猫 $10 \sim$ 15 mg。多黏菌素及黏菌素：犬一次用 17 万 U，猫 5 万 $\sim$ 10 万 U。庆大霉素：犬 2 万 $\sim$ 4 万 U，猫 1 万 $\sim$ 2 万 U，每天 1 次。

角膜炎症一般不用肌肉或静脉注射抗生素，因为通过全身血液而达到角膜的抗生素浓度极低，不足以控制感染。

3. 抗生素眼膏的应用 在角膜溃疡修复阶段，为了保护溃疡面，结膜囊内每日应涂入抗生素眼膏 $3 \sim 4$ 次。

4. 激素的应用 过敏性角膜炎、角膜深层的炎症及角膜溃疡愈合后，基质尚有浸润水肿时，可用激素治疗。常用的药物有：可的松药水及眼膏，泼尼松龙眼膏。球结膜下应注射可的松或泼尼松龙 $0.1 \sim 0.3$ mL，每周 $1 \sim 2$ 次。激素在角膜溃疡阶段禁用，尤其对病毒性角膜溃疡，激素将促进炎症恶化。

5. 扩瞳剂的应用 $0.5\% \sim 1\%$ 阿托品滴于结膜囊内，放大瞳孔，减轻虹膜刺激、防止虹膜粘连。瞳孔一经充分扩大，阿托品应即停用。

6. 溃疡面的灼烧 角膜溃疡可用腐蚀性化学药品，如 20% 硫酸锌，$3\% \sim 5\%$ 碘酒，或纯石炭酸，或黄降汞眼膏，以促进角膜基质浸润和水肿吸收，减少瘢痕形成。用汞剂时，应注意过敏反应。

7. 促进混浊吸收的药物 角膜炎症接近痊愈时，可用 1‰～2‰狄奥宁或 1‰白降汞或黄降汞眼膏，以减少瘢痕形成。但应注意防止过敏的发生。

8. 全身方面的治疗 内服维生素、激素，可改善角膜的刺激症状，促进溃疡愈合，减少瘢痕的形成。

三、眼 睑 炎

眼睑炎是犬、猫眼睑边缘因损伤所引起的表层或深层炎症。眼睑炎可单独发生，也可伴发结膜炎。

【病因】 风沙、灰尘、草屑、化学药品、机械性损伤等可引起眼睑边缘发炎，细菌（主要是葡萄球菌和链球菌）、真菌（主要是犬小孢子菌、毛癣菌）、寄生虫（主要是蠕形螨、疥螨）及过敏性因素也可导致本病的发生。眼睑炎可形成浆液性或浆液纤维素性或化脓性炎症。

【症状】 患病犬、猫表现为眼睑肿胀、流泪，眼睑痉挛，视物模糊，重者眼睑闭合，疼痛剧烈，从眼内流出浆液性或脓性分泌物。转为慢性后，眼睑缘可出现糜烂或溃疡，睫毛脱落。随病程的延长，眼睑缘变厚，形成疤痕或变形。因眼睑边缘发炎或眼睑损伤形成瘢痕而收缩，导致眼睑缘睫毛、睑毛刺激结膜或角膜，可继发结膜炎及角膜炎。

【治疗】 治疗原则是消除病因，镇痛消炎，防止光线刺激等。

炎症轻微时，可用生理盐水冲洗患眼，除去异物及炎性分泌物后，局部涂以金霉素或四环素眼膏，2～3 次/d。严重病例可肌内注射氨苄西林或阿莫西林等，对一些较顽固的慢性眼睑炎，可配合局部及全身皮质类固醇进行治疗。

眼睑缘浅表性真菌感染时，局部使用克霉唑软膏涂抹，1～2 次/d，使用前需用金霉素眼膏保护角膜。如为深部感染，则需用灰黄霉素或两性霉素 B 进行全身治疗。寄生虫感染时，擦 2%硫黄软膏，2 次/d，使用前需用金霉素眼膏保护角膜。

四、白 内 障

正常透明的晶状体囊或晶状体发生混浊并影响视力，称为白内障。犬、猫多发，尤以老龄多见。

【病因】 先天性白内障多因母犬在妊娠期患有某些疾病，而在幼犬出生时即有双目不同程度的晶体混浊；外伤性白内障往往是由眼部受到损伤致晶状体营养障碍引起，如晶状体前囊损伤、晶状体移位等；症候性白内障继发于虹膜炎、视网膜炎、维生素 A 缺乏、糖尿病等；中毒性白内障见于麦角、二碘硝基酚、硒、铜、银、汞等中毒；老年性白内障多见于 8～12 岁的老龄犬。

【症状】 晶状体透明度丧失、色泽改变、瞳孔变成白色或蓝白色，晶状体表面混浊。视力逐渐减退或丧失，动物活动减少，行动不稳，在熟悉的环境内也碰撞物体。烛光影像检查看不见第三影像，且第二影像反而比正常时更清晰。重者可导致眼球穿孔，晶状体囊破裂，房水进入晶体囊内，引起水肿、变性和重度混浊或失明。

【治疗】 目前尚无理想药物治疗，可内服维生素 C、维生素 E、维生素 B_2 等保守治疗。也可在白内障成熟期施行囊内或囊外摘除术。

🐾 思考与练习

1. 眼结膜炎分为哪几类？如何治疗不同类型眼结膜炎？
2. 眼角膜炎发生原因是什么？如何综合治疗眼角膜炎？
3. 试述眼睑炎的主要症状和治疗方法。
4. 试述白内障的主要发病原因和临床症状。

情境二 耳 病

一、外 耳 炎

外耳炎是直耳道、水平耳道及周围组织的炎症。犬、猫多发，且垂耳或外耳道多毛品种的犬更易发生。

【病因】 细菌感染、异物（如狐尾草）、寄生虫（如犬耳螨、疥螨、猫痂螨和蜱）、真菌、酵母菌（如厚皮马拉色菌）等常可引起外耳炎。另外，其他皮肤病，尤其是过敏性或免疫介导性皮肤病（如食物过敏性皮炎、特应性皮肤病、接触性皮肤病）或全身性疾病（如内分泌病、甲状腺功能减）等也与其有关。耳道的湿气过重（如洗澡不当）或环境湿度增加、耳道构造狭窄或耳道闭锁等可以引发外耳炎。

正常的耳道有细菌（如葡萄球菌和β-链球菌属）寄生。湿度和温度过高有利于湿气在耳内滞留，将黏膜上皮浸软并继发寄生菌繁殖。慢性外耳炎可引起耳道的继发性变化（如上皮增生和炎症组织慢性骨化），由于外耳道内腔收缩，会引起永久性感染并且使药物治疗困难。另外，通常会发生溃疡以及化脓菌、酵母菌和真菌的继发性感染。

【症状】 任何品种或年龄的犬和猫都可能发生外耳炎。长的、下垂耳的犬和耳道大量毛发的犬通常易感染该病。在竖耳犬中，德国牧羊犬最易感染该病。长毛犬，尤其是可卡犬，可能有异常角质化，并且耳郭或耳道或两者的皮脂腺分泌增加，常会引起瘢痕形成以及耳道闭锁。

患有外耳炎的犬、猫可能表现急性或慢性的症状。如果异物卡在耳内，表现的典型症状是摇头和搔抓耳或耳附近部位。寄生虫感染和急性细菌感染的动物，也常见摇头和搔抓耳。有时耳道内有脓性、恶臭分泌物排出。动物不时地用头摩擦物体，并且当触摸头或耳时可见有疼痛感。

【诊断】 耳郭触诊可发现耳道增厚或钙化。应对动物进行彻底的耳镜检查，必要时可进行全身麻醉。应该确定直耳道和水平耳道的病变程度以及鼓膜的状况。如果耳出现黄色或乳色的化脓性渗出物，则可能是革兰氏阴性菌（尤其是假单细胞菌和变形杆菌属）感染。耳的深棕色或黑色的渗出物通常提示酵母菌感染、葡萄球菌或葡萄球菌属感染。耳的血样渗出物则提示有肿瘤形成。检查时，可通过耳镜锥在耳内插入无菌拭子采集分泌物，然后检查进行确诊。渗出物应进行寄生虫、细菌、真菌检查。

【治疗】 非化脓性外耳炎，可先用脱脂棉球填塞耳内，剪除外耳道及耳根部被毛，用生理盐水或消毒药冲洗外耳道，用脱脂棉球吸干冲洗液后，取出塞于耳道内的棉球，用硼酸甘油（1∶20）等油剂消炎药涂于外耳道，2～3次/d。

化脓性外耳炎，可先用脱脂棉球塞于耳内后，用0.1%新洁尔灭溶液或3%过氧化氢溶液冲洗外耳道，将脓性分泌物及脱落坏死组织彻底洗出，取出塞于外耳道的棉球，然后将抗生素类软膏剂挤入耳道内，1～2次/d，同时配合全身抗生素疗法。

二、中耳炎和内耳炎

中耳炎是鼓室和鼓膜发生的炎症，临床上常见卡他性和化脓性中耳炎，犬和兔多发。内耳炎又称迷路炎，是内耳发生的炎症，多继发于中耳炎，患病动物常引起耳聋或平衡失调。

【病因】 中耳炎的产生可能继发于细菌、酵母菌或真菌感染、肿瘤、外伤。猫的炎症或鼻咽息肉是引起中耳炎的另外原因。临床上最常见的原因是细菌感染；慢性外耳炎末期的动物在手术过程中证明有超过一半的动物患有中耳炎。除了经过鼓膜进入中耳引起感染外，也可能经咽鼓管从咽上行或经血流到达内耳。两侧中耳炎通常提示细菌感染。中耳炎往往会引起内耳炎。

犬和猫中耳瘤是不常见的。相比于犬的原发性中耳肿瘤，由外耳道起源，然后扩散到鼓室的肿瘤更常见。犬中耳内的良性肿瘤（如乳头状腺瘤、纤维瘤）比恶性肿瘤要多。鳞状细胞癌是猫最常见的中耳和内耳肿瘤。其他的发生于猫中耳的肿瘤，包括纤维肉瘤、未分化癌、成淋巴细胞性肉瘤和耵聍腺癌。

【症状】 中耳炎与单一的外耳炎的临床症状基本相同。患病动物通常搔抓耳朵，并可能过度摇头。耳内可能有臭味，并且在推拿或触诊耳朵或邻近的颅骨时，动物常表现疼痛。慢性、症状不显著的中耳炎很常见。动物在进食或张嘴表现疼痛时，要给予充分的重视，尤其是对患有中耳瘤疾病的猫。患有中耳瘤的动物也常出现同侧的面神经麻痹。只有少数病例出现中耳瘤扩散到鼻咽，引起窒息、呕吐、呼吸困难或三者同时出现。患有鼻咽息肉的猫常表现有鼻液、打喷嚏或喘鸣。如果动物并发咽息肉，应该注意动物是否出现吞咽困难和呼吸困难。继发于内耳炎的中耳炎的患病动物大多是中年动物。老龄动物更易多发中耳瘤，而青年猫易患鼻咽息肉。要注意某些由内耳炎引起的前庭病变的症状：

头向患侧倾斜；向患侧转圈；向患侧跌倒；向患侧旋转；眼球震颤（水平或旋转）快速远离患侧；不对称的共济失调；位置或前庭斜视，同侧的眼球向腹侧偏离损伤；体位反应（翻正反射除外）。

【诊断】 对中耳炎和外耳炎的患病动物进行体格检查，常可发现明显的外耳道渗出物、增生和耳上皮组织溃疡。经常过中耳部位的交感神经干的损伤，会引起霍氏综合征。其临床症状是上睑下垂、瞳孔缩小、眼球内陷以及第三眼睑突出。

全身麻醉后对动物进行耳镜检查。患病动物的鼓膜可能破裂，或由于脓性物、血液或血清使鼓膜向外膨出。然而，即使动物的鼓膜完整，也不能排除有中耳炎发生的可能性。中耳内出现大量黏液可能与腺瘤有关。正常的鼓膜看起来有光泽且为灰色或白色；感染时鼓膜变得混浊。

【治疗】

1. 局部治疗 除去耳道及耳郭处毛发，清洁耳道。同时，根据不同病原种类选择药物，局部涂擦或喷雾治疗。

2. 全身治疗 全身用药治疗，如细菌性中耳炎常选用阿莫西林克拉维酸、恩诺沙星、庆大霉素等；寄生虫性中耳炎可选用依维菌素、多拉菌素和赛拉菌素等；真菌性中耳炎则选择制霉菌素等，过敏性中耳炎选择抗组胺类、甾体类抗炎药等。

3. 手术治疗 耳道增厚严重或钙化时可实施耳壁切除术。

三、耳　血　肿

耳血肿是耳软骨板内血液的积聚，其特征是在耳郭凹面上有波动的充满液体的肿胀。血肿可占据全耳郭凹面或只占据部分的凹面。

【病因】　血肿形成的原因还不清楚，然而，在许多的病例中，由外耳炎疼痛或刺激引起患病动物摇头或挠抓会导致耳血肿。通常犬的外耳炎是细菌性的，而猫的外耳炎是属寄生虫性的。耳血肿可能是由耳郭软骨破裂引起内部耳主动脉分支的破裂，或是由皮肤和软骨之间血管破裂引起的。但对于没有并发耳病的动物，耳血肿的形成可能与毛细（血）管脆性的增加有关。

【症状】　动物的耳郭肿胀。早期，血肿部位最初是充满液体、柔软以及有波动感，但最终会由于纤维化而坚硬和增厚。患病动物有剧烈摇头现象或有急性或慢性外耳炎病史。

【诊断】　根据动物耳郭的肿胀即可作出诊断。

【治疗】　耳血肿一般采用手术方法治疗。具体操作是在患耳及周边部位剪毛、消毒，用棉球塞住外耳道入口，以防血液等进入外耳道。覆盖创巾。在耳郭血肿表面沿耳郭长轴方向做S形切口，用剪刀分别略剪去切口两侧皮缘，清除血肿内的血凝块和纤维素。在切口两侧用4号丝线做几排水平钮孔状缝合，以期闭合血肿腔。缝合时，从耳郭突面进针，穿过全层至凹面，再从凹面进针穿出突面，并在突面打结。针距5～10 mm，每排间隔5～10 mm。为促进创内引流，皮肤创缘不对齐缝合，让其开放，以进行持续的引流。

术后给予镇痛药和抗生素。绷带包扎耳部，可以保护耳，防止其在耳血肿恢复过程中受到污染及自我损伤。一种方法是在耳郭凸面的前侧缘和后侧缘放置短条的带子。展平带子使其长度超过耳郭边缘。用长条带子粘贴于耳郭的凹面，使耳凹面的长带在耳郭边缘与耳凸面的短带重叠。牵拉长带，将耳置于头顶（在耳及头顶之间放入棉花，支持耳），然后在切口上放置不可吸收的衬垫。

🐾 思考与练习

1. 犬常见的耳病有哪些？它们之间有什么关系？
2. 如何综合治疗犬中耳炎？

情境三　牙　病

一、齿　龈　炎

齿龈炎指齿龈的急性或慢性炎症，以齿龈的充血和肿胀为特征。

【病因】　主要由齿石、龋齿、异物等损伤性刺激引起。慢性胃炎、营养不良、犬瘟热、钩端螺旋体病、尿毒症、B族维生素或维生素C缺乏症、重金属盐中毒等，均可继发本病。猫某些疾病如白血病引起免疫缺陷，也可发生严重的齿龈炎。

【症状】　单纯性齿龈炎的初期，齿龈充血、水肿、鲜红色、脆弱易出血。并发口炎时，疼痛明显，采食和咀嚼困难，大量流涎。严重病例，齿龈溃疡、肥大。病情进一步恶化，可发生牙周病。慢性齿龈炎，齿龈萎缩，部分齿根露出（尤以上颌犬齿明显）。

【诊断】 根据临床症状，详细检查不难确诊。由于本病可继发于多种全身性疾病，故应做全身系统性检查以查明病因。

【治疗】 首先消除病因，清除齿石，治疗其他牙周疾病，如龋齿。局部用生理盐水等清洗，涂擦复方碘甘油或抗生素、磺胺制剂。病变严重时，可使用氨苄西林、普鲁卡因和地塞米松，同时皮下注射维生素 K，口服复合维生素 B。还应注意饲养管理，常用盐水给动物刷牙、冲洗口腔。提供牛奶、肉汤、菜汤等无刺激性食物。

二、龋 齿

龋齿是由发酵糖类的细菌引起牙体结构破坏的一种疾病。犬、猫龋齿不常见。犬最易受影响的为第一上臼齿冠，猫则主要是露出的齿根或犬齿。

【症状】 动物表现为不愿吃食、饮水缓慢、食物从口中掉落、牙打战、甚至尖叫或呻吟等。检查牙齿可见其病变部常有褐色的齿斑或齿石。其釉质和齿骨质形成凹陷、空洞。用尖的探针检查，病变部柔软，探针易被嵌入空洞。探针接触露出的神经末梢时出现反射性颌部打战。齿根龋齿因有齿龈遮盖难以查出。

【治疗】 可用齿刮或齿钻除去洞内的病变组织，填实如汞合金等惰性材料。如已累及齿髓腔，应先治疗齿髓炎，等症状缓解后，再修补。严重龋齿施行拔牙术。

三、牙 周 炎

牙周炎也称牙周脓溢，是牙周膜及周围组织的一种急性或慢性炎症。本病以齿周袋形成、齿槽骨骼的重吸收、齿松动和齿龈萎缩为特征。本病犬较常见，猫虽少见，但发生时较严重。

【病因】 本病是由齿石产生的机械性刺激并继发感染所致。齿龈炎、口腔不卫生、齿石、食物嵌塞及微生物侵入，尤其是长期摄食软稀食物等是形成牙周病的主要原因。菌斑（革兰氏阴性厌氧菌占优势）在牙周病发生过程中起重要作用。某些短头品种犬，齿形和齿位不正，咬合不良等，也是本病的诱发因素。另外，不适当的饲养和全身疾病，如糖尿病、低钙摄取、甲状旁腺机能亢进和慢性肾炎均可引起本病。

【症状】 初期动物想采食，但小心翼翼；齿龈红肿、口臭、流涎，只能食软食，不敢咀嚼硬质食物，牙齿松动。用牙垢刮子轻叩病牙，则疼痛明显。牙周韧带破坏，齿龈沟加深，形成蓄脓的牙周袋，或齿龈下脓肿。挤压齿龈流出脓汁或血液。一般臼齿多发，病情后期，牙齿松动，但疼痛并不明显。猫常突然停止采食，严重的发生抽搐和痉挛，有的转圈或摔倒，抗拒检查。

【诊断】 根据病史和口臭、牙齿松动、流涎等临床症状，可以确诊。自身免疫和免疫抑制疾病、慢性肾病和糖尿病可并发牙周病，临床上应注意鉴别诊断。

【治疗】 动物在麻醉条件下，首先应彻底清除齿石及食物残渣，拔除明显松动的牙齿和严重病牙。牙齿处理后，用超声波刮器清洗牙齿，或直接用生理盐水、0.1％高锰酸钾溶液冲洗，齿龈涂布 2％碘酊。对肥大的齿龈可用电烙除去或手术切除。手术后，可用广谱抗生素控制感染，如阿莫西林、甲硝唑或四环素口服；也可选用氨苄西林、子孢菌素、喹诺酮类、B族维生素等。

动物食欲减退或进食少，可用支持疗法，包括静脉输入葡萄糖、大剂量注射复合维生素B、每日用生理盐水或其他消毒溶液灌洗齿龈（以防食物和残渣沉积）。为防止食物滞留，采食后冲洗口腔。2周内供给流质或柔软食物，直至齿龈痊愈。

【预防】　定期检查并及时清除牙垢和牙石；经常给予骨头或橡胶玩具啃咬和定期为犬、猫刷牙。

思考与练习

1. 犬常见牙齿疾病有哪几种？其发生的原因分别是什么？
2. 如何治疗齿龈炎和牙周炎？

情境四　颈部疾病

一、食道内异物

食道内异物是指因异物而造成的食道部分或完全梗阻的一种疾病。

【病因】　犬、猫食道中的常见异物有骨头、尖的金属物体（如针或鱼钩）、生牛皮制的咀嚼玩具小球、绳子等。因为异物的体积太大而不能通过食道或其尖端刺入食道黏膜里。有尖锐的异物会磨损或撕裂食道黏膜，对食道形成刺激并引起黏膜下层组织的炎症（食道炎）。坚硬物体也可能刺破食道壁使细菌、采食的食物和食道的分泌物污染食道外周组织。偶尔可见尖锐的物体直接穿过食道壁和心基部的大血管，引起严重出血。它还可能穿透食道壁在气管、支气管、肺实质或皮肤等处形成瘘管。

【症状】　不挑食的动物比挑食更易患此病。虽然无品种特异性，但多发于小品种犬。猫喜欢玩耍和追逐绳子等异物，因此容易患本病。各种年龄的动物均可患本病，但三岁以下者居多。

患病动物通常在异物摄入数分钟或数周后就诊。急性型病初吞咽困难或返流（或两者都有）。其他症状包括作呕、流涎过多、干呕、食欲不振、坐立不安、抑郁、脱水和呼吸性窘迫等。临床症状随梗塞物的类型、梗塞部位和持续时间而不同。急性梗死患病动物进食后很快表现出大量流涎、作呕或返流。体重减轻和消瘦则多见于长期食道梗死的动物。食道完全梗塞的患病动物采食的液体和固体均会返流，而部分梗塞者流质食物可通过梗塞部位。食道疼痛会导致患病动物的食欲减退。异物对气管的压迫会造成急性呼吸窘迫。食道壁在异物刺激下发生坏死会使涎液和食物进入食道外周围组织，引起炎症和感染。这时，患病动物一般表现厌食、发热或胸膜（腔）积液所致的呼吸困难。如果异物穿透食道附近的主要血管会导致低血容量性休克。这些患病动物都有饲喂骨头、采食垃圾或摄入异物的病史。

【诊断】　大多患病动物为正常的，或有轻微的抑郁和脱水。如果异物停留在颈部食道，可通过触诊得到诊断。如果出现厌食或反流达数周，则会出现患病动物的身体素质下降。发生吸入性肺炎时听诊会有异常的肺呼吸音出现。

X射线检查是本病确诊的主要手段。异物通常在胸腔入口、心肌或膈（隔膜）区域发现，因为在这些部位的食道外解剖位置限制了食道的膨胀程度。除异物外，还有软组织密度改变、食道扩张、颈部食道内有空气填充等现象。有时也会出现肺炎和气管变形的现象。仔细检查患病动物是否有皮下气肿、纵隔积气、胸膜（腔）积液、气胸等症状的出现。这些症状表明有食道穿孔。另外内窥镜也是食道是否有异物的一种诊断手段。

【治疗】 大多数（80%～90%）食道异物都能通过非手术方法移除。对于非尖锐的、较小的异物，可以通过异物钳或内窥镜直接从口腔取出。操作时，将患病动物的颈部伸长，将钳子或内窥镜小心的推入食道，避免使食道的脆弱区域破裂并导致气胸。禁止强行将牢固的嵌入食道壁的物体取出，因为这样会导致食道穿孔或使穿孔扩大。在通过内窥镜或胃切开术移出异物后，必须检查食道有无出现穿孔。

对于部位较深或尖锐的异物，建议尽快采用手术治疗。因为不断发展的食道扩张会破坏正常的神经肌肉功能并抑制食道的蠕动能力。而且任何患有食道异物的动物都可能发生食道穿孔。同时吸入性肺炎也可以是食道发生返流的后遗症。通过诊断后确定异物的位置和性状，来选择合适的异物的移除手术通路，如颈部食道切开术、胸部食道切开术和开胸术等。如果异物为鱼钩时，在取出时应谨慎，避免撕裂血管。手术取出异物后，对穿孔部位进行清创和缝合。小的穿孔可不做处理，让其自行愈合。

二、咽麻痹

咽麻痹由支配咽部运动的神经（迷走神经分支的咽支和部分舌咽神经或其中枢）或咽部肌肉本身发生机能障碍所致，其特征为吞咽困难，该病常发生于犬。

【病因】 中枢性咽麻痹多由脑病引起，如脑炎、脑脊髓炎、脑干肿瘤、脑挫伤等有时引起咽麻痹。某些传染病（如狂犬病）或中毒性疾病（如肉毒梭菌中毒）的经过中，可出现症候性咽麻痹。

外周性咽麻痹在临床上比较少见，起因于支配咽部的神经分支受到机械性损伤或肿瘤、脓肿、血肿的压迫。重症肌无力、肌营养障碍、甲状腺功能减退有时也能影响咽部功能部分丧失或完全丧失。

【症状】 病犬突然失去吞咽能力，食物和唾液从口鼻中流出，咽部有水泡音，触诊咽部无肌肉收缩反应。如果发生误咽造成异物性肺炎，则有咳嗽及呼吸困难的表现。

X射线检查可见咽部含大量气体且咽明显扩张。

【治疗】 对神经麻痹引起的咽麻痹无特效疗法。可积极治疗原发病，定时补液，同时加强饲养管理，给予流质食物，把食物放到高处有助于吞咽，也可用胃管补给营养。对重症肌无力患犬，用甲基硫酸新斯的明 0.5 mg/kg，口服，每日 3 次。多发性肌炎时，口服泼尼松 1～2 mg/kg。

三、扁桃体炎

扁桃体炎是扁桃体受感染或刺激而发生的炎症，可分为原发性和继发性、急性和慢性炎症。慢性扁桃体炎发生于短头颅犬种。

【病因】 原发性扁桃体炎常为某些细菌（溶血性链球菌和葡萄球菌）、病毒（如犬传染性肝炎病毒）感染所致。物理或化学性刺激扁桃体窝，可引起本病。邻近器官炎症的蔓延、慢性呕吐、幽门痉挛、支气管炎等，常可继发本病。

【症状】

1. 急性扁桃体炎 食欲不振、流涎、呕吐、吞咽困难，重症犬体温升高，颌下淋巴结肿胀，常有轻度的咳嗽。扁桃体潮红肿胀，由隐窝向外突出，表面有白色渗出物，有的可见坏死灶或形成溃疡。

2. 慢性扁桃体炎　以反复发作为特征，隐窝上皮纤维组织增生，口径变窄或闭锁，扁桃体表面失去光泽，呈泥样。

【诊断】　根据临床症状可作出初步诊断，开口拉出舌头可查明扁桃体肿胀及充血度。犬的恶性淋巴瘤和鳞状细胞癌也可引起扁桃体肿大，应注意鉴别。

【治疗】

1. 及时对因治疗

2. 抗菌消炎　青霉素 40 万～160 万 IU，肌内注射，每日 2 次。皮下注射磺胺二甲氧嘧啶，首次 0.2～1 g，次日减半。

3. 局部处理　急性扁桃体炎初期，可在颈部冷敷。除去扁桃体黏膜上的渗出液，涂擦复方碘甘油溶液。

4. 支持疗法　对采食困难的犬、猫，静脉注射 5%葡萄糖生理盐水溶液，肌内注射复合维生素 B、维生素 C 等，每日 1 或 2 次。尽可能避免口腔投药以减少刺激。

5. 手术疗法　对反复发作的慢性炎症，应在炎症缓和期手术摘除扁桃体。

🐾 思考与练习

1. 如何正确诊断和治疗食道内异物？

2. 如何治疗扁桃体炎？

3. 引起咽麻痹的原因有哪些？

模块四 ◆ 胸腹部疾病

情境一　胸部疾病

一、肋骨骨折

肋骨骨折是在直接暴力的作用下，如打击、冲撞、跌倒、坠落、压轧等，肋骨的完整性或连续性遭到破坏的一种疾病。根据皮肤是否完整，肋骨骨折可分为闭合性和开放性两类。根据作用力的方向，肋骨可向内或向外折断。犬较多见。

【病因】

（1）车祸。

（2）患有骨质疾病（骨软症、佝偻病）的犬、猫，容易继发肋骨骨折。

【症状】　由于胸侧壁的前部被肩胛骨、肩关节及肩臂部肌肉遮盖，不易发生肋骨骨折，故肋骨骨折常发生于易遭受外伤的6～11肋。骨折时，由于外力作用的不同，可出现不完全骨折、单纯性骨折、复杂性骨折和粉碎性骨折。

不完全骨折或不发生转位的单纯性骨折仅出现局部炎性肿胀。多数完全骨折时，肋骨向内弯曲而折断，出现疼痛性凹陷，周围软组织常有肿胀，骨折区压痛明显，呼吸时自发性牵引痛加重、触诊可感知骨折断端的摩擦音，摸到骨变形和肋骨断端的活动感。外向性骨折较少，患部呈疼痛性的隆起。

严重的复杂骨折，骨折断端刺破胸膜和肺时，可引起肺出血、气胸、血胸、皮下气肿，且有体温升高、呼吸困难等全身性变化。位于腹部的肋骨骨折，骨折断端刺破腹膜时，易伴发胃、肠、肝、脾、肾等器官的损伤。若同时损伤胸壁血管，如胸外动脉、肋间动脉等可发生大出血。

【治疗】　对于闭合性单纯骨折，因有前后肋骨及肋间肌的支持，一般移位小，不需特殊的治疗。只要使动物保持安静，骨折端加垫大块厚敷料并用绷带固定。病犬、猫若疼痛不安可用1%～2%盐酸普鲁卡因溶液在局部或在伤肋及其前、后肋的肋间神经进行传导阻滞麻醉。对于闭合性复杂骨折，为防止并发症，可考虑手术切开，清除碎骨片或作部分肋骨切除。

对于开放性复杂骨折，应争取及早进行扩创术，清除异物、失去活力的组织及碎骨片，锉去骨折端的锐缘，必要时作部分肋骨切除，然后按创伤常规处理。为促进骨痂形成，可应用钙离子透入疗法，内服磷酸钙盐类等。

在整个治疗过程中，必须重视预防和处理胸膜、肺以及腹膜和腹腔脏器的并发症。

二、胸壁透创及其并发症

胸壁透创是指胸壁受伤时，胸膜被穿透，肺等胸腔内脏器常会被伤及，感染时，可引起胸膜炎、胸膜肺炎、脓胸和败血症，甚至死亡。

【病因】　多由尖锐物（如刀、叉、树枝、木桩等）刺入或冲撞胸壁引起，如宠物之间打架撕咬、车辕杆的撞击或枪弹、弹片击中胸部等；复杂肋骨骨折也可引起胸壁透创。

【症状】　胸壁透创的临床症状取决于创伤的部位、创口的大小及创道的深浅、有无并发症及动物的个体特性，如年龄、营养、疲劳程度、防卫机能、再生能力和神经系统的状态。

由于受伤的情况不同，创口的大小也不一样。创口大的胸壁透创，可以看到胸腔内面，甚至暴露出部分肺；创口小时，看不到胸腔内面，但可听到空气经创口所发生的"嘶嘶"声，以手背接近创口，可感知轻微气流。

在引起胸壁透创时，往往同时损伤胸腔内的脏器，以致继发气胸（空气经创口进入胸腔）、血胸（血管破裂，血液积于胸腔）、脓胸、胸膜炎及心脏、肺的损伤。

胸部透创伴发胸腔脏器损伤时，如果创口哆开不大时，主要根据临床症状来判断内脏器官损伤的情况。当损伤迷走神经、交感神经及肺组织广泛挫伤时，首先呈现休克症状。伤及肺组织而引起出血时，有血胸、气胸等症状；心脏或大血管受损时，发生急性失血，严重的迅速出现失血性休克，动物大多很快死亡。当发生胸腹联合伤、外物穿透横膈进入腹腔损伤胃、肠等脏器时，可同时出现胸膜炎、肺炎、腹膜炎等有关症状。

胸壁透创多伴有异物滞留。异物滞留的位置及损伤脏器的部位，可用 B 超和 X 射线鉴定。

【治疗】　治疗原则：主要是及时闭合创口，制止内出血，排除胸腔内的积气与积血，恢复胸腔内负压，维持心脏功能，防止休克和感染。

（1）小的胸壁透创如无明显气胸时，患部按一般创伤的治疗原则处理。创缘周围进行剪毛、消毒，开张创缘，检查创内，进行清创，整复压陷的肋骨，修整骨断端锐缘，止血、缝合、包扎。术后应用抗生素控制感染。

（2）气胸治疗。气胸可分为闭合性气胸、开放性气胸、张力性气胸（活瓣性气胸）。胸壁伤口较小，创道因皮肤与肌肉交错、血凝块或软组织填塞而迅速闭合，空气不再进入胸膜腔者称为闭合性气胸。胸壁创口较大，空气随呼吸自由出入胸腔者为开放性气胸，此时，胸腔负压消失，肺组织被压缩，进入肺组织的空气量明显减少。胸壁创口呈活瓣状，吸气时空气进入胸腔，呼气时不能排出，胸腔内压力不断增高者称为张力性气胸。

对开放性气胸及张力性气胸的抢救，其首要任务是尽快闭锁胸壁创口，使其变为闭合性气胸，然后排出胸腔积气。即在创口周围涂布碘酊，除去可见的异物后，迅速用大块数层纱布或干净的毛巾、布块（在现场急救时，也可用干净的塑料布、橡皮布等不透气物品），在患处盖住创口，其大小应超过创口边缘 5 cm 以上，紧紧压住，再在外面盖以大块敷料或布块，并用绷带包扎固定，以达到不漏气为原则。并及时应用强心剂、镇痛药、止血剂及抗生素等。为防止休克，可根据动物情况进行补液、输血，应用肾上腺皮质激素，在患侧颈下部用 2% 盐酸普鲁卡因溶液阻滞迷走交感神经干等，常可取得较好效果。

之后对胸壁透创进行处理：动物站立保定，肋间神经传导麻醉。创口周围剪毛消毒，取下包扎的绷带，以 3% 盐酸普鲁卡因溶液对胸膜面喷雾，以降低胸膜的感受性；用大块灭菌纱布盖住创口后，检查创伤，除去异物、破碎组织及骨片，结扎出血的血管，整复压陷的肋骨，修整骨断端锐缘，缝合胸壁创口。缝合时，胸膜随同肋间肌、胸壁肌肉和胸腹筋膜，分两层作密闭缝合，以保证不漏气。若胸壁组织缺损较大，缝合困难时，可分离出一块附近胸壁肌肉瓣或用膨胀的肺缀补，覆盖缺损。然后缝合皮下组织和皮肤，创口下角留出引流孔或放置引流管。手术完毕，以绷带包扎。随后抽出胸腔内的积气，以恢复胸内负压，使塌陷的肺逐步复张。最后，向胸腔内注射温热的 0.5% 盐酸普鲁卡因、青霉素、链霉素的混合溶液。

（3）血胸治疗。需进行胸腔穿刺术，抽出胸腔内积血，然后在胸膜腔内注入 0.5% 盐酸普鲁卡因、青霉素、链霉素的混合溶液。同时全身应用抗菌药物以控制感染，一般经过数次穿刺可获痊愈。

（4）脓胸治疗。胸腔穿刺排出脓液后，用温生理盐水或林格氏液反复抽洗（可在冲洗液中加入胰凝乳蛋白酶以分离脓性产物），完毕后向胸腔内注入抗生素溶液，并注意全身的抗败血症的治疗。对胸膜粘连后形成的局限性脓肿，可进行手术切开排脓。

术后应注意动物全身状况的变化，让动物安静休息，注意保温，多饮水，给予易消化和富有营养的饲料。同时全身应用抗生素以控制感染，并根据每天病情的变化进行对症治疗。

思考与练习

1. 简述开放性肋骨骨折的原因、症状和治疗方法。
2. 简述气胸的原因及治疗方法。

情境二 腹部疾病

一、腹壁透创

腹壁透创是指穿透腹膜的腹壁创伤。本病多伤及腹腔脏器，严重者内脏脱出，继发内脏坏死、腹膜炎或败血症，甚至死亡。

【病因】 尖锐物体的刺入，车辕或木桩的冲击，其他动物的撕咬和冲撞等。此外还见于剖腹术后的并发症。

【症状】 腹壁透创的症状取决于致伤物体的种类和组织损伤的程度，一般症状是出血、肿胀及水肿，并发感染时引起化脓，甚至发生蜂窝织炎。

腹壁透创根据其严重程度可分为单纯性腹壁透创和并发腹腔脏器损伤或肠管、胃的部分脱出的腹壁透创。单纯性腹壁透创是指不并发腹腔脏器损伤或脱出的腹壁透创。在刺创、弹创时，因创口小而周围有炎性肿胀及异物的覆盖，有时不易确诊。大的创口，内脏容易暴露，很容易作出诊断。伤口较大的腹壁透创容易损伤内脏器官，并经常伴有肠管及网膜脱出。大血管被损伤时，腹腔内大出血可见到急性贫血的症状。腹腔遭到感染时，出现急性败血症性腹膜炎症。膀胱及肾损伤时，表现血尿及尿毒症的症状，严重者可发生休克。

腹壁透创时确定有无内脏伤和某种脏器损伤，可根据创口部位、创道方向、临床症状及腹腔穿刺等综合判断。腹腔穿刺对确诊有无内脏伤有重要意义。穿刺时部位在腹下最低处白线两侧。腹腔内有积血可抽出积血，如抽出的液体混有胃肠内容物，即证明是胃肠破裂。

腹壁透创的主要并发症是腹膜炎和败血症，若伴随实质性器官或大血管损伤时可出现内出血、急性贫血，引起休克、心力衰竭，甚至死亡。腹壁创伤的预后应当慎重，有时会出现预后不良。

【诊断】 根据创伤的深度和性质以及内脏脱出的情况，一般可以确诊。小的穿透创时，必须查明内脏器官是否遭到损伤，通常可借腹腔穿刺来检查穿刺物的性质，初步判明某个器官是否遭到损伤，凡是怀疑有腹腔内脏器官损伤者，应当进行剖腹探查，进行详细检查，方能确诊。

创口大的透创，常有肠管或网膜等脱出。由刺伤、枪弹伤及咬伤引起者则创口小而周围有炎性肿胀，必要时可用腹腔穿刺或剖腹检查来判断和查出腹腔脏器的损伤情况。如伴有大血管的损伤，可因内出血而呈现急性贫血症状。当腹腔遭到严重感染时，可引起急性腹膜炎，呈现体温升高，食欲减退或废绝，腹壁内收及敏感等症状。

【治疗】

1. 对单纯性腹壁透创　创口小者不必缝合，可按一般外伤处理。创口大者，经严密消毒创围，彻底清理创腔后，密闭缝合腹膜，然后缝合肌肉和皮肤。但在处理时，严防冲洗液进入腹腔。

2. 对并发肠管脱出的腹壁透创　应根据肠管脱出的时间和损伤的程度而选择治疗方法。如果肠管没有受到损伤，颜色接近正常，仍能蠕动，可用温灭菌生理盐水或含有抗生素的溶液冲洗后还纳腹腔。如果肠管因充气或积液而整复困难时，可进行穿刺放气、排液。对肠管坏死或已暴露时间较长、缺乏蠕动力，即使用灭菌生理盐水纱布温敷后也不能恢复蠕动者，则应考虑作肠切除吻合术。

3. 对并发内脏器官损伤的腹壁透创　若腹腔器官发生损伤，应根据具体情况采取相应的措施。肝损伤或破裂后，应保持动物安静，用对抗压迫绷带或躯干绷带卷裹止血，或向腹腔注入去甲肾上腺素葡萄糖溶液，即每 50 mL 5% 葡萄糖溶液中加入 1.5 mg 去甲肾上腺素，用量 50～150 mL，同时采取支持疗法。如经治疗病情无明显好转，可能是肝持续出血，需剖腹探查肝损伤程度，并对肝损伤局部清创、结扎出血点和缝合修补。脾损伤或破裂后，由于脾组织脆弱，破裂后不易止血和缝合修补，所以一经查出，即施行脾切除术。肾损伤主要为挫伤和包膜下出血，需及早输液、利尿、应用抗生素，以减少尿路血凝，预防腹腔感染。对于肾的轻度撕裂，应尽量缝合修补，只有在肾实质严重损伤无法修复时才施行肾切除术。胃肠破裂后，对撕裂或穿孔肠段做彻底冲洗，依损伤程度采用简单结节缝合、伦勃特氏缝合进行修复。肠壁较大的缺损可用肠管浆膜修补，即将一段健康的空肠肠管缝合到缺损部。广泛的肠管损伤则须做肠管切除及断端吻合术。

二、腹部闭合性损伤

腹部闭合性损伤多在动物腹部受钝性暴力作用后发生，是以造成软组织损伤或内脏器官破裂而保持腹部皮肤完整为特征的外科损伤。

【病因】　多由受到钝性物的撞击或挤压造成。犬常见于车辆冲撞，猫则多发生于从高处坠落。此外，犬、猫被拳击、脚踢或棒击等，均可人为地引发本病。

【症状】　单纯性腹壁损伤，表现局部肿胀、疼痛，伤部皮肤被毛逆乱或脱落，出现表皮擦伤及皮下溢血等。若腹腔器官发生破裂，如肝破裂、胃肠破裂、脾破裂和肾破裂等，可见动物精神极为沉郁、黏膜苍白、心率加快、四肢软弱、严重的迅速死亡。而胰、胆囊、胃肠、膀胱破裂的症状相对缓和，除有出血外，在 24～28 h 引起腹膜炎，出现呕吐、便血、腹痛或体温升高等一系列全身症状。在腹部发生闭合性损伤的同时，有时还并发肋骨、骨盆或四肢骨折。

【诊断】 依据病史和临床一般检查，可做出初步诊断。采用腹腔穿刺法抽取腹腔液检查，对确诊本病及判断内脏损伤性质与程度具有重要价值。还可做 X 射线检查，其容易观察腹腔积气、积液状态及脏器的大小、形态与位置。如采用以上方法仍不能确诊，或经治疗病情无明显好转，且怀疑内脏破裂有继续出血倾向的，宜做剖腹探查。

【治疗】 在观察期间，动物应禁食，少用镇痛剂。同时应输液，补充血液量，防止休克。注射广谱抗菌药物，防止腹内感染。

对于单纯性闭合性腹壁损伤，一般采取制止渗出和促进吸收的原则，常用 5% 葡萄氯化钠溶液 100～250 mL、10% 葡萄糖酸钙溶液 5～20 mL、维生素 C 0.1～0.6 g，混合，静脉注射；安络血或酚磺乙胺 2～4 mL，肌内注射。

若腹腔器官发生损伤，治疗方法参考腹壁透创处理。

三、疝

疝是腹部的内脏器官从天然孔道或病理性破裂孔脱至皮下或其他解剖腔的一种外科病。各种动物和犬、猫都可发生。

根据疝发生的原因不同可分为先天性和后天性两类。先天性疝多发生于初生仔，如某些解剖孔（脐孔、腹股沟管等）的扩大，膈肌发育不全等是常见原因。后天性疝则见于各种年龄的动物，常因机械性外伤、腹压增大等原因而发生。根据是否向体表突出分为外疝和内疝，凡向体表突出者称外疝，不突出体表者称内疝（如膈疝）。根据发生的解剖部位不同分为脐疝、腹股沟疝、会阴疝、阴囊疝等。宠物临床较为多见的是先天性疝，如脐疝、腹股沟疝；后天性疝常见膈疝、损伤性腹壁疝，也偶见会阴疝。根据疝内容物能否还纳入腹腔内，又将疝分为可复性疝、粘连性疝和嵌闭性疝。

疝由疝轮（环）、疝囊、疝内容物构成（图 3-4-1）。疝轮为体壁上的天然孔或病理性孔道。疝轮大小不一，陈旧性疝的疝轮多为增生的结缔组织，疝轮光滑而增厚。疝内容物为腹腔内脏器，如胃、肠、肠系膜或网膜等。疝囊为包围疝内容物的囊壁，又分为二层，外层为皮肤，内层由肌纤维、结缔组织和腹膜构成，疝囊的大小由疝内容物的多少决定。

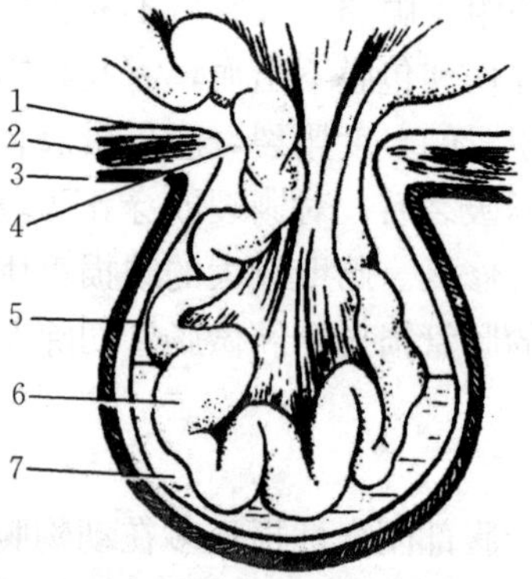

1. 脐疝 脐疝指腹腔脏器经脐孔脱至脐部皮下所形成的局限性突起，其内容物多为网膜、镰状韧带或小肠等。本病是幼龄犬、猫的常发病，但更多见于幼犬。犬、猫在 2～4 月龄常有小脐疝，多数在 5～6 月龄后逐渐消失。

图 3-4-1 疝的模式
1. 腹膜 2. 肌肉 3. 皮肤 4. 疝轮
5. 疝囊 6. 疝内物 7. 疝液

【病因】 先天性脐部发育缺陷，动物出生后脐孔闭合不全等，是犬、猫发生脐疝的主要原因。此外，母犬、猫分娩期间强力撕咬脐带可造成断脐过短，分娩后过度舔仔犬、猫脐部，均易导致脐孔不能正常闭合而发生本病。动物出生后脐带化脓感染，从而影响脐孔正常闭合也会逐渐诱发本病。

【症状】 脐部呈现局限性球形肿胀，质地柔软，也有的紧张，但缺乏红、肿痛、热等炎性反应。病初多数能在挤压疝囊或改变体位时将疝内容物还纳到腹腔，并可摸到疝轮。仔犬在饱腹或挣扎时脐疝可增大。听诊可听到肠蠕动音。由于结缔组织增生及腹压增大，往往摸不清疝轮。脱出的网膜常与疝轮粘连，或肠壁与疝囊粘连，也有疝囊与皮肤发生粘连的。肠粘连往往是广泛而多处发生，因此手术时必须仔细剥离。嵌闭性脐疝虽不多见，一旦发生就有显著的全身症状，如动物极度不安，在犬还可以见到呕吐，其呕吐物常常有粪臭。动物会很快发生腹膜炎，体温升高，脉搏加快，如不及时进行手术则常引起死亡。

【诊断】　脐疝很容易诊断。当脐部出现局限性突起，压挤突起部明显缩小，并触摸到脐孔，即可确诊。但当疝内容物发生嵌闭或粘连时，应注意与脐部脓肿鉴别。脐部脓肿也表现为局限性肿胀，触之热痛、坚实或有波动感，一般不表现精神、食欲、排便等异常变化。脐部穿刺可排出脓液，与脐疝有明显不同。

【预后】　可复性脐疝预后良好，在幼龄动物经保守疗法常能痊愈，疝孔由瘢痕组织填充，疝囊腔闭塞而疝内容物自行还纳于腹腔内。箝闭性疝预后可疑，如能及时手术治疗，预后良好。

【治疗】　非手术疗法（保守疗法）适用于疝轮较小，年龄小的动物。可用疝带（皮带或复绷带）、强刺激剂等促使局部炎性增生闭合疝口。但强刺激剂常能使炎症扩展至疝囊壁以及其中的肠管，引起粘连性腹膜炎。国内有人用95％酒精（碘液或10％～15％氯化钠溶液代替酒精）在疝轮四周分点注射，每点3～5 mL，取得了一定效果。幼龄动物可用一大于脐环的、外包纱布的小木片抵住脐环，然后用绷带加以固定，以防移动。若同时配合疝轮四周分点注射10％氯化钠溶液，效果更佳。

手术疗法比较可靠。术前禁食。按常规无菌技术施行手术。全身麻醉或局部浸润麻醉，仰卧保定，切口在疝囊底部，呈梭形。皱襞切开疝囊皮肤，仔细切开疝囊壁，以防伤及疝囊内的脏器。认真检查疝内容物有无粘连和变性、坏死。仔细剥离粘连的肠管，若有肠管坏死，需行肠部分切除术。若无粘连和坏死，可将疝内容物直接还纳腹腔内，然后缝合疝轮。若疝轮较小，可做荷包缝合，或纽孔缝合，但缝合前需将疝轮光滑面作轻微切割，形成新鲜创面，以便术后愈合。如果病程较长，疝轮的边缘变厚变硬，此时一方面需要切割疝轮，形成新鲜创面，进行纽孔状缝合，另一方面在闭合疝轮后，需要分离囊壁形成左右两个纤维组织瓣，将一侧纤维组织瓣缝在对侧疝轮外缘上，然后将另一侧的组织瓣缝合在对侧组织瓣的表面上。修整皮肤创缘，皮肤作结节缝合。

术后不宜喂得过饱，限制剧烈活动，防止腹压增高。术部包扎绷带，保持7～10 d，可减少复发。连续应用抗生素5～7 d。

2. 会阴疝　会阴疝指腹腔或盆腔脏器经盆腔后直肠侧面结缔组织间隙脱至会阴部皮下所形成的局限性突起。疝内容物多为直肠，也见膀胱、前列腺或腹膜后脂肪。本病多发生于7～9岁公犬，10岁以上公犬虽也有发生，但发病率明显降低；母犬发生本病较少。

【病因】　包括先天性、各种原因引起的盆腔肌无力和激素失调等。妊娠后期、难产、严重便秘、强烈努责或脱肛等情况下，常诱发本病。脱出通道可以为腹膜的直肠凹陷（雄性）、直肠子宫凹陷（雌性）或直肠周围的疏松结缔组织间隙。公犬前列腺肿大与会阴疝的发生有一定关系。瘦弱的动物，特别是发生习惯性阴道脱的动物易发生本病。

【症状】　在肛门、阴门近旁或其下方出现无热、无痛、柔软的肿胀，常为一侧性的，肿胀对侧的肌肉松弛。直肠检查可有助于确诊。如压挤肿物时不见排尿，又无大小变化，而仍怀疑为膀胱脱出时，则可用灭菌针头作穿刺，检查是否有尿液存在。若肿物质硬并出现腹痛，常为嵌闭性会阴疝。犬的疝内容物常为直肠囊（或直肠袋），其次为膀胱或前列腺。

【诊断】 依据本病患部相对固定，触摸隆起部大多柔软、可复、无炎性反应，病犬排粪或排尿困难，即可做出初步诊断。结合直肠指检或对突起部进行穿刺等检查结果，容易确诊本病。

【治疗】 保守疗法基本无效，手术修补的效果良好。手术方法如下：

犬行倒立保定或头颈低于后躯的斜台面、后躯半仰卧保定，全身麻醉。手术径路在肛门外侧自尾根外侧向下至坐骨结节内侧作一个弧形切口。钝性分离打开疝囊，避免损伤疝内容物。辨清盆腔及腹腔内容物后，将疝内容物送回原位。复位困难时，可用夹有纱布球的长钳抵住脏器将其送回原位。为了防止再次脱出，也可用麦粒钳或长止血钳夹住疝囊底，沿长轴捻转几圈，然后在钳子上套上线圈，用另一把钳子把线圈推向疝囊颈部，在尽可能的深处打一个外科结，并在靠近疝囊的地方进行结扎，其残余部分可保留作为生物学栓塞。在漏斗状凹陷部可见到直肠壁终止于括约肌，可利用肛门括约肌来封闭此凹陷窝。在直肠壁底部后端可见到阴部内动脉、静脉和阴部神经，注意不要误伤。在漏斗状凹陷的上部是软而平的尾肌，从尾肌到肛门括约肌上部用肠线作2~3针缝合，暂不打结，然后再由侧面的荐坐韧带到肛门括约肌作1~3针荷包缝合。漏斗状凹陷的下壁是软而平的闭锁肌，由此肌到肛门括约肌作2~3针结节缝合。位置深而造成操作困难时，可利用人工辅助光源进行照明。每进行一次缝合要用一把止血钳夹住缝线末端放在一边，以免最后把缝线搞乱，在结束所有缝合后清洗或注射抗生素，然后再打结。疏松而多余的皮肤应作成梭形切口，皮肤创作结节缝合，覆以胶绷带。经过10~12 d拆线。公犬一般同时施行去势术。

术后应避免腹压过大或强烈努责，对并发直肠或阴道脱的病例亦应采取相应措施，以减少会阴疝的复发。

3. 腹股沟阴囊疝 腹腔脏器经腹股沟环脱出至腹股沟鞘膜管内，称为腹股沟疝，多见于母犬。疝内容物进一步下降到阴囊鞘膜腔内，称为腹股沟阴囊疝，多见于公犬。疝内容物多为网膜、肠管、子宫或膀胱。

【病因】 先天性疝与遗传有关，即因腹股沟内环先天性扩大所致；后天性疝多因妊娠、肥胖或剧烈运动等使腹内压增高及腹股沟内环扩大，以致腹腔脏器下降。

【症状】 阴囊疝多发生在一侧，两侧同时发生的情况很少。犬的阴囊疝多具可复性，临床可见患侧阴囊明显增大，皮肤紧张，触之柔软有弹性、无热无痛。提起动物两后肢并压挤增大的阴囊，疝内容物易还纳入腹腔，阴囊随即缩小。但患侧阴囊皮肤与健侧相比，显得松弛、下垂。病程较久时，因肠壁或肠系膜等与阴囊总鞘膜发生粘连，即呈不可复性阴囊疝，一般无全身症状。嵌闭性阴囊疝发生较少，一旦发生，即表现为阴囊局部皮肤紧张更加明显，触摸时疼痛加剧，很难触及阴囊中的睾丸。动物行动迟缓，甚至不愿行走而卧地。

【诊断】 阴囊一侧或两侧增大，触之柔软、无热无痛；倒提动物并压挤阴囊，疝内容物可还纳入腹腔，阴囊随之缩小，即为可复性疝。不可复性阴囊疝应注意与睾丸炎或睾丸肿瘤进行鉴别。

【治疗】 动物全身麻醉后取仰卧位保定，腹股沟处无菌准备，于腹股沟环处切开，向下分离至显露疝囊及腹股沟环，将疝内容物完全还纳入腹腔后，对母犬、猫直接闭合腹股沟环。对不作种用的公犬、猫，结扎精索并切除，然后闭合腹股沟环，对欲作种用的公犬、猫，还纳疝内容物后注意保护精索，采用结节或螺旋缝合法适当缩小腹股沟环，常规闭合皮肤切口即可。

4. 膈疝 腹腔内脏器官通过天然或外伤性横膈裂孔突入胸腔，称为膈疝。本病是一种对动物生命具有潜在威胁的疝病，疝内容物以胃、小肠和肝多见，在犬、猫均有发生。

【病因】 本病可分为先天性和后天性两类。先天性膈疝的发病率很低，是膈的先天性发育不全或缺陷，或膈的食道裂隙过大所致，大多数不具有遗传性。后天性膈疝较为多见，多是受机动车辆冲撞，胸、腹壁受钝性物打击，以及从高处坠落或身体过度扭曲等因素导致腹内压突然增大，引起横膈某处破裂所致。

【症状】 膈疝无特征性临床症状，其具体表现与进入胸腔的腹腔脏器的多少以及其在膈裂孔处是否嵌闭有密切关系。进入胸腔的腹腔脏器少，对心、肺的压迫影响不大，在膈裂孔处不发生嵌闭，一般不表现明显症状。当进入胸腔的腹腔脏器多时，便对心、肺产生压迫，引起呼吸困难、脉搏加快、黏膜发绀等症状。听诊心音低沉，肺听诊界明显缩小，有的在胸部听到肠蠕动音。进入胸腔的腹腔脏器如果在膈裂孔处发生嵌闭，即可引起明显的腹痛。动物头颈伸展，腹部蜷缩，不愿卧地，行走谨慎或保持犬坐姿势，同时精神沉郁，食欲废绝。当嵌闭的脏器因血液循环障碍发生坏死后，动物即转入中毒性休克或死亡。

【诊断】 依据动物外伤病史和呼吸困难表现，结合听诊心音低沉、肺界缩小和胸部出现肠音等，即可做出初步诊断。如条件允许，最好作 X 射线检查，透视可看到典型的膈疝影像：心膈角消失，膈线中断，胸腔内有充气的胃或肠段，还可能有液平面等。必要时给动物投服 20%～25%硫酸钡胶浆做胃小肠联合造影，将有助于确诊本病。

【治疗】 本病一经确诊，宜尽早施行手术修复。术前应重视改善病毒的呼吸状态，稳定其病情，提高动物对手术的耐受性；考虑并拟订术中动物出现气胸即缺氧状态的纠正方法，以及适用于不同膈缺损的多种修补方法。

手术方法是：动物全身麻醉，气管内插管和正压呼吸。仰卧位保定后，于腹中线上自剑状软骨至耻骨前缘做常规无菌处理。自剑状软骨向后至脐部打开腹腔，探查膈裂孔的位置、大小、进入胸腔的脏器及其多少，有无嵌闭。轻轻牵引脱入胸腔的脏器，如有粘连应谨慎剥离；在牵引肝或脾时应特别小心，因为这些器官往往严重充血，很易破裂。如有嵌闭可适当扩大膈裂孔再行牵拉。之后用灭菌生理盐水浸湿的大块纱布或毛巾将腹腔脏器向后隔离，充分显露膈裂孔。为便于缝合，先用两把组织钳将创缘拉近并用巾钳固定，接着用 10 号以上丝线由撕裂最深处进针，间断水平纽扣缝合或用连续锁边缝合法闭合膈裂孔。缺口过大时补加 2～3 针结节缝合。在缝合之前，应注意先将胸腹腔过量的积液抽吸干净。然后可利用提前放置的胸腔引流管或带长胶管的粗针头作胸膜腔穿刺，并于肺充气阶段抽尽胸膜腔积气，恢复胸膜腔负压。仔细检查和修补腹腔内脏可能发生的损伤，用生理盐水对腹腔进行冲洗，腹腔放入抗生素以预防感染，常规闭合腹壁切口。术后胸膜腔引流一般维持 2～3 d，全身应用抗生素 5 d。此外，还需根据动物精神、食欲的恢复情况采用适宜的液体支持疗法。

5. 外伤性腹壁疝 外伤性腹壁疝指腹壁外伤造成腹肌、腹膜破裂，从而引起腹腔内脏器脱至腹壁皮下形成的局限性突起。因这种疝常没有腹膜覆盖在疝内容物上，故又有假疝之称。疝内容物多为肠管和网膜，也可能是子宫或膀胱等脏器。犬比猫多发。

【病因】 被车辆冲撞或从高处坠落等钝性外力造成腹壁肌层和腹膜破裂，而皮肤仍保留完整是发生本病的主要原因。动物间相互撕咬，腹壁强力收缩，也可引起腹肌和腹膜破裂而保留皮肤的完整性，从而引发本病。此外，腹腔手术后在缝合肌层、腹膜的缝线发生断开或线结松脱，结果在腹壁切口内层裂开，内脏器官脱至皮下也可发生本病。

【症状】 多在腹侧壁或腹底壁形成一个局限性的柔软的扁平或半球形突起，其表面常有擦伤或挫伤痕迹。若疝囊位于腹侧壁，在动物前方或后方观察，可见左右腹侧壁明显不对称。在疝发生早期，局部出现炎性肿胀，触之温热且有疼痛反应。用力压迫突起部，疝内容物可还纳入腹腔，同时可摸到皮下破裂孔。随着炎性肿胀消退和病程延长，触诊突起部无热无痛，疝囊柔软有弹性，疝孔光滑，疝内容物大多可还复，但常与疝孔缘腹膜、腹肌或皮下纤维组织发生粘连，很少有嵌闭现象。

【诊断】 依据病史、典型的局部表现和触诊摸到疝孔，即可确诊。当疝孔偏小且疝内容物与疝孔缘及皮下纤维组织发生粘连而不可复时，往往难以触及疝孔。此时应注意与腹壁脓肿、血肿或淋巴外渗等进行鉴别。腹壁疝无论其内容物可复或不可复，触诊疝囊大多柔软有弹性，此外听诊常能听到肠蠕动音。而脓肿早期触诊有坚实感，局部热痛反应强烈。触诊成熟的脓肿、血肿与淋巴外渗均呈内含液体的波动感，穿刺后分别排出脓液、血液或淋巴液，肿胀随之缩小或消失，并不存在疝孔，与腹壁疝性质完全不同。

【治疗】 外伤性腹壁疝发生的同时往往伴发其他组织器官的损伤，所以于手术修复前应先对动物做全身检查，采用适宜疗法控制并稳定病情，提高机体抗病力，改善全身状况。腹壁疝的修复手术与脐疝的修复手术基本相同，动物全身麻醉，疝囊朝上进行保定，术部按常规无菌准备。由于疝内容物常与疝孔缘及疝囊皮下纤维组织发生粘连，所以在切开疝囊皮肤时要注意分离粘连，还纳疝内容物。疝孔闭合一般需采用减张缝合法，如水平褥式或垂直褥式缝合。陈旧性疝孔大多瘢痕化，肥厚而光滑，缝合后往往愈合困难，应削剪成新鲜创面再行缝合。当疝孔过大难以拉拢时，可自疝囊皮下分离出左右两块纤维组织瓣，分别拉紧重叠缝合在疝孔邻近组织上，以起到覆盖疝孔的作用。最后对疝囊皮肤做适当修整，采用减张缝合法闭合皮肤切口，装结系绷带。术后适当控制动物食量，防止便秘和减少活动等，均有利于手术成功。

🐾 思考与练习

1. 如何治疗腹壁透创？
2. 腹部闭合性损伤有哪些临床症状？
3. 什么是疝？疝有哪些类型？
4. 如何治疗脐疝？
5. 如何治疗腹股沟疝？

情境三　直肠及肛门疾病

一、直肠脱（脱肛）

直肠脱是指直肠末端黏膜或黏膜肌层通过肛门向外翻转脱出的疾病，以肛门处形成蘑菇状或香肠状突出物为特征。犬、猫均有发生，但以幼年和老年犬发病率较高。

【病因】 本病多继发于各种原因引起的里急后重或强烈努责，如慢性腹泻、便秘、直肠内异物或肿瘤、难产或前列腺疾病等。此外，临床还常见犬的肠套叠病容易继发直肠脱出。犬、猫久病瘦弱，营养不良，直肠与肛门周围常缺乏脂肪组织，直肠黏膜下层与肌层结合松弛，肛门括约肌松弛无力，易诱发本病。

【症状】 直肠脱分为仅直肠末端黏膜脱出和直肠末端黏膜肌层脱出两种情况。直肠末端黏膜脱出，习惯上称为脱肛。可见肛门外脱出的黏膜呈圆盘状或蘑菇状，颜色淡红或暗红。动物卧地时脱出物明显，而站立时相对缩小。当发展为直肠黏膜肌层即全层脱出后，一般称为直肠脱。可见肛门外脱出的直肠似香肠状外观，并向后下方下垂，因受肛门括约肌钳夹，肠壁瘀血、水肿严重，颜色暗红或发紫。在动物卧地时极易造成损伤，进而发生溃疡和坏死。全身症状一般较轻，有精神沉郁、食欲减退或废绝现象，并且频频努责，做排粪姿势。

【诊断】 依据本病的发生部位、外观和特征性的临床表现，较易作出诊断。但应注意判断脱出肠管中有无并发肠套叠。单纯性直肠脱，圆筒状肿胀脱出向下弯曲下垂，手指不能沿脱出的直肠和肛门之间向盆腔的方向插入，而伴有肠套叠的脱出时，脱出的肠管由于后肠系膜的牵引，而使脱出的圆筒状肿胀向上弯曲，坚硬而厚，手指可沿直肠和肛门之间向骨盆方向插入，不遇障碍。此外，也可进行消化道灌服硫酸钡 X 射线造影，能够对肠套叠做出准确诊断。

【治疗】 在除去可能存在的直肠内异物或肿瘤的前提下，对脱出肠管先行整复，然后用药或再施行必要的手术，消除引起直肠脱出的因素。

1. 整复 是治疗直肠脱的首要任务，其目的是使脱出的肠管恢复到原位，适用于发病初期或黏膜性脱垂的病例。整复应尽可能在直肠壁及肠周围蜂窝组织未发生水肿以前施行。方法是先用 0.25% 温热的高锰酸钾溶液或 1% 明矾溶液清洗患部，除去污物或坏死黏膜，然后用手指谨慎地将脱出的肠管还纳原位。为了保证顺利地整复，可将犬等两后肢提起。为了减轻疼痛和挣扎，最好给动物施行荐尾硬膜外腔麻醉或直肠后神经传导麻醉。为防再度脱出，应做肛门环缩术。

2. 剪黏膜法 是我国民间传统治疗家畜直肠脱的方法，适用于脱出时间较长，水肿严重，黏膜干裂或坏死的病例。其操作方法按"洗、剪、擦、送、温敷"五个步骤进行。先用温水洗净患部，继以温防风汤（防风、荆芥、薄荷、苦参、黄柏各 12.0 g，花椒 3.0 g，加水适量煎两沸，去渣，候温待用）冲洗患部。之后用剪刀剪除或用手指剥除干裂坏死的黏膜，再用消毒纱布兜住肠管，撒上适量明矾粉末揉擦，挤出水肿液，用温生理盐水冲洗后，涂 1%～2% 的碘石蜡油润滑，然后从肠腔口开始，谨慎地将脱出的肠管向内翻入肛门内。在送入肠管时，术者应将手指随之伸入肛门内，使直肠完全复位。最后在肛门外进行温敷。

3. 固定法 在整复后仍继续脱出的病例，则需考虑将肛门周围予以缝合，缩小肛门孔，防止再脱。方法是距肛门孔 1～3 cm 处，做肛门周围的荷包缝合，收紧缝线，保留 1～2 指大小的排粪口，打成活结，以便根据具体情况调整肛门口的松紧度，经 7～10 d 病畜不再努责时，则将缝线拆除。

4. 直肠部分截除术 手术切除用于脱出过多、整复有困难、脱出的直肠发生坏死、穿孔或有套叠而不能复位的病例。

（1）麻醉。行荐尾间隙硬膜外腔麻醉或局部浸润麻醉。

（2）手术方法。常用的有以下两种方法：

直肠部分切除术：在充分清洗消毒脱出肠管的基础上，用带胶套的肠钳夹住脱出的肠管进行固定，其兼有止血作用。在固定处后方约 2 cm 处，将直肠环形横切，充分止血后（应特别注意位于肠管背侧痔动脉的止血），用细丝线和圆针，把肠管两层断端的浆膜和肌层分别做结节缝合，然后用单纯连续缝合法缝合内外两层黏膜层。缝合结束后用 0.25％高锰酸钾溶液充分冲洗、蘸干，涂以碘甘油或抗生素药物。

黏膜下层切除术：适用于单纯性直肠脱。在距肛门周缘约 1 cm 处，环形切开达黏膜下层，向下剥离，并翻转黏膜层，将其剪除，最后顶端黏膜边缘与肛门周缘黏膜边缘用肠线作结节缝合。整复脱出部，肛门口作荷包缝合。

当并发套叠性直肠脱时，采用温水灌肠，力求以手将套叠肠管挤回盆腔，若不成功，则切开脱出直肠外壁，用手指将套叠的肠管推回肛门内，或开腹进行手术整复。为防止复发，应将肛门固定。

5. 封闭疗法　普鲁卡因溶液盆腔器官封闭，效果良好。

二、肛门直肠狭窄

肛门直肠狭窄指多种原因引起的肛门和直肠肠腔狭窄，临床上以排粪困难为特征。本病犬发生较多。

【病因】　主要由肛门、直肠周围的炎症或占位性疾病引起，常见的疾病有肛门腺炎、肛门直肠周围脓肿或蜂窝织炎、肛门周围瘘、盆腔内肿瘤等。直肠脱整复后行直肠周围注射酒精固定时，将酒精误注入肠壁或肠腔，或会阴疝手术不慎造成直肠壁损伤，均可导致肠壁发炎形成瘢痕组织而收缩，结果引起直肠肠腔狭窄。此外，也偶见犬的先天性肛门直肠狭窄。

【症状】　动物排粪时强烈努责，但排粪延迟，常排出细条状粪便，且粪便表面带有新鲜血液。因肛门周围炎症引起本病时，动物常有卧地摩擦肛门现象。一般无其他异常。

【诊断】　依据肛门和直肠曾有损伤或手术史、排粪困难和摩擦肛门现象，以及对肛门及其周围细致检查，可能发现引起本病的原发病。用戴手套的食指检查直肠，可能触及肠腔狭窄处，并初步查明狭窄原因。应用硫酸钡灌肠做 X 射线造影，有助于发现狭窄部位。

【治疗】　对引起本病的肛门腺炎、直肠或肛门周围脓肿、肛门周围瘘等原发病采取积极的治疗方法，包括抗菌消炎和局部外科处理，以解除肛门直肠狭窄。对直肠黏膜瘢痕性收缩引起的直肠狭窄，如手指可触及，可戴上手套并涂以润滑剂，将食指和中指或将两手食指插入肛门，反复多次扩张直肠狭窄部，并掌握其紧张度，确保狭窄带断裂，但又不至于损伤直肠黏膜。手指难以触及的直肠狭窄，需于腹中线近耻骨前缘处打开腹腔，切除直肠狭窄部，再做直肠端端吻合术。在手术后应注意抗菌消炎，给予可的松制剂。

三、锁　　肛

锁肛是肛门被一层皮肤覆盖而无肛门孔的一种先天性畸形。动物表现排粪障碍，临床上偶见犬发生此病。

【病因】　胎儿原始肛发育不全或异常，以至于肛门处被皮肤覆盖形成锁肛，或直肠与肛门之间被一层薄膜分隔，导致直肠闭锁。本病是否与遗传有关，尚不十分清楚。

【症状】　临床上可见仔犬出生数天后腹围逐渐增大，号叫不安，频频努责做排粪动作，但不见粪便排出。锁肛动物努责时，可见肛门处皮肤臌胀、向后明显突出；而直肠闭锁动物，因直肠盲端与肛门之间有一定距离，努责时肛门周围臌胀不如锁肛显著。若不及时进行治疗，动物食欲减退或废绝，最终因衰竭而死亡。但在雌性动物，因多并发有直肠阴道瘘，稀粪可经阴道排出。所以症状比较缓和。

【诊断】 本病发生部位固定，症状明显，容易做出诊断。但要准确了解直肠盲端的解剖位置，需要进行 X 射线检查。

【治疗】 锁肛造孔术是治疗本病的唯一方法。具体做法是，动物全身麻醉或全身镇静配合普鲁卡因肛门局部浸润麻醉，取倒立或侧卧位姿势并抬高后躯，肛门周围常规无菌消毒。在相当于正常肛门的部位作大小适宜的圆形皮瓣切除，并向前分离皮下组织至显露直肠盲端。在充分剥离直肠壁与周围组织联系并牵引直肠盲端尽量向后的基础上，环切盲端排出肠内积聚的粪便。用消毒防腐液彻底冲洗术部，然后将直肠断端黏膜与皮肤创缘对接缝合。术后在肛门周围经常涂擦抗生素软膏，保持术部清洁，伤口愈合前宜在排粪后用防腐溶液洗涤清洁，防止术部污染，直至愈合，拆除缝线。

注意加强饲养管理，防止便秘影响愈合。对锁肛并发直肠阴道瘘的治疗，需先在会阴正中线切开，将瘘管壁与周围组织分离，然后牵引直肠到肛门部，并将直肠断端与肛门部皮肤创缘对接缝合。最后闭合会阴切口。

四、肛 周 瘘

肛周瘘是指肛门周围形成的慢性化脓性感染窦道，临床以创口小，窦道深，创内积聚脓汁或粪便并间歇性流出为特征。由于感染性创腔或窦道与肛管或直肠有相通或不相通两种情况，故"肛周瘘"一词实际包含肛周瘘和肛周化脓性窦道两种疾病。

【病因】 可能与肛门周围不清洁有关。在某些粗尾、垂尾犬或患慢性腹泻犬，粪便长期附着于肛周皮肤，导致肛门周围容易发生感染。肛门腺感染治疗时外科处理不当造成囊壁新的损伤，肛周脓肿自发破溃或切开引流后排脓不畅等，均易造成感染扩散并难以消除，甚至侵害到肛管或直肠而形成肛周瘘。此外，临床还见直肠脱整复后进行直肠周围注射酒精固定时，酒精用量过大或将酒精误注入肠壁，引起直肠壁炎性坏死，结果发生本病。亦可由肛内外伤、先天性发育畸形所致。

【症状】 病初动物里急后重，排便困难，常有舔咬肛门和臀部擦地现象。肛门周围肿胀、疼痛，肛周围溃疡和坏死，从肛周瘘管口不断流出脓汁或粪便。脓汁流出量和排便困难现象与瘘管大小及形成时间有关。瘘管长且在形成早期，脓汁较多，肛门区皮肤可被黏脓和粪便黏着。有时伴有直肠、肛门出血。随着病延长，脓汁流出量减少。若与肛管或直肠相通，从外口主要流出稀便，瘘管口内陷、缩小。并且由于肛周肿、痛减轻，对肛管直肠压迫消除，动物一般不再有排便困难现象。

【诊断】 依据肛周有久不愈合、不断流出脓汁或粪便的开口，即可确诊。但应与原发性肛门腺疾病相区别，肛门腺疾病主要发生于肛门腺部位，而肛周瘘可发生于肛门周围的任一部位。

【治疗】 本病用药物治疗多无效，需采取手术疗法根治。

术前灌肠，排空直肠内粪便，并用纱布紧塞肛门，装尾绷带并向前反折固定。动物全身麻醉，倒立保定，术前根据瘘管外口排出物为脓汁或粪便，确定瘘管与肛管或直肠有无相通。若确认为肛周化脓性窦道，在用消毒防腐液彻底冲洗后，用探针或其他适宜手术器械探明窦道的方向和范围。然后切除所有坏死组织和窦道，对创腔和创口采取适当缝合，争取创口在第一期愈合。若确认为肛周瘘，术前先灌肠排空直肠内积粪，用手指确定瘘管口并塞纱布于瘘管内口前，以避免术中粪便污染。接着用消毒防腐液经瘘管外口彻底冲净瘘管，切除瘘管壁及所有坏死组织，闭合肛管或直肠壁瘘管内口。对创腔和创口可行部分缝合以加速愈合，创口适当开放，并保证引流通畅。

术后给犬戴上颈枷或体支架，以防舔咬创部。每天用消毒防腐液冲洗 1～2 次，并涂以抗生素软膏，直至愈合。身应用抗生素数天，以控制和消除术部感染。

五、肛门腺疾病

肛门腺位于肛门黏膜与皮肤交界处，腺体开口相当于时钟的 4 点和 8 点位置上。肛门腺疾病包括肛门腺阻塞、肛门腺炎和肛门腺脓肿 3 种。犬、猫均有发生，但以犬发病较多。

【病因】 肛门腺分泌黑灰色含有小颗粒的恶臭皮脂样物，经排泄管排入肛门，具有润滑肛门皮肤的作用。当某些原因引起肛门腺腺体分泌旺盛或排泄管阻塞时，肛门腺分泌物积留使肛门腺肿大，并易引起感染和炎性反应，严重时形成脓肿或蜂窝织炎。可能的原因有，长期饲喂高脂肪性食物，粪便稀软阻塞排泄管或开口；全身性皮脂溢并发肛门腺分泌过剩；肛外括约肌张力减退，造成肛门腺皮脂样物积留。

【症状】 突出表现为动物不时擦肛或试图啃咬肛门，排便费力，烦躁不安。接近动物可闻到腥臭味，观察可见肛门一侧或两侧下方肿胀，肛门腺管口及肛门周围黏附大量脓性分泌物。触诊肿胀部敏感，有弹性。若见稀薄脓性或血样分泌物从肛门腺管口流出，即为肛门腺已发生化脓感染。有时因肛门腺阻塞严重，脓肿形成后自行破溃，可在肛门腺附近形成一个或多个窦道。在某些大型犬，脓液还可沿肌肉和筋膜面扩散，进而发展为蜂窝织炎。

【诊断】 依据典型的临床表现容易做出诊断，但应细致检查以确定肛门腺疾病的性质和程度。可将戴有乳胶手套的食指插入肛门，大拇指抵肛门腺外皮肤，两指用力挤压肛门腺。若内容物不易挤出或挤出浓稠皮脂样物，即为肛门腺阻塞；若稍用力即挤出多量脓性或血样液体，即为肛门腺炎；若挤出的脓液黏稠、量少，且病程长久，则肛门腺多已形成化脓性窦道。

【治疗】

（1）单纯性肛门腺排泄管阻塞时，可将戴有手套的食指伸入肛门括约肌，拇指在肛门外对准腺体轻轻挤压，使其内容物排空，然后用红霉素软膏或金霉素软膏在肛门括约肌内旋转挤压。

（2）对化脓性腺体，应先排空腺囊内脓汁，再用生理盐水或 0.1% 高锰酸钾溶液冲洗，然后用 40 万～80 万 IU 青霉素钠盐、可的松 1 mL，0.25% 普鲁卡因 5 mL，于腺囊内注射，同时肛门内涂布红霉素软膏，必要时可滴消炎药。

（3）已形成瘘管的肛门腺囊肿或难以治愈的病例，可行外科手术摘除。手术时持钝性探针插入肛门腺底，助手用止血钳固定外侧皮肤。纵向切开皮肤，彻底切除肛门腺，并消除溃烂面、脓汁及坏死组织，破坏瘘管，修整成新鲜创口后常规缝合，手术过程中注意不要损伤肛门括约肌和提举肌。术后局部用双氧水或生理盐水清洗，用碘伏消毒并涂红霉素软膏，术后禁食 4 d，减少排便，每天静脉注射 5% 葡萄糖生理盐水，并防止动物坐下及啃咬患病，可使患病动物戴伊丽莎白圈，每天适量运动。

思考与练习

1. 如何治疗直肠脱？
2. 如何诊断肛门直肠狭窄？
3. 简述锁肛造孔术的手术方法。
4. 肛周瘘的原因有哪些？
5. 如何治疗已形成瘘管的肛门腺囊肿？

模块五 ◇ 四肢疾病

情境一 骨 疾 病

一、骨 折

由于外力的作用，使骨或软骨的完整性和连续性遭受机械性破坏时称为骨折。骨折是宠物临床上最常见的骨骼疾病之一，尤其是随着现代交通的快速发展，骨折发生率愈加增多。临床上常以机能障碍、变形、出血、肿胀、疼痛为特征。

【病因】

1. 直接暴力 多见于车祸、枪击、打击、坠落等。据统计，在所有的骨折中，75%～80%是由车祸所致。

2. 间接暴力 多见于奔跑、跳跃、急停、急转、失足踏空，爪子突然潜入洞穴或裂缝等。如股骨或颈骨折，胫骨结节撕脱，肱骨或股骨、髌骨折等。

3. 肌肉过度牵引 肌肉突然强烈收缩，可导致肌肉附着部位骨的撕裂。

4. 骨骼疾病 动物骨营养不良或患骨髓炎、骨软症、佝偻病、骨肿瘤等疾病时在较小外力作用下易发生骨折。

5. 反复应激 宠物前、后脚最常发生疲劳性骨折，如赛犬掌、跖骨、猫指爪等常发生这种类型的骨折。

【分类】 骨折有不同的分类方法。

（1）按骨折处皮肤、黏膜是否完整分为开放性骨折和闭合性骨折。

（2）按骨损伤的程度和骨折形态分为完全骨折和不完全骨折。前者指骨全断裂，一般伴有明显的骨错位，骨折断有多个骨片，又称粉碎性骨折；后者指骨部分断裂，可分为青枝骨折（幼年动物）和骨裂。

（3）按骨折线的方向分横骨折、纵骨折、斜骨折、螺旋骨折和不完全骨折等（图3-5-1）。

（4）按骨折部位分为骨干骨折、骨骺骨折、干骺骨折、髌骨折等。

（5）按骨折病因分为外伤性骨折和病理性骨折。

（6）按骨折复位后稳定与否分为稳定性骨折和非稳定性骨折。前者指适当外固定不易再移行，如横骨折、青枝骨折、嵌入骨折等；后者指复位后易发生再移位，如斜骨折、粉碎性骨折、螺旋骨折等。

（7）按有无合并损伤分为单纯性骨折和复杂性骨折。前者指骨折部不伴有主要神经、血

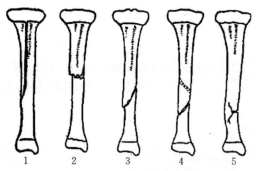

图3-5-1 常见骨折类型
1. 纵骨折 2. 横骨折 3. 斜骨折
4. 螺旋骨折 5. 不完全骨折

管、关节或器官的损伤；后者指骨折时并发邻近重要神经、血管、关节或器官的损伤。如股骨骨折并发股动脉损伤，骨盆骨折并发膀胱或尿道损伤等。

【症状】

1. 特有症状

（1）肢体变形。小动物因肌组织薄，当发生全骨折时，易发生骨折端移位，使受伤体部形状改变，如肢体成角、弯曲、螺旋、延长或缩短等，不完全骨折无此症状。

（2）骨摩擦音。骨折的两断端互相摩擦或移动远端骨折部位可听到骨摩擦音或有骨摩擦感，这在小动物肢体骨折尤为明显。但在不完全骨折、骨折部位肌肉丰厚、局部肿胀严重或断端嵌入组织时，通常听不到。

（3）异常活动。四肢长骨全骨折后，其骨折点出现异常伸屈扭转活动。但肋骨、椎骨、蹄骨等部位骨折时异常活动不明显或缺乏。

2. 其他症状

（1）疼痛。骨折时，动物不安或痛叫，局部触诊敏感、压痛及顽抗。直接触痛不易区别软组织痛和骨痛，间接触痛即握住骨长轴两端向中央压迫引起的疼痛表明是骨痛。

（2）局部肿胀。由于骨膜、骨髓及周围软组织的血管破裂，血液从创口流出（开放性骨折）或局部瘀血或形成血肿（闭合性骨折）。血肿多在骨折后立即出现，而炎症肿胀多在骨折 12 h 后出现。由于软组织损伤、水肿，使局部肿胀更明显，犬、猫四肢近端骨折肿胀明显，远端骨折则不甚明显。

（3）机能障碍。骨折后由于构成肢体支架的骨断裂或疼痛，使肢体出现部分或全部功能障碍，这是骨折最突出的症状。例如四肢骨折引起跛行，椎体骨折引起瘫痪，颅骨骨折引起意识障碍，颌骨骨折引起咀嚼障碍，肋骨骨折引起呼吸困难等。

3. 全身症状 骨折如伴有内出血或内脏损伤，可发生失血性休克或其他休克症状。小动物闭合性骨折一般 1～2 d 后血肿分解体温轻度升高。如开放性骨折继发感染，则可出现局部疼痛加剧、体温升高、食欲减退等症状。

【诊断】 根据病史和上述症状一般不难诊断，但确诊需进行 X 射线检查。X 射线检查可见骨折处有骨折线（压缩、嵌入、凹陷性骨折除外）、骨骼变形和软组织肿胀等征象。X射线检查不仅可确定骨折类型及程度，而且还能指导整复、检测愈合情况。

【治疗】 宠物发生骨折后要立即限制其活动，维持呼吸畅通（必要时做气管插管）和血循环容量。如开放性骨折大血管损伤，应在骨折部上端用止血带，或创口填塞纱布，控制出血，防止休克。检查发现有威胁生命的组织器官损伤，如膈疝、胸壁透创、头或脊柱骨折等，应采取相应的抢救措施。如包扎骨折部创口，减少污染，临时夹板固定，再送医院诊治。

1. 闭合性骨折的治疗 包括整复、固定和功能锻炼 3 个环节。

（1）闭合性整复与外固定。适用于大部分肘、膝关节以下新鲜较稳定的四肢闭合性骨折。闭合性整复应尽早实施，一般不晚于骨折后 24 h，并力求做到一次性整复正确，以免血肿及水肿影响整复。闭合性骨折整复复位后，立即使用外固定材料进行外固定，以保证骨折端不再移位，促进其愈合。

① 闭合性整复方法：整复前宠物侧卧保定，患肢向上。采用全身麻醉或局部麻醉配合镇痛或镇静，必要时还可以同时使用肌肉松弛剂，确保肌肉松弛和减少疼痛。整复时病肢保持伸展状态，术者手持近侧骨折段，助手纵轴牵引远侧段，保持一定的对抗牵引力，术者对

骨折部位托压、挤按，使骨折断端对合复位。复位是否正确，可以根据肢体外形，抚摸骨折部轮廓以及在相同肢势下，按解剖位置与对侧健肢做比较，观察移位是否已得到矫正。有条件者，可在X射线透视监视下进行整复，确保复位成功。

②外固定方法：由于骨折的部位、类型、局部软组织损伤的程度不同，骨折端再移位的方向和倾向力也各不相同，局部外固定的形式也随之而异，临床常用夹板、石膏绷带、金属支架等外固定方法。固定部位剪毛、衬垫棉花。固定范围一般应包括骨折部上、下两个关节。

A. 夹板绷带固定法：采用竹板、木板、铝合金板、铁板等材料，制成长、宽、厚与患部相适应，且强度能固定住骨折部的夹板数条。包扎时，将患部清洁后，包上衬垫，于患部的前、后、左、右放置夹板，用绷带缠绕固定。包扎的松紧度以不使夹板滑脱和不过度压迫组织为宜。为了防止夹板两端损伤患肢皮肤，里面的衬垫应超出夹板的长度或将夹板两端用棉纱包裹（图3-5-2中1）。

B. 石膏绷带固定法：石膏具有良好的塑型性能，制成的石膏管型与肢体接触面积大，不易发生压创，对大、小动物的四肢骨折均有较好固定作用（图3-5-2中2）。

C. 改良的Thomas支架绷带：用小的石膏管型，或夹板绷带，或内固定骨折部外部用金属支架像拐杖一样将肢体支撑起来，以减轻患部承重。该支架用铝或铝合金管制成，其他金属材料亦可，管的粗细应与动物大小相适应。支架上部为环形，可套在前肢或后肢的上部，舒适地托于肢与躯体之间，连于环前后侧的支杆向下伸延，超过肢端至地面，前后支杆的下部要连接固定。使用时可用绷带将支架固定在肢体上。这种支架也适用于不能做石膏绷带外固定的桡骨及胫骨的高位骨折（图3-5-2中3）。

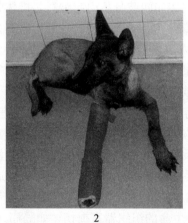

1　　　　　　　　　　2　　　　　　　　　　3

图3-5-2　常用骨折外固定法

1. 夹板绷带固定法　2. 石膏绷带固定法　3. 金属支架

（2）切开整复与内固定。用手术的方法充分暴露骨折部位进行直视下整复。复位后用对动物组织无不良反应的金属材料，将骨折端固定，以达到治疗目的。切开整复与内固定手术必须分离一定的组织和骨膜，其可使骨折血肿和损伤骨膜，导致骨折愈合延迟；局部损伤后易于继发感染，引起骨髓炎，这些缺点限制了它的使用范围。但在兽医临床中，当遇到骨折断端嵌入软组织，闭合复位困难时，或整复后的骨折段有迅速移位的倾向时，特别是四肢上部的骨折、陈旧性骨折或骨不愈合时，以及用闭合复位外固定不能达到功能复位的要求时，采用切开整复与内固定的方法。

① 切开整复方法：切开整复时要求术者熟悉骨折部位的解剖特点，操作时尽可能避免损伤周围的软组织。术前局部除毛消毒，术中严格遵守无菌操作要求，术后预防组织感染。

A. 利用某些器械（如骨刀、手术刀柄等）发挥杠杆作用，增加整复的力量（图3-5-3）。

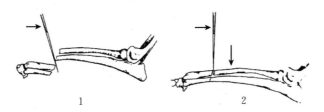

图3-5-3 杠杆力整复骨折（1和2为整复步骤）

B. 利用抓骨钳直接作用与骨片上，进行整复（图3-5-4）。

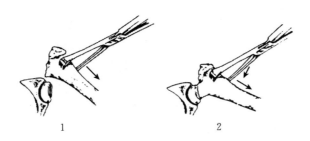

图3-5-4 抓骨钳整复骨折（1和2为整复步骤）

C. 利用抓骨钳在骨折部位两侧向相反方向牵拉、矫正和转动，使骨折复位，并用创巾钳实暂时固定（图3-5-5）。

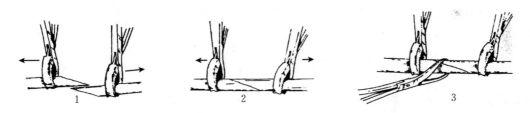

图3-5-5 抓骨钳和创巾钳整复骨折（1~3为整复步骤）

D. 抓骨钳在骨片上直接作用，并同时借用杠杆的作用力（图3-5-6）。

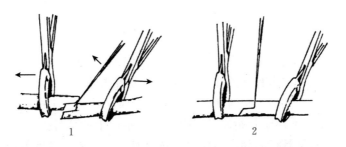

图3-5-6 抓骨钳和杠杆力整复骨折（1和2为整复步骤）

E. 重叠骨折的整复，采用翘起两断端，对准并压迫到正常位置（图3-5-7）。

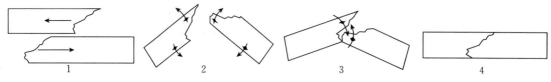

图 3-5-7　重叠骨折按 1、2、3、4 顺序整复

② 内固定方法：骨折切开复位后应进行内固定，如用髓内针、骨螺丝钉、金属丝、接骨板等固定骨折端。由于这些器材要长时间滞留于动物体内，所以要求使用特制的金属器材，使其对组织无毒害作用和腐蚀作用，否则会影响骨折的愈合。另外要提高内固定的治愈率，还要正确选择内固定方法并结合外固定以增强支持力；最大限度地保护骨膜，使骨折部的血液循环尽量少受影响；严格无菌操作技术，积极主动地控制感染。

A. 髓内针固定法：这是将特制的金属针插入骨髓腔内固定骨折段的方法。临床上常用髓内针固定臂骨、股骨、桡骨、胫骨的骨干骨折，适用于骨折端呈锯齿状的横骨折或斜面较小又呈锯齿状的斜骨折等，特别是对骨折断端活动性不大的骨折尤为适用。

髓内针按粗细、长短和横断面形状不同分成各种型号。用于小动物的髓内针，其尖端有锥形、扁形和螺纹形。选择髓内针时，尽可能的选用与骨髓腔的内径粗细大致相同的针。对于安定型骨折，选用断面呈圆形的髓内针比较方便；但对于不安定型的骨折，如需要使用髓内针，可选择带棱角的，防止断骨的旋回转位。

髓内针用于骨折治疗，既可单独应用，又可与其他方法结合应用。对安定型的骨折，髓内针能单独使用。将坚硬的钢针插入骨折两端的骨质层内，能稳定骨折的角度和维持长度。针太短固定效果差，但也不能长到影响关节活动。对于开放性和非开放性骨折都可以应用髓内针固定。应用于非开放性骨折时，一般从骨的一端造孔，将髓内针插入。用于开放性骨折时，既可以从骨的一端插入，也可以从骨折断端插

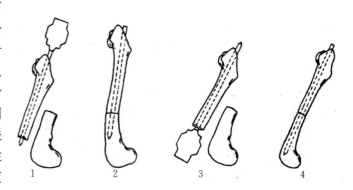

图 3-5-8　骨干骨折的髓内针插入方法
1、2. 从骨近端顺行插入　3、4. 从近端骨折端逆行插入后，
再顺行插入远端骨折端

入，即先从近端骨折端逆行插入后，再顺行插入远端骨折端（图 3-5-8）。

当单独应用髓内针固定技术达不到稳定骨片的要求时，可以加以辅助固定，防止骨片的转动和缩短。常用的辅助技术有（图 3-5-9）：环形结扎和半环形结扎；插入骨螺钉时的延缓效应；同时插入两个或多个髓内针；骨间矫形金属丝对髓内针的固定。

B. 骨螺丝固定法：适用于骨折线长于骨直径 2 倍以上的斜骨折、螺旋骨折和纵骨折及干骺端的部分骨折。根据骨折的部位和性质，必要时，综合应用其他的内固定或外固定法，以加大固定的牢固性。

骨螺丝有骨密质用和骨松质用两种（图 3-5-10），前者在螺丝的全长上均有螺纹，且

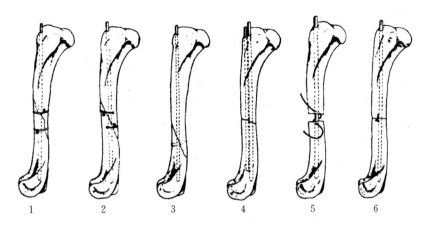

图 3-5-9　髓内针固定辅助技术

1. 环形结扎　2. 半环形结扎　3. 插入骨螺丝　4. 使用两根髓内针　5、6. 使用骨间矫形金属丝

螺纹密而浅，主要用于骨干骨折；后者的螺纹深，螺距较大，在靠近螺帽的 2/3～1/3 长度缺螺纹，多用于干骺端部分骨折。

本法用于骨干的斜骨折固定时，螺丝插入的方向应在骨表面的垂直线与骨折线的垂直线所构成的夹角二等分处（图 3-5-10）。必要时，用两根或多根骨螺丝才能将骨折段固定确实。使用骨螺丝时，先用钻头钻孔，钻头的直径应较螺丝钉直径略小，以增强螺丝钉的固定力。

在骨干的复杂骨折治疗中，骨螺丝能帮助骨片整复并有辅助固定作用（图 3-5-10），对形成圆筒状骨体的骨折片整复有积极作用。

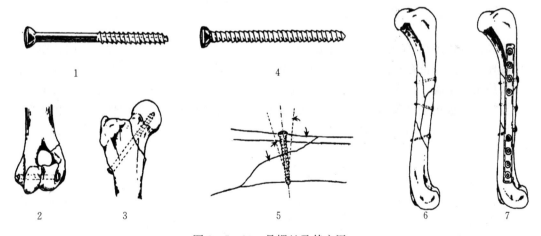

图 3-5-10　骨螺丝及其应用

1、2、3. 骨松质骨螺丝及其应用　4、5. 骨密质骨螺丝及其应用　6、7. 骨螺丝的辅助应用

C. 接骨板固定法：本固定法是用不锈钢接骨板和骨螺丝固定骨折段的一种内固定法。适用于长骨骨体中部的斜骨折、螺旋骨折、尺骨肘突骨折以及严重的粉碎性骨折、老龄动物骨折等，是内固定中应用最广泛的一种方法。

接骨板有多种规格，临床应用时根据骨折类型选用合适规格的接骨板（图 3-5-11），特殊情况下需要自行设计加工。固定接骨板的螺丝，长度以刚能穿过对侧骨密质为宜，过长会损伤软组织，过短又达不到固定作用。螺丝的钻孔位置和方向要正确。

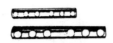

图 3-5-11　各种规格的接骨板

接骨板按其功能可分为张力板、中和板和支持板 3 种。张力板多用于长骨骨干骨折，将接骨板装在张力一侧，使骨折断端密接，固定力很强。以股骨为例，长骨力的作用形式像一个弯圆柱，若将张力板装在圆柱的凸侧面，能抗来自上方的压力，从而起到有效的固定作用。相反，若装在凹侧面，将很难起到固定作用，可能会再度造成骨折。因此股骨骨干骨折时，应选择外侧作为手术通路（图 3-5-12）。

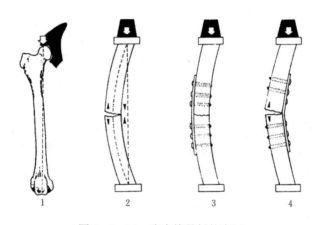

图 3-5-12　张力接骨板的应用

1. 股骨为偏心负重体重压力　2. 弯圆柱形力学关系　3. 凸侧面装张力接骨板　4. 凹侧面装张力接骨板

中和接骨板装在张力的一侧，能起中和或抵消张力、弯曲力、分散力的作用。在复杂骨折中为使单骨片保持在整复位置，常把中和接骨板与骨螺丝同时并用，以达到固定的目的。也可以用张力金属丝环形结扎代替骨螺丝的固定作用，完成中和作用（图 3-5-13）。

支持接骨板用于骨骺和干骺端的骨折。通过斜向支撑骨折片，保持骨的长度和适当的功能高度，使其支撑点靠在骨的皮质层（图 3-5-14）。

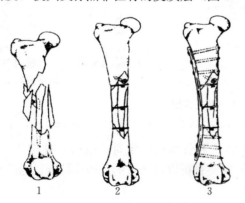

图 3-5-13　中和接骨板、骨螺丝和张力金属丝的应用　　　图 3-5-14　支持接骨板的应用

1. 复杂性骨折　2. 骨螺丝和张力金属丝共用　　　　　　　1. 支持接骨板固定股骨颈骨折

3. 中和接骨板、骨螺丝和张力金属丝共用　　　　　　　　2. 支持接骨板固定骨干骨折

接骨板接骨时两侧骨断端接触过紧或留有间隙，骨折都得不到正常的愈合过程，易出现断端坏死或增殖大量假骨，延迟骨的愈合。在临床上设计各样压力器，或改进接骨板的孔形等，目的是使骨折断端密接，增加骨片间的压力，防止骨片活动。如果没有这种设备，在使用接骨板时，应注意尽量压紧骨折断端后再拧入螺丝固定。

接骨板一般需要装置的时间较长（4～12个月），在接骨板的直下方，由于长期压迫而出现缺钙，骨的强度降低。取出接骨板后，钉孔需要半年以上才能被骨组织包埋。因此在取出接骨板后，应加强护理，防止二次骨折的发生。

D. 张力金属丝固定法：一般使用不锈钢丝。多用于肘突、大转子和跟结等的骨折，与髓内针共同完成固定。张力金属丝固定的原理是将原有的拉力主动分散，抵消和转变为压缩力。其操作方法是：先切开软组织，将骨折片复位，选肘突的后内或后外角将针插入，针朝向前下皮质，以稳定骨折片。若针尖达不到远侧皮质，只到骨髓腔内，则其作用将降低。插进针之后在远端骨折片的近端，用骨钻做一个横孔，穿金属丝，与骨髓针剩余端之间做"8"字形缠绕和扭紧。用力不宜过大，否则将破坏力的平衡（图3-5-15）。

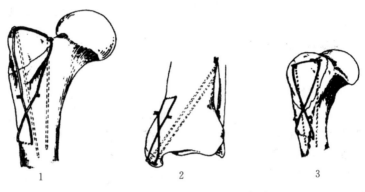

图3-5-15 张力金属丝的应用
1.股骨大转子骨折 2.胫骨内侧踝骨折 3.肱骨大结节骨折

E. 贯穿术固定法：用不锈钢骨栓，通过肢体两侧皮肤小切口，横贯骨折段的远、近两端，结合外涂塑料粉糊剂，硬化后，将骨栓连接起来，也可应用石膏硬化剂或金属板将骨栓牢固连接。这是内外固定相结合的一种方法。适用于小动物的桡骨、胫骨中部的横骨折或斜骨折（图3-5-16）。

F. 移植骨固定法：骨移植早已成功地运用到临床上，尤其是带血管蒂的骨移植可以使移植骨真正成活，不发生骨吸收和骨质疏松现象。在四肢骨折时，有较大的骨缺损，或坏死骨被移除后造成骨缺失，应考虑做骨移植。

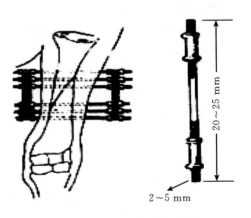

图3-5-16 贯穿术固定法

（3）功能锻炼。功能锻炼可以改善局部血液循环，增强骨质代谢，加速骨折修复和病肢功能的恢复，防止产生广泛的病理性骨痂、肌肉萎缩、关节僵硬、关节囊挛缩等后遗症。它是治疗骨折的重要组成部分。

骨折的功能锻炼包括早期按摩，对未固定关节做被动伸屈活动、牵行运动及定量使役等。

2. 开放性骨折的治疗 新鲜而单纯的开放性骨折，要在良好的麻醉条件下，及时而彻底地作好清创术，对骨折端正确复位，创内撒布抗菌药物。创伤经过彻底处理后，根据不同情况，可对皮肤进行缝合或作部分缝合，尽可能使开放性骨折转化为闭合性骨折，装着夹板绷带或有窗石膏绷带暂时固定。以后逐日对动物的全身和局部作详细观察。按病情需要更换外固定物或作其他处理。

软部组织损伤严重的开放性骨折或粉碎性骨折，可按扩创术和创伤部分切除术的要求进行外科处理。尽可能减少损伤骨膜和血管，分离筋膜；清除异物和无活力的肌、腱等软组织，以及完全游离并失去血液供给的小碎骨片。用骨钳或骨凿切除已污染的骨质和骨髓，尽量保留与骨膜相连的软组织，且保有部分血液供给的碎骨片。大块的游离骨片应在彻底清除污染后重新植入，以免造成大块骨缺损而影响愈合，然后将骨折端复位。如果创内已发生感染，必要时可作反对孔引流。局部彻底清洗后，撒布大量抗菌药物，如青霉素鱼肝油等。按照骨折具体情况，作暂时外固定，或加用内固定，要露出窗孔，便于换药处理。

在开放性骨折的治疗中，控制感染化脓十分重要。必须全身运用足量（常规量的1倍）敏感的抗菌药物2周以上。

【术后护理】

（1）全身应用抗生素预防或控制感染。

（2）适当应用消炎止痛药，加强营养，补充维生素A、维生素D、鱼肝油及钙剂等。

（3）限制动物活动，保持内、外固定材料牢固固定。

（4）医嘱主人适当对患肢进行功能恢复锻炼，防止肌肉萎缩、关节僵硬及骨质疏松等。

（5）外固定时，术后及时观察固定远端，如有肿胀、皮温下降，应解除绷带，重新包扎固定。

（6）定期进行X射线检查，掌握骨折愈合情况，适时拆除内、外固定材料。

【常见骨折的治疗】

1. 股骨骨折 成年犬、猫常见股骨干和大转子骨折，而幼年犬、猫常发生股骨颈和股骨远端骨骺的骨折。股骨骨折时，犬、猫突然出现重度跛行，股部肿胀，无法屈曲，肢体明显缩短。被动运动时，大腿部出现异常活动，有骨摩擦音以及剧烈疼痛。大转子骨折时，骨折部出现疼痛性肿胀，呈现悬跛，肢体运步缓慢，站立时肢体外展。股骨颈或股骨上部骨折时，出现严重跛行和局部肿胀，诊断时注意和关节脱臼或膝关节损伤相区别。可在大转子和膝部听诊有无骨摩擦音，同时进行局部触诊并与健康肢体做对比，帮助诊断。治疗时多以内固定为主，并加以保守疗法。

（1）股骨颈和大转子骨折。手术径路一般选用髋关节前侧通路，此通路臀肌不受损伤。在大转子外面从臀中部向股骨中部做一个弧形皮肤切口。皮肤切开后，分离皮下组织和筋膜，切开阔筋膜张肌和股二头肌间的筋膜，暴露股外直肌、股直肌和臀浅肌。在股外直肌和股直肌间钝性分离，分离时注意避开股前动、静脉和股神经。前后牵引股外直肌和股直肌，充分暴露髋关节囊。然后切开关节囊，露出骨折的股骨颈和大转子。将其复位后，选用螺丝、钢针和金属丝固定（图3-5-17）。

（2）股骨干骨折。以斜骨折、横骨折多见，而且经常为粉碎性骨折。大多伴有骨折段的重叠。手术通路在大腿外侧，皮肤切口在大转子和股骨外髁之间的连线上，沿股骨外轮廓的弯曲和平行股二头肌的前缘切开，分离皮下脂肪和浅筋膜，于股二头肌前缘分离阔筋膜。然后向后牵引股二头肌，向前牵引股外侧肌和阔筋膜，显露股骨干。并沿股骨干前、后缘分离股直肌和外展肌，使其充分游离，使股骨或骨折区明显暴露。在分离组织时要注意股动脉分支，发现后及时结扎。

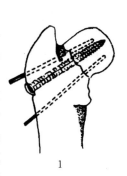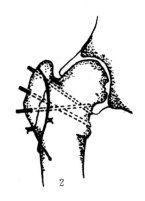

图 3-5-17 股骨颈和大转子骨折的固定
1. 股骨颈骨折用骨螺丝和钢针固定
2. 大转子骨折用钢针和金属丝固定

切口打开后，先对患部进行检查和清理，除去血凝块、坏死组织以及骨碎片。将骨折片复位并暂时固定。股骨干骨折一般选择接骨板和髓内针做内固定，同时注意使用一些外固定方法作为辅助，接骨板应与股骨干等长（图 3-5-18 中 1）。穿入髓内针时，可于大转子的顶端内侧后部皮肤做一个切口，经此切口，将髓内针插至大转子隐窝，针的方向是沿着后侧皮质层向下延伸，尖端从骨折近端骨片的远端露出。必要时可钻入两根髓内针（图 3-5-18 中 2、图 3-5-18 中 3）；髓内针插入的方式也可以先用逆行插入，再改成顺行性插入。

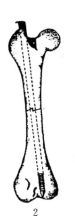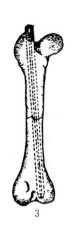

图 3-5-18 股骨干骨折的固定
1. 接骨板固定法 2. 髓内针固定法 3. 钻入两根髓内针

若股骨干呈现斜骨折，可在斜骨折段用全环结扎金属丝辅助固定（图 3-5-19）。应用全环结扎时，骨折的斜长要求最小是骨折部直径的 2 倍，否则会降低金属丝的效果。股骨干骨折也可以使用接骨板和骨螺丝固定。打开骨折部位后，清理血凝块和骨折碎片，先对骨折片进行整复，复位后用延迟螺钉固定，再装接骨板。为不影响骨的愈合，一般不剥离骨膜（图 3-5-20）。

（3）股骨远端骨髁骨折。其手术径路与股骨干骨折相同，其切口可向下延伸至膝关节。股四头肌止腱和髌骨向内移，暴露其髁端。内固定多选用髓内针或钢针固定（图 3-5-

21)，仅髁斜骨折可选长螺钉固定。接骨完毕，清理并闭合切口。

股骨骨折存在自愈可能，有时不加固定，采取悬吊或自由活动的方法，也能自愈。尤其是对于幼龄动物，即便是骨折端错位，也有恢复的可能，并且到成年后不出现畸形和跛行。骨折整复后，在骨折愈合早期限制关节的活动，外部使用夹板绷带固定，直到骨连接为止。

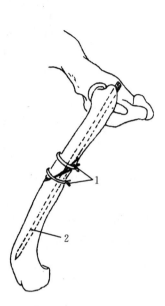

图 3 - 5 - 19　股骨干骨折的金属丝固定法
1. 金属丝结扎　2. 髓内针

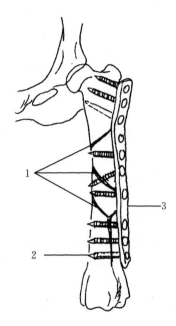

图 3 - 5 - 20　股骨干粉碎性骨折固定法
1. 粉碎性骨折　2. 骨螺丝　3. 接骨板

2. 骨盆骨折　发病率占全部骨折的 25%，其中髋骨骨折较为常见。病因主要是碰撞、滑跌等损伤，另外，年老、患有骨质疾病也是很重要的因素。轻者一侧骨盆骨折，重者两侧骨折，大多为闭合性骨折。

临床上常见患病侧的后肢拖曳行走，臀部变形，骨盆两侧不对称，疼痛明显，运步时出现混合跛行，身体斜着走；髋臼骨折时，会突然出现以支跛为主的混合跛行，后躯步态踉跄，大多数出现移位，引起髋关节的异常活动，时有骨摩擦音出现；髂骨干骨折，后段骨干前移使髂骨嵴与大转子间距离缩短；坐骨骨折时，坐骨结节与大转子距离变短。骨盆骨折常引起膀胱尿潴留，肛门反射迟钝，后肢末端本体感受消失等。确诊需经 X 射线检查。另外在髋骨骨折的诊断中应注意局部变形，可以用测量的方法进行两侧对比判断。

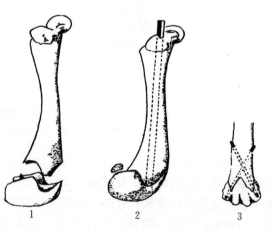

图 3 - 5 - 21　股骨远端骨髁骨折的固定
1. 股骨远端骨折　2. 髓内针固定　3. 钢针交叉固定

骨盆骨折仅有轻度错位，髋臼未出现损伤，骨盆基本保持完整的病例可采用保守疗法。

病初动物禁止活动，后肢使用悬吊带，限制患肢负重。同时配合局部热敷、按摩、伸屈关节、扶助行走等措施，可缩短恢复期。但是若骨盆腔变窄，髋臼骨折或脱位，髂骨、坐骨、耻骨严重骨折时，应进行手术治疗。

髂骨干骨折以斜骨折为多见，骨折后髂骨后段向内塌陷，使骨盆腔变小。手术路径是从髂骨嵴向后至大转子外侧，切开皮肤及皮下组织（图3-5-22中1），暴露臀中肌背缘、阔筋膜张肌腹缘和缝匠肌前缘，于阔筋膜张肌与臀中肌间切开其腱膜，创钩牵引，暴露髂骨干，对髂骨进行整复。内固定最好选用接骨板固定（图3-5-22中2），也可选用骨螺钉固定（图3-5-22中3）。

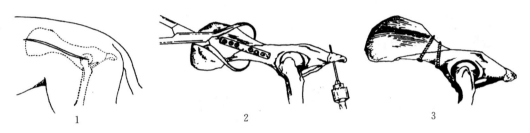

图3-5-22 髂骨干骨折固定法
1. 皮肤切口 2. 接骨板固定 3. 骨螺丝固定

当髋臼骨折时，手术路径在大转子外面从臀中部向股骨中部作一个弧形切口（图3-5-23中1）。切开皮肤以及股三头肌和阔筋膜张肌联合的筋膜，向后牵引股二头肌。在大转子处切断臀浅肌腱并将其向上翻转，暴露其下层的臀中肌。用骨凿凿断大转子骨端。再在大转子前外侧面切断臀深肌的止点，将两肌一并向上转折，充分暴露关节囊和髋臼缘。然后对髋臼进行整复和固定，髋臼骨折常采用接骨板固定法，但接骨板应提前弯曲成与髋臼相对应的弧形（图3-5-23中2），使接骨板和骨板部位紧密结合。耻骨和坐骨的骨折在临床上一般可以选择不固定，或者选用不锈钢金属丝固定即可。

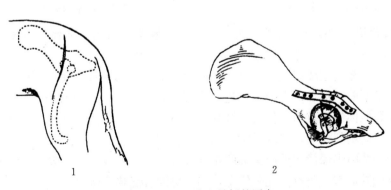

图3-5-23 髋臼骨折的固定
1. 皮肤切口 2. 接骨板固定

3. 胫骨骨折 胫骨干的斜骨折和螺旋骨折在临床上较为多见，在患畜呈现悬垂状态，强行驱赶呈现三肢跳跃。触诊骨折部位，疼痛严重，浮肿明显，有骨摩擦音出现。屈曲或伸展患肢，出现异常活动。如果发生不完全骨折，患病肢体减负体重，肢势显著外向，运动呈现中度跛行。骨折部位触诊检查，疼痛反应明显。

胫骨干骨折时，如系横骨折、短斜骨折和轻度粉碎性骨折，局部软组织损伤较少，又容易进行闭合性整复的，可行闭合性整复固定。但对于较严重的闭合性骨折或开放性骨折，常需要开放性固定。切口部位常选择在小腿内侧，此处没有肌肉覆盖，对骨干的显露比较容易。皮肤切口在胫骨内侧，从胫骨切向踝的连结。切开时注意对手术通路上的隐动脉和静脉的分支进行结扎或施以保护（图3-5-24）。打开后充分分离周围组织，进行整复。根据骨折损伤程度，可选用接骨板或髓内针固定。选用大小适宜的髓内针，在膝韧带的内侧做一个小切口，针从胫骨结节的前内侧刺入，向骨折近端骨片的远端，沿内侧皮质层向下延伸，沿整复好的远端骨片的内侧皮质层，一直推向内侧踝的水平（图3-5-25中1）。对于体型大，且没有调教好的犬，发生横骨折时，推荐在胫骨内侧表面使用接骨板固定，更为确实。胫骨远端骨折时，宜用开放性内固定。手术通路同胫骨干骨折通路相同，切口向下延伸至跗关节。多选择钢针或髓内针固定（图3-5-25中2）。

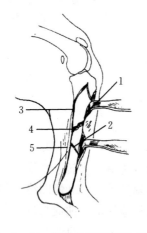

图3-5-24　胫骨骨干骨折手术通路
1. 前胫骨肌　2. 隐动脉前侧分支
3. 腘肌　4. 骨折线　5. 长趾屈肌

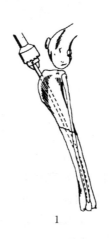 

图3-5-25　胫骨骨折的固定
1. 胫骨骨干骨折髓内针固定
2. 胫骨远端骨折髓内针固定

4. 肩胛骨骨折　主要见于车祸、外界暴力对肩胛部的打击、冲撞，或跳跃障碍物时损伤引起。

骨折发生后，患畜主要出现以悬跛为主的混合跛行。肩胛骨颈和关节窝骨折时，患肢不敢负重，各关节屈曲，运动时常拖曳行进。肩胛骨颈横骨折时，常伴有严重的软组织损伤。由于骨的移位和肌肉的牵拉力，使得病肢缩短，肩的外形也可能出现扭曲、变形。屈曲或伸展病肢时，可引起剧烈疼痛，出现异常活动以及骨摩擦音。

骨折后若关节面仍保持完整或关节的角度未发生明显的变化，可采用保守疗法，将患肢屈曲悬吊，减免其负重，病畜要充分休息，同时可配合温热疗法。

对确实需要开放性内固定的，手术路径是在肩胛冈皮肤处做纵形切口，向远端延伸至肩关节下方。切除肩胛横突肌终止于肩胛冈的筋膜，向前翻折（图3-5-26中1）。如肩胛体骨折，分离冈上肌和冈下肌，并向前、后转折，暴露肩胛体，用接骨板固定法；当肩胛颈骨折时，应切除肩峰，以便三角肌的肩峰头向远端牵引，再分别向前、后翻折冈上肌和冈下肌，如必要可切除此两肌的止腱。肩胛颈多为横骨折，可用接骨板固定（图3-5-26中2）。如关节面同时发生骨折，应切开关节囊，采用螺钉和钢针进行固定（图3-5-26中3）。

图 3-5-26　肩胛骨骨折的固定
1. 切口定位　2. 接骨板固定　3. 骨螺钉和钢针固定

5. 臂骨骨折　骨折可发生于臂骨的任何部位，但较多发生臂骨干中 1/3 和下 1/3 骨折，以骨干的斜骨折多见，有时也可见粉碎性骨折。不少病例桡神经同时遭受损伤。

临床主要突发高度支跛，患肢完全不能负重。站立时肘关节下沉，患肢似乎变长，不愿着地活动，如强行驱赶呈三肢跳跃。有此骨折有软组织和较大血管的损伤，从而呈现局部严重肿胀。被动运动时，异常活动明显，疼痛加剧。有时出现类似桡神经麻痹的指骨着地症状。

臂骨仅横骨折或短斜骨折，而且骨折端没有移位或轻度移位时，可采用闭合性整复固定。整复后，可用绷带提吊或用夹板固定限制病肢活动，同时保证充分休息，一段时间后可以自愈并恢复肢体功能，特别是在幼龄动物更加适用。

但由于臂部肌肉组织丰厚，加上臂骨骨折时组织收缩加强，通常很难进行闭合性整复，此时往往进行开放性整复固定。臂骨近 3/4 骨折时，一般选用外侧手术径路，在臂骨前外侧做纵形皮肤切口，分别向前、后反转臂头肌和臂肌，显露臂骨；如近端骨干骨折，可由臂内侧从臂中部向其远端纵向切开皮肤，分离皮上组织，向前、后反转臂肌和臂三头肌，即可显露出臂骨。充分分离臂骨周围组织，使骨折断端处于完全游离状态。简单的横骨折或短斜骨折可用髓内针固定。长的斜骨折，应用髓内针附加钢丝固定（图 3-5-27）。大型犬可用接骨板固定法，但由于臂骨侧面弯曲较大，又有桡神经经过和臂肌紧贴臂骨，所以侧面接骨板固定较困难，一般应选择在臂前部进行接骨板固定，其操作较容易，固定也更确实。

图 3-5-27　臂骨干骨折的固定

6. 桡、尺骨骨折　桡、尺骨骨折往往同时发生，但也时也单独发生。临床上发生率较高，占所有骨折的 17%～18%。肘突以及桡、尺骨干骨折多发生。临床上多因外界暴力直接作用于前臂部引起。

完全骨折时，出现重度跛行，患肢不能负重，往往呈现三肢跳跃。局部呈现中度肿胀，触诊疼痛明显，但尺骨骨折仅靠触摸难以确诊，最好应用 X 射线辅助检查。不完全骨折时，出现中度或重度跛行，触诊疼痛，沿骨折线有疼痛性肿胀。关节内骨折时，关节呈异常活动，通常并发关节血肿。

对稳定性桡、尺骨骨折，要保证病畜充分休息，适宜用闭合性复位和外固定来进行治疗，特别是在幼龄动物更适用。整复可以采用牵引、对抗牵引或手指矫正等方法，使移位的骨片复位。外固定可选用夹板绷带、石膏绷带等固定，尤其对小型品种犬或猫可获得满意的治疗效果。但对于不稳定性骨折或难以闭合整复的病例，可采取开放性整复固定。手术径路常选择在桡骨的前内侧，沿桡骨前内侧缘做纵形皮肤切口。桡骨前缘有大的正中静脉，后缘在桡动脉、静脉，分离时应避开这些血管。向前牵引腕桡侧伸肌，向后牵引旋前圆肌和腕桡侧屈肌，将桡骨断端完全分离出来。多用接骨板或髓内针（小犬或猫）进行内固定。由于桡骨两末端完全被两关节覆盖，不易从一末端插入髓内针，所以髓内针可从远端皮质斜插入或直接经两断端插入髓腔内，但术后不能取出髓内针。当桡尺骨双骨折时，一般只固定桡骨，尺骨不必再固定。

当肘突全骨折时，由于肘突附着有强大的臂三头肌，其断端易于发生严重的分离，外固定很难控制臂三头肌的牵拉作用，适宜于开放性内固定。手术径路在肘突后侧正中，暴露两骨折断端和一部分近端尺骨干，采用两根钢针和钢丝"8"字形固定（图3-5-28）或使用接骨板进行固定。

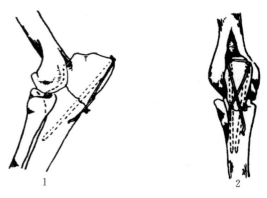

图3-5-28　肘突全骨折的固定（1、2为固定步骤）

7. 腕骨骨折　属于关节内骨折。多因跳跃或高处坠落所致，腕关节过度屈曲和伸展也可造成腕骨骨折。另外，脚爪负载大运动量的犬如雪橇犬、猎犬也容易发生腕骨骨折。

腕骨发生骨折时，骨折部发生炎性肿胀，触诊肿胀区域疼痛。通常通过 X 射线从不同方位检查，准确诊断骨折部位。

手术时以腕前侧作为手术径路。大的骨折片，经过整复后多用骨螺钉进行固定。小的不易固定的骨折片，多数认为有效的疗法是将其手术摘除，其缺损部可由纤维软组织瘢痕组织填充。术后用绷带或石膏绷带固定，保证病畜充分休息。

🐾 附：　骨折愈合

1. 骨折愈合过程　骨折愈合是骨组织破坏后修复的过程，人为地分为三个阶段，这三个阶段是一个逐渐发展和相互交叉的过程，不能截然分开。

（1）血肿机化演进期。骨折断端新生的毛细血管、吞噬细胞、成纤维细胞等，侵入血凝块和坏死组织中，逐步进行清除机化，形成肉芽组织，以后转化为纤维组织。骨折断端附近内、外骨膜深层的成骨细胞，相继在伤后活跃增生，5 d 后开始形成与骨干平行的骨样组织，并逐渐向骨折处延伸增厚。此阶段一般需10～15 d，其临床特征是局部充血、肿胀、疼痛和增温，骨折端不稳定，损伤的软组织开始修复（图3-5-29）。

（2）原始骨痂形成期。骨折断端内、外已形成的骨样组织，逐渐钙化成新生骨，即膜内化骨，不断生长发展为内骨痂和外骨痂；另一方面，断端间和骨髓腔内血肿机化后已形成的纤维组织逐渐转化为软骨组织，然后软骨细胞增生、钙化而骨化，即经软骨内化骨，而分别形成环状骨痂和腔内骨痂。膜内化骨和软骨内化骨的相邻部分是互相交叉的，但其主体是膜内化骨，其发展过程比软骨内化骨要简易而迅速。在新形成的骨痂中，血管连同成骨细胞与噬骨细胞，都渐渐侵入骨折端坏死的骨组织内，在已形成骨痂夹板的保护下，开始进行清除坏死骨组织和形成活的骨组织的爬行替代作用。骨折经过骨痂形成和爬行替代作用这两个过程，临床愈合才算完成。这一阶段约需1个月。临床特征是局部炎症消散，不肿不痛，骨折端基本稳定，但尚不够坚固，病肢可稍微负重（图3-5-29）。

（3）骨痂改造塑型期。原始骨痂是由不规则的呈网状编织排列的骨小梁所组成，称网质骨，尚欠牢固。为了适应生理的需要，随着肢体的运动和负重，在应力线上的骨痂不断地得到加强和改造。骨小梁逐渐调整而改变成紧密排列成行的、成熟的骨板，同时在应力线以外的骨痂逐步被噬骨细胞清除，使原始骨痂逐渐被改造为永久骨痂。髓腔也重新畅通。新骨形成后，骨折的痕迹在组织学或X射线摄片上可以完全或接近完全消失，骨结构的外形和功能也得到恢复。骨痂的硬固一般需3～10周，但完全恢复则需数月至一年，或更长时间（图3-5-29）。

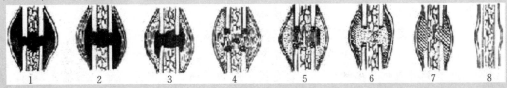

图3-5-29 骨折愈合

1～3. 血肿机化演进期　4～7. 原始骨痂形成期　8. 骨痂改造塑型期

2. 骨折临床愈合标准　局部无压痛；病肢肢轴端正或稍有变形，无成角畸形；局部无异常活动，能自行起卧，运步正常或仅有轻度或中度跛行；X射线摄片显示骨折线模糊或消失，有连续性骨痂通过骨折线；小动物经过内、外固定后，肢体应当无明显跛行症状。

3. 影响骨折愈合的因素

（1）全身因素。动物的年龄和健康状况与骨折愈合的快慢直接相关。年老体弱，营养不良、骨组织代谢紊乱，以及患有传染病等，均可使骨折的愈合延迟。

（2）局部因素。

①血液供应：广泛和严重的软组织创伤，复位或外固定、内固定装置不良，操作粗暴等，均可加重软组织、骨髓腔和骨膜的损伤，影响或破坏血液供给，使骨折愈合延迟甚至不愈合。

②固定：复位不良或固定不妥、过早负重，可能导致骨折端发生扭转、成角移位，使断端的愈合停留于纤维组织或软骨而不能正常骨化，造成畸形愈合或延迟愈合。

③骨折断端的接触面：接触面越大、愈合时间越短。如发生粉碎性骨折，骨折移位严重而间隙过大，骨折间有软组织嵌入，以及出血和肿胀严重等，均影响骨折的愈合，有时可以出现病理性愈合。

④感染：开放性骨折、粉碎性骨折或使用内固定容易继发感染。若处理不及时，可发展为蜂窝织炎、化脓性骨髓炎、骨坏死等，导致骨折延迟愈合或不愈合。

4. 骨折修复中的并发症

（1）压痛。由外固定所引起的擦伤和轻微的压痛，对骨折的愈合一般没有影响。但若在骨折修复的早期、中期有严重压痛时，将会影响固定时间，常需改装外固定装置。

（2）感染。开放性骨折污染明显的，必须及早作彻底的清创术。内固定手术应严格按照无菌技术要求先作外科处理，局部和全身应用敏感的抗菌药物直到感染控制后，再进行确实的固定。开放性骨折发生感染化脓或骨髓炎时，可用抗生素溶液冲洗，必要时在创口附近作一个反向孔插入针头冲洗。

（3）延迟愈合。即骨折愈合的速度比正常缓慢，局部仍有疼痛、肿胀、异常活动等症状。造成延迟愈合的原因很多，主要是骨膜和软组织破坏严重、局部血液循环不良、发生感染等，其会影响骨的正常愈合，延长愈合时间。这些因素只要在治疗中正确对待，大部是可以避免和解决的。

（4）畸形愈合。大多是骨折断端在错位的情况下愈合的结果。骨折远近两端的重叠、旋转和成角移位等畸形未能矫正，会造成骨折愈合后肢体姿势的畸形。多数患病动物的畸形愈合，在拆除固定后的修复过程中，可以自然矫正，特别是幼龄动物这种矫正的能力十分强，肢体的功能可以完全正常或接近正常。

（5）不愈合。是骨折断端的愈合过程停止。大多发生于延迟愈合。畸形愈合的许多原因未及时纠正，少数发生于内固定装置有异物反应。有大的骨缺损或骨断端间嵌有软组织等，这类骨折断端骨痂稀少，萎缩光圆，髓腔封闭，周围为结缔组织包裹，因而局部发生动摇，形成假关节。最终导致肢体变形，功能丧失。

（6）其他。固定时间过长或固定不良、不注意功能锻炼，均可导致肌肉萎缩和皮下脂肪的消失，发生废用性骨质疏松症，使关节囊及其周围肌肉的部分挛缩和关节发生纤维性粘连，造成关节僵硬。如果固定的时间不再延长，骨折愈合的情况允许病肢负重，这些变化一般是可逆的，对于躺卧而不能站立的患病动物，应防止褥疮的发生。

🐾 思考与练习

1. 什么是骨折？骨折的原因有哪些？
2. 骨折有哪些类型？
3. 骨折的临床症状是什么？
4. 骨折外固定的常用方法有哪些？
5. 骨折内固定的常用方法有哪些？
6. 简述骨折愈合的过程。

情境二　关节疾病

一、关节扭伤

关节扭伤是指关节在突然受到间接的外力作用下，超越了生理活动范围，瞬间的过度伸展、屈曲或扭转，从而引起关节囊及韧带等组织部分断裂或全断裂的关节疾病。此病最常发生于系关节和冠关节，其次是跗、膝关节。

【病因】　犬、猫在不平道路上的剧烈运动，急转、急停、转倒、失足蹬空、嵌夹于穴洞的急速拔腿、跳跃障碍、不合理的保定、肢势不良等，使关节超过生理活动范围的侧方运动和屈伸，引起关节韧带和关节囊的全断裂以及软骨和骨骺的损伤。

【症状】　关节扭伤在临床上表现有疼痛、跛行、肿胀、温热和骨赘等症状。由于患病关节、损伤组织程度和病理发展阶段不同，症状表现也不同。

（1）疼痛。原发性疼痛，受伤后立即出现，触诊可发现疼痛。举起患肢进行关节他动运动，立即出现疼痛反应，甚至拒绝检查。当做他动运动检查，有时发现关节的可动程度远远超过正常活动范围，这是关节侧韧带断裂和关节囊破裂的严重表现，此时疼痛明显。

（2）跛行。原发性跛行，受伤时突发跛行。行走数步之后，疼痛减轻或消失，这是原发性剧烈疼痛的结果。反应性疼痛跛行在伤后经 12～24h，炎症发展为反应性疼痛，再次出现跛行，跛行程度随运动而加剧，中等度、重度扭伤时表现这种跛行，而且组织损伤的越重，跛行也越重。上部关节扭伤时为悬跛，下部关节扭伤时为支跛。

（3）肿胀。病初炎性肿胀，是关节滑膜出血。关节腔血肿、滑膜炎性渗出特别是关节周围出血和水肿时，肿胀更为明显；另一种肿胀出现在慢性经过的骨质增殖，形成骨赘时，表现硬固肿胀。

（4）温热。根据炎症反应程度和发展阶段而有不同表现。一般伤后经过 0.5～1 d 的时间，它和炎性肿胀、疼痛和跛行同时并存，并表现有一致性。仅在慢性过程关节周围纤维性增殖和骨性增殖阶段有肿胀、跛行而无温热。

（5）骨赘。慢性关节扭伤可继发骨化性骨膜炎，常在韧带附着处形成骨赘，因而存在长期跛行。

【治疗】　制止出血和炎症发展，促进吸收，镇痛消炎、预防组织增生，恢复关节机能。

（1）制止出血和渗出。在伤后 1～2 d 内，为了制止关节腔内的继续出血和渗出，应进行冷敷和包扎压迫绷带或注射凝血剂。

（2）促进吸收。急性炎性渗出减轻后，用温水浴、干热疗法促进溢血和渗出液的吸收。如关节内出血不能吸收时，可作关节穿刺排出，同时向关节腔内注入 0.25% 普鲁卡因青霉素溶液。或使用碘离子透入疗法、超短波和短波疗法、石蜡疗法、酒精鱼石脂绷带，或敷中药四三一散。

（3）镇痛。向疼痛较重的患部注射盐酸普鲁卡因酒精溶液或涂擦弱刺激剂，如 10% 樟脑酒精、碘酊樟脑酒精合剂，或注射醋酸氢化可的松。在用药的同时适当进行牵遛运动可加速促进炎性渗出物的吸收。韧带、关节囊损伤严重或怀疑有软骨、骨损伤时，应根据情况包扎石膏绷带。

（4）局部疗法。对转为慢性经过的病例，患部可涂擦碘樟脑醚合剂每天涂擦 5～10 min，涂药同时进行按摩，连用 3～5 d。

（5）其他疗法。韧带断裂时可装着固定绷带，此外，应用红外线或氦-氖激光照射、碘离子透入及特定电磁疗法等均有良好效果。

【预后】　除重症者外，绝大部分病例预后良好。但是凡发生关节扭伤，常引起关节周围的结缔组织增生，关节的运动范围变窄，多数不能完全恢复功能。

重症者，由于关节内外的病变，留下长期的关节痛、外伤性关节水肿、变形性骨关节病及关节僵直等后遗症。

二、关节创伤

关节创伤是指各种不同外界因素导致的关节囊开放性损伤。有时并发软骨和骨的损伤，多发生于跗关节和腕关节，并多损伤关节的前面和外侧面，但也发生于肩关节和膝关节。

【病因】 刀、叉、枪弹、铁丝、铁条等锐利物体的致伤；车撞、蹦踢、在冬季路滑快速奔跑时跌倒等钝性物体的致伤。

【症状】 根据关节囊的穿透有无，分为关节透创和非透创。

关节非透创：轻者关节皮肤破裂或缺损、出血、疼痛，轻度肿胀。重者皮肤伤口下方形成创囊，内含挫灭坏死组织和异物，容易引起感染。有时甚至关节囊的纤维层遭到损伤，同时损伤腱、腱鞘或黏液囊，并流出黏液。非透创病初一般跛行不明显，腱和腱鞘损伤时，跛行显著。

为了鉴别有无关节囊和腱鞘的损伤时，可向关节内、腱鞘内注入带色消毒液，如从关节囊伤口流出药液，也可以作关节腔充气造影 X 射线检查，证明为透创。诊断关节创伤时，忌用探针检查，以防污染和损伤滑膜层。

关节透创：特点是从伤口流出黏稠透明、淡黄色的关节滑液，有时混有血液或由纤维素形成的絮状物。滑液流出状态，因损伤关节的部位以及伤口大小不同，表现也不同，活动性较大的跗关节囊有时因挫创损伤组织较重，伤口较大时，则滑液持续流出；当关节因刺创，组织被破坏的比较轻，关节囊伤口小，伤后组织肿胀压迫伤口，或纤维素块的堵塞，只有自动或他动运动屈曲患关节时，才流出滑液。一般关节透创病初无明显跛行，严重挫创时跛行明显。跛行常为悬跛或混合跛行。诊断关节透创时，需要进行 X 射线检查有无金属异物残留关节内。

如伤后关节囊伤口长期不闭合，滑液流出不止，抗感染力降低，则会出现感染症状。临床常见的关节创伤感染为化脓性关节炎和急性腐败性关节炎。

【治疗】 治疗原则：合理处理伤口，防治感染，力争在关节腔未出现感染之前闭合关节囊的伤口。

（1）伤口处理。对新创彻底清理伤口，切除坏死组织和异物及游离软骨和骨片，排除伤口内盲囊，用防腐剂穿刺洗净关节创，由伤口的对侧向关节腔穿刺注入防腐剂，忌由伤口向关节腔冲洗，以防止污染关节腔。最后涂碘酊，包扎伤口，对关节透创应包扎固定绷带。

限制关节活动，控制炎症发展。关节切创在清净关节腔后，可用肠线或丝线缝合关节囊，其他软组织可不缝合，然后包扎绷带，或包扎有石膏绷带。如伤口被血凝块堵塞，滑液停止流出，关节腔内尚无感染征兆时，此时不应除掉血凝块。注意全身疗法和抗生素疗法相结合，慎重处理伤口，可以期待关节囊伤口的闭合。

在关节腔未发生感染之前，为了闭合关节囊伤口，可对伤口一般处理后，用自家血凝块填塞闭合伤口，效果较好。方法：在无菌条件下取静脉血适量，放于 3～6 ℃处，待血凝后析出血清，取血凝块塞入关节囊伤口，压迫阻止滑液流出，可迅速促进肉芽组织增生闭合伤口。还可以同时使用局部封闭疗法。

对陈旧伤口的处理，已发生感染化脓时，清净伤口，除去坏死组织，用防腐剂穿刺洗涤关节腔，清除异物、坏死组织和骨的游离块，用碘酊凡士林敷盖伤口，包扎绷带，此时不缝合伤口。如伤口炎症反应强烈时，可用青霉素溶液敷布，包扎保护绷带。

（2）局部理疗。为改善局部的新陈代谢，促进伤口早期愈合，可应用温热疗法，如温敷、石蜡疗法、紫外线疗法、红外线疗法和超短波疗法，以及激光疗法，用低功率氦氖激光或二氧化碳激光扩焦局部照射等。

（3）全身疗法。尽早使用抗生素疗法，磺胺疗法、普鲁卡因封闭疗法（要封闭）、碳酸氢钠疗法、自家血液和输血疗法及钙疗法（处方：氯化钙10 g、葡萄糖30 g、安钠咖1.5 g、生理盐水溶液500 mL，灭菌，1次注射）。或氯化钙酒精疗法（处方：氯化钙20 g、蒸馏酒精40 mL、0.9%氯化钠溶液500 mL，灭菌）。

三、关节脱位

关节脱位是指关节因受到机械外力、病理等作用，引起骨间关节面失去正常对合。如关节完全失去正常对合时称全脱位，反之称不全脱位。犬、猫最常发生髋关节、髌骨脱位；肘关节、肩关节也发生脱位；腕关节、跗关节、寰枢关节及下颌关节偶发脱位。

【病因】　临床上多因强烈的外力作用，先天性因素在犬较常见，如髌骨脱位，多与遗传有关。

【症状】　关节脱位主要症状有：

（1）关节变形，改变原来解剖学上的隆起与凹陷。

（2）异常固定，因关节错位，加之肌肉和韧带异常牵引，使关节在非正常位置固定，被动运动时，表现出基本不动或运动限制。

（3）关节肿胀，严重外伤时，周围软组织受损，关节出血、发炎、疼痛及肿胀。

（4）肢势改变，在脱位关节下方发生肢势改变，如内收、外展、屈曲或伸展等。

（5）机能障碍，由于关节异常变位、疼痛，运动时患肢出现跛行。

【诊断】　根据临床症状可做出初步诊断，确诊需经X射线检查，了解关节脱位程度，有无骨折和关节畸形等。

【治疗】

（1）整复。对新发生的关节脱位应及早整复，否则炎症发展，影响复位。为减少肌肉、韧带的张力和疼痛，整复时应全身麻醉。

整复有闭合性整复和开放性整复两种。轻度关节脱位，可采用闭合性整复。但小动物常因肥胖、体重和活泼，用此法常难以整复或易复。闭合性整复方法视不同关节脱位而异，一般将犬、猫侧卧位保定，采用牵拉、按压、内旋、外展、伸屈等方法，使关节复位。对于中度或严重的关节脱位，多采用开放性整复。即在直视情况下，利用牵拉、旋转或杠杆作用，易于正确复位。

（2）固定。整复后，为防止再发，应立即进行固定。固定有外固定和内固定两种。外固定在闭合性整复下进行，可根据关节部位的特点采用不同的外固定方法。常选择夹板绷带、可塑性绷带（包括石膏绷带）、托马斯支架和外固定器等。内固定在开放性整复时进行。也可根据脱位性质，选择断裂的韧带、髓内针、钢针缝合和固定等，同时配合外固定以加强内固定。

附：　犬、猫常见的关节脱位

1. 髋关节脱位

【病因】　多因外伤所致（如被汽车撞击），也常发生于髋关节发育异常。多数为髋关节前方脱位，仅少数为后上方或下方脱位。

【症状及诊断】 有外伤史，动物趾部向内旋转，肢体内收，患肢不能负重。股骨头前上方脱位，大转子较健侧高，大转子与坐骨结节间距离增加。站立时患肢短于健肢；如后上方脱位，患肢向后延伸时稍长于健肢，但向下伸展，患肢则变短，大转子与坐骨结节间距缩小；股骨头下方脱位时，大转子难以触摸到，患肢明显变长。根据临床症状一般能做出初步诊断，X射线检查可进一步查明股骨头脱位精确位置、髋臼骨折及股骨头颈骨折等，也有助于鉴别诊断髋关节发育异常和雷卡佩氏病。

【治疗】

(1) 治疗性整复。简单脱位，仅4～5d，无其他并发症（如无骨折）时，可采用闭合性整复。犬、猫侧卧保定，患肢在上。术者拇指和食指按压大转子，先外旋、外展和伸直患肢，使股骨头整复到髋臼水平位置，再内旋、外展股骨，使股骨头滑入髋臼内。如复位成功，可听到复位声，患肢可做大范围的活动。术后用"8"字形吊带将肢屈曲悬吊，使髋关节免负体重，连用7～10d，动物限制活动2周以上。

(2) 开放性整复固定。闭合性复位不成功、长期脱位或脱位并发骨折者，应施开放性整复固定。一般选择背侧手术通路，此通路最易接近髋关节。在暴露髋关节后，彻底清洗关节内血凝块、组织碎片，并将股骨头整复到髋臼内。

固定股骨头有多种方法，常用的方法有：缝合关节囊和周围软组织；骨螺钉固定，即骨螺钉钻入髋臼上缘，再用不锈钢丝将股骨颈固定在螺钉上；钢针固定，根据动物体重，选择不同粗细的髓内针或克氏钢针。用钢针将股骨头固定在髋臼中，其钢针通常在大转子下穿入股骨头至髋臼。

术后患肢系上"8"字形吊带10～14d，动物限制活动3周，以后逐渐增加活动量2～3周，术后14～21d拔出髓内针。

2. 髌骨脱位 髌骨脱位常发生于犬，猫偶见。犬以体型小的（如玩具犬和小型犬等）多见，大型犬也可发生。临床上有髌内方脱位和髌外方脱位两种，但以髌内方脱位为多见，占78%～80%。

【病因】 髌内方脱位常为先天性的，多发生在幼年期，与创伤无关。虽出生时无髌内方脱位，但有后肢骨骼解剖上的畸形，即髋内翻和股骨颈前倾减小，故认为它是一种遗传性疾病。这种骨骼结构上的改变可导致髌内方脱位的发生。髌内方脱位以一肢多见，有20%～25%的病例发生双侧性的。最近发现大型或巨型犬也发生髌内方脱位，并同时发生膝关节前十字韧带断裂，这可能由股四头肌固定关节的力量不足而使十字韧带应激增加所致。

髌外方脱位多与外伤、髋关节发育异常有关，多见于大型品种犬。髌外方脱位又称膝外翻，一般为两侧性，5～6月龄多发。

【症状】 髌内方脱位常分为四级：一级脱位，犬、猫很少出现跛行，偶见跳跃行走，此时髌骨越过滑车嵴。髌骨可人为地脱位，但释手可自行复位。二级脱位，从偶尔跳行到连续负重，出现跛行，膝关节屈曲或伸展时，髌骨脱位或人为脱位，并可自行复位。三级脱位，跛行程度不同，从偶尔跛行到负重，多数病例负重时出现轻度到中度跛行。出现中度或严重的弓形腿，胫骨扭转。触摸髌骨常呈脱位状态，能人为离位到滑车内，但释手会重新脱位。四级脱位，常两肢跛行，免负体重，前肢平衡性差。虽然有的动物能支撑体重，但膝关节不能伸展，后肢呈爬行姿势，趾部内旋。髌骨持久性脱位，不能复位。

髌外方脱位也有四级之分，常累及两肢，最明显的症状是两后肢呈膝外翻姿势。髌骨通常可复位，内侧韧带明显松弛。膝关节内侧支持组织常增厚，负重时，趾部外旋。

【诊断】　根据临床症状和触摸可以做出诊断。X 射线检查可发现病胫骨和股骨呈现不同程度的扭转。临床上应与十字韧带断裂、股神经麻痹、膝关节炎、骨软骨炎等相区别。

【治疗】　髌内方脱位有保守疗法和手术疗法两种。对于偶发性髌骨内方脱位，临床症状轻或无临床症状，病犬大于 1 岁者适宜保守治疗。其治疗方法包括减少体重，限制活动，必要时给予非固醇类抗炎药物，如阿司匹林或保泰松等。临床症状明显，并出现跛行者，应尽早手术治疗。手术方法有多种，多根据髌内方脱位程度选择适宜的手术。手术目的是加强髌骨外侧支持韧带的作用，改变滑车结构，控制髌骨向内移位。对于轻度髌骨内方移位，可在外侧关节囊或腓骨与髌骨间用缝线固定，限制髌骨内移；如系滑车沟变浅，可施滑车成形术，确保髌骨在滑车内滑动；如股骨内旋，可施胫骨结节移位术，使髌骨韧带矫正到正常位置；也可切断部分内收肌（如缝匠肌、股内直肌等），增加内松弛作用，以矫正髌骨的不稳定。股骨、胫骨严重变形者，需施部分股骨或胫骨切除术，以促进髌骨恢复正常位置。

髌外方脱位以手术治疗为主。手术的目的是加强髌骨内侧支持带作用，可按髌骨内方脱位手术方法做相应的改进。

🐾 思考与练习

1. 简述关节扭伤的症状和治疗方法。
2. 简述关节透创的症状和治疗方法。
3. 关节脱位如何整复与固定？

模块六 ◇ 肿 瘤

肿瘤是动物体正常组织细胞在不同的始动与促进因素长期作用下，产生的细胞增生与异常分化而形成的病理性新生物。它与受累组织的生理需要无关，无规律生长，丧失正常细胞功能，破坏原器官结构，有的转移到其他部位，危及生命。肿瘤与"组织再殖"或"炎性增殖"时的组织增殖现象有质的不同。当致瘤因素停止作用之后，该新生物仍可继续生长。

肿瘤组织还具有特殊的代谢过程，比正常的组织增殖快，耗损动物体大量的营养，同时还产生某些有害物质，损害机体。肿瘤是机体整体性疾病的一种局部表现。它的生长有赖于机体的血液供应，并且受机体的营养和神经状态的影响。

情境一 肿瘤基本知识

一、肿瘤的病因

肿瘤的病因迄今尚未完全清楚，根据大量实验研究和临床观察初步认为其与外界环境因素有关，其中主要是化学因素，其次是病毒和放射线。

1. 外界因素

（1）物理因子。机械的、紫外线、电离辐射等刺激均可直接或诱发某些肿瘤、白血病与癌。

（2）化学因子。已知用煤焦油反复涂擦可引起兔耳皮肤肿瘤。目前已知的化学致癌物质一百余种，随着环境污染的日益严重，实验发现 3，4-苯并芘、1，2，5，6-二苯蒽等致癌性都很强，局部涂敷能引起鼠的乳头状瘤及至癌变；注射可引起肉瘤。亚硝胺类的二甲基亚硝胺、二乙基亚硝胺可诱发哺乳动物多种组织的各类肿瘤，如牛皱胃癌、猪胃癌。黄曲霉菌 B_1 毒性最强，能诱发大鼠、鸭、猪及猴的肝癌，大鼠的胃癌、支气管癌和肾癌等。用有机农药饲喂小鼠可致癌。其他如芳香胺类的联苯胺、乙萘胺、砷、铬、镍、锡、石棉等都具有一定的致癌作用。

（3）病毒因子。自 Rous（1910）用鸡肉瘤滤液接种健康鸡发生肉瘤后，到目前已证明有数十种动物肿瘤，如鸡的白血病/肉瘤群，野兔的皮肤乳头状瘤，小鼠、大鼠、豚鼠、猫、犬、牛和猪的白血病也都是病毒所致。

2. 内部因素 在相同外界条件下，有的动物发生肿瘤，有的却不发生，说明外界因素只是致瘤条件，外因必须通过内因起作用。

（1）免疫状态。若免疫功能正常，小的肿瘤可能自消或长期保持稳定，尸体剖检发现生前无症状的肿瘤可能与此有关。在实验性肿瘤中验证体液免疫和细胞免疫这两种机理都存在，但是以细胞免疫为主。在抗原的刺激下，体内出现免疫淋巴细胞，它能释放淋巴毒素和游走抑制因子等，破坏相应的瘤细胞或抑制肿瘤生长。因此，肿瘤组织中若含有大量淋巴细胞是预后良好的标志。如有先天性免疫缺陷或各种因素引起的免疫功能低下，则肿瘤组织就有可能逃避免疫细胞监视，冲破机体的防御系统，从而使瘤细胞大量增殖和无限地生长。由此可见机体的免疫状态与肿瘤的发生、扩散和转移有重大关系。

（2）内分泌系统。实验证明性激素平衡紊乱，长期使用过量的激素均可引起肿瘤或对其发生有一定的影响。肾上腺皮质激素、甲状腺素的紊乱，也对癌的发生起一定的作用。

（3）遗传因子。遗传因子与肿瘤发生已有很多实验证明，如同卵双生子的相同器官的肿瘤相当普遍。动物实验证明乳腺癌鼠族进行交配，其后代常出现同样肿瘤。但也有人认为不存在遗传因子，环境因素更为重要。

（4）其他因素。神经系统、营养因素、微量元素、年龄等也有很大影响。

二、肿瘤流行病学

动物肿瘤的发生有一定的普遍性，涉及各种家畜、家禽和野生动物。几乎遍布于与人类关系密切的各种动物。

1. 品种因素　动物肿瘤的发生品种间易感性差异很大。特别在犬中，品系不同，其所发生的肿瘤各不相同，如肥大细胞瘤和皮肤癌常发于波士顿犬；而血管外皮细胞瘤则常发生于拳师犬。

2. 年龄因素　动物肿瘤发病与年龄有关，一般规律，年龄越大，肿瘤的发病率越高，危害性也越大。这可能由于老龄动物对某些致癌物质的多次影响、机体免疫功能低下和代谢功能衰退有关。然而也有例外，某些动物肿瘤幼年发病率均远远高于成年和老龄，如犬的乳腺肿瘤多发于 6 岁以下的母犬。

3. 性别因素　某些肿瘤的发生与动物性别有关。猫的白血病，公猫的发病率高于母猫。

4. 条件因素　动物的饲养管理条件与肿瘤发生有一定关系。霉败变质饲料容易致癌，饲喂霉败饲料过多、时间过长，癌瘤发病率就高。

5. 环境因素　有的动物肿瘤常呈地方性流行，我国某些地区，由于地带特殊，饲料的黄曲霉含量高，呈癌的高发地区。

6. 多原发性易感因素　多原发性肿瘤是动物肿瘤发生的一个特殊性，即在一个动物体上同时发生几种肿瘤。有国外资料报道两头拳师犬身上分别生长 10 和 9 种不同的肿瘤。

三、肿瘤分类和命名

1. 分类　临床上，根据肿瘤对患畜的危害程度不同，通常分为良性肿瘤和恶性肿瘤；在诊断病理学中，根据肿瘤的组织来源和组织形态和性质不同，可分为上皮组织肿瘤、间叶组织肿瘤、神经组织肿瘤和其他类型肿瘤（表 3-6-1）。

表 3-6-1　肿瘤分类

组织种类	组织来源	良性肿瘤	恶性肿瘤
上皮组织	鳞状上皮	乳头状瘤	鳞状细胞癌，基底细胞癌
	腺上皮	腺瘤	腺癌
	移行上皮	乳头状瘤	移行上皮

（续）

组织种类	组织来源	良性肿瘤	恶性肿瘤
间叶组织	纤维结缔组织	纤维瘤	纤维肉瘤
	黏液结缔组织	黏液瘤	黏液肉瘤
	脂肪组织	脂肪瘤	脂肪肉瘤
	骨组织	骨瘤	骨肉瘤
	软骨组织	软骨瘤	软骨肉瘤
肌肉组织	平滑肌	平滑肌瘤	平滑肌肉瘤
	横纹肌	横纹肌瘤	横纹肌肉瘤
淋巴造血组织	淋巴组织	淋巴瘤	恶性淋巴瘤（淋巴肉瘤）
	造血组织		白血病，骨髓瘤等
	脉管组织		
	血管	血管瘤	血管肉瘤
	淋巴管	淋巴管瘤	淋巴管肉瘤
	间皮组织	间皮细胞瘤	间皮细胞肉瘤
神经组织	神经节细胞	神经节细胞瘤	神经节细胞肉瘤
	室管膜上皮	室管膜瘤	室管膜母细胞瘤
	胶质细胞	胶质细胞瘤	多形胶质母细胞瘤，髓母细胞瘤
	神经鞘细胞	神经鞘瘤	恶性神经鞘瘤
其他	黑色素细胞	黑色素瘤	恶性黑色素瘤
	三个胚叶组织	畸胎瘤	恶性畸胎瘤
	几种组织	混合瘤	恶性混合瘤，癌肉瘤

2. 命名

（1）良性肿瘤的命名。一般称为"瘤"，通常在发生肿瘤的组织的名称之后加上一个瘤（- oma）字。如纤维组织发生的肿瘤，称为纤维瘤（fibroma）；脂肪组织发生的肿瘤，称脂肪瘤（lipoma）等。在一些情况下，良性肿瘤也可根据其生长的形态命名，如发生在皮肤或黏膜上，形似乳头的良性肿瘤，称乳头状瘤（papilloma）。有时，进一步表明乳头状瘤的发生部位，还可加上部位的名称，例如发生于皮肤的乳头状瘤，称皮肤乳头状瘤。此外，由两种间胚组织构成的良性肿瘤，称为混合瘤。

（2）恶性肿瘤的命名。上皮组织的肿瘤，称为"癌"（carcinoma）。为表明癌的发生位置，在癌字的前面可冠以发生的器官或组织的名称。如鳞状细胞癌（squamous cell carcinoma）、食道癌（carcinoma of esophagus）等。

来源于间叶组织的肿瘤，统称为肉瘤（sarcoma）。在肉瘤前冠以其发生的组织名称，即该组织的肿瘤病名，如淋巴肉瘤（lymphosarcoma）、骨肉瘤（osteosarcoma）等。

来自胚胎细胞未成熟的组织或神经组织的一些恶性肿瘤，通常在发生肿瘤的器官或组织的名称前加上一个"成"字，后面加一个"瘤"字（或在组织名称之后加"母细胞瘤"字样），如成肾细胞瘤（nephroblastoma）又称肾母细胞瘤，成神经细胞瘤（neuroblastoma）

又称神经母细胞瘤。

有些恶性肿瘤沿用习惯名称，如鸡马立克氏病（Marek's Disease）、白血病（leukemia）等；部分恶性肿瘤因组织来源和成分复杂或不能肯定。所以既不能称为癌，也不能称为瘤，属混合瘤，一般就在传统的名称前加上"恶性"二字。这些肿瘤的实质成分来自三种胚叶，属于特殊类型的肿瘤，如畸胎瘤（teratoma）、恶性黑色素瘤（malignant melanoma）等。

（3）良性肿瘤和恶性肿瘤的临床病理特征鉴别点（表3-6-2）。良性肿瘤多呈膨胀性生长，瘤体发展缓慢，外周有结缔组织增生形成的包膜，表面光滑，不发生转移。但位于重要器官的良性肿瘤也可威胁生命。少数肿瘤也可发生恶变。恶性肿瘤临床病理特征，多呈侵袭性生长或发生转移，病程重，发展快，并常有全身症状表现，恶病质是恶性肿瘤的晚期表现。

表3-6-2　良性与恶性肿瘤的鉴别

	项　目	良　性	恶　性
生长特性	生长方式	膨胀性生长居多	侵袭性生长为主
	生长速度	缓慢生长	生长较快
	边界与包膜	边界清楚，大多有包膜	边界清楚，大多无包膜
	质地与色泽	近似正常组织	与正常组织差别较大
	侵袭性	一般不侵袭	有侵袭及蔓延现象
	转移性	不转移	易转移
	复发	完整切除后不复发	易复发
组织学特点	分化与异型性	分化良好，无明显异型性	分化不良，有异型性
	排列	规则	不规则
	细胞数量	稀散，较少	丰富，致密
	核膜	较薄	增厚
	染色质	细腻，少	深染，多
	核仁	不增多，不变大	增多，变大
	核分裂象	不易见到	能见到
功能代谢		一般代谢正常	异常代谢
对机体影响		一般影响不大	对机体影响大

四、肿瘤的症状

肿瘤症状取决于其性质、发生组织、部位和发展程度。肿瘤早期多无临床明显症状。但如果发生在特定的组织器官上，可能有明显症状出现。

1. 局部症状

（1）肿块（瘤体）。发生于体表或浅在的肿瘤，肿块是主要症状，常伴有相关静脉扩张、增粗。肿块的硬度、可动性和有无包膜与肿瘤种类有关。位于深在或内脏器官时，不易触及，但可表现功能异常。肿块的生长速度在良性肿瘤慢，恶性肿瘤快且后者可能发生相应的转移灶。

（2）疼痛。肿块的膨胀生长、损伤、破溃、感染可使神经受刺激或压迫，有不同程度的疼痛。

（3）溃疡。体表、消化道的肿瘤，若生长过快，引起供血不足继发坏死，或感染导致溃疡。恶性肿瘤，呈菜花状瘤，肿块表面常有溃疡，并有恶臭和血性分泌物。

（4）出血。位于体表的肿瘤，易损伤、破溃、出血。消化道肿瘤，可能呕血或便血。泌尿系统肿瘤，可能出现血尿。

（5）功能障碍。肠道肿瘤可致肠梗阻。如乳头状瘤发生于上部食管，可引起吞咽困难。

2. 全身症状　良性和早期恶性肿瘤，一般无明显全身症状，或有贫血、低烧、消瘦、无力等非特异性的全身症状。如肿瘤影响营养摄入或并发出血与感染时，可出现明显的全身症状。恶病质是恶性肿瘤晚期全身衰竭的主要表现，瘤发部位不同恶病质出现迟早各异。有些部位的肿瘤可能出现相应的功能亢进或低下，继发全身性改变。如颅内肿瘤可引起颅内压增高和定位症状等。

五、肿瘤的诊断

诊断的目的在于确定有无肿瘤及明确其性质，以便拟订治疗方案和预后判断。临床诊断方法如下：

1. 病史调查　病史的调查，主要来自动物主人。如发现动物非外伤肿块，或动物长期厌食、进行性消瘦等，都有可能提示有关肿瘤发生的线索。同时还要了解动物的年龄、品种、饲养管理、病程等。

2. 体格检查　首先作系统的常规全身检查，再结合病史进行局部检查。全身检查要注意全身症状有无厌食、发热、易感染、贫血、消瘦等。局部检查必须注意：

（1）肿瘤发生的部位，分析肿瘤组织的来源和性质。

（2）认识肿瘤的性质，包括肿瘤的大小、形状、质地、表面温度、血管分布、有无包膜及活动度等，这对区分良、恶性肿瘤和估计预后都有重要的临床意义。

（3）区域淋巴结和转移灶的检查对判断肿瘤分期、制订治疗方案均有临床价值。

3. 影像学检查　应用X射线、超声波、各种造影、X射线计算机断层扫描（CT）、核磁共振（MRI）、远红外热像等各种方法所得成像，检查有无肿块及其所在部位，阴影的形态及大小，结合病史、症状及体征，为诊断有无肿瘤及其性质提供依据。

4. 内窥镜检查　应用金属（硬管）或纤维光导（软管）的内窥镜直接观察空腔脏器、胸腔、腹腔以及纵隔内的肿瘤或其他病理状况。内窥镜还可以取细胞或组织做病理检查；能对小的病变如息肉做摘除治疗；能够向输尿管、胆总管、胰腺管插入导管做X射线造影检查。

5. 病理学检查　病理学检查历来是诊断肿瘤最可靠的方法，其方法主要包括如下类型。

（1）病理组织学检查。对于鉴别真性肿瘤和瘤样变、肿瘤的良性和恶性，确定肿瘤的组织学类型与分化程度，以及恶性肿瘤的扩散与转移等，起着决定性的作用；并可为临床制订治疗方案和判断预后等提供重要依据。病理组织学检查方法有钳取活检、针吸活检、切取或切除活检等，病理组织学诊断是临床的肯定性诊断。

（2）临床细胞学检查。是以组织学为基础来观察细胞结构和形态的诊断方法。常用脱落细胞检查法，采取腹水、尿液沉渣或分泌物涂片，或借助穿刺或内窥镜取样涂片，以观察有无肿瘤细胞。

（3）分析和定量细胞学检查法。利用电子计算机分析和诊断细胞是细胞诊断学的一个新领域。应用流式细胞仪和图像分析系统开展 DNA 分析，结合肿瘤病理类型来判断肿瘤的程度及推测预后。该技术专用性强、速度快，但准确性不高，可作为肿瘤病理学诊断的辅助方法。

6. 免疫学检查 随着肿瘤免疫学的研究发现，在肿瘤细胞或宿主对肿瘤的反应过程中，可异常表达某些物质，如细胞分化抗原、胚性抗原、激素、酶受体等肿瘤标志物。这些肿瘤标志物在肿瘤和血清中的异常表达为肿瘤的诊断奠定了物质基础。针对肿瘤标志物制备多克隆抗体或单克隆抗体，利用放射免疫、酶联免疫吸附和免疫荧光等技术检测肿瘤标志，目前已应用或试用于医学临床。

7. 酶学检查 近年来，研究揭示肿瘤同工酶的变化趋向胚胎型，当肿瘤组织行态学失去分化时，其胚胎型同工酶活性也随之增加。因此认为胚胎与肿瘤不但在抗原方面具有一致性，而且在酶的生化功能方面也有相似之处；故在肿瘤诊断中采用同工酶和癌胚抗原同时测定，如癌胚抗原（CEA）与 γ-谷氨酰转肽酶（γ-GT），甲胎蛋白（AFP）与乳酸脱氢酶（LDH）等。这样，既可提高诊断准确性，又能反应肿瘤损害的部位及恶性程度。

8. 基因诊断 肿瘤的发生发展与正常癌基因的激活和过量表达有密切关系。近年来，细胞癌基因结构与功能的研究取得重大突破，目前已知癌基因是一大类基因族，通常以原癌基因的形式普遍存在于正常动物基因组内。

六、肿瘤的治疗

1. 良性肿瘤治疗 治疗原则是手术切除。但手术时间的选择，应根据肿瘤的种类、大小、位置、症状和有无并发症而有所不同。

（1）易恶变的、已有恶变倾向的、难以排除恶性的良性肿瘤等应早期手术，连同部分正常组织彻底切除。

（2）良性肿瘤出现危及生命的并发症时，应作紧急手术。

（3）影响使役、肿块大或并发感染的良性肿瘤可择期手术。

（4）某些生长慢、无症状、不影响使役的较小良性肿瘤可不手术，定期观察。

（5）冷冻疗法对良性瘤有良好疗效，适于大小家畜，可直接破坏瘤体，以及短时间内阻塞血管而破坏细胞。被冷冻的肿瘤日益缩小，乃至消失。

2. 恶性肿瘤的治疗 如能及早发现与诊断则往往可望获得临床治愈。

（1）手术治疗。迄今为止仍不失为一种治疗手段，前提是肿瘤尚未扩散或转移，手术切除病灶，连同部分周围的健康组织，应注意切除附近的淋巴结。为了避免因手术而带来癌细胞的扩散，应注意以下数点：①动作要轻而柔，切忌挤压和不必要的翻动癌肿；②手术应在健康组织范围内进行，不要进入癌组织；③尽可能阻断癌细胞扩散的通路（动、静脉与区域淋巴结），肠癌切除时要阻断癌瘤上、下段的肠腔；④尽可能将癌肿连同原发器官和周围组织一次整块切除；⑤术中用纱布保护好癌肿和各层组织切口，避免种植性转移；⑥高频电刀、激光刀切割，止血好可减少扩散；⑦对部分癌肿在术前、术中可用化学消毒液冲洗癌肿区（如迫金氏液，即 0.5% 次氯酸钠液用氢氧化钠缓冲至 pH9，要求与手术创面接触 4 min）。

（2）放射疗法。是利用各种射线，如深部X射线、γ射线或高速电子、中子或质子照射肿瘤，使其生长受到抑制而死亡。分化程度越低、新陈代谢越旺盛的细胞，对放射线越敏感。临床上最敏感的是造血淋巴系统和某些胚胎组织的肿瘤，如恶性淋巴瘤、骨髓瘤、淋巴上皮癌等。中度敏感的有各种来自上皮的癌肿，如皮肤癌、鼻咽癌、肺癌。不敏感的有软组织肉瘤、骨肉瘤等。在兽医实践上对基底细胞瘤、会阴腺瘤、乳头状瘤等疗效较好。美国科罗拉多州立大学兽医院报道放射疗法对会阴瘤疗效为69%，纤维肉瘤为34%，鳞状细胞癌为74%，巨细胞瘤为54%。过去认为肉瘤对放射线不敏感，比癌更难控制。但给予攻击性剂量有可能控制。因为在治疗时大部分病例已侵害到骨，而一般X射线治疗机的穿透力达不到如此深度，当采用钴60远距离4 000 rad或更多照射时，则对马纤维肉瘤的控制可达56%。巨细胞瘤手术疗法后，切口创缘常见到肿瘤细胞，若配合放射疗法可提高疗效，使控制率达到50%，如剂量加到4 000拉德以上则可达到57%。但术后立即照射会延缓伤口愈合，术后数天照射可使切口发生裂开，一般选择术后立即或术后3周进行照射。Madewell等报道10头患鼻肿瘤的家畜经钴60照射后，半数得到控制。眼鳞状细胞癌和血管翳如深度不超过几个毫米，用锶60的β粒子照射，一次剂量为8 000～10 000 rad，证实有效。由于锶90的吸收对眼病变特别有用，它每穿透1 mm，照射强度降低50%，因此眼球表面可得到高剂量而深部如晶状体则得到保护。

（3）化学疗法。最早是用腐蚀药，如硝酸银、氢氧化钾等，对皮肤肿瘤进行烧灼、腐蚀，目的在于化学烧伤形成痂皮而愈合。50%尿素液、鸦胆子油等对乳头状瘤有效。还有烷化剂的氮芥类，如马利兰、甘露醇氮芥类，环磷酰胺（癌得星），噻替哌等药物。植物类抗癌药物如长春新碱和长春碱等。抗代谢药物如甲氨蝶呤（methotrexate MTX），6-硫基嘌呤等均有一定疗效。

（4）免疫疗法。近年来随着免疫的基本现象的不断发现和免疫理论的不断发展，利用免疫学原理对肿瘤防治的研究已取得了明显的成就。已作为对肿瘤手术、放射或化学疗法后消灭残癌的综合治疗法。

许多事实证明，机体内免疫功能的存在，使绝大多数的动物可免于肿瘤的侵害，而少数个体由于先天的或后天的原因，致使免疫力缺陷，才易于发生癌瘤。因此调动机体内的免疫疗法是对付肿瘤的一种方法。目前多采取特异性免疫治疗：采取自身肿瘤疫苗治疗及交叉接种和交叉输血治疗方法；非特异性免疫治疗：使用灭活病毒或疫苗以增强机体的抗病力，激活患体的免疫活性细胞增加和提高对外来有害因子如微生物、化学物质与异物的杀伤与破坏能力。

思考与练习

1. 发生肿瘤的外因和内因分别是什么？
2. 如何鉴别良性与恶性肿瘤？
3. 肿瘤有哪些主要症状？
4. 如何诊断肿瘤？
5. 如何治疗肿瘤？

情境二　犬、猫常见肿瘤

一、上皮性肿瘤

上皮性肿瘤的组织来源包括复层鳞状上皮、柱状上皮、各种腺上皮和移行上皮。由这些上皮组织所形成的肿瘤，临床常见类型如下：

1. 乳头状瘤　乳头状瘤（papilloma）由皮肤或黏膜的上皮转化而成。它是最常见的表皮良性肿瘤之一，可发生于各种动物的皮肤。该肿瘤可分为传染性和非传染性两种，传染性乳头状瘤多发于牛，并散播于体表成疣状分布，所以又称为乳头状瘤病（papillomatosis），非传染性乳头状瘤多发于犬。

乳头状瘤的外形，上端常呈乳头状或分支的乳头状突起，表面光滑或凹凸不平，可呈结节状或菜花状等，瘤体可呈球形、椭圆形，大小不一，小者米粒大，大者可达数斤，有单个散在，也可多个集中分布。皮肤的乳头状瘤，颜色多为灰白色、淡红色或黑褐色。瘤体表面无毛，时间经过较久的病例常有裂隙，摩擦易破裂脱落。其表面常有角化现象。发生于黏膜的乳头状瘤还可呈团块状，但黏膜的乳头状瘤则一般无角化现象。瘤体损伤易出血。病灶范围大和病程过长的动物，可见食欲减退，体重减轻。乳房、乳头的病灶，则造成挤奶困难，或引起乳房炎。雄性生殖瘤常因交配感染雌性阴门、阴道（图 3-6-1）。

采用手术切除，或烧烙、冷冻及激光疗法是治疗本病主要措施。据报道，疫苗注射可达到治疗和预防本病的效果。目前美国已有市售的牛乳头状瘤疫苗供应。

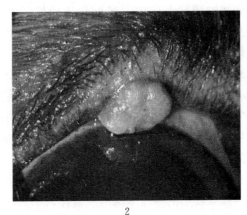

1　　　　　　　　　　2

图 3-6-1　乳头状瘤
1. 乳腺部乳头状瘤　2. 眼睑内侧乳头状瘤

2. 鳞状细胞癌　鳞状细胞癌（squamous cell carcinoma）是由鳞状上皮细胞转化而来的恶性肿瘤，又称鳞状上皮癌，简称鳞癌。最常发生于动物皮肤的鳞状上皮和有此种上皮的黏膜（如口腔、食道、阴道和子宫颈等），　其他不是鳞状上皮的组织（如鼻咽、支气管和子宫的黏膜）在发生了鳞状化生之后，也可出现鳞状细胞癌。

（1）皮肤鳞状细胞癌。多见于家畜，对肉用动物，可造成重大损失。长期暴晒、化学性刺激和机械性损伤是发病原因。好发部位为犬、猫、马的耳、唇、乳腺、鼻孔及中隔等处，牛、马的眼睑周围及生殖器官，犬爪、牛的角基，犬、猫、山羊乳房部等。一般质地坚硬，常有溃疡，溃疡边缘则呈不规则的突起。

① 眼部皮肤鳞状细胞癌：本病首先在角膜和巩膜面上出现癌前期的色斑，略带白色，稍突出表面；继而发展成为由结膜面被覆的疣状物；进一步形成乳头状瘤；最后在角膜或巩膜上形成癌瘤。有时累及瞬膜或眼睑。治疗可用手术切除（图3-6-2）。

② 外阴部和会阴部的鳞状细胞癌：可发生在阴筒、阴茎、外阴、肛门和肛周。好发在缺乏色素的阴茎和阴筒部位。以老龄公马和骟马多见；发生在外阴部的皮肤鳞状细胞癌，多见于母牛。

（2）爪鳞状细胞癌。多见于犬，起源于甲床或蹄的生发层组织。此瘤为慢性经过。恶性程度较高，而且早期出现区域淋巴结和内脏（肺）的转移。在诊断上应与好发生在此部的指间囊肿、肥大细胞瘤、黑色素瘤以及甲沟炎做仔细的鉴别。治疗可切除患指，清扫区域淋巴结，必要时截肢。

（3）黏膜鳞状细胞癌。质地较脆，多形成结节或不规则的肿块，向表面或深部浸润，癌组织有时发生溃疡，切面颜色灰白，呈粗颗粒状（图3-6-2）。肿瘤无包膜，与周围组织分界不明显。膀胱鳞状上皮癌据认为是由黏膜上皮化生为复层的扁平上皮癌变而来。临床上膀胱鳞状上皮癌，约占牛膀胱癌的7.8%，约占犬的14%，可见这一组织类型的癌在膀胱并不少见。膀胱的鳞状上皮癌一般分化比较好，癌细胞质及其形成的癌巢中心角化（癌珠）比较明显，细胞间桥比较清楚。

3. 基底细胞瘤　基底细胞瘤（basal cell tumors）发生于皮肤表皮的基底细胞层，是家畜中常见的肿瘤。以犬和猫比较多发。特别在前6岁以上者多见。但在马、兔以及其他动物身上也有发生，据资料统计，此癌在犬占皮肤肿瘤的3%～5%，在猫占13%～18%。

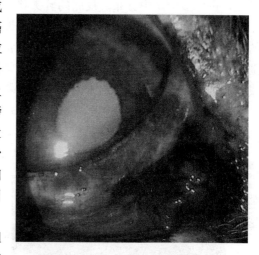

图3-6-2　眼部皮肤鳞状细胞癌

发病部位以口、眼、耳郭、胸及颊部为多，很少在躯干。基底细胞瘤生长速度慢，很少发生转移。较小的肿瘤呈圆形或囊体，中央缺毛，表皮反光；大的瘤体形成溃疡，一般只侵害皮肤，很少侵至筋膜层；个别瘤体含有黑色素，表面呈棕黑色，外观极似黑色素瘤。若发生的为皮肤基底细胞癌，则瘤体表面多呈结节状或乳头状突起，底层多呈浸润性生长，与周围的组织分界不清。

外科切除和冷冻疗法或激光切除均有良效。溃疡面可涂5-氟尿嘧啶软膏，每日涂2次。激光刀切除瘤体，疼痛轻。手术不出血，不缝合，手术时间短，愈合创面不留疤痕。

4. 腺瘤与腺癌　腺瘤（adenoma）与腺癌（adenocarcinoma）是常见的肿瘤，可见于多种动物。

（1）腺瘤。由腺体器官的腺上皮转化而形成的良性肿瘤。发生于黏膜或深部的腺体。以犬、猫乳腺最多发。犬的乳腺肿瘤多发于母犬，据报道，在母犬的所有肿瘤中，本病约占

25%。猫的乳腺肿瘤约占常见猫肿瘤的第三位，而且多见于未阉割的老龄母猫。家畜的肠腺瘤，既发生于小肠，也见于大肠（主要是结肠），直肠的腺瘤则多发于犬，某些肠腺瘤特别是结肠的息肉样腺瘤可发生恶变而形成腺癌。

腺体腺瘤多为圆形，外有完整的包膜。腺瘤分为实性或囊性。实性腺瘤切面外翻，其颜色和结构与其正常的腺组织相似，但有时可有坏死、液化与出血；囊性腺瘤切面有囊腔，囊内有大量的液体，囊壁上皮呈不同程度的乳头状增生。黏膜腺瘤呈息肉状突起，基部有蒂或无蒂，切面似增厚的黏膜，此称为息肉样腺瘤。

（2）腺癌。通常由腺上皮发生或有化生的移行上皮发生的恶性肿瘤。多发于动物的胃肠道、支气管、胸腺、甲状腺、卵巢、乳腺和肝等器。腺癌呈不规则的肿块，一般无包膜，与周围健康组织分界不清，癌组织硬而脆，颗粒状，颜色灰白，生长于黏膜上的腺癌，表面常有坏死与溃疡。犬、绵羊、牛常发生肠腺癌。

二、间叶性肿瘤

间叶性肿瘤来自于纤维组织、脂肪组织、肌肉组织、血管、淋巴管、间皮、骨和软骨组织、黏液组织等。这些组织形成的常见肿瘤如下。

1. 纤维瘤和纤维肉瘤 纤维瘤和纤维肉瘤是家畜常见的肿瘤，可见于多种动物。

（1）纤维瘤。是由结缔组织发生的一种成熟型良性肿瘤，由胶原纤维和结缔组织细胞构成。多见于头部、胸、腹侧和四肢的皮肤及黏膜。生长缓慢，大小不一，呈球形，质硬，有包膜。肿瘤切面呈半透明灰白色。包膜不完整，但边界基本清楚，质硬，有一定的弹性，切面呈白色或淡红色等，眼观切面有时可见纤维样纹理错综排列。纤维瘤可分为硬性和软性，前者多发生于皮肤、黏膜、肌膜、骨膜和腱等部位；后者见于皮肤、黏膜和浆膜下等部位。

（2）纤维肉瘤。是来源于纤维结缔组织的一种恶性肿瘤。马、骡、猫最为常见，有时也见于犬和牛。发生在皮下、黏膜下、筋膜、肌间隔等结缔组织以及实质器官。有时瘤体生长迅速，当转移到内脏器官可引起病畜死亡。纤维肉瘤质地坚实，大小不一，形状不规整，边界不清，可长期生长而不扩展。临床上常常被误诊为感染性损伤，尤其发生于爪部更易引起误诊。纤维肉瘤内血管丰富，因而切除和活检时，易出血是其特征。溃疡、感染和水肿往往是纤维肉瘤进一步发展的后遗症。

2. 脂肪瘤 脂肪瘤（lipoma）是由成熟的脂肪组织所构成的一种良性肿瘤，是常见的间叶性皮肤肿瘤。以牛和犬最为多见。犬以老龄母犬多发，常为单发性。其次在马、猪、绵羊都有发生。

皮下组织的脂肪瘤，外表一般呈结节状或息肉状，与周围组织有明显的界线，表面皮肤可自由移动。瘤体大小不一，质地略为坚实。脂肪瘤内如果含丰富的纤维细胞成分，则质地变为硬实，通常将这样的肿瘤称为纤维脂肪瘤。位于胸、腹腔脂肪瘤，常与胸膜和肠系膜的脂肪连接在一起。胸内大的脂肪瘤，可引起吞咽、心血管以及呼吸功能异常。脂肪瘤本属良性，但如果肿块过多、过大以至压迫重要器官影响功能时，则会危及生命。少数发生在犬和马的脂肪瘤可能浸润到肌束之间，仍属良性，但手术切除有困难。如不切除，将会造成跛行。

对实体性脂肪瘤，采用手术切除比较恰当。对胸内或腹内脂肪瘤的切除，只要在分离时勿伤及重要器官组织，严格遵守无菌操作及术后作好有效的抗感染和防止并发症，都能取得良好的治疗效果。

3. 骨瘤和骨肉瘤 骨瘤（osteoma）为常见的良性结缔组织瘤，由骨性组织形成，多见于犬、马及牛。它的来源通常认为是外生性骨疣，或者是骨膜或骨内膜的成骨细胞。此外，它还可从软骨瘤而来。外伤、炎症和营养障碍的慢性过程均为骨瘤形成的常见原因。

常发于头部与四肢。当发生在上颌骨和下颌骨时，通常有一个狭窄的基部附着，易用骨锯切除，有再发趋势可重复进行多次手术而治愈。如发生在四肢关节附近，可引起顽固性跛行。若骨瘤压迫重要器官、组织、神经、血管时，可引起一定的机能障碍。良性骨瘤一般预后良好，但病程长。

（1）骨瘤。质地坚硬，镜检瘤细胞为分化成熟的骨细胞和形成的骨小梁，小梁无固定排列，可互相连接成网状。小梁间为结缔组织。一些瘤组织中可见骨髓腔，其中有肌髓细胞。

（2）骨肉瘤。来自成骨细胞的恶性肿瘤，多见于猫和犬，其好发部位是长骨的骨骺。可由血行性转移于肺。骨肉瘤常由软骨肉瘤或黏液肉瘤形成混合肿瘤、骨软骨肉瘤或骨黏液肉瘤。恶性骨瘤病程短，预后不良，死亡率高。

4. 血管外皮细胞瘤 血管外皮细胞瘤多发生于犬。这种肿瘤由 Stout 和 Murray（1949）首先发现，研究认为该肿瘤起源于血管的外膜细胞，人和犬都可发生。据欧洲文献介绍，犬与人的血管外皮细胞瘤有本质区别，犬的这种肿瘤应当属于纺锤细胞肉瘤。

多发于犬的四肢和躯干的皮下组织。瘤被皮可移动，大瘤浸润至肌束和筋膜之间，边界不清，瘤包膜破溃后，常继发感染和溃疡。活检可见纺锤细胞。外科手术切除后，复发率高。

5. 平滑肌瘤和平滑肌肉瘤 平滑肌瘤和平滑肌肉瘤都可发生于犬、绵羊、马、猪和猫等动物，但以犬最为多发。该肿瘤发源于动物具有平滑肌的消化管道或阴道及外阴。

（1）平滑肌瘤。平滑肌瘤是一种良性肿瘤，在各种动物中均可见到，其组织来源主要为平滑肌组织，故凡有此种组织的部位如子宫、胃、肠壁和脉管壁，都能发生平滑肌瘤；在无平滑肌组织的地方，如脉管的周围，还可同幼稚细胞发生这种肿瘤。

瘤体呈实体性，大小不一，一般表面平滑。大的瘤体可发生溃疡、出血和继发感染，常成为后遗症。恶性者，具有范围不大的侵袭性。子宫以外的平滑肌瘤一般体积不大，多呈结节样，如胃肠壁的平滑肌瘤，质地坚硬，切面呈灰白色或淡红色。较大的肿瘤有完整包膜，与周围组织分界明显。平滑肌瘤通常包含两种成分，一般以平滑肌细胞为主，同时有一些纤维组织。平滑肌瘤细胞长梭形，胞浆丰富，胞核呈梭形，两端钝，不见间变，极少出现核分裂象，细胞有纵行的肌原纤维，染为深粉红色。瘤细胞常以束状纵横交错排列，或呈漩涡状分布。纤维组织在平滑肌瘤中多少不定。

（2）平滑肌肉瘤。是一种恶性肿瘤，在动物中它比平滑肌瘤要少见得多。这种肿瘤通常直接从平滑肌组织发生，少数可由平滑肌瘤发生，特别是子宫的平滑肌瘤。

在组织学上，平滑肌肉瘤细胞分化程度不一。高分化的平滑肌肉瘤细胞的形态与平滑肌瘤细胞颇为相似，但前者可找到核分裂象。低分化的平滑肌肉瘤细胞体积较小，圆形，胞浆极少，胞核也呈圆形，核仁和核膜都不甚清楚，核染色质呈细颗粒状，均匀分布；稍分化的平滑肌肉瘤细胞两端有突起的胞浆，瘤细胞间不见纤维。

外科切除的同时进行活检。发生在前阴道内的肿瘤较难切除，冷冻外科可以发挥较好的治疗作用。

6. 血管瘤 血管瘤是一种常见的良性肿瘤。可以发生在任何年龄的动物，但幼龄动物比较多发。犬、猫、牛、马和猪等家畜都可以发生，并可发生于动物的全身各处，如皮肤、皮下深层软组织；也可见于舌、鼻腔、肝和骨骼等部位。血管瘤可单发，也可多发。根据血管瘤的不同结构特点，一般分为：毛细血管瘤；海绵状血管瘤；混合性血管瘤。

血管瘤虽然是良性肿瘤，但其表面并无完整包膜，可呈浸润性生长。瘤体的大小差异颇大，切面灰红色，质地比较松软。血管处于扩张状态的血管瘤，其中常充满血液，呈海绵状结构。血管瘤的特征为大量内皮细胞呈实性堆聚，或形成数量与体积不同的血管管腔，腔内充满红细胞。内皮细胞呈扁平状或梭状，胞浆很少，胞核椭圆形或梭形，无异型性。瘤组织中一般有多少不定的纤维组织将堆积的瘤细胞分隔为巢状。

关于治疗，实体性血管瘤可借手术切除或冷冻疗法治疗。多发性的或内脏型的则切除困难。体表的、孤立性的小血管瘤最好用 CO_2 激光刀切除，既彻底又不出血。

7. 犬可传播性的性肿瘤 犬可传播性的性肿瘤（canine transmissible venereal tumors）简称 CTVT。研究证实这种肿瘤是通过接触而传播的肿瘤。随后有人继续研究，并命名为接触传染性淋巴瘤，又称接触传染性淋巴肉瘤、犬的湿疣、性病肉芽肿瘤、传染性肉瘤等。

这种肿瘤主要生长在公犬的阴茎和包皮以及母犬的外阴和阴道处。要检查公犬阴茎时，先进行麻醉或镇静，避免其因疼痛而抗拒检查。病初有小的丘疹出现，其逐渐增大到直径为 3～6cm 大的肿块。因为有血管形成，肿块颜色变红。

外科手术切除最好用激光刀或电刀，以防肿瘤细胞在伤口内的移植。手术后 5 个月内很少复发。放射疗法可用 X 射线放射治疗，所用剂量为 15～20 Gy。因 CTVT 对放疗法敏感，故治愈率较高。化学疗法可单独使用环磷酰胺或配合泼尼松使用，能起到良好的治疗效果。免疫疗法对泛发性的 CTVT 可用自体疫苗治疗。其方法是利用患犬自身血液或血浆进行输血，或用 CTVT 肿瘤的组织浆进行自家接种。

🐾 思考与练习

1. 如何诊断和治疗乳头状瘤？
2. 如何鉴别纤维瘤和纤维肉瘤？骨瘤和骨肉瘤？平滑肌瘤和平滑肌肉瘤？
3. 犬可传播性的性肿瘤有哪些？

模块七 ◇ 皮 肤 病

宠物皮肤病发病率高、病理过程长、类症鉴别难度大，致病因素复杂，种类繁多。皮肤病的发生和治愈率受动物品种、饮食结构、生活环境、应激因素、诊断水平和临床用药等因素的影响。

情境一 皮肤病的症状与诊断

一、皮肤的结构与功能

皮肤由表皮、真皮和皮下组织组成。表皮为皮肤的最表层，由复层扁平上皮构成，由外向内依次为角质层、透明层、颗粒层和生发层。真皮位于表皮层下面，是皮肤中最主要、最厚的一层，由致密结缔组织构成，坚韧而有弹性。真皮内分布有毛、汗腺、皮脂腺、竖毛肌及丰富的血管、神经和淋巴管。皮下组织又称浅筋膜，位于真皮之下，主要由疏松结缔组织构成。皮肤借皮下组织与深部的肌肉或骨相连，并使皮肤有一定的活动性。皮下组织中有大量脂肪沉积，脂肪组织具有贮藏能量和缓冲外界压力的作用。有的部位的脂肪变成富有弹力的纤维，形成犬指（趾）的枕。

皮肤的主要功能是保护（机械性保护、过滤系统、隔离层）。毛发通过机械性过滤作用和带阴性电荷的毛角蛋白对带阳性电荷的分子的吸附，有利于阻止有毒物质或过敏原通过皮肤。皮肤也能阻隔光辐射，紫外线通过被毛的过滤可被表皮和毛内的黑色素吸收。

二、皮肤病的症状

皮肤病的主要症状是脱毛或掉毛。在皮肤病的诊疗工作中，了解皮肤病的分类非常重要，临床上犬、猫的皮肤病大致分成 16 种，包括寄生虫性皮肤病、细菌性皮肤病、真菌性皮肤病、病毒性皮肤病、与物理性因素有关的皮肤病、与化学性因素有关的皮肤病、皮肤过敏与药疹、自体免疫性皮肤病、激素性皮肤病、皮脂溢、中毒性皮炎、代谢性皮肤病、与遗传因素有关的皮肤病、皮肤肿瘤、猫的嗜酸性肉芽肿和其他皮肤病。

犬、猫发生皮肤病时，皮肤上出现各种各样的变化，包括原发性损害和继发性损害两大类。

1. 原发性损害 原发性损害是各种致病因素造成皮肤的原发性缺损，它又分为 7 种。

（1）斑点和斑。斑点和斑是指皮肤局部色泽的变化，主要由黑色素的增加或消退以及急性皮炎过程中血管充血引起，如白斑、红斑等。斑点的直径超过 1 cm 称为斑，比如华法令中毒时可见到犬皮肤上的中毒性出血斑。

（2）丘疹。指突出于皮肤表面的局限性隆起，其大小在 7～8 mm 以下，针尖大至扁豆大，形状分为圆形、椭圆形和多角形，质地较硬。丘疹的顶部含浆液的称为浆液性丘疹，不含浆液的称为实质性丘疹。皮肤表面小的隆起是由炎性细胞浸润或水肿形成的，呈红色或粉红色。丘疹常与过敏和瘙痒有关。

（3）结或结节。是突出于皮肤表面的隆起，大小为7～30 cm，是深入皮内或皮下有弹性坚硬的病变。

（4）皮肤肿瘤。为更大的结，由含有正常皮肤结构的肿瘤组织构成。其种类很多。

（5）脓疱。脓疱是皮肤上小的隆起，它充满脓汁并构成小的脓肿。常见葡萄球菌感染、毛囊炎、犬痤疮（粉刺）等感染所致的损害。从犬的皮肤脓疱中分离出的主要致病细菌是中间型葡萄球菌。

（6）风疹。风疹界限很明显，隆起的损害常为顶部平整，这是由水肿造成的：隆起部位的被毛高于周围正常皮肤，这在短毛犬更容易看到。风疹与荨麻疹反应有关，皮肤过敏试验呈阳性反应。

（7）水疱。水疱突出于皮肤，内含清亮液体。泡囊容易破损，有时难以被观察到。破损后留下红色缺损，常因多形核白细胞浸润而转变成脓疱。

2. 继发性损害　继发性损害是犬皮肤受到原发性致病因素作用引起皮肤损害之后，继发其他病原微生物的损害。

（1）鳞屑。鳞屑是表层脱落的角质片。成片的皮屑蓄积是由于表皮角化异常。鳞屑发生于许多慢性皮肤炎症过程中，特别是皮脂溢、慢性跳蚤过敏和泛发性蠕形螨感染的皮肤病过程中。

（2）痂。痂是由干燥的渗出物形成的，包括血液、脓汁、浆液等。它们黏附于皮肤表面，病患部常出现外伤。

（3）瘢痕。皮肤的损害超越表皮，造成真皮和皮下组织的缺损，由新生的上皮和结缔组织修补或替代，因为纤维组织成分多，有收缩性但缺乏弹性而变硬，称为瘢痕。瘢痕表面平滑，无正常表皮组织，缺乏毛囊、皮脂腺等附属器官组织，肥厚性瘢痕不萎缩，高于正常皮肤。

（4）糜烂。水疱和脓疱破裂，或由于摩擦和啃咬丘疹或结节的表皮破溃而形成的创面，其表面因浆液漏出而湿润，当破损未超过表皮则愈合后无瘢痕。

（5）溃疡。是指表皮变性、坏死脱落而产生的缺损，病损已达真皮，它代表着严重的病理过程和愈合过程，总伴随着瘢痕的形成。

（6）表皮脱落。它是表皮层剥落而形成的。因为瘙痒，犬会自己抓、磨、咬。常见于虱子感染，特异性、反应性皮炎等。表皮脱落为细菌性感染打开了通路。经常见到犬泛发性耳螨性皮肤病造成的表皮脱落。

（7）苔藓化。因为瘙痒，动物抓、磨、啃咬皮肤，使皮肤增厚变硬，表现为正常皮肤斑纹变大。病患部位常呈高色素化，呈蓝灰色。一般常见于跳蚤过敏的病患处。苔藓化一般意味着慢性瘙痒性皮肤病过程的存在。

（8）色素过度沉着。黑色素在表皮深层和真皮表层过量沉积造成色素沉着，它可能随着慢性炎症过程或肿瘤的形成而出现，而且常常伴随着与犬的一些激素性皮肤病有关的脱毛。在甲状腺功能减退过程中的脱毛与犬色素沉着有关，未脱掉的被毛干燥、无光泽和坏死。

（9）色素改变。色素的变化中以黑色素的变化为主，其色素变化和脱毛可能与雌犬卵巢或子宫的变化有关。

（10）低色素化。色素消失多因色素细胞被破坏，使色素的产生停止。低色素常发生在慢性炎症过程中，尤其是盘状红斑狼疮。

（11）角化不全。棘细胞经过正常角化而转变为角质细胞，它含有细胞核并有棘突，堆积较厚者称为角化不全。

（12）角化过度。表皮角化层增厚常常是由于皮肤压力造成的，比如多骨隆起处胼胝组织的形成。更常见于犬瘟热病中的脚垫增厚、粗糙，鼻镜表面因角化过度而干裂，以及慢性炎症反应。

（13）黑头粉刺。黑头粉刺是过多的角蛋白、皮脂和细胞碎屑堵塞毛囊形成的。黑头粉刺常见于某些激素性皮肤病。如犬库兴氏综合征中可见到黑头粉刺。

（14）表皮红疹。表皮红疹是由剥落的角质化皮片而形成的，可见到破损的囊泡、大泡或脓疱顶部消失后的局部组织。常见于犬葡萄球菌性毛囊炎和犬细菌性过敏性反应的过程中。

三、皮肤病的诊断

诊断皮肤病时，通过问诊、一般检查、实验室检查而建立诊断。问诊主要了解病程和病史。首先要了解病初期犬、猫的表现；用过什么药，用药后症状逐步减轻还是继续加重；犬、猫生活的环境，有无地毯、垫子，是否常去草地戏耍；有无接触过病犬、病猫；用什么洗发液，如何使用洗发液以及洗澡的方式和次数；犬、猫哪个部位皮肤有病损，是否瘙痒以及瘙痒的程度等。其次是了解病史，如以前是否患过同样的疾病，症状如何；患病有无季节性；是否患过螨虫感染、真菌感染；是否处于分娩后期；有无药物过敏史、接触性皮炎史和传染病史。

一般检查包括皮肤局部观察：被毛是否逆立，有无光泽，是否掉毛，掉毛是否为双侧性的，局部皮肤的弹性、伸展性、厚度，有无色素沉着等；病变的部位，大小，形状，集中或散在，单侧或对称，表面情况（隆起、扁平、凹陷、丘状等），平滑或粗糙，湿润或干燥，硬或软，弹性大或小，局部的颜色等。

实验室检查包括：

1. 寄生虫检查 玻璃纸带检查即用手贴透明胶带，逆毛采样，易发现寄生虫；皮肤材料检查，注意刮取的深度，检查蠕形螨时应当适当用力挤刮取处的皮肤，提高蠕形螨的检出率；粪便检查，饱和盐水的方法比涂片法准确。

2. 真菌检查 剪毛要宽些，将皮肤挤皱后，用刀片刮到真皮，渗血后，将刮取物放到载玻片上；Wood's灯检查对于犬小孢子菌感染的检出率高；真菌培养在健康处与病灶交界处取毛。经过真菌培养基的培养，观察真菌的菌落、确定真菌的种类。

3. 细菌检查 直接涂片或触片标本进行染色检查，做细菌培养和药敏试验等。

4. 皮肤过敏试验 局部剪毛或剃毛消毒后，用装有皮肤过敏试剂的注射器，分点做不同的过敏源试验，局部出现黄色丘疹则为过敏。

5. 病理组织学检查 直接涂片或活体组织检查。

6. 变态反应检查 皮内反应和斑贴试验。

7. 免疫学检查 如免疫荧光检查法。

8. 内分泌机能检查 通过验血检查甲状腺、肾上腺和性腺的机能。

思考与练习

1. 皮肤的原发性损害和继发性损害分别有哪些？
2. 如何诊断皮肤病？

情境二　临床常见的皮肤病

一、过敏性皮炎

过敏性皮炎是由免疫球蛋白 E（IgE）参与的皮肤过敏反应，也称特异性皮炎。本病的临床特征为瘙痒，季节性反复发作，多取慢性经过，用类固醇治愈后可复发。

【病因】　有内源性和外源性两个方面的因素。内源性因素有遗传性、激素异常和过敏性素质。外源性因素有季节性和非季节性的环境因素，如吸入花粉、尘埃、羊毛等；食入马肉、火腿、牛乳等食品；此外，注射药物、蚊虫叮咬、内外寄生虫和病原体感染以及理化因素等也可引起外源性过敏。

【症状】　1～3 岁犬、猫易发。初发部位为眼周围、趾间、腋下、腹股沟部及会阴部，跳蚤叮咬的过敏性皮炎易发生于腰背部。病犬、猫主要表现为剧烈瘙痒、红斑和肿胀，有的出现丘疹、鳞屑及脱毛。病程长的可出现色素沉着、皮肤增厚及形成苔藓和皲裂。慢性经过的患病犬、猫瘙痒较轻或消失，有的病程长达一年以上。通常，冬季初次发生的，可自然痊愈。季节性复发时，患部范围扩大，常并发外耳炎、结膜炎和鼻炎。

【诊断】　根据发病特点和临床表现可初步诊断，但过敏原一般不易查出，多存在于食物中，或为蚤咬、吸入尘埃等环境因素。血象检查，多数患病犬、猫嗜酸性粒细胞增加。

【治疗】　除去可能的病因。局部用药可按皮炎方法进行治疗。复方康纳乐霜外搽，每日2～3 次。投予抗组织胺药，苯海拉明 2～4 mg/kg，口服，每日 4 次。投予钙制剂，10％葡萄糖酸钙 10～30 mL 稀释后缓慢静脉注射，每日或隔日 1 次。

二、脂溢性皮炎

犬的脂溢性皮炎是皮肤脂质代谢紊乱的疾病，常见于杜伯曼犬、可卡犬、德国牧羊犬及沙皮犬等几个品种犬。

【病因】　原发性因素有先天性因素和代谢性因素。先天性因素与遗传有关。代谢性因素有甲状腺功能减退，生殖腺功能异常，食物中缺乏蛋白质，脂质吸收不良，胰、肠、肝等功能障碍引起的脂质代谢异常等。

继发性因素有体表寄生虫（如蠕形螨、蜱、疥螨等）寄生、脓皮症、皮肤真菌病、过敏性皮炎、淋巴细胞恶性肿瘤等。

【症状】　原发性患犬皮炎散在发生于背部、头部和四肢末端。根据症状不同，可分为干性、油性和皮炎型 3 种。

1. 干性型　皮肤干燥，被毛中散在有灰白色或银色干鳞屑，脱毛较轻，呈疏毛状态。多见于杜伯曼犬和牧羊犬。

2. 油性型 皮脂腺发达的尾根部皮肤与被毛含有大量油脂或黏附着黄褐色的油脂块，外耳道有大量耳垢，有的发生外耳炎。可闻到特殊的腐败臭味。

3. 皮炎型 患犬瘙痒、红斑、鳞屑和严重脱毛，明显形成痂皮，患部多见于背部、耳郭、额部、胸下、肘、关节等处。患犬因瘙痒啃咬而使患部扩大且病变加重。

继发性脂溢性皮炎的患部不局限于皮脂腺发达的部位，应注意原发病灶对皮肤的损害，如蚤过敏性皮炎的病灶，见于腰和荐部；犬疥螨病的病灶分布在面部及耳郭边缘；蜱感染症在背部；短毛犬的脓皮症在背部；真菌病在面部、耳郭及四肢末端；落叶状天疱疮在鼻梁；菌状息肉症和病变呈全身性分布。不同部位的皮肤病变表现出不同阶段的变化。

【诊断】 有胃肠功能紊乱症状的患犬，可检查食物中的脂肪酸含量和血清，患犬磷脂明显升高。食物和血脂无异常时，应检查甲状腺功能。直接测定 T3 和 T4 值。也可给予甲状腺刺激激素（TSH）后，测定甲状腺素增高情况。正常犬 T4 值能升高 2～3 倍，而甲状腺功能减退的犬则升高不明显。此外，可检查肝功能（谷—丙转氨酶、碱性磷酸酶、溴酚酞排泄试验）和粪便脂肪消化率。

继发性患犬的确定。检查体外寄生虫（疥螨、蠕形螨等）。

【治疗】

（1）给予肾上腺皮质激素如泼尼松龙 0.2～2 mg/kg，或地塞米松 0.15～0.25 mg/kg，皮下注射或口服。也可外用泼尼松龙喷雾。

（2）患部涂布止痒剂和角质软化剂，可选用 0.5%～10% 鱼石脂、松馏油、糖馏油、1% 二硫化硒、10% 水杨酸乙醇液、10%～50% 间苯二酚软膏等。

（3）用 2.5% 硫化硒洗液对患部或体表每周清洗 1 次。

（4）对先天性和营养性脂质缺乏犬，日常食物中要少量添加玉米油或花生油及猪油、牛肉、鸡肉等，注射维生素 A、维生素 D。先天性脂质缺乏患犬可能与遗传有关，应禁止用于繁殖。

（5）对激素性患犬，给予甲状腺粉 0.1～0.3 mg，每日 3 次，到 T4 值正常为止。若连续用药 6 周后，皮肤仍无好转，要停止用药。生殖腺功能异常的犬，可去势或摘除卵巢与子宫。

三、荨 麻 疹

荨麻疹是由多种原因引起的皮肤血管神经障碍性皮肤病，临床上以皮肤真皮上层局限性扁平丘疹，发生快消失也快为特征。本病属于速发型过敏反应。

【病因】 本病的致病原因大体可归纳为内源性和外源性 2 种。

内源性因素主要为机体具有过敏性素质，常见于犬、猫食入鱼、虾、蟹、牛奶等，使用青霉素 G、维生素 K、血清、疫苗、输血等。此外，胃肠功能紊乱、病灶感染、肝功能障碍等也可引起本病。发情中的母犬、猫也有发生。

外源性因素主要是外界的各种刺激，如吸血昆虫的叮咬，冷、热风、日晒、压迫、摩擦等物理性刺激，花粉、草刺儿等植物性刺激。

发病机理为机体受抗原或半抗原的作用，真皮血管和毛囊周围的肥大细胞释放出组织胺而发生病理变化。此外，本病还与乙酰胆碱、激肽、5-羟色胺、纤维蛋白溶酶、前列腺素等生物活性物质有关。

【症状】　皮肤突然出现瘙痒和界限明显的丘疹。丘疹多在 1～2 日内消退，也有转为慢性型的，持续数周或数月以后才消退。黏膜充血、水肿，有的出现呼吸急促、频脉、胃肠功能紊乱等全身症状。

【诊断】　本病可根据病史和临床症状做出诊断。

【治疗】　宜尽快地查明致病原因并予以除去。

（1）给予抗组织胺药物，盐酸苯海拉明 2～4 mg/kg 口服，每日 2 次。地塞米松香霜，外涂后揉擦，每日 2 次。

（2）给予钙制剂 10% 葡萄糖酸钙 10～30 mL，稀释后缓慢静脉注射，每日 1 次。

（3）阿托品 0.05 g/kg 静脉或肌内注射，每日 3 次。对皮肤损伤严重的犬、猫，可局部涂以抗组织胺软膏或类固醇软膏。

四、皮肤瘙痒症

皮肤瘙痒症是一种神经性皮炎，其临床特征为皮肤瘙痒。

【病因】　能引起皮肤瘙痒的物质有盐酸组织胺、盐酸乙酰胆碱、甘氨酸、精氨酸、亮氨酸、盐酸吗啡、磷酸可待因、尿酸、胆汁酸以及炎性渗出液等。草酸钙等针状结晶物质刺激，也可引起皮肤瘙痒。皮肤瘙痒仅是一种症状，其潜在性疾病有重度黄疸、尿毒症、糖尿病、内分泌失调、胃肠功能紊乱、维生素 A 和维生素 B 族及维生素 C 缺乏、神经性疾病、犬瘟热等感染、恶性肿瘤以及肠道寄生虫病等。

此外，长时间把犬拴系起来，犬的欲望得不到满足，可引起精神性皮肤瘙痒。

【症状】

（1）泛发性最初痒觉发生于局部，逐渐波及全身，多为潜在性疾病所致。注意观察病程经过，除瘙痒外，尚可发现其他全身症状。

（2）局限性局部瘙痒常见于肛门周围、外耳道等处。因瘙痒而啃咬损伤皮肤，继发皮炎，有的呈苔藓、色素沉着及湿疹样变化。有的剧痒可咬断尾巴，甚至咬烂四肢肌肉。

【治疗】　应尽量找出潜在性疾病，对其进行治疗，这是根本的治疗方法。同时配合使用止痒剂。

给予肾上腺皮质激素，如泼尼松 0.5～2 mg/kg，或地塞米松 0.150～0.25 mg/kg，肌内注射、口服或外用。抗组织胺药物，苯海拉明 5～20 mg，肌内注射。

剧痒的可局部注射麻醉剂或局部涂布软膏，选用 0.5%～10% 鱼石脂、达荷霜外涂后搓揉。

五、癣　　病

【病因】　癣病是真菌感染皮肤、毛发和爪甲后所致的疾病。犬癣病主要由犬小孢子菌感染，其次是石膏样小孢子菌和须发癣菌感染，但是不同地区和不同气候条件下，犬的主要致病真菌的种类有所变化；猫的癣病 95% 及以上是由犬小孢子菌引起的。传染的方式是直接接触感染，是人犬共患病，幼年、衰老、瘦弱及有皮肤缺陷的犬、猫易感染。病原菌在失活的角化组织中生长，当感染扩散到活组织细胞时立即停止，一般病程 1～3 个月，良性，常自行消退。从临床上看，继发性真菌感染的比例高。

【症状】　患癣病的犬、猫患部断毛、掉毛或出现圆形脱毛区，皮屑较多。也有不脱毛、无皮屑而患部有丘疹、脓疱或脱毛区皮肤隆起、发红、结节化，这是真菌急性感染或存在的继发性细菌感染的症状，称为脓癣。须发癣感染时，患部多在鼻部，位置对称。患病犬的面部、耳朵、四肢、趾爪和躯干等部位易被感染。病变处被毛脱落，呈圆形或椭圆形，有时呈不规则状。慢性感染的犬、猫病患处皮肤表面伴有鳞屑或呈红斑状隆起，有的呈痂，痂下因细菌继发感染而化脓。痂下的皮肤呈蜂巢状，有许多小的渗出孔。

【诊断】 诊断真菌感染常用 Wood's 灯、镜检和真菌培养。Wood's 灯检查是用该灯在暗室里照射病患部位的毛、皮屑或皮肤缺损区，出现荧光为犬小孢子菌感染，而石膏样小孢子感染不易看到荧光，须发癣菌感染则无荧光出现。

真菌检查的简单方法是刮取患部鳞屑、断毛或痂皮置于载玻片上，加数滴 10%KOH 溶液于载玻片样本上，微加热后盖上盖片。显微镜下见到真菌孢子即可确认真菌感染阳性。

【治疗】 治疗真菌感染主要根据病的轻重，目前疗效最高、副作用最小的药物是特比萘酚，可以口服或者外用，但是特比萘酚对酵母菌的治疗效果差，轻症、小面积感染酵母菌可敷克霉唑或癣净等软膏。用时将患部及周围剪毛，洗去皮屑、痂皮等污物，再将软膏涂在患部皮肤上，每天 2 次，直到病愈。对于重症或慢性感染的病犬，应该外敷软膏配合内服 1 周特比萘酚，每天 1 次；或者灰黄霉素 40～120 mg/kg，拌油腻性食物（可促进药物吸收），连用 2 周，但怀孕的犬忌服灰黄霉素，否则会造成胎儿畸形。而且避免空腹给药，以防呕吐。患病犬应隔离。由于犬的用具如被病犬污染的笼子、梳子、剪刀和铺垫物等能传播癣病，所以，犬的用具不能互相使用，而且应消毒处理。由于患病犬能传染其他犬或人，患病的人也能传染癣病给犬。因此，人与犬的消毒也是预防犬病的重要一环。

六、犬的脓皮病

该病是由化脓性细菌经皮肤伤口及毛囊侵入机体而引起皮肤的化脓性炎症，也称传染性脓疱疹。

【病因】 犬的脓皮病是由化脓菌感染引起的皮肤化脓性疾病。临床上发病率高。根据病因又分为原发性的和继发性的两种；北京犬、德国牧羊犬、大丹犬、腊肠犬、大麦町犬易患脓皮病。治疗的效果依赖于正确而及时的诊断和根据药敏试验指导下的用药。

【症状】 幼犬的脓皮病主要出现在前后肢内侧的无毛处，成年犬的脓皮病的发病部位不确定；可见皮肤上出现疱疹、小脓疱和脓性分泌物，多数病例为继发性的，临床上表现为脓疱疹、皮肤皲裂、毛囊炎和干性脓皮病等症状；根据病损的深浅，可以分为表层脓皮病、浅层脓皮病和深层脓皮病。

【诊断】 实验室诊断是治疗的基础，可以做皮肤的直接涂片、细菌培养和活组织检查；主要致病菌包括：中间型葡萄球菌、金黄色葡萄球菌、表皮葡萄球菌、链球菌、化脓性棒状杆菌和奇异变形杆菌等细菌。根据药敏实验结果指导临床用药。

【治疗】 在治疗原发病的同时配合局部及全身疗法。早期应用防腐剂如 3% 六氯酚或聚乙烯酮碘溶液热浴。浅表或皮肤皱襞脓皮病可用 5% 龙胆紫溶液或抗生素软膏，每日局部涂布；深部脓皮病进行局部和全身治疗，除去痂皮，再敷以敏感的抗生素软膏，以促进溃疡愈合；如脓液较多，应使患部保持干燥，可用收敛杀菌剂。全身治疗时，可选用红霉素、林可霉素、庆大霉素、甲硝唑、利福平及恩诺沙星等药物，其具有较好的治疗效果。

若为螨虫所引起的混合感染，可皮下注射依维菌素等抗寄生虫类药物。局部进行药浴，药浴前先清洁体表，去掉痂皮。选用含有过氧化苯甲酰、洗必泰等成分的洗发香波进行药浴，每次 10～15 min。因该病治愈后易复发，可在治愈后经常对犬舍清洗消毒，保持环境卫生，用专用的洗发香波正确的洗浴。

七、湿　　疹

湿疹是致敏物质作用于动物的表皮细胞引起的一种炎症反应。皮肤病患处出现红斑、血疹、水疱、糜烂及鳞屑等现象，可以伴发痒、痛、热等症状。

【病因】　湿疹的病因有外因和内因。外因主要是皮肤卫生差，动物生活环境潮湿、过强阳光的照射、外界物质的刺激、昆虫叮咬等因素。内因包括各种因素引起的变态反应，营养失调，某些疾病等使动物机体的免疫能力和机体抵抗力下降等。

【症状】　湿疹的临床表现分急性和慢性两种。

急性湿疹的主要表现是皮肤上出现红疹或者丘疹，病变部位始于面部、背部，尤其是鼻梁、眼部和面颊部，而且易向周围扩散，形成小水疱。水破溃后，局部糜烂，由于瘙痒和病患部湿润，动物不安。患病动物舔咬患部，造成皮肤丘疹症状加重。

慢性湿疹病程长，皮肤增厚、苔藓化，有皮屑；虽然患该病时皮肤的症状有所缓解，但是瘙痒症状仍然存在，并且可能加重。

临床上最常见的湿疹是犬的湿疹性鼻炎。病犬的鼻部等处发生狼疮或者天疱疮，患部结痂，有时见浆液和溃疡；当全身性和盘状狼疮发生时，鼻镜部出现脱色素和溃疡。

【诊断】　主要应鉴别致病原因，临床上通过问诊、皮肤刮取物的分析、相关的实验室检查配合临床症状的分析，一般可以确诊。

【治疗】　湿疹的治疗应建立在确诊的基础上，注意综合治疗的重要性。止痒、消炎、脱敏、加强营养并且保持环境的洁净是必要的。

八、皮　　炎

【病因】　引起皮炎的因素很多，涉及外界刺激剂、烧灼、外伤、过敏原、细菌、真菌、外寄生虫等病因。皮炎在某些情况下是其他疾病的并发症，变态反应在小动物皮炎的发生上占一定比例。

【症状】　犬、猫等小动物皮炎的主要症状之一是皮肤瘙痒，引起患病犬、猫的搔抓，一般伴发皮肤的继发感染。病变包括皮肤水肿、丘疹、水疱、渗出或者结痂、鳞屑等；慢性皮炎以皮肤裂开和红疹、丘疹减少为主。

【诊断】　诊断应该从问诊开始，注意皮炎发病初期的症状、是否瘙痒、有无季节性、环境改变的因素、食物有无变化、是否存在感染等情况，同时问明用药情况和用药后动物的临床症状变化。

实验室检查包括病原微生物的鉴定和分离培养、活组织检查、皮内反应试验和内分泌测定等，必要时给予动物低过敏性食物。

【治疗】　治疗根据诊断情况而定，包括皮肤局部药物涂擦和全身用药两方面。

首先对于急性湿性皮炎可以使用收敛性吸附剂或者类固醇类洗液与软膏。慢性干性皮炎可以外用皮质类固醇类软膏。去除皮肤鳞屑和痂皮可以使用硫黄和水杨酸、柏油（禁用于猫）和硫黄洗毛剂。在排除传染性病因后，给予超短效皮质类固醇药，如泼尼松、泼尼松龙，按1 mg/kg的剂量做病初治疗，每日1次，逐渐变成隔日1次。如果动物瘙痒，搔抓严重，可以限制动物四肢活动，给予镇静药或者颈部佩戴伊丽莎白圈。

九、脱 毛 症

【病因】 脱毛症是动物局部或者全身被毛出现非正常脱落的疾病，发生的原因有很多。从临床上看，主要见于各种疾病的过程中以及被毛护理不当的情况下。导致犬、猫等小动物发生脱毛的疾病包括：先天性脱毛、某些代谢或中毒性疾病、内分泌紊乱、某些生理过程中和皮肤病。

【症状】 局部性脱毛多由局部皮肤摩擦、连续使用刺激过大的化学物质等物理、化学性因素造成。局部皮肤摩擦导致被毛脱落常见于皮褶多的犬（如沙皮犬），或者脖套不适引起颈部脱毛。除了日常少见的强刺激剂引起的接触性脱毛，犬的洗澡不合理引起的脱毛更多，许多养犬者将人的洗发香波（呈碱性）用于犬（中性皮肤），或者洗澡次数过勤，造成宠物犬不同程度脱毛。

犬、猫在皮肤真菌感染、细菌性皮肤病、跳蚤感染、螨虫性皮肤病、连续遭受辐射、食物过敏等情况下会发生全身性脱毛；甲状腺机能减退、肾上腺皮质机能亢进、生长激素反应性脱毛和性激素失调是非炎性脱毛的常见原因。临床上医源性脱毛不可忽视。临床上还可以见到处于怀孕期、哺乳期、重病和高热后几周犬发生暂时性脱毛的情况。

脱毛症因病因的不同，症状有差异。因被毛护理不良引起的脱毛以毛发稀少为主要特征；外寄生虫感染、细菌性脓皮病过程中以红疹、脓疹等症状为主；内分泌失调时呈对称性脱毛；患真菌性皮肤病时皮肤皮屑、鳞屑较多，呈片状脱毛或者断毛。

【诊断】 诊断脱毛症主要根据临床症状配合实验室检查。实验室检查常包括：皮肤刮取样镜检、细菌或者真菌的培养与药敏实验、局部活组织检查、血清中激素的分析等。问诊在脱毛症的诊疗中占有重要地位，问清楚病初的症状和曾用药情况，有助于进一步诊断和治疗。

【治疗】 治疗的效果直接取决于诊断结果。各种因素导致脱毛的治疗方法请参照本书的相应章节。

十、黑色棘皮症

黑色棘皮症是多种病因导致皮肤中色素沉着和棘细胞层增厚的临床综合征。在小动物中主要见于犬，尤其是德国猎犬。病因包括局部摩擦、过敏、各种引起瘙痒的皮肤病、激素紊乱等，黑色棘皮症中有些是自发性的，还有些是遗传性的。

【症状】 主要症状是皮肤瘙痒和苔藓化，患病的犬、猫搔抓皮肤引起红斑、脱毛、皮肤增厚和色素沉着，皮肤表面常见油脂多或者出现蜡样物质。黑色棘皮症发生的部位因病因不同而不确定，主要病患部位是背部、腹部、前后肢内侧和股后部。

【诊断】 通过实验室化验确定病因。诊断包括：活组织检查、过敏原反应检测、激素分析和外寄生虫检查等。有些犬的黑色棘皮症是自发性的。

【治疗】 根据病因采取相应的治疗方法。对于自发性黑色棘皮症的病例，推荐给予褪黑色素制剂：1 IU/犬，每日1次，连续使用3 d，或者根据需要由兽医决定使用方法，但是治疗效果并不一定十分理想；口服1～2个月的维生素E 200 IU，2次/日，对某些自发性黑色棘皮症病例有效；减肥和外用抗皮脂溢洗发剂对患黑色棘皮症的肥胖犬有益处。

思考与练习

1. 简述过敏性皮炎的病因和治疗方法。
2. 如何诊断和治疗溢脂性皮炎?
3. 如何治疗癣病?
4. 脓皮病的发病原因是什么? 有哪些临床症状? 如何治疗犬的脓皮病?

项目四　产　　科

模　块	学习目标
一　产科生理	1. 掌握犬、猫发情周期的特点，理解受精过程。 2. 了解犬、猫胎膜与胎盘的结构和功能，掌握妊娠诊断技术。 3. 了解分娩预兆，掌握正常分娩的决定因素。 4. 学会进行产前检查和正常分娩的接产。 5. 学会产后护理技术要领。
二　产科疾病	1. 学会流产的病因分析和常用治疗方法。 2. 掌握妊娠浮肿和假孕的诊断和治疗方法。 3. 掌握犬、猫难产的临床检查方法，并能根据临床诊断情况确定助产的方案，培养学生对难产病例的分析能力。 4. 学会诊断与治疗胎衣不下、产后瘫痪、产后感染、产后出血和产后子宫复旧不全。
三　生殖器官疾病	1. 熟知常见卵巢疾病的病因、临床症状及治疗措施。 2. 知道子宫内膜炎、子宫蓄脓的发病原因、临床症状以及防治措施。 3. 学会诊断和治疗常见阴道疾病。
四　乳房疾病	1. 了解乳房炎的发病原因、掌握其临床症状以及防治措施。 2. 会进行乳房手术、术后护理和饲养管理及预防和控制感染的方法。
五　不孕与不育症	1. 了解引起犬、猫不孕症的原因。 2. 掌握不育症的诊断方法。 3. 认识并熟练掌握治疗不孕症的常用药物。
六　新生犬、猫疾病	1. 了解脐炎的发病原因，学会脐炎的诊断和治疗方法。 2. 学会新生犬、猫窒息的治疗方法。 3. 学会新生犬、猫胎便停滞的诊断和治疗方法。 4. 学会新生犬溶血病的诊断和治疗方法。

模块一◇产科生理

情境一　发情与受精

一、性成熟与体成熟

母犬、猫生殖功能的发育与机体的生长发育同步，从进入初情期开始有生殖能力，到性成熟时生殖能力基本达到正常；到体成熟时进入最适繁殖期；到达一定年龄之后，生殖能力下降而进入绝情期。

1. 初情期　初情期是母犬、猫初次表现发情并发生排卵的时期。母犬、猫发育到初情期，性腺才真正具有了配子生成和内分泌的双重功能。初情期时母犬、猫虽已开始具有繁殖能力，但生殖器官尚未发育充分，功能也不完全。初情期的年龄与品种和体重密切相关，还受饲养管理、健康状况、气候、光照、发情季节等因素的影响。

2. 性成熟　母犬、猫生长发育到一定年龄，其生殖器官发育完全，生殖机能达到了比较成熟的阶段，基本具备了正常的繁殖功能，称为性成熟。但此时身体的生长发育尚未完成，故一般不宜配种，受孕不仅妨害母犬、猫继续生长发育，而且还可能造成难产，同时也影响幼犬、猫的生长发育。

3. 体成熟　母犬、猫身体发育已完全并具有雌性成年犬、猫固有的特征与外貌，称为体成熟。母犬、猫既达到性成熟，又达到体成熟，可以进行正常配种繁殖的时期称为繁殖适龄期。开始配种时的体重一般应达到成年体重的 70% 以上。初配时，不仅要看年龄，而且也要根据母犬、猫的发育与健康状况做出决定。

4. 绝情期　母犬、猫至老年时，繁殖功能逐渐衰退，继而停止发情，称为绝情期。出现绝情期的年龄因品种、饲养管理、气候、健康状况不同而有差异。

母犬、猫的初情期、性成熟、体成熟和绝情期的年龄见表 4-1-1。

表 4-1-1　母犬、猫的初情期、性成熟、体成熟和绝情期的年龄

种别	初情期（月）	性成熟（月）	体成熟（月）	绝情期（年）
犬	6～8	8～10	10～12	7～9
猫	7～9	9～11	11～13	8～10

二、发情周期

母犬、猫达到初情期以后，其生殖器官及性行为重复发生的一系列明显的周期性变化称为发情周期。发情周期周而复始，一直到绝情期为止。但母犬、猫在妊娠或非繁殖季节内，这种变化暂时停止；分娩后经过一定时期，又重新开始。

1. 犬的发情周期

（1）初情期。犬在 6～8 月龄时可达初情期，但品种之间差异很大，体格小的犬比体格大的犬初情期早。

（2）发情季节。犬是季节性单次或双次发情的动物，一般多在春季 3～5 月或秋季 9～11 月各发情一次。26％的家犬一年发情一次，65％发情两次，3％出现三次发情；野犬和狼犬一般一年一次发情。

（3）发情周期。根据母犬在发情周期中生殖器官所发生的形态变化将发情周期分为发情前期、发情期、间情期及乏情期。

① 发情前期：为母犬阴道排出血样黏液至接受公犬爬跨交配的时期。发情前期可持续 3～16 d，平均为 9 d，此期表现性兴奋，但不接受交配，外生殖器肿胀，卵巢上卵泡开始明显生长。由于发育的卵泡内雌激素分泌增多，在雌激素的作用下，阴道和子宫内膜上皮增生，从阴道涂片可见到鳞状细胞，未角化的上皮细胞消失，完全角化的无核细胞逐渐增多，并从阴道内流出少量血液。

② 发情期：为母犬表现明显的性欲并接受爬跨交配的时期。母犬的发情期为 6～14 d，通常为 9～12 d。母犬第一次接受公犬交配即是发情开始的标志。经产母犬发情开始，性行为就发生变化，尾偏向一侧，露出阴门。

母犬发情开始后，出现 LH 释放波，并在 LH 释放后 24 h 内或开始发情的 1～2 d 内排卵，通常在几小时内所有的卵泡排空。犬排卵时所排出的是卵母细胞，经过 2～3 d 才完成第一次减数分裂，具有受精能力。

③ 间情期：为母犬发情结束至生殖器官恢复正常为止的一段时间。母犬的间情期长，这是因为排卵后未妊娠犬黄体功能可维持 75 d 左右。

④ 乏情期：母犬生殖器官静止状态，持续时间 50～60 d。一年只发情一次的犬，此期持续将近一年。母犬在一个完整的发情周期中，子宫长期处于孕酮支配的环境中，可引起子宫内膜过度增生和囊肿性变化，也极易引起感染，此现象多见于老龄母犬。

母犬多在发情期配种，其时间可选择在见到血性分泌物后 9～12 d（即发情期的第二至第四天），自然交配时往往一次获得成功。有时为了提高受胎率，常隔日再交配一次。

2. 猫的发情周期　家猫通常于 7～9 月龄达到初情期，早的 5 月龄就出现第一次发情，较晚的可延迟到 12 月龄。纯种猫的初情期比家猫要迟，平均 9～12 月龄。猫是季节性多次发情的动物，一年有 2～3 次发情周期，发情 4～5 次。初次发情表现不明显，仅阴唇轻微肿大，阴道不充血，但频频排尿。成年母猫发情时，经常嘶叫，并频频排尿，发出求偶信号，外出次数增多，静卧休息时间减少，有些猫对主人特别温顺亲近，也有些母猫发情时异常凶猛，攻击主人。

猫的发情季节多在 12 月下旬或 1 月初到 9 月初。发情期的持续时间为 4 d 左右（1～8 d），母猫接受公猫交配时间为 1～4 d，交配后 25～30 h 排卵，精子在母猫生殖道内可保持受精能力的时间为 50 h。交配次数增加和注射 GnRH 可诱导多排卵，排卵后卵泡腔内不出血，卵泡壁向腔内反折，陷于腔内，从而形成黄体，分泌孕激素。在排卵后第 16～17 d 时，孕激素量达到峰值，如未受孕，20 d 后逐渐下降，并延续到 40～44 d 黄体退化（猫的假孕也在此时结束）。

母猫产后发情的时间很短促，可在产后 24 h 左右发情，但一般情况下，多在小猫断乳后 14～21 d 发情。

三、受　　精

受精是指精子与卵子结合成受精卵的过程。在受精过程中精子和卵子都要经过复杂的形态和生化变化为受精做准备。精子和卵子的结合恢复了物种细胞原有的二倍体染色体，激活卵开始分裂并发育为胚胎。

1. 精卵识别与精卵结合　哺乳动物刚射出的精子不具备受精能力，其只有在雌性生殖道内运行过程中发生进一步充分成熟的变化后，才获得受精力，此过程称为精子获能。获能的精子与成熟的卵子在输卵管壶腹部相遇，精子附着在卵子透明带上。这种附着开始时是非特异性的，很易与透明带分离。经过短时间附着后，精子较牢固地结合在透明带上。

2. 精卵质膜的融合　通常，精子穿过透明带后很快附着于卵子微绒毛上，开始是精子的头部，很快头部平卧，并牢固地附着于卵子表面。已发生顶体反应穿过透明带的精子，其赤道段或（和）核后帽区的质膜中缺乏蛋白质颗粒，精卵质膜在该处发生融合。精卵质膜一旦融合，精子的活动即终止。融合完成后，精子质膜加入卵子质膜内，形成的合子膜覆盖于卵子和精子的外表面。精卵融合标志着受精的开始和新生命发育的开始。

3. 原核发育与融合　卵子受精后，完成第二次成熟分裂，排出第二极体并形成雌原核。进入卵子的精子，其头部浓缩的核发生膨胀，染色质去致密化，形成雄原核。雄原核的形成受成熟卵母细胞中一种雄原核生长因子的控制。雌、雄原核发育过程中合成 DNA，两原核向卵子中央移动、相遇、核膜消失，雌雄两方染色体彼此混杂在一起，受精到此结束。

🐾 思考与练习

1. 什么是性成熟与体成熟？
2. 犬、猫的发情周期有哪些特点？
3. 简述受精过程。

情境二　妊　　娠

妊娠是指哺乳动物的胚胎和胎儿在母体子宫内发育成长的时期。妊娠起始于受精、终止于分娩。妊娠期可划分为三个阶段，即胚胎早期、胚胎期和胎儿期。胚胎早期从受精开始，到合子的原始胎膜形成为止。胚胎期也称器官生成期，在此阶段胚胎细胞迅速分化，形成了主要的组织器官和系统，胚胎初显胎儿的雏形。胎儿期是妊娠期的第三阶段，这一阶段主要表现为胎儿大小和外形的进一步改变，这一阶段从胚胎期结束一直延续到分娩。

犬的妊娠期一般为 58～63 d，平均为 60 d。小型犬比大型犬的短，胎数多的比胎数少的短。猫的妊娠期一般为 56～65 d，平均为 63 d。

一、胎膜与胎盘

1. 胎膜　胎膜就是把胎儿和羊水包围住的一层组织，它紧贴子宫壁，分娩出来的时候肉眼看是一层淡红的薄薄的膜，又称胚胎外膜、胎衣、胞衣、衣胞等。胎膜是胎儿与母体之间进行营养物质、气体及代谢产物交换的暂时性器官，具有保护胎儿的功能。主要包括绒毛膜、卵黄囊、尿囊、羊膜和脐带等，胎膜在胎儿娩出时，即与胎儿脱离。

（1）绒毛膜。绒毛膜是胎膜最外面的一层膜，紧贴母体的子宫黏膜，完全包裹了其他胎膜，其表面有绒毛，因此称为绒毛膜。绒毛膜所围成的腔就是绒毛膜腔，绒毛膜腔中有胎儿、羊膜囊、尿囊及卵黄囊。绒毛膜表面有绒毛和血管网，其为形成永久胎盘奠定了基础。绒毛膜上面的绒毛分布因动物种类不同而各有特点，由此也导致了不同类型动物胎盘构造上的差异。绒毛膜的绒毛伸入母体子宫，吸取营养供给胚胎生长发育，同时排出胚胎的代谢产物。绒毛血管内含胎儿血液。

（2）羊膜。羊膜是最靠近胎儿的一层膜，几乎是半透明的薄膜，羊膜与胎儿之间有一个腔，称羊膜腔，羊膜腔内充满羊水，胚胎在羊水中生长发育。

羊水清澈透明、无色、黏稠，在整个妊娠期中羊水的体积因动物不同而有差异，但其体积保持相对恒定，如果羊水的体积显著增大，则会影响胎儿的正常发育，导致胎水过多症发生。

羊水主要由羊膜上皮细胞分泌而来。羊水的主要成分为电解质和盐，其还含有胃蛋白酶、淀粉酶、脂肪酶、蛋白质、果糖、脂肪和激素等物质。羊水随着妊娠期的阶段不同而有变化。

羊水的主要作用是保护胎儿不受外力影响，其可防止胚胎干燥、胚胎组织和羊膜发生粘连，分娩时其有助于子宫颈扩张并使胎儿体表及产道润滑以利于胎儿的产出。

（3）卵黄囊。卵黄囊在胚胎发育的早期起着原始胎盘的作用，卵黄囊表面有稠密的血管网，胚胎依靠此构造从子宫中获取营养物质，暂时满足胚胎发育所需的物质需求。随着永久胎盘的形成和发育，卵黄囊则萎缩、退化，最后在脐鞘中只留下了卵黄囊退化后的遗迹。

（4）尿膜（尿囊膜）。尿膜是一种双层膜结构，其内外膜间形成的腔称为尿囊腔，通过脐尿管和胎儿的膀胱相通，尿囊中有尿水，所以尿囊被视为胎儿的体外膀胱。

尿囊位于羊膜囊之外、绒毛膜囊之中，是羊膜和绒毛膜之间的一个囊状构造。尿膜的内膜和羊膜粘连形成了羊膜—尿膜；尿膜囊的外膜上有大量血管分布，与绒毛膜融合形成了尿膜—绒毛膜，并使绒毛膜—尿膜血管化。尿囊的形态因动物种类不同而有所差异。

尿水主要是胎儿的尿液和尿囊上皮的分泌物，其主要成分是白蛋白、果糖、尿素等。尿水有助于分娩初期扩张子宫颈。子宫收缩时，尿水受压迫即涌向抵抗力小的子宫颈，尿水就带着尿膜楔入子宫颈，使其扩张开放。尿水的量有一定的变动范围，如果尿水过多，也可导致胎水过多症发生。

2. 胎盘　胎盘是胎儿与母体间进行物质交换的场所，是母体与胎儿实现联系的纽带，它不仅充分满足了胎儿迅速发育所需的营养物质需求和代谢产物的排出，而且还有效地阻止了母体血液成分中有害物质对胎儿发育的不良影响，同时还具有分泌功能，是一个具有多重功能的重要器官。胎盘是胎膜的一个重要组成部分，是胎膜发育到一定阶段所形成的一个构造。

胎盘通常是指尿膜-绒毛膜和子宫黏膜发生联系所形成的一种暂时性构造。胎盘由胎儿胎盘和母体胎盘两部分吻合而成，尿膜 绒毛膜突起、变化形成胎儿胎盘，子宫黏膜增生、变化形成母体胎盘，两者彼此间发生物质交换，但母体胎盘和胎儿胎盘上的血管并不直接相通。胎盘是妊娠期母体和胎儿直接进行物质交换的"组织器官"，胎盘还是一个重要的暂时性内分泌器官。

（1）胎盘的主要作用。

① 实现妊娠期胎儿和母体之间的物质交换：通过胎盘将母体血液中的营养物质提供给胎儿，以满足其生长发育需要；并将胎儿在生长发育过程中的代谢产物通过胎盘排到母体血液循环系统中，从而通过胎盘循环实现了妊娠期胎儿和母体之间的物质交换。

② 胎盘屏障：胎盘可选择性的阻止或允许母体血液中的物质进入胎儿血液循环，为胎儿安全发育和母体安全妊娠提供了保障。胎盘的屏障作用可以有效地阻挡母体血液中一些对胎儿有害的物质，当然这种屏障作用也是有限的，只能防止部分病原体、药物和抗体通过母体血液循环进入到胎儿体内。

③ 分泌功能：胎盘还是妊娠期的一个重要内分泌器官，可合成分泌促乳素、孕激素、雌激素、促性腺激素等激素。

（2）胎盘类型。由于动物的绒毛膜和子宫黏膜构造有一定的多样性，所以动物胎盘的形态和构造成也有所不同。一般根据动物胎盘形态特点将胎盘分为4个类型。

① 弥散型胎盘：也称上皮绒毛膜型胎盘，其特点是绒毛较大面积的均匀分布于绒毛膜表面，深入到子宫内膜腺窝内，形成一个胎盘单位，或称微子叶，母体与胎儿在此发生物质交换。母体胎盘和胎儿胎盘结合较为疏松、较易剥离，相应动物的流产、新生仔窒息症发病率高，胎衣不下的发病率则较低。猪、马、骆驼、鼠的胎盘就属于这种类型。

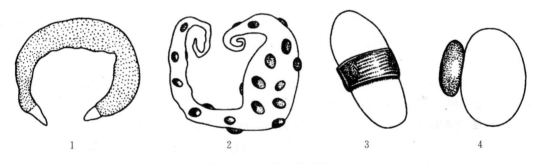

图 4-1-1 胎盘类型模式
1. 弥散型胎盘　2. 子叶型胎盘　3. 带状胎盘　4. 盘状胎盘

② 子叶型胎盘：也称上皮结缔绒毛膜型胎盘（或混合型胎盘），其特点是绒毛聚集成子叶（簇），母体子宫上也形成为数相等的子叶，相吻合而成胎盘。此类胎盘母体和胎儿胎盘结合紧密，分娩时二者不易分离，分娩过程较长，产后胎衣排出较慢，易发生胎衣不下，此类胎盘见于反刍动物，牛、羊、鹿等的胎盘属于此类型。

③ 带状胎盘：食肉动物的胎盘都是带状胎盘，其特征是绒毛膜的绒毛聚合在一起形成宽 2.5～7.5 cm 的绒毛带，环绕在卵的尿膜-绒毛膜囊的中部（即赤道区上），子宫内膜也形成相应的母体带状胎盘。带状胎盘分为两种：一种是完全的带状胎盘，如犬和猫的胎盘；一种是不完全的带状胎盘，如熊、海豹、鼬科中的雪貂和水貂的胎盘。

④ 盘状胎盘：哺乳动物中的小鼠、大鼠、兔、猴和人等灵长类和啮齿类的胎盘均为盘状胎盘。胎盘是由一个圆形或椭圆形盘状的子宫内膜区和尿膜-绒毛膜区相连接构成的。

3. 脐带　脐带是连接胎盘和胎儿的纽带，脐带的外鞘由羊膜构成，内有脐动脉、脐静脉、脐尿管及卵黄囊遗迹。

脐动脉由胎儿腹主动脉分枝而成，胎儿腹主动脉分枝后形成两条脐动脉，沿膀胱二侧向下移行，穿过脐孔，经过脐带，沿尿膜绒毛膜而行、并不断分枝、最后终止于胎儿胎盘。通过脐动脉可将胎儿代谢产生的废物排出到胎儿体外。

胎儿的脐静脉由分布于胎儿胎盘上的毛细血管汇集而成，胎儿胎盘上的毛细血管依次汇聚集成小静脉、静脉干，最后形成脐静脉，经过脐带，穿过脐孔，进入胎儿腹腔，沿胎儿肝镰状韧带游离缘最后进入肝。通过脐静脉将氧气和营养物质运输到胎儿体内，保证了胎儿发育过程的营养物质需要。

脐尿管是尿囊和胎儿膀胱之间的一根管道，上通入膀胱，下端通入尿囊，起导排胎儿尿液的作用。

脐带中的脐动脉、脐静脉互相缠绕，动物不同、脐带的长短也不一样。犬、猫、牛、羊、骆驼的脐带较短，马、猪脐带较长。牛、羊、猪的脐带多在分娩过程中被自行扯断；犬、猫则多在胎儿产出后由母体撕断或扯断；当马卧着分娩时，胎儿产出后脐带往往不会被扯断，等母马站起时才能被扯断。

二、妊娠诊断技术

雌性动物妊娠后会发生一系列的复杂变化，为了在配种以后能及时掌握雌性动物是否妊娠、妊娠的时间及胎儿和生殖器官的异常情况，采用临床和实验室的方法进行检查，称为妊娠检查，又称妊娠诊断。

通过妊娠检查，可以及时地对雌性动物加强护理或再次配种，以保护母体和胎儿的正常发育，避免胎儿早期死亡和流产及减少繁育时间的损失。妊娠检查不但要求准确，且及早确诊更为重要。

母犬的妊娠诊断方法很多，目前较常用的方法有超声波诊断法、尿液检查法、血液学检查法、外部观察法、触诊检查法、X 射线检查法等。

1. 超声波诊断法 超声波诊断法是将超声波的物理特性和动物组织结构的声学特点密切结合的一种物理学诊断法。其原理是利用孕体对超声波的反射来探知胚胎的存在、胎动、胎儿心音和胎儿脉搏等情况，根据这些资料进行妊娠诊断。

目前用于妊娠诊断的超声诊断仪主要有多普勒仪 A 型、B 型。在 20 d 左右可检查犬胎儿的心脏跳动，随着胎儿的发育，其准确率逐渐增加，甚至可以鉴别胎儿的性别、数量以及死活。但由于仪器成本昂贵，操作技术要求高，大部分动物医院还不具备这样的条件。

2. 尿液检查法 犬妊娠后 5～7 d，尿液中会出现一种与人绒毛膜促性腺激素的结构相似的激素，所以采用人用的"速效检孕液"可以测试出犬尿液中是否含有类似人绒毛膜促性腺激素的物质。如检查呈阳性者即为怀孕，阴性者为未怀孕。

3. 血液检查法 怀孕期间母犬的血液组分发生变化，根据这些参数的改变可判断母犬是否怀孕，并能区分妊娠与假妊娠。有文献报道，血小板显著减少是早孕的一种生理反应，根据血小板是否显著减少就可对配种后数小时至数天内的母犬做出超早期妊娠诊断。

犬从怀孕 21 d 起，红细胞数量开始下降，血沉增加，血小板增加，白细胞先升高后下降，但应排除某些疾病所导致的血小板减少，例如肝硬化、贫血、白血病及原发性血小板减少性紫癜等。

4. 外部检查法

母犬交配后 1 周左右，阴门部位开始收缩软瘪，可以看到少量黑褐色液体排出，食欲不振。怀孕 2～3 周时乳房开始逐渐增大，食欲大增，被毛光亮，性情温顺，喜静恶动，有时呕吐，食欲不振，有的会出现偏食。一个月左右，可见腹部膨大、乳房下垂、乳头富有弹性，乳腺逐渐膨大，甚至可以挤出乳汁，体重迅速增加，排尿次数增多。50 d 后在腹侧可见"胎动"，在腹壁用听诊器可听到犬胎儿的心音。外部观察法的缺点是没有经验者不能早期判断母犬是否怀孕。

这种方法不能在早期进行妊娠诊断，一般仅作辅助诊断方法。

5. 触诊检查法

当母犬怀孕 20 d 左右，子宫开始变的粗大，在腹壁触摸可以明显感知子宫直径变粗，但这需要有相当经验的人才能做出较正确的诊断。妊娠 25 d 后，可以触摸到胎儿（如摸到有鸡蛋大小、富有弹性的肉球）。触摸时应注意与无弹性的粪块相区别。触摸时应用手在最后两对乳头上方的腹壁外前后滑动，切忌粗暴过分用力，以免造成流产。

6. X 射线检查法　母犬怀孕 40 d 作 X 射线检查，犬胎儿的椎骨和肋骨明显可见。

怀孕诊断还应该根据犬具体的情况，结合问诊和临床检查综合运用多种方法共同确诊，才能提高诊断的准确率。特别是在缺乏特异性诊断方法时，综合诊断就显得十分重要，通过问诊可以最大限度地了解动物当前的生理状况，也可以确定相应的诊断方法。

🐾 思考与练习

1. 什么是胎膜？胎膜由哪几部分组成？
2. 什么是胎盘？胎盘有什么作用？
3. 犬、猫的胎盘分别属于哪种类型？
4. 犬、猫妊娠临床常用的诊断技术有哪些？

情境三　分娩与接产

分娩是指犬、猫怀孕期满，胎儿发育成熟，母体将胎儿及附属物质从子宫内排出体外的过程。犬是多胎动物，由于其品种不同，每胎产仔数也不相同。一般小型犬每胎为 1～4 只，中、大型犬每胎一般为 6～10 只，少则 1～2 只。

一、分娩预兆

在预产期前几天，怀孕母犬就会自动寻找屋角、棚下等隐蔽的地方，叼草筑窝，这是母犬所具有的一种本能，表示不久就要分娩，母犬在临产前 3 d 左右体温开始下降，正常的直肠温度是 38～39 ℃，分娩前会下降 0.5～1.5 ℃。当体温开始回升时，表明即将分娩。

1. 乳房变化　母犬分娩前 2 周内乳房膨大，乳腺充实，分娩前 2 d，可从乳头挤出少量乳白色乳汁，有的还出现乳房浮肿。

2. 外阴部的变化　分娩前数天，外阴部逐渐柔软、肿胀、充血，阴唇皮肤上皱襞展开，阴道黏膜潮红，从阴道流出黏液。说明数小时内就要分娩。通常分娩多在凌晨或傍晚。

3. 骨盆的变化　临产前数天骨盆韧带松软，分娩前 2 d 坐韧带变软，尾根两侧下陷，称"塌窝"，另外荐髂韧带同样也很软，臀部坐骨结节处明显塌陷。

4. 行为的变化　分娩前 1～2 d，母犬食欲大减，甚至停食，行动急躁，常以爪抓地，尤其初产母犬表现更为明显。分娩前 3～10 h，母犬开始出现阵痛，坐卧不宁，常打哈欠，张口呻吟或尖叫，抓扒垫草，呼吸急促，排尿次数增加。

犬、猫在分娩前所表现的各种症状都属于分娩前的预兆，但在实践中不可单独依据其中某一分娩预兆来判定其具体分娩时间，要全面观察，综合分析才能做出正确判定。

二、决定分娩过程的要素

分娩过程能否顺利完成，主要取决于产力、产道和胎儿三个因素。在分娩过程中，如果这三个因素正常，而且三者之间能相互适应，就可保证分娩正常完成，否则就可能导致难产发生。

1. 产力　母体将胎儿从子宫中排出到体外的力量就是产力。产力由阵缩和努责这两种力量构成，阵缩是子宫肌的节律性收缩，努责是腹肌和膈肌的节律性收缩。阵缩和努责对分娩过程中胎儿的顺利产出起着十分重要的作用。

（1）阵缩。阵缩是子宫壁的纵行肌和环形肌发生的蠕动性收缩和分节收缩。动物的分娩过程启动后就随之出现了阵缩，当胎衣排出后阵缩停止。分娩初期动物呈现的腹部阵痛就是阵缩引起的临床表现，阵缩是一阵一阵的、有节律的收缩。起初，阵缩短暂而无规律，力量弱，持续时间短，间歇时间长；以后则逐渐变得持久有力，间歇时间变短。每次阵缩都是由弱变强，持续一段时间后又减弱消失，两次阵缩之间有一定的时间间隔。

阵缩对保证分娩过程中胎儿的安全及调整胎位、胎势有着重要意义。子宫收缩时，子宫上的血管受到挤压，胎盘上的血液供给受到限制；子宫收缩间歇时，子宫的挤压解除，血液循环又得以恢复。如果说子宫持续收缩，无间歇期，胎儿就会因缺氧而发生窒息。每次的收缩间歇期，子宫肌的收缩虽然暂停，但并不完全迟缓，因此子宫壁逐渐变厚、子宫腔逐渐变小。

（2）努责。努责的力量大于阵缩，伴随着努责动作动物腹部会出现明显的起伏。当子宫颈口开张、胎囊出了子宫颈口后，动物开始努责，胎儿排出后努责停止。

2. 产道。产道是胎儿产出的通路，包括软产道和硬产道两部分。

（1）软产道。由子宫颈、阴道、阴道前庭和阴门组成。妊娠期间，子宫颈质地紧张、子宫颈口紧闭；分娩开始后，子宫颈变得松弛、柔软，子宫颈口开张，以保证胎儿在分娩过程中顺利通过。分娩过程中子宫颈口的开张程度，是动物难产检查中的一个重点内容。阴道、前庭和阴门为了适应分娩过程中胎儿顺利排出的需要，在临分娩前和分娩时也会变松弛、柔软。

（2）硬产道。就是骨盆，由荐椎、前三个尾椎、髋骨（髂骨、坐骨、耻骨）和荐坐韧带组成。骨盆可分为 4 个部分，即入口、出口、骨盆腔和骨盆轴。

骨盆轴是由入口荐耻径、骨盆垂直径、出口上下径 3 条线的中点所连成的一条曲线。骨盆轴是分娩过程中，胎儿在盆腔中运行的轨迹，骨盆轴越短、越直，胎儿就越易顺利通过；骨盆轴还表示牵引助产过程中不同阶段的牵引用力方向。

3. 分娩时胎儿与产道的关系　用来描述胎儿和母体产道关系的术语有：胎向、胎位、胎势和前置。

（1）胎向。胎向就是胎儿的方向，也就是胎儿纵轴与母体纵轴的关系，胎向有 3 种。

① 纵向：指胎儿纵轴和母体纵轴平行。纵向包括正生和倒生两种情况。正生是指胎儿纵轴和母体纵轴平行，但方向相反，即头和前肢先进入产道。倒生是指胎儿纵轴和母体纵轴平行，但方向相同，即胎儿后肢或臀部先进入产道。

② 横向：指胎儿横卧于子宫内，胎儿纵轴和母体纵轴呈水平垂直。背部向着产道的称背部前置横向（背横向）；腹底面向着产道的（四肢伸入产道）称腹部前置横向（腹横向）。

③ 竖向：指胎儿纵轴和母体纵轴上下垂直。背部朝向产道的称背竖向；腹部朝向产道者则称腹竖向。

纵向是正常的胎向，横向和竖向均属于不正常的胎向。横向和竖向不可能十分严格，不要生硬死板的去理解。

（2）胎位。胎位即胎儿的位置，它描述的是胎儿背部和母体背部或腹部的关系，胎位也有 3 种。

① 上位（背荐位）：是胎儿伏卧在子宫内，背部在上，靠近母体背部。

② 下位（背耻位）：是胎儿仰卧在子宫内，背部朝下，靠近母体腹部。

③ 侧位（背髂位）：是胎儿侧卧在子宫内，背部位于一侧，靠近母体腹侧壁及髂骨。

上位属于正常胎位，下位和侧位于均属于不正常的胎位。轻度的侧位可归于上位或下位。

（3）胎势。胎势即胎儿的姿势，描述的是胎儿各局部呈现的屈伸状态。

（4）前置。前置也称先露，描述的是胎儿某一部分和产道的关系，哪一部分朝向产道或先露出于产道，就称那一部分前置。通常情况下是用"前置"这一名词来描述胎儿的反常情况的。例如，胎儿头颈部向一侧弯曲，颈侧面朝向产道，就可描述为颈部前置。

分娩时胎儿的正常方向应该是纵向，否则一定会引起难产；正生和倒生均属于正常，但相对而言倒生的难产率要高一些。

分娩时胎儿的正常胎位应该是上位，但轻度的侧位一般也不会引起难产，所以也可以认为是正常的。

一般而言，正常的胎势应该是两前腿及头颈伸直、头颈放在两条腿上或两后腿伸直。

三、分娩过程

犬的分娩一般无需人去特殊护理，尤其是土种犬。但有些名贵的玩赏犬或纯种犬的本能很差，需要人的帮助，发现问题及时处理。

分娩时间因产仔多少、母犬身体素质等不同而长短不一，一般为 3～4 h，有时可达 7～8 h，每只胎儿产出间隔时间为 10～30 min，最长间隔 1～2 h。在正常情况下，母犬本能会妥善处理一切，但由于现在宠物饲养管理条件好，缺乏运动，发生难产的情况很普遍，所以在分娩时，需有人在旁边照看。

分娩是指从子宫开始阵缩到胎衣完全排出的整个过程。分娩本身是一个完整复杂的生理过程，可人为的将其分为三个阶段，即开口期、胎儿产出期和胎衣排出期。

1. 开口期　即子宫颈开口期，从子宫规则地出现阵缩开始到子宫颈口完全开大或充分开张为止。此期仅有阵缩而无努责,主要表现食欲减退,轻度不安(起卧),有排尿姿势,全身颤抖,有时可见呕吐。骨盆韧带和后部生殖道松弛,子宫开始出现阵缩,次数和力量逐渐增加,结果致使子宫内压升高。子宫收缩波从靠近子宫颈的胎儿处开始,逐渐向前扩散。此阶段的时间至少要 6~12 h,有些初产母犬甚至长达 36 h。此时,接产人员要守候,不能离开。

2. 产出期　也称胎儿产出期。从由子宫须口充分开张至胎儿全部排出为止。此期,母犬阵缩、努责共同发生。努责为排出胎儿的主要力量。分娩时母犬常取侧卧姿势,不断回顾腹部,极度不安,起卧频繁,弓背努责。此时子宫肌阵缩加强,出现努责、呻吟、呼吸加快,伸长后腿,可以看到阴门先有稀薄的液体流出,随后产出第一个胎儿,此时胎儿尚被包在胎膜内,母犬会迅速用牙齿将胎膜撕破,再咬断脐带,舔干胎儿身上的黏液。

3. 胎衣排出期　正常情况下,一般每胎产 2~8 仔,排出胎儿的间隔时间为 5 min 至 1 h,平均为 30 min。一个胎儿排出后 15 min 左右,就排出相应的胎膜,2 个子宫角内的胎儿按顺序轮流排出,但也有将两个胎儿排出后再排出胎膜的情况。由于胎盘中的红细胞降解形成子宫绿素,将子宫内的分泌物染成绿色,当有浅绿色分泌物排出时,接着就会排出胎膜。产出胎儿和排出胎膜的持续时间,视胎儿数目而定,母犬从分娩开始到产仔结束一般需 3~6 h。

产仔间隔,尿膜囊在胎儿排出时已破裂,或在露出阴门时被母犬扯破。刚产出的仔犬,体表被覆有羊膜,母犬会本能地对其撕舔,并咬断脐带,舔净小犬,这样可以刺激心血管和呼吸器官的机能。正常情况下,胎膜排出后即被母犬吞食,所以有时可见到母犬呕吐。胎儿全部产出后,母犬就侧卧休息,安详地让犬仔吮奶,甚至静静地入睡。

有些母犬怀仔数目较多,在分娩过程中可能来不及护理刚产下的仔犬,这时需要加以帮助。先将胎儿头部黏附的羊膜撕开,并使头部朝下,以便流出口、鼻及呼吸道中的胎水,再用干净的毛巾擦净口、鼻中残留的液体。在距离腹壁 1~1.5 cm 处,将脐带剪断,最后将仔犬放回母犬身边,让其亲舔仔犬。

猫的整个分娩过程持续时间为数小时至 24 h。临产前,母猫往往寻找僻静处等待生产,在新的不熟悉场所分娩或分娩时外界环境不安静时,产后可能不照料产下的仔猫。分娩时,母猫也会咬破胎膜、咬断脐带、吃下胎衣,并不断改变位置,每产出 1 只仔猫,就马上从头到脚把仔猫舔干净。母猫通常一窝产 1~8 只仔猫,前后两个仔猫产出的间隔时间为 5 min~1 h,整个分娩过程 2~6 h。但有的可达到 1 d 以上。胎盘的排出情况同犬一样。

四、护理与接产

1. 产前护理　母犬、猫的分娩是否顺利,关系到母犬、猫和仔犬、猫的安全,为了使母犬、猫能安全分娩,应做好犬、猫的产前准备工作。

(1)到动物医院检查。犬、猫怀孕后应定期到医院进行产前检查。医生可以检查母犬、猫和幼犬、猫的情况,还可以给主人一些建议,以确保母子平安。

(2)确定预产期。对犬、猫的预产期应有一个大概的估计,分娩前的一个星期,再带它去找兽医进行检查。犬的平均孕期是 62 d,幼犬也有可能提早或延迟一周出生,通常这种情况很少见。

(3)产房准备。犬的产房要宽敞、光线充足且空气流通,并用 5% 来苏儿溶液进行消毒，秋、冬还要采取防寒保暖措施。产床的大小以母犬能横卧之外，还能容纳一窝小犬为宜。或为其准备一个产箱，尺寸一般为长 180 cm、宽 150 cm、高 20 cm，用报纸、棉絮、布片、废毛皮或稻草做床垫。产箱应高于地面，出口的前方留足空间，以便犬出入活动方便。产房温度保持在 22～26 ℃。

猫的产箱要求与犬的大致相同，只是应放在安静、略暗、通风干燥的地方。

（4）妊娠犬、猫准备。在分娩前 2 周内要有足够的自由运动，以预防难产发生。孕犬要单独散放，舍外活动每天不少于 4 次，每次不少于 30 min，但不能做剧烈运动，以免流产；捉抱猫时要特别注意腹部的保护，不能让猫做技巧性强或需要蹦跳的游戏，每天要将猫抱到室外去活动或晒太阳 0.5 h 左右。不能放猫外出，以免受到惊吓或因逃跑、剧烈运动而引起流产。

搞好孕犬、猫体卫生，特别是乳房和阴部的卫生，以预防产科病。在分娩前的 2～3 d，每天用温水擦洗乳房，长毛犬和猫要剪去乳房周围被毛，便于幼仔吮乳。

（5）用具、药物和器械准备。在犬、猫分娩前，主人或接产人员应准备好用具，如水盆、水桶、擦布、结扎线、照明设备、取暖工具、肥皂等。器械有脱脂棉、体温计、注射器、听诊器等。药物有 75% 酒精、2%～5% 碘酊、0.1% 新洁尔灭、催产素、强心剂等。

（6）接产人员的准备。熟悉犬、猫分娩规律，掌握犬、猫接产程序和操作技术。接产人员在产前做好消毒工作和自身防护等。

2. 接产 为了使母犬能安全分娩，做到母子平安，接产人员应在犬分娩时对犬进行接产。大多数母犬能自然地产出仔犬，并能自行吃掉胎膜，咬断脐带，舐净仔犬身上的黏液，但有少数母犬在分娩后期，已无力处理仔犬，需要接产人员给予帮助和照顾，这就需要做好接产工作。接产人员在接产前应把手指甲剪短，用肥皂将手洗净，戴好手套，做好防护。具体如下：

（1）撕破胎膜。仔犬产出后，应立即将胎膜撕开，并将仔犬身上及口、鼻的黏液擦净，以免仔犬将液体吸入气管，引起窒息或发生异物性肺炎。

（2）断脐。先将脐带内的血液向仔犬腹部方向挤压，然后在肚脐根部止血钳夹住或用线结扎，在离肚脐 3～5 cm 处把脐带捏断或剪断，断端用 5% 碘酊消毒，并适当止血。仔犬落地后，如果任由母犬咬断脐带，就可能会留得过长或过短，过长会妨碍仔犬的爬行，过短易引起脐带炎。

（3）抢救假死犬。刚出生的仔犬，由于鼻腔被黏液堵塞或羊水进入呼吸道，常造成窒息、假死。此时必须进行人工救助，立即将仔犬两后腿倒提起来头朝下，把羊水排出，然后擦干口、鼻内及身上的黏液，也可施行人工呼吸，即有节律地按压胸壁，使其尽快恢复呼吸。待呼吸正常后把仔犬轻轻地放到母犬乳头附近，让仔犬吃奶。

（4）护理弱仔犬。体弱的仔犬活动不灵活，找不到乳头，可用 30 ℃ 左右的温水进行温水浴，再用毛巾擦干，以促进血液循环，增强体质。

（5）当孕犬已从阴门流出大量的稀薄液体达数小时，或者胎儿露出阴门 10 min 还不能全部产出时，说明母犬难产，这时要给予助产或做剖宫产。

（6）分娩后，若阴道内有鲜红色的排泄物流出，提示产道可能有大出血，应立即到兽医诊所治疗。

3. 产后护理

（1）产后母犬的护理。分娩结束后，由于体力消耗过大，身体虚弱，因此要给母犬饲喂一些葡萄糖水、牛奶和淡的盐水。产后 1~2 d，供给足够的饮水及少量的肉食，3~4 d 后增加肉食的数量，每日四餐。第 5 天开始，体质虚弱期已过，饲喂时除保证母犬需要外，还要考虑泌乳需要，供应的营养物质要比空怀母犬的标准量增加 3~4 倍，并注意添加矿物质和维生素，进行适当地运动。

母犬产后立即进入子宫复旧及排出恶露的阶段。恶露呈暗红色，产后 12 h 变为血样分泌物，数量增多，2~3 周后变为黏液状。大约经历 4 周，子宫复旧完毕，恶露停止排出。产后 5~6 个月才出现发情。在排出恶露阶段，母犬外阴部、尾、乳房及其他部位被恶露污染，变得污秽不洁，要在不影响母犬休息的情况下，用温水仔细地清洗并擦干。更换已污染的垫褥或垫草，同时注意产房的保温和防潮。

（2）新生仔犬的护理。出生的仔犬，两眼紧闭，经过 10d 左右才睁开双眼；到 21d 就已经非常活泼，此时可以补饲用开水调制的奶粉及肉末；5~7 周龄时，可施行断乳。犬仔出生时，上颌无牙，眼闭耳聋，靠嗅觉和触觉辨别方向，能自寻乳头。出生后 10~12 d 开始有视觉和听觉。若分娩正常，第 1 天不许触摸仔犬，第 2 天才可仔细检查，确定性别及健康情况。若一窝产仔过多，可取出较弱犬交由其他母犬代养或人工哺乳。产后几天内，要谢绝陌生人参观，更不要用手去摸或抓仔犬，因为产后的母犬护仔意识极强，非常敏感，会攻击陌生人或将仔犬吃掉。

（3）产后母猫的护理。猫产后卵巢机能很快出现活动，产后第 4 周（3~6 周）出现第 1 次发情。哺乳可抑制发情，故猫有泌乳乏情期。但有的猫在断乳之前出现产后发情。产后第 5~6 周为配种最适时间。

产后 1~2 d，母猫一直在仔猫近旁守护，一刻也不离开，在此期间，应在母猫身旁放置一些食物和大小便容器，把食物调稀薄一些，增加蛋白质、脂肪、维生素和矿物质的含量，如喂些鲜鱼汤、猪蹄汤、牛奶、豆浆、新鲜肉、骨粉等；产后 7~8 d，母猫离开仔猫的时间逐渐增长；产后 10~14 d，母猫常把仔猫衔到自己认为安全的地方停留哺乳；到 20~21 d 时，母猫和仔猫开始主动相互接近。

（4）新生仔猫的护理。仔猫的出生体重平均为 100 g。与犬相同，生后 10 d 左右睁开双眼。刚出生时体温低于正常，随日龄增长，体温逐渐升高，5 日龄时可达到 37.7 ℃。生后第 8 周时可断乳，此时仔猫体重可达到 750~800 g。这段时间应加强监护，做到给仔猫定乳头哺乳，让小而弱的仔猫先吃后撤下，使整窝仔猫能均衡生长。

🐾 思考与练习

1. 母犬分娩前有哪些表现？
2. 观察犬的分娩过程？
3. 什么是胎向、胎位、胎势和前置？
4. 犬、猫分娩前后护理工作有哪些？
5. 犬、猫分娩时主人或接产人员应做哪些工作？

模块二 ◇ 产 科 疾 病

情境一 妊娠期疾病

一、流 产

流产是指由于母体或胎儿的生理功能紊乱或在其他因素作用下致使妊娠中断，排出不足月胎儿、死胎（包括腐败胎儿）或胚胎完全被吸收。

【病因】 流产的原因极为复杂，可以概括为 3 类即非传染性流产、传染性流产和寄生虫性流产。

1. 非传染性因素 胚胎发育停滞：精子（卵子）衰老或有缺陷、染色体异常和近亲繁殖是导致胚胎发育停滞的主要原因，这些因素可降低受精卵的活力，使胚胎在发育途中死亡。胚胎发育停滞所引起的流产多发生于妊娠早期。

胎膜异常：胎膜是维持胎儿正常发育的重要器官，如果胎膜异常，胎儿与母体间的联系及物质交换就会受到限制，胎儿就不能正常发育，从而引起流产。先天性因素可以导致胎膜异常，如子宫发育不全、胎膜绒毛发育不全，这些先天性因素所引起的病理变化，可导致胎盘结构异常或胎盘数量不足。后天性的子宫黏膜发炎变性，也可导致胎盘异常。

饲养不当：饲料严重不足或矿物质、维生素缺乏可引起流产；饲料发霉、变质或饲料中含有有毒物质可引起流产；贪食过多或暴饮冷水也可引起流产。

管理不当：宠物怀孕后由于管理不当，可使子宫或胎儿受到直接或间接的物理因素影响，引起子宫反射性收缩而导致流产。

地面光滑、急哄急赶等所引起的跌跤或冲撞，可使胎儿受到过度振动而发生流产。粗暴对待怀孕动物等不良管理措施也是造成动物流产的一个重要原因。

医疗错误：如不正确的产道检查可引起流产；误用促进子宫收缩药物可引起流产（如毛果芸香碱、氨甲酰胆碱、催产素、麦角制剂等）；误用催情或引产药可导致流产（如雌性激素、三合激素、前列腺素类药物、地塞米松等）；大剂量使用泻剂、利尿药、驱虫剂，错误的注射疫苗，不恰当的麻醉也可导致流产。

继发于某些疾病：一些普通疾病（如子宫内膜炎、宫颈炎、阴道炎、胃肠炎、肺炎、代谢病等）发展到一定程度时也可导致流产。

2. 传染性因素 犬布鲁氏菌、大肠杆菌、金黄色葡萄球菌和链球菌、支原体以及犬细小病毒、犬腺病毒（传染性肝炎）等病原都可以引起犬流产。

3. 寄生虫性因素 龚地弓形虫、犬新孢子虫等也可以引起犬的流产。

【症状】 一般而言，怀孕动物发生流产时会表现出不同程度的腹痛不安，拱腰、作排尿动作，从阴道中流出大量黏液或污秽不洁的分泌物或血液。另外，流产症状与流产发生的时期、原因及母体的耐受性有很大关系，流产的类型不同，其临床表现也不同。但基本可以归纳为以下几种：

1. 隐性流产　胚胎在子宫内被吸收称为隐性流产。隐性流产发生于妊娠初期的胚胎发育阶段，胚胎死亡后，胚胎组织被子宫内的酶分解、液化从而被母体吸收，或在下次发情时以黏液的形式被排出体外。隐性流产无明显的临床症状，其典型的表现就是配种后诊断为怀孕，但过一段时间后却再次发情，并从阴门中流出较多的分泌物。

2. 早产　有和正常分娩类似的预兆和过程，排出不足月的活胎儿，称为早产。早产时的产前预兆不像正常分娩预兆那样明显，多在早产发生前的 2～3 d，出现乳房突然胀大，阴唇轻度肿胀，乳房内可挤出清亮液体等类分娩预兆。早产胎儿若有吮吸反射时，进行人工哺养，可以养活。

3. 小产　提前产出死亡而未发生变化的胎儿就是小产。这是最常见的一种流产类型。妊娠前半期的小产，流产前常无预兆或预兆轻微；妊娠后半期的小产，其流产预兆和早产相同。

小产时如果胎儿排出顺利，预后良好，一般对母体繁殖性能影响不大。如果子宫颈口开张不好，胎儿不能顺利排出时应该及时助产，否则可导致胎儿腐败，引起子宫内膜炎或继发败血症而表现全身症状。

4. 延期流产　也称死胎停滞。胎儿死亡后由于卵巢上的黄体功能仍然正常，子宫收缩轻微，子宫颈口不开，胎儿死亡后长期停留于子宫中，这种流产称为延期流产。

延期流产可表现为两种形式，一种是胎儿干尸化，另一种是胎儿浸溶。

胎儿死亡后，胎儿组织中的水分及胎水被母体吸收，胎儿体积变小、变为棕黑色样的干尸，这就是胎儿干尸化。干尸化胎儿可在子宫中停留相当长的时间。母牛一般在妊娠期满后数周，黄体作用消失后，才将胎儿排出。排出胎儿也可发生于妊娠期满以前，个别干尸化胎儿则长久停留于子宫内而不被排出。

胎儿死亡后胎儿的软组织被分解、液化，形成暗褐色黏稠的液体流出，而骨骼则留滞于子宫内，这就是胎儿浸溶。胎儿浸溶现象比胎儿干尸化要少。

【诊断】

（1）通过问诊犬的繁殖史，如本次妊娠分娩的配种日期和以前的妊娠分娩配种日期。同时了解犬的用药情况及饲养管理情况。

（2）视诊、触诊。阴道分泌大量的液体，乳房突然膨大、阴唇稍微肿胀、乳头内可挤出清亮液体，阴门内有清亮黏液排出。腹部触诊和放射照相或超声检查，可了解子宫内胎儿的状况。

（3）主要根据临床症状，结合临床检查作出诊断。共同症状有轻微不安、腹壁收缩、阴道内有分泌物流出，最终排出活的或死亡胎儿。病原学需要经过实验室及寄生虫检查才能确诊。

【防治】　流产一般不作保胎治疗，当动物出现流产症状，经检查发现子宫颈口尚未开张，胎儿仍活着时，可以以安胎、保胎为原则进行治疗。犬、猫可肌内注射盐酸氯丙嗪 1.1～6.6 mg/kg 或肌内注射 1% 硫酸阿托品 0.5 mg/kg 或肌内注射黄体酮 2～5 mg/次，隔日 1 次。

当动物出现流产症状时，子宫颈口已开张，胎囊或胎儿已进入产道，流产已无法避免时，应该以尽快促进胎儿排出为治疗原则。及时进行助产，也可肌内注射催产素以促进胎儿排出，或肌内注射前列腺素类药物以促进子宫颈口进一步开张。

当发生延期流产时，如果仍然未启动分娩机制，则要进行人工引产，犬、猫可肌内注射氯前列烯醇 0.05～0.1 mg。也可用地塞米松、三合激素等药物单独或配合进行引产。

预防流产最好的方法是加强怀孕犬的饲养管理，饲喂全价饲料，避免犬受到损伤和外界刺激。

二、妊娠浮肿

妊娠浮肿是犬、猫在怀孕中、后期出现的后肢、乳腺和下腹壁皮下组织渗出液积聚，同时全身或局部静脉瘀血的一种常见病。

【病因】 多与营养不良、缺乏运动有关。妊娠后期，胎儿逐渐增大，当影响母体血液循环时也可发生妊娠浮肿。

【症状】 食欲减退、粪便细软或稀薄、精神倦怠、四肢不温、肌肉无力。严重者呼吸急促，行走困难。按压肿胀部位留有指压痕。肿胀范围小时，对妊娠影响不大；肿胀范围增大时，肿胀部位及其周围的组织和器官的功能会受到影响。

【治疗】 禁止用峻烈的利尿剂和泻剂。适当运动，限制饮水，增加富含蛋白质的精饲料。可按摩肿胀部，但肿胀部不能涂擦刺激药。采取以上措施，可抑制肿胀发展，促进渗出物吸收，但不能使浮肿完全消退。在分娩后 4～6 周，肿胀将自行消退，一般不会遗留不良后果。

【预防】 妊娠后期要适当运动，保持窝、舍的清洁干燥。平时宜饮温水或冬瓜皮熬制的水。

三、假 孕

假孕是犬、猫发情而未配种或配种而未受孕之后，全身状况和行为出现妊娠所特有的变化的一种综合征。母犬多发，母猫少见。本病发生于发情间期，特征是乳腺增生、泌乳、行为发生变化；有的表现出产后行为，如哺乳无生命的物体、拒食等。

【病因】 由发情间期孕酮的持续作用引起。排卵后，无论妊娠与否，排卵的卵泡都能形成存在时间较长（可维持 60～100 d）的黄体，黄体持续分泌孕酮，由于孕酮的持续作用，母犬、猫出现类似怀孕的明显症状。母猫的假孕还可发生在与不育的公猫"假配"之后，或者是发生在一些类似假配的刺激之后，如会阴按摩、制作阴道黏膜触片等时。

【症状】 主要症状是乳腺发育胀大并能泌乳，母犬自己吸食本身分泌的乳汁，或给其他母犬生产的犬仔哺乳，泌乳现象能持续 2 周或更长。行为发生变化，如设法搭窝、母性增强、厌食、呕吐、不安、急躁等。阴道中经常排出黏液，腹部逐渐扩张增大，触诊腹壁可感觉到子宫增长、直径变粗，但触不到胎囊、胎体。严重者可出现临近分娩时的症状。

【诊断】 根据病史、腹部触诊或腹部的 X 射线及超声检查可以确诊。发情配种 42 d 后，进行 X 射线摄影，如扩张的子宫内无胎儿的轮廓（骨骼），则为假孕。由于胎囊、胎体一旦形成即可通过 B 超检查观察到，所以在配种后 20 d 左右，就可通过 B 超检查鉴别出来。

【治疗】 轻症无需治疗，1～3 周内可自愈。行为出现明显变化者，一般采用对症和支持疗法。睾酮 2 mg/kg，肌内注射；或甲地孕酮 2 mg/kg，口服，每天 1 次，连服数天。不能使用雌激素，因为其有引起骨髓抑制的危险。

【预防】 做好发情鉴定，适时配种。每日用性欲旺盛的公犬、猫试情，第一次接受交配后，隔 2～4 d 重配一次。对发情表现不明显的雌犬、猫，可每天进行阴道细胞学检查，以便确定合适的配种时间。若是假孕反复发作的非繁殖犬、猫，可实施双侧卵巢子宫摘除术。

🐾 思考与练习

1. 犬、猫流产的主要原因有哪些？
2. 根据临床症状，流产可分为哪几种类型？
3. 流产的犬、猫应如何进行护理治疗？
4. 如何防治妊娠浮肿？
5. 如何发现犬、猫假孕？

情境二 难　　产

难产是指在没有辅助分娩的情况下，出生困难或母体不能将胎儿通过产道排出的疾病。小动物临床常见。有些品种犬如软骨发育不全型、大头型犬，其难产率接近100％。

一、难产的原因与标准

1. 难产的原因　分娩过程正常与否，取决于产道、产力和胎儿三个方面的因素，每一种因素异常都可引起难产。

（1）产力异常。妊娠犬、猫营养不良，疾病、疲劳、分娩时外界因素的干扰等使妊娠犬、猫产力减弱或不足。不适时的给予子宫收缩剂，也可引起产力异常。或母犬、猫过于肥胖，缺乏运动而至产力不足。

（2）产道异常。骨盆狭窄、畸形、骨折，子宫颈、阴道及阴门的瘢痕，粘连、肿瘤以及发育不良等，均可造成产道狭窄或变形而致难产。

（3）胎儿异常。胎儿过大、畸形，胎位、胎向、胎势异常等，均可导致胎儿难以通过产道。

2. 难产的诊断标准　根据难产的原因将难产分为母体性难产、胎儿性难产和混合性难产3种类型。判定为难产的指标如下：

（1）直肠内温度已下降到正常值，且无努责的迹象。

（2）母仔胎盘已分离，外阴分泌物呈绿色，但无胎儿产出。

（3）胎水已流出2～3 h，但无努责表现。

（4）强烈努责20～30 min，但未排出胎儿。

（5）已娩出1个或数个胎儿，仍有分娩动作，检查发现子宫内仍有胎儿，但迟迟不能将其排出。少数犬、猫产出数只胎儿后，分娩动作即停止，但腹内仍有胎儿，必要时可利用B超进行监护。

（6）2 h已缺乏分娩动作或2～4 h努责减弱。

（7）产道异常，如骨盆骨折、胎儿卡在生殖道内等。

二、难产的检查

1. 病史调查　了解配种日期，以便能正确判断预产期；了解配种公犬的品种、体形；

了解妊娠过程，因为妊娠期疾病会影响胎儿及分娩；了解以往的分娩过程，包括难产、损伤、分娩开始的时间、努责的强度及频率、所生胎儿的数目、胎儿产出的时间间隔，以及是否进行过助产等。

2. 临床检查 当发生难产时，对母犬、猫进行准确的病史调查和全面的临床检查，是做出适宜治疗的前提。

（1）一般检查。测定体温、脉搏和呼吸；观察可视黏膜的色泽及有无出血；注意其行为、努责特性和频率；检查外阴和会阴部，注意其颜色和阴道排泄物的数量；观察乳腺发育，有无充血、膨胀和乳汁。

（2）腹部触诊及听诊。通过腹部触诊确定子宫的体积及强度，以判定子宫扩张程度；判定胎儿大小、数量、位置及其运动等。听诊胎儿的心跳以判断胎儿的活力。

（3）阴道指检。探诊难产障碍物并确定其性质，子宫颈状态和子宫紧张度。手指向背侧按，感觉有无反射性收缩。阴道前部紧张表明子宫肌活动良好，相反，表明子宫肌无力。宫颈关闭时，阴道液体不足，手指插入时阻力大，阴道壁紧裹手指；宫颈开放时，常有胎水流出，阴道被润滑，阻力小。如果触及胎儿，可探知其活动、姿势及位置等。

把手指伸入胎儿口腔中，如有吸吮动作，说明胎儿活着。在正生时，容易触及胎儿的头、鼻等部位；头颈侧弯时，只能摸到一条腿（前腿），此时可把胎儿推进骨盆，然后与倒生相区别；当头颈弯向腹侧时，能摸到胎儿的耳朵及枕骨部；当头部向腹部深度弯曲贴到胸部时，只能摸到肌肉和皮毛，难于判定。

在倒生时，容易摸到后腿及尾巴；胎儿呈横向时，手指不能触及，通过剖宫产才能看到。

（4）影像检查。影像检查对估测一般性盆骨异常、胎儿数量、胎位、胎向、胎势、胎儿大小及先天性缺陷与死胎有重要意义。胎向是指胎儿身体纵轴和母体纵轴的关系，有纵向、横向和竖向3种，其中纵向是正常的胎向，即胎儿的纵轴与母体的纵轴互相平行；胎位指胎儿背部和母体背部或腹部的关系，分为上胎位、下胎位、侧胎位和斜胎位，其中上胎位是正常的胎位，即伏卧在子宫内；胎势是指胎儿的头和四肢的姿势。胎儿死亡6 h后出现胎内产气，经X射线可确诊。超声检查可确定胎儿是否活动，对已产完的母犬、猫可确诊。

三、难产的类型与治疗

1. 产力性难产 分娩时子宫、腹肌及膈肌收缩无力、时间短、次数少，以致不能将胎儿排出，称为阵缩及努责微弱。产力性难产最常见于阵缩及努责微弱。

【病因】 主要见于仅怀1～2个胎儿时，对母体的分娩刺激不够，或由于多胎、胎水过多和胎儿总体积过大，导致子宫过度扩张所致；其次是内分泌失调，妊娠后期尤其是分娩前的雌激素、前列腺素或催产素的分泌失调，以及孕酮过多、子宫肌对上述激素的反应减弱。此外，遗传因素、营养不良、过度肥胖、运动不足、年龄过大、配种过早、子宫内膜炎引起子宫肌纤维变性等因素也可导致子宫收缩无力。

【症状】 其特点是胎儿体积正常，产道正常，但由于子宫收缩无力，胎儿不能排出。表现为子宫收缩力较弱，次数少，胎儿产出过程长，或在产出几个胎儿后，收缩力减弱。

【治疗】

（1）诱发阵缩。阵缩由垂体后叶发动，但受环境和外界刺激的影响很大，如神经质的犬在不是自己选择的场所不分娩，有的由于陌生人打扰而终止阵缩。因此当母犬、猫产力不足时，可人为诱发阵缩来增加产力。常用的方法有：

① 手指刺激产道：手指套上胶套，将两个手指插入阴道内，对着背侧壁做推动或似走动样的活动，刺激阴道背侧壁，诱导子宫收缩。也可从会阴外部加压于骨盆腔的阴道直肠侧壁。

② 手指刺激肛门：手指插入肛门刺激产道。

③ 使用催产素和钙制剂：原则上催产素应在胎儿进入盆腔、子宫颈口开张而产力达不到分娩时使用。如果子宫颈口尚未开张就用催产素，可造成子宫破裂。而钙离子是子宫平滑肌收缩所必需的物质，有时单独使用催产素不能引起子宫肌收缩，因此在治疗时，先用10％葡萄糖酸钙 0.5～1.5 mL/kg，以每分钟 1 mL 的速度缓慢静脉注射，10 min 后立即使用催产素 1.5～10 IU，肌内注射。如果催产素使用 30 min 后母犬、猫无反应，可再次应用催产素。

但要注意，阵缩休止期多次使用催产素，易使子宫麻痹，成为被动依赖状态或异常收缩状态，导致不能正常分娩和胎儿死亡，所以在第 2 次用药后 30 min 若仍无反应，应人工助产。

（2）人工助产。助产时要尽可能保证母仔安全。助产方法有牵引胎儿、阴门侧切、剖宫产等。

① 矫正方法：在牵拉胎儿前，应首先矫正异常胎位或胎势。矫正时，一手通过腹壁固定胎儿，另一手将1～2个手指伸入产道进行矫正。头颈侧弯时，把手指伸入胎儿口腔矫正；四肢屈曲时，用手指钩住弯曲的腿，向上后方将其牵拉到母体骨盆；如两个胎儿同时进入产道，可将其中之一稍向后推，再把另一个牵拉出来，如两个胎儿一个正生、一个倒生，则应先牵拉倒生的一个，因为胎儿骨盆比头部较容易进入产道。

② 手指牵引法：消毒后，一手通过腹壁把胎儿向上扶到骨盆入口，另一手用1～2指从阴门伸入牵拉胎儿。头前置时可拉住头后面，倒生时可拉住骨盆前沿。如果胎儿活着，不可固定住其后腿牵拉以免损伤。牵拉的方向应与自然产出时相一致，即，正生时，用手指捏住或钩住其肩部向背后方向牵拉；倒生时，则握住其骨盆部向背后方向牵拉。牵拉时，应配合母体子宫收缩，而且开始时用力不可过大，因为产道要经过一段时间后，才能调节到适合胎儿产出的程度。

③ 产科钳牵引法：如用手指能触摸到胎儿时，可先消毒会阴部，然后用已消毒的长颈软柄钳钳夹胎儿后拉出。只要将前面的胎儿拉出，后面的胎儿较易排出。

产科钳可顺手指伸入产道。正生时，夹住上颌、下颌或鼻子，当头部通过骨盆后，用手接住拉出；倒生时，用产科钳夹住大腿旁或骨盆区皮肤皱褶牵拉，如胎儿身体后部已进入骨盆，可用绳索固定住胎儿骨盆上部，另一手指向上固定住胎儿骨盆前部向外牵拉。

如肯定胎儿已经死亡，可紧夹住胎儿头部（正生时）或骨盆（倒生时）牵引，或将母犬、猫麻醉后牵拉。

④ 阴门侧切：阴门过于狭窄时，可在阴门上角向上切一个小口。术部用 0.5％～1％普鲁卡因或 0.5％利多卡因浸润麻醉。手术之前，先将肛门做袋状缝合，以防止手术过程中排便污染切口。切开皮肤、皮下组织及前庭黏膜，拉出胎儿后，先用可吸收缝线连续缝合前庭黏膜及皮下组织，皮肤用单股丝线作间断缝合。术后，术部要保持清洁，并全身应用抗

生素。

⑤ 剖宫产：详见剖宫产手术。

2. 产道性难产　产道性难产最常见于产道狭窄，产道狭窄包括硬产道狭窄和软产道狭窄。

【病因】　常见于子宫狭窄，如子宫先天性发育不良、子宫捻转、子宫肌纤维变性；子宫颈狭窄，如子宫颈异常、先天性发育不良、纤维组织增生和瘢痕；阴道和阴门狭窄；骨盆腔狭窄、畸形、骨盆骨折及产道肿瘤等。此外，早产或雌激素和松弛素分泌不足可致使软产道松弛不够，也会影响胎儿娩出。

【症状】　母畜阵缩及努责正常，但长时间不见胎膜及胎儿的排出，产道检查可发现子宫颈稍开张，松软不够或盆腔狭小变形。发生子宫捻转时，因扭转部位不同，有时能产出一个或数个胎儿，但母犬、猫的情况很快恶化；发生子宫腹股沟疝时，子宫或子宫内的胎儿一起陷入腹股沟管中，腹部外形异常等。

【治疗】　轻度的子宫扩张不全，可通过缓慢地牵拉胎儿机械地扩张子宫颈，然后拉出胎儿。硬产道狭窄及子宫颈有瘢痕时，一般不能从产道分娩。只能及早实施剖宫产手术取出胎儿。

3. 胎儿性难产　胎儿性难产是由于胎儿异常引起的难产，约占难产病例的 24.7% ，其中异常前置和胎儿体积过大分别占 15.4% 和 6.6% 。

（1）胎儿过大。胎儿过大是指母畜的骨盆及软产道正常，胎位、胎向及胎势也正常，由于胎儿发育相对过大，不能顺利通过产道。

【病因】　胎儿体积过大见于初产且只怀单胎时；小型母犬用大型公犬交配易产生体积大或头部特别大的胎儿；胎儿死亡时间长、发生气胀时，体积增大等。或由于母体的内分泌机能紊乱，怀孕期过长，使胎儿发育过大。

【治疗】　实施胎儿牵引术进行人工助产。强行拉出时必须注意，尽可能等到子宫颈完全开张后进行；必须配合母体努责，用力要缓和，通过边拉边扩张产道，边拉边上下左右摆动或略为旋转胎儿。在助手配合下交替牵拉前肢，使胎儿肩部、骨盆部倾斜着通过骨盆腔狭窄处。人工牵引无效时，应及时实施剖宫产手术。

（2）异常前置或胎位不正。犬的正常胎位是吻部和两前肢朝外、俯卧产出。倒生在犬、猫也被视为正常，通常与正生一样可顺利产出。但如果胎儿过大、胎膜已破而产道不滑润，加之胎儿逆毛而出，阻力增大及腹腔内容物向胸部挤压时，致使胸腔扩张而发生难产。

常见的胎位不正及胎势异常主要有前肢后退位、背头位、侧头位、荐位及横生位等。此外，有时两个胎儿从各自的子宫角同时排出，挤压在产道内引起难产；或胎儿畸形，如双头、脑积水等时，也可导致难产。

【症状】

（1）前肢后退位。产道宽时，从外部隐约可见胎儿口吻，胎儿肩部触及髂骨。

（2）背头位。常见于粗颈或长头品种的犬，鼻梁卡在耻骨上，背头部进入产道，手指插入阴道触不到胎儿口吻，能触到圆球状坚硬的背头部。

（3）侧头位。头颈侧弯时，一个前肢在产道（易与倒生后肢混淆，可从爪的构造上加以区别），另一个前肢缩回至头弯向的那一侧。

（4）荐位。内诊时可触及尾部及臀部，但摸不到后肢。

（5）横生位。胎儿在子宫内呈横向。多见于只怀有一个胎儿的情况。

【治疗】 如果胎儿已经前进并部分通过骨盆，在会阴区会出现一个特征性的鼓起。轻轻向上翻开阴唇，可显露羊膜囊和胎儿的位置。对大型犬，术者可将手插入阴道或子宫内，直接拉出胎儿。如果在体外用手矫正胎儿有困难时，可将胎儿向内推进至骨盆带的前方，矫正胎位和胎势。将胎儿旋转 45°或用液体石蜡油润滑产道，有利于胎儿拉出。

如果一个胎儿已进入产道，要尽量用手或产科钳助产。根据不同的情况，采用不同的牵引方法。前肢后退位，术者手指沿胎儿颈下部插入，摸到肘部时，将前肢转向前方或把两前肢都转到前方，然后拉出；背头位，用产科钳夹住上颌拉出；倒生时，用产科钳夹住大腿旁或骨盆区皮肤皱褶牵拉；侧头位，先将胎儿整复成正生位后再拉出；荐位时先将胎儿整复成倒生位后再拉出；横生时，先将胎儿整复成正生位或倒生位后再拉出。

四、剖宫产手术

剖宫产手术是指犬、猫等动物分娩发生困难时，不能顺利产下胎儿，需要切开腹壁和子宫壁取出胎儿的手术过程。

【适应证】 怀孕期过长、原发性或继发性子宫收缩无力、胎儿过大、胎儿气肿或水肿、胎儿畸形、胎位不正、死胎、骨盆腔狭窄及子宫扭转等适宜剖宫产术。

【术前准备】 接触动物时，先爱抚动物，轻轻触摸，与动物沟通，以降低动物的抵触情绪。通过问诊了解患病犬发病时间、症状、症状规律、饲养情况、犬生活习惯、体温变化等情况，并结合临床血液化验、X 射线平片正、侧位，硫酸钡造影后正、侧位 X 射线片以及生化检验、B 超等的检查，根据动物自身情况，制订手术实施方案和应急情况处理方案。

【保定】 犬仰卧保定，固定四肢时，保定绳要系在肘关节以上，同时清除口腔内的黏液，固定好犬的舌头，防止其回缩堵塞呼吸道而引起犬的窒息。

【麻醉】 麻醉药种类较多，根据药物不同可以选择肌内注射给药、静脉给药，现在的宠物医院条件好的已经使用了呼吸麻醉机，效果很好。麻醉药有舒泰、犬眠宝、速眠新等。为了抑制手术过程中犬口腔腺体分泌过多，可术前给犬注射硫酸阿托品，同时可术前给犬注射止痛药（如痛立定 0.1 mL/kg），以防止动物在手术中因疼痛挣扎影响手术进程。

【切口定位】 腹壁切开可根据术者习惯，进行腹底壁或腹侧壁切口。腹底壁中线切口，从脐向后延伸，根据胎儿大小，确定切口长度。此切口组织损伤少，出血也少，易从子宫体切开取出胎儿。但幼犬哺乳时会引起创口疼痛，影响创口的愈合。腹侧壁切口，易于接近怀孕子宫便于手术操作，且术后不影响泌乳。但组织损伤大，出血较多。

【手术过程】 术部常规剪毛、消毒。腹壁常规打开后，将浸有温生理盐水的大纱布垫在创缘周围，把食指、中指伸入腹腔，尽可能将两侧子宫角都从腹腔内缓慢取出，如果胎儿过多、过大不能将两侧都取出，则尽可能取出一侧。子宫取出后，在子宫体背侧中线纵向切开子宫壁，子宫切开时，尽可能将子宫切口托出皮肤切口外，以防子宫内容物污染腹腔，同时掌握好深度，以免误伤胎儿。首先取出子宫体内胎儿。再依次将两子宫角内的胎儿轻轻地挤向切口处。胎儿靠近切口时，术者可抓住它的前置器官小心地牵引，即可顺利将其取出。

胎儿取出后，立即将羊膜撕破，并在离胎儿腹壁 2～3 cm 处扎断脐带。清除幼仔口、鼻腔内的黏液，用干净毛巾将幼仔身体擦干。仔细检查两侧子宫角和子宫体，确实无胎儿和胎盘后，闭合子宫。子宫的关闭分两层，第一层用 3/0 或 4/0 圆针带可吸收缝线在子宫切口一端开始连续缝合浆膜和肌层或做全层连续螺旋缝合，游离端保留 3～4 cm 的线头，缝合到另一端打结（4～5 个），剪掉一侧线头，保留带针缝合线部分，对切口进行冲洗，之后逆转向开始穿透浆膜和肌层做库兴氏缝合，结束后与初始端线头打结，剪掉多余线头。用无菌生理盐水冲洗缝合处，废液流入无菌弯盘，冲洗后将子宫放入腹腔，恢复生理位置。如腹腔被污染，则冲洗腹腔，常规闭合腹壁。

连续缝合腹膜和肌肉层，皮肤做结节缝合，并整理创缘。对术部进行合理的护理，打节系绷带，防止感染等。

【术后护理】　保持通风、透光和卫生，全身应用抗生素 3 d，同时给予易消化、富含营养的食物。可适当补钙、补糖。可注射催产素 1～2 IU/kg。12～13 d 拆线。

思考与练习

1. 什么是难产？难产发生的原因有哪些？
2. 如何进行阴道指检？
3. 如何治疗因阵缩和努责微弱引起的难产？
4. 如何治疗胎位不正引起的难产？
5. 简述剖官手术适应证和手术方法。

情境三　产后疾病

一、胎衣不下

正常情况下，胎衣随胎儿同时排出。犬、猫分娩后胎衣在正常时间内（一般不超过 12 h）不能排出，称为胎衣不下或胎衣滞留。这种情况多见于分娩过程延长以及玩赏品种的犬。

【病因】　胎衣不下以饲养管理不当、患生殖道疾病的舍饲犬多见。产后胎衣不下主要与产后子宫收缩无力、怀孕期间胎盘发生炎症关等有关。

1. 产后子宫收缩无力　怀孕期间饲粮单纯，缺乏矿物质、微量元素和维生素，特别是缺乏钙盐与维生素 A，孕犬、猫消瘦、过肥、运动不足等都可使子宫弛缓、收缩无力；胎儿过多、胎儿过大、胎水过多等使子宫肌过度扩张，产后子宫收缩无力致胎衣不下；流产、早产、难产、子宫捻转时，产出或取出胎儿后子宫收缩力往往很弱，因而发生胎衣不下。

2. 胎盘炎症　怀孕期间子宫受到感染（如布鲁氏菌病、沙门氏菌病、胎儿弧菌等），发生轻度子宫内膜炎及胎盘炎，导致结缔组织增生，胎儿胎盘与母体胎盘炎性粘连而造成胎衣滞留。维生素 A 缺乏可使胎盘上皮的抵抗力降低而易于感染。

【症状】　产后子宫排出物数量增多，颜色有暗绿色至黑色，即可怀疑为胎衣不下。正常情况下，绿色的排出物在产后数小时内即消失。发生胎衣不下时，子宫内绿色或黑色的排出物可持续 12 h 或更久，腹壁触诊可发现子宫呈分节状膨大。2 d 以后，滞留的胎衣就会腐败分解，此时会从阴道内排出恶臭污红色液体，内含腐败的胎衣碎片，患畜卧地时排出较多。由于感染和分解产物的刺激，患畜易发生急性子宫内膜炎。腐败分解产物被吸收后，出现体温升高、精神不振、食欲减少、拱背努责，导致渐进性的败血症、子宫膨大和子宫炎。病犬可在 4～5 d 内死亡。

【诊断】 根据临床症状，结合问诊、触诊可做出初步诊断。确诊可经 B 超、X 射线的检查。

【治疗】

（1）手隔腹底壁，用挤奶样动作小心挤压子宫角或用产科钳通过产道取出滞留胎衣。在子宫颈开张的前提下，用催产素 1～5 IU，肌内注射，每天 2～4 次，连用 3 d。若子宫颈未开张或开张得很小，可先用己烯雌酚 1 mL，肌内注射，待子宫颈开张后，再用催产素。

（2）若胎衣滞留时间长且感染严重时，应向子宫内灌注 0.1％高锰酸钾溶液进行冲洗，然后再用橡皮管将其吸出，待灌注的高锰酸钾溶液和吸出的溶液颜色一致时，向子宫内投放青霉素粉。

5％葡萄糖生理盐水 100～200 mL，10％葡萄糖酸钙溶液 2～20 mL，氨苄西林或先锋霉素 0.1 g/kg，混合，缓慢静脉注射，1 次/d，连用 5 d。同时投与维生素 B_1、维生素 B_{12} 等。

（3）采用中药治疗。可用益母草膏。

二、产后感染

产后感染是指母犬或猫分娩后，细菌侵入生殖道引起的局部炎症或子宫的局部炎症感染扩散而并发的全身严重感染引起的全身性疾病。临床上以高热、败血为主要特征，病情发展迅速，常造成犬、猫死亡。

【病因】

1. 致病菌感染 由于配种、分娩、助产不当或产道黏膜损伤，或胎衣滞留、子宫复旧不全等造成病原菌感染。致病菌主要有溶血性链球菌、金黄色葡萄球菌、大肠杆菌、化脓棒状杆菌等，多数病例为混合感染，由其他细菌引起的比较少见。

2. 营养因素 饲养管理不当、运动不足或缺乏，机体过劳、衰竭、防卫机能降低，维生素不足或缺乏均可诱发本病。

3. 传染病 某些传染病（如犬传染性肝炎、结核病、布鲁氏菌病）也是诱发产后感染的因素。

4. 继发于其他疾病 如阴道炎、流产、死胎、胎儿浸溶、胎衣不下、布鲁氏菌病等均可引发该病。

【症状及诊断】 犬、猫产后不久机体体温升高（稽留高热），达 40 ℃以上，精神不振、烦渴贪饮、厌食，有时呕吐、腹泻，弓背努责，有的可见从阴门不断排出恶臭和污秽的黏液或混浊絮状分泌物。

后期四肢无力，间歇性发抖、呼吸急促、心跳快而弱、鼻镜无汗、食欲废绝、精神极度委顿呈昏睡状态、结膜充血、牙龈发绀无血色，阴道黏膜干燥、肿胀或溃烂，虚脱死亡；触诊腹壁敏感、紧张，体质大多消瘦，一般不发情，个别发情的犬也不能受孕。如果是子宫积液，触诊子宫可触及到子宫角变硬、粗大，有波动感。外观可见腹围增大。临近死亡时，体温急剧下降，且常发生痉挛。

【治疗】 全身用抗菌药控制感染，防止扩散，局部处理，对症治疗。

1. 局部处理 对于阴道、子宫损伤引起的炎症，可以对其进行冲洗，但当子宫内积聚有腐败的胎衣或渗出物时，为防止炎症蔓延，应慎重或禁止冲洗。在子宫颈处于开张状态时，可给子宫收缩药，如缩宫素等，使子宫内的炎性分泌物充分排出。

2. 全身应用抗生素或磺胺类治疗 早期应用敏感的抗菌药物，如青霉素、氨苄西林、四环素、先锋霉素 V、罗红霉素、磺胺嘧啶钠等，连用 5～7 d，控制感染。

3. 全身维持疗法 可静脉滴注葡萄糖盐水和 5% 碳酸氢钠，纠正水、电解质代谢失调和酸碱平衡失调，抗休克，补充维生素 C 等。

4. 卵巢子宫切除术 对于治疗无效的病例，应实施卵巢子宫切除术。

此外，应加强护理，充分给予饮水和易消化的饲料。卧地犬需加厚垫料，经常帮助其翻身，防止发生褥疮。

【预防措施】 妊娠期饲养管理不当，疾病防治不力，分娩时缺乏必要的助产、护理和消毒等，会严重影响母犬健康，同时威胁初生仔犬的存活。生产中做好助产，产后加强对母犬的护理十分必要。若产中、产后护理不当，母犬患了产后败血症，应采取局部处理和抗生素注射并行的方法进行治疗。对子宫或阴道的局部感染，可按局部炎症的处理方法进行，禁止冲洗子宫，以免炎症扩散使病情恶化。可用子宫收缩药，促进炎性物质排出。针对全身性症状，可用补液强心、止血补血、抗酸中毒和抗生素注射并用的方法治疗，使母犬病情得到缓解，杀灭病原菌并治愈。

三、产后瘫痪

犬产后瘫痪又称产后癫痫病或产后抽搐症，是以母犬产后因低血钙而引起肌肉强直性痉挛为特征的代谢性疾病。多发生于分娩后 7～20 d 的产仔数多的中、小型母犬。

【病因】 一般认为与钙吸收减少和排泄增多所致的钙代谢失衡有关。动物血液和组织中必须有一定浓度的钙，才能维持正常肌肉的收缩力和细胞膜的通透性。犬在怀孕期食物中的钙供给不足或钙、磷比例失调或维生素 D 不足导致钙吸收不足。天气变化、长途运输、受惊抓捕等应激因素也可以诱发该病。

【症状】

(1) 该病常发生于产后 7～20 d，母犬断奶后很少发病；产仔越多，越易发病；多见于小型犬，大型犬很少发生。

(2) 患犬突然发病，发病后卧地不起，头颈及全身肌肉强直性痉挛或肌肉震颤，呼吸急促，心悸亢进。轻者神志清醒，主人呼唤尚有反应，重者昏迷卧地，四肢乱蹬，状如游泳，如不及时诊治很快就会停止呼吸而死亡。

(3) 口膜青紫，可视黏膜充血，眼球向上翻动，口角常附有白色泡沫。全身出汗，有脱水症状。如不及时治疗，多于 2 d 后死亡。

(4) 补钙后症状很快减轻或消除是该病的一大特征。

【诊断】 据临床表现并结合血液检查即可作出明确的判断。病犬有上述症状怀疑为产后瘫痪，可抽取病犬血液进行检测，若血钙降低为 4～7 mg/dL，血磷也降低，血糖增高，嗜中性分叶核细胞增加，淋巴细胞和嗜酸性细胞减少，血清肌酸磷酸酶和血清谷—丙转氨酶增加，即可作出正确的诊断。

【治疗】

(1) 对病犬及早补钙，镇静解痉，防止呼吸道阻塞。10% 葡萄糖酸钙 5～20 mL 缓慢静脉注射。一般输液 1 次症状就缓解或痊愈，也有第 2 天复发的病例，复发后照上述办法再输液 1 次即可完全恢复。对持续痉挛的犬，可用氯丙嗪或用 25％的硫酸镁 5 mL 肌内注射。

（2）禁止仔犬吃乳，仔犬采取人工哺乳，以改善犬的营养状态。

（3）病情好转后，用维生素 AD 胶囊 1 粒，每天 3 次，连用 3 d。或继续用维丁胶性钙肌内注射，每天 3 次，连用 3 d。

四、产后出血

产后出血是分娩过程中遗留下来的一种组织创伤性疾病。

【病因】 犬的产后出血可由分娩时造成的损伤或胎盘坏死引起。猫的产后出血多由难产造成。助产不当或施行剖腹宫手术，引起子宫黏膜损伤时或在强行剥离胎盘时可发生产后出血。

【症状】 病犬、猫全身状况尚好，阴门外观正常。不定期排出血样恶露，有时出现血凝块。产道出血时可见阴道黏膜上有创伤、肿胀；子宫出血时，阴道黏膜正常，阴道腔内积有血凝块及血清样的分泌物，腹部触诊可感觉出沿着子宫纵轴有许多互不相连的圆形肿块。

【诊断】 在排除外伤性出血这种可能，如有血样恶露长期排出时，可做出诊断。

【治疗】 犬的产后出血可用醋酸甲羟孕酮 2 mg/kg，皮下注射。注射后 24 h 内出血减少，2 d 后恶露变为淡红色，第 3 天出血停止。也可注射醋酸氯地孕酮 10～30 mg/次止血。

猫的产后出血用马来酸麦角新碱 0.1 mg，肌内注射，如 20 min 后仍不能制止出血，可再注射一次。也可用催产素 5～10 IU，肌内注射。

五、产后子宫复旧不全

子宫复旧指分娩后子宫肌层逐渐收缩，子宫形状和大小在一定时期内恢复至怀孕前状态。如子宫不能恢复到原来正常大小、质地松弛、子宫内膜蜕变与再生过程延迟，称子宫复旧不全。

【病因】 主要见于产后子宫收缩无力。多为两侧子宫角不能恢复到原来状态，但也可能只是一侧子宫角不能复旧，或某一部分复旧不全。

【症状】 表现不安或焦虑，体温正常，食欲良好，阴门排出的分泌物亦正常。腹部触诊可触到质地柔软、较正常粗大且持续时间较长的未复旧子宫。母犬产后阴门红肿时，应考虑子宫复旧不全和并发子宫炎症。

子宫复旧不全时，子宫内潴留的渗出物、血液、胎盘及其残片等可迅速分解，其分解产物被吸收，经乳排出，可引起哺乳仔犬、猫患病，表现烦躁不安、不停叫喊和生活能力不强等。

【治疗】 治疗的原则是促进子宫内容物排出，提高子宫肌的紧张性和防止感染。治疗时，应将仔犬同母犬临时隔离 24 h。

先用 0.1％雷佛奴耳溶液或 0.1％高锰酸钾溶液冲洗子宫，冲洗量以注入子宫前后消毒药液颜色基本一致为度，冲洗后向子宫内注入抗生素。促进子宫收缩可用催产素 5～10 IU，肌内注射；如有全身症状时，可用氨苄西林，2～5 mg/kg，肌内注射，每天 2 次，连用3～5 d。

治疗期间及治疗之后要加强饲养管理，饲喂营养平衡的食物，并适当地加强运动。

思考与练习

1. 犬、猫发生产后瘫痪的主要临床表现是什么？主要有哪些治疗手段？
2. 如何采取有效措施预防犬、猫发生产后感染及胎衣不下？
3. 如何治疗犬、猫的产后出血？
4. 如何治疗产后子宫复旧不全？

模块三 生殖器官疾病

情境一 卵巢疾病

一、卵巢囊肿

卵巢囊肿是指由犬、猫的生殖内分泌紊乱，卵巢组织内未破裂的卵泡或黄体发生变性和萎缩而形成的球形空腔。卵巢囊肿包括卵泡囊肿和黄体囊肿。卵泡囊肿是指未排卵的卵泡在卵巢上持续存在至少 10 d，卵泡囊壁较薄，呈单个或多个存在于一侧或两侧卵巢上，表现为频繁的、持续的发情（慕雄狂）。黄体囊肿是不排卵的卵泡壁上皮黄体化，持续存在较长时间，无发情。本病是导致不孕症的原因之一。

【病因】 多由促性腺激素分泌紊乱引起。犬一般在发情开始的 24～48 h 排卵，而猫在交配后排卵。交配刺激母猫阴道受体，使丘脑下部释放促性腺激素释放激素，它可刺激垂体释放促黄体生成素，进而使卵泡破裂排卵。如果促黄体生成素不足，促卵泡素过多时，则易发生卵巢囊肿。

此外，卵巢囊肿还可继发于子宫、输卵管和卵巢的炎症。

【症状】 卵巢囊肿可引起雌激素分泌时间延长，持续出现发情前期或发情期的特征，并吸引雄性犬、猫，表现慕雄狂症状，如精神急躁、行为反常甚至攻击主人等。在这一异常的发情周期中可能不排卵。腹部触诊有时可触摸到增大的囊肿。若一侧发病，另一侧卵泡可正常发育，但多不排卵，或排卵但不孕。若成熟卵泡破裂，症状可消失。手术时可见卵泡囊壁很薄，充满水样液体。发生黄体囊肿时，其性周期完全停止。由于患病犬、猫精神狂躁，易误诊为"闹窝"。

【诊断】 可根据病史和临床症状诊断，母犬出现发情症状超过 21 d，发情前期和发情期持续时间超过 40 d 应怀疑患有此病。卵泡囊肿较大的血浆雌二醇水平升高，腹部 X 射线检查，可显示肾后液体密度的团块。B超检查，肾后区卵巢位置可见局限性液性暗区（囊肿）。本病确诊应作剖腹探查。注意与多囊肾、肾上腺和肾的肿瘤、卵巢肿瘤及其他中腹部团块鉴别诊断。

【防治】

（1）多数卵泡囊肿，不经治疗可能在数月内自然消失。

（2）对于持久的卵泡囊肿，可肌内注射入绒毛膜促性腺激素（HCG）使其黄体化，剂量为 50～100 IU，48 h 后重复。或肌内注射促黄体激素 20～50 IU，1 周后如未见效，可加大剂量再注射 1 次。或肌内注射黄体酮 2～5 mg，每日或隔日 1 次，连用 2～5 次。或内服 17-α羟孕酮 3～5 mg/kg。

（3）上述疗法无效时，可施行卵巢子宫切除术。

二、持久黄体

黄体存在超过正常时间而不消失，称为持久黄体。在组织结构和对机体的生理作用方面，持久黄体与怀孕黄体或周期黄体没有区别。持久黄体同样可以分泌孕酮，抑制卵泡发育，使发情周期停止循环，因而引起不育。

【病因】

1. 饲养管理不当　饲料单一，缺乏维生素和矿物质；运动不足；冬季寒冷且饲料不足时，导致营养不良，常常发生持久黄体。

2. 子宫疾病　患子宫内膜炎、子宫积液或积脓，产后子宫复旧不全，子宫内滞留部分胎衣，以及子宫内有死胎或肿瘤等，均会影响黄体的消失和吸收，从而成为持久黄体。

【症状与诊断】　病犬长时间不发情。严重时腹部触诊可触到一侧卵巢增大，持久黄体的一部分呈圆锥状或蘑菇状突出于卵巢表面，较卵巢实质稍硬。有时黄体不突出于卵巢表面，只是卵巢增大而稍硬。检查子宫无怀孕现象，但有时发现子宫疾病。

超声形态学特征主要表现为卵巢内可见数量不等的黄体存在，直径与正常黄体相当，声像图显示与周围组织分界清晰，黄体中央回声极弱，呈现均匀的液性暗区。且间隔5～7 d复查，可发现黄体持续存在。

【防治】

（1）改进饲养管理，补充维生素和矿物质，促使黄体自行消退。

（2）用前列腺素（9 mg/kg，子宫内注入）或氟前列烯醇或氯前列烯醇（肌内注射0.2～0.5 mg，注射一次后，一般在一周内奏效，如无效时可间隔7～10 d重复用药一次）治疗。

思考与练习

1. 正常黄体是怎么产生的？持久黄体是怎么产生的？

2. 藏獒，母，9岁，精神食欲正常，近3年未发情。腹部膨大、下坠，可触诊到篮球大团块物。冲击一侧，可感受到团块物整体向对侧移动后又回原位置。超声检查，肾后区卵巢位置可见局限性液性暗区（无回声区）。请思考：①藏獒可能得的疾病是什么？②如何进行保守疗法？③如何进行手术疗法？

3. 简述慕雄狂的病因和治疗方法。

情境二　子宫疾病

一、子宫内膜炎

子宫内膜炎为子宫黏膜及黏膜下层的急性炎症，多为黏液性或黏液脓性，常见于经产母犬。如不及时治疗，常转为慢性子宫炎症，最终导致不孕，甚至失去种用价值。

【病因】　急性子宫内膜炎多见于分娩和难产时消毒不严的助产、产道损伤、子宫破裂、胎盘及死胎滞留引起的感染。产后子宫复旧不全、会阴不洁、交配过度、人工授精或手术时消毒不严也可致病。

慢性子宫内膜炎多由急性子宫内膜炎转化而来，尚可见于休情期的子宫内膜囊性增生。

【症状】

1. 急性子宫内膜炎　出现严重的全身症状。体温升高达39.8～40.5 ℃，精神沉郁，厌食，呼吸、心跳加快，喜饮冷水，泌乳量下降或拒绝哺乳，有的伴发乳房炎。呕吐、腹泻，腹痛呻吟，回头望腹。拱背、努责、阴道排出物恶臭、暗红色（胎膜滞留时为绿色或黑色）、稀薄，如有自体中毒，则排出物中有大量脱落的黏膜，病犬抽搐、精神高度沉郁，常常舔触阴唇。腹部触诊可感知松弛的子宫，继发腹膜炎时拒绝触诊。

2. 慢性子宫内膜炎　体温、呼吸一般正常，食欲稍减，阴门持续或间歇性流出渗出物。如为慢性卡他性子宫内膜炎，性周期正常，但屡配不孕，阴门流出混浊絮状黏液，并混有血液，阴道黏膜充血，子宫颈口开张；如为慢性化脓性子宫内膜炎，性周期紊乱，从阴门流出混有血液的黏液脓性渗出物，腹部触诊子宫体积增大，有波动感，阴道黏膜和子宫颈水肿、充血。

【诊断】　根据病史、临床症状及血液学检验进行确诊。血液学检验，白细胞数明显升高，核左移；病情严重时，白细胞数显著减少。处于发情期的母犬、猫，可从子宫颈采取黏液或收集子宫内容物，进行细菌培养，检查是否有大肠杆菌、链球菌及葡萄球菌等，有助于做出诊断。

【治疗】　主要是全身抗菌消炎，防止感染扩散，促进子宫收缩及排出子宫内炎性产物。

1. 清洗子宫　子宫颈口开放的化脓性子宫内膜炎可用 0.1% 雷佛奴耳溶液或 0.1% 高锰酸钾溶液冲洗子宫，冲洗后向子宫内注入抗生素。如子宫颈口未开放，可先用己烯雌酚 0.5~1 g，肌内注射，以促进子宫颈口开放。最后塞入洗必泰栓 1 枚。

2. 清除异物，恢复子宫机能　用 1% 人造雌酚 0.5~1 mL，或用催产素 5~10 IU，肌内注射。或用麦角新碱 0.2 mg，口服，3 次/d，连用 2~3 d。但要注意，子宫极度扩张的病例，禁用子宫收缩药，以防发生子宫破裂或腹膜炎。

3. 抗菌消炎　用氨苄西林 50 mg/kg，地塞米松 1~2 mL，肌内注射，每 12 h 注射 1 次。体温降至正常以后，再继续注射 3~4 d。同时，配合静脉注射 10% 葡萄糖溶液、10% 葡萄糖酸钙注射液和 5% 碳酸氢钠溶液的混合液，以补液强心、补充营养、纠正酸碱失衡。

中药可用"促孕灌注液"10~30 mL/次，子宫灌注，1 次/d，连用 5~7 d，疗效可靠。

一般情况下，急性子宫内膜炎及时采用抗菌消炎、补液等保守疗法，大多都能治愈。病犬、猫体温下降、脉搏减慢、食欲恢复及排出物性状有所改变，是疾病好转的表现。对久治不愈的慢性化脓性子宫内膜炎，应尽早做子宫、卵巢摘除术。

二、子宫蓄脓

子宫蓄脓是指子宫腔内有大量的脓液积聚，并伴有子宫内膜异常增生和细菌感染。根据子宫颈的开放与否可分为闭合型和开放型。

【病因】

（1）子宫蓄脓常继发于化脓性子宫内膜炎及急性、慢性子宫内膜炎。化脓性乳房炎及其他部位化脓灶的转移也可诱发本病。

（2）体内激素代谢紊乱及微生物侵入子宫是引起本病的主要原因。正常母犬在每一个发情周期排卵后 9~12 周内黄体可产生孕酮；猫在排卵后，如果没有怀孕，黄体持续时间大约为 45 d。有研究证明，在发生子宫蓄脓之前，通常都有囊性子宫内膜增生。这是因为，在发情后期，孕酮促进子宫内膜的生长而降低子宫平滑肌的活动，最终发展为囊性子宫内膜增生，使子宫的分泌物积聚。此外，孕酮还可抑制白细胞抵抗细菌感染，导致阴道内正常菌群中的某些细菌或从尿道、肛门、阴门内侵入的细菌异常增殖而致病。

引起子宫蓄脓的常见细菌有埃希氏大肠杆菌、葡萄球菌、链球菌、假单胞菌、变形杆菌等。

【症状】

1. 共同症状 发情后 3～8 周多发，起初发热，精神沉郁，食欲下降，活动减少，嗜睡，有时有呕吐，随着病程发展，食欲逐渐废绝，饮欲逐渐增强，患犬消瘦，腹围增大，体质衰竭。X 射线检查可见膨大的子宫；B 超检查可见子宫内混浊液体，子宫壁变薄（排除腹水、怀孕、肿瘤）；血液检查白细胞升高，粒细胞升高，贫血，血小板升高或降低。

2. 闭合型子宫蓄脓症 子宫颈完全闭合不通，阴门无脓性分泌物排出，腹围较大，呼吸、心跳加快，严重时呼吸困难，腹部皮肤紧张，腹部皮下静脉怒张，喜卧。腹壁触诊子宫角、子宫体均明显粗大，有时呈囊状，波动感明显，有一定的疼痛反应，阴门变化不明显，较清洁，穿刺子宫易抽出稀薄的脓液。

3. 开放型子宫蓄脓症 子宫颈管未完全关闭，从阴门不定时流出少量脓性分泌物，呈乳酪色、灰色或红褐色，气味难闻，常污染外阴、尾根及飞节。患犬阴门红肿，阴道黏膜潮红，腹围略增大。触诊子宫时子宫角粗大、壁厚，波动感不明显，疼痛反应明显，外阴部有脓液污染、腥臭，阴门红肿，穿刺子宫仅能抽出少量黏稠的脓液，全身麻醉后，按压腹部有较多脓液从阴门排出。

【诊断】 根据病史、临床症状、腹部触诊及血液学检查确诊。X 射线检查，可见从腹中部到腹下部有旋转的香肠样均质液体密度，有时能见到滞留的死胎。注意与妊娠、膀胱炎、腹膜炎及猫传染性腹膜炎相鉴别。

【治疗】

1. 保守疗法

（1）闭合型子宫蓄脓。患犬侧卧保定，以 7 号或 10 号针头刺入子宫腔抽取脓液，在抽取时不断地轻揉子宫，以使脓液尽量多地被抽出，每日一次。辅以抗菌消炎、补液等辅助治疗。待患犬精神好转后，注射氯前列烯醇 2 mg/kg，或乙烯雌酚，一般情况下 48 h 左右子宫颈管开放，脓液流出。连续口服花红片也可促进子宫颈管开放。患犬食欲恢复后，服用益母草浸膏 10～15 d，促进子宫净化。

（2）开放型子宫蓄脓症。对大型犬可用一次性导尿管或输液器通过子宫颈冲洗子宫。对小型犬用子宫穿刺的方法冲洗子宫。注射氯前列烯醇或乙烯雌酚促进子宫颈管进一步开放。辅以抗菌消炎、补液、缓解自体中毒等药物疗法。口服益母草浸膏 10～15 d。

2. 手术疗法

（1）麻醉及保定。肌内注射 846 合剂 0.1 mL/kg，全身麻醉，仰卧或半仰卧保定。

（2）术式。选择腹白线切口，常规打开腹腔，将双侧子宫角及子宫体逐步拉出切口之外，若子宫腔内脓液过多可抽出部分脓液，隔离子宫。结扎卵巢动脉、静脉及子宫动脉、静脉，在结扎线外剪开卵巢系膜及子宫阔韧带，在子宫颈的后方做双重贯穿结扎，最后在阴道处将子宫完全切除，常规关闭腹腔。

（3）术后护理。常规术后护理，贫血严重时输全血，对病程较长、肝肾有损伤者注意保肝，补充能量、氨基酸或白蛋白。

三、子宫扭转

子宫扭转是指子宫围绕自身纵轴发生的扭转，两个子宫角位置变更而相互缠结。

【病因】 在怀孕末期或分娩初期，两个狭长的子宫角游离于腹腔，位于腹底壁，依靠其他内脏和腹壁支撑。此时如果胎水不足、子宫壁松弛，在母体剧烈运动或翻滚、跳跃等使体位突然发生变更时，易使游离的两个子宫角移位而导致扭转。有时子宫蓄脓的病犬、猫也可发生本病。

【症状】 精神沉郁，食欲废绝，呕吐，体温升高，鼻镜干燥。剧烈腹痛，极度不安，用力排粪和排尿。腹部听不到胎音，触诊腹部异常疼痛，触摸不到子宫。指检产道内干涩，指尖触及子宫颈口时，子宫颈紧张，有牵拉感并有较多的皱襞，子宫颈口闭塞，检指无法通过。

病程稍长，可发生休克和体温下降，呼吸急促，昏迷，处于濒死状态。

【诊断】 根据发病急、有翻滚、跳跃等引起体位突然发生改变的病史及临床症状可做出初步诊断，X射线摄影可确诊。

【治疗】 对扭转时间不长的病犬、猫，可试用翻转母体矫正法。将四肢屈曲于腹下，卧于平处。若子宫向左扭转，则让其左侧卧，向左方急速翻转，一次不成，可重复进行。子宫复位后，一般可自然分娩。

发病时间较长者，应立即剖腹整复。对种用价值高的母犬、猫，只切除患侧的子宫和卵巢，冲洗腹腔，清除腹腔内积液，用5 mL生理盐水稀释1 g氨苄西林粉，撒于腹腔内。闭合腹壁切口。常规消毒并采用支持疗法。

四、子宫脱出

子宫脱出是指子宫部分或全部脱出于阴门外的一种疾病。临床上有部分脱出和完全脱出两种类型。

【病因】 多由分娩时产道损伤引起的阵缩过强、或助产时粗暴牵拉胎儿引起。体质虚弱、孕期运动不足、过于肥胖、胎水过多、胎儿过多造成子宫肌过度伸张和松弛时也可诱发。

【症状】 不安，忧郁（卧于暗处），腹部紧张，疼痛，不断地回头顾腹。部分脱出的子宫反转停留在阴道内，阴道指检时可触及脱出的子宫。完全脱出时，从阴门脱出不规则、红色的长圆形袋状物，黏膜水肿、增厚，表面干裂，从裂口中渗出血液。如继发感染则体温升高，食欲减退，不适，呕吐。

【诊断】 根据新近分娩史、视诊、阴道指检及阴道镜检查，一般不难确诊。

【治疗】

1. 子宫冲洗、整复 用速眠新（846合剂）0.1～0.15 mL/kg进行全身麻醉后，将病犬、猫侧卧保定在倾斜成10°～20°的桌面上，先将头部向上，后躯放低，用消毒针刺并轻轻压迫，排出瘀血和水肿液，用温热的2%明矾水或1%硼酸溶液冲洗，除去污物，黏膜上涂碘甘油或氯霉素油剂。再将头部向下，后躯向上，整复子宫。整复时，先从脱出子宫的基部开始，逐渐向阴道、腹腔内推送，如遇努责时，用手抵住，待努责暂停时再推送。用力固定已推进部分，用手指顶住子宫角尖端向腹腔深部推送，使子宫展开复位。整复后，将病犬、猫两后肢提起向上，两前肢着地10 min左右。

如脱出部分严重瘀血、水肿，不易经阴道整复时，可在下腹的正中部剪毛、消毒，切开一个小口，伸入两指从腹腔内拉回子宫，这种方法很容易整复，而且不会损伤脱出的子宫。

为防止再次脱出，可做阴门缝合。脱出的子宫损伤严重时，可进行卵巢子宫的全切除术。

2. 药物治疗　用催产素 5～10 IU，肌内注射，促进子宫复位；氨苄西林 50 mg/kg，或头孢唑啉钠 50 mg/kg，肌内注射，1～2 次/d，连用 7～10 d。

体质虚弱者，在整复后，可内服中药补中益气汤加味。乌梅 45 g，僵蚕 30 g，升麻 9 g，柴胡 9 g，川黄连 6 g，炙黄芪 30 g，党参 15 g，白术 10 g，茯苓 10 g，炒栀子 10 g，当归 10 g，丹皮 10 g，苦参 10 g，陈皮 9 g，炙甘草 10 g。水煎取汁，内服，每天 1 剂，连用 2～3 d。

🐾 思考与练习

1. 子宫内膜炎的危害有哪些？
2. 急性子宫内膜炎都有哪些临床症状？如何诊断？
3. 子宫蓄脓为什么多发生于老龄犬？
4. 子宫蓄脓的诊断方法有哪些？如何确诊？
5. 如何整复子宫扭转？
6. 子宫脱出怎样治疗？

情境三　阴道疾病

一、阴　道　炎

阴道炎是阴道前庭和阴道黏膜的炎症。多发于经产母犬、猫。

【病因】　原发性阴道炎多见于成年犬、猫，由于阴道的解剖结构异常，分泌物或尿液在阴道内积聚所致；继发性阴道炎多因发情期过长、交配不洁、分娩时感染，及继发于子宫内膜炎、膀胱炎、尿道及前庭感染。此外，全身性感染性疾病、疱疹病毒感染等，也可引起阴道炎。

【症状】　病犬、猫烦躁不安，经常舔阴门（尤其是排尿后）。尿频、少尿。阴门流出血性黏液或黄色脓性分泌物。阴道黏膜充血、肿胀、溃烂和瘢痕等。有的犬阴道分泌物可吸引公犬，并在非发情期引起交配。

【诊断】　主要根据临床症状。必要时可做实验室检查。分泌物镜检，可见大量脓细胞及上皮细胞，并有溶血性链球菌和类大肠杆菌；阴道细胞学检查，有大量变性的中性粒细胞。

【防治】

1. 阴道冲洗　可选择以下药物：0.1%高锰酸钾溶液、0.1%雷佛奴耳溶液、0.2%呋喃西林溶液、0.5%聚维酮碘溶液、0.05%洗必泰溶液、0.5%醋酸、1%双氧水等。冲洗时，药液的体积应足以将阴道充满，每天冲洗 1～2 次，但在配种前 1 周不宜冲洗，以免杀伤精子。冲洗后，涂抗生素软膏，阴道内填塞洗必泰栓，口服灭滴灵等。

2. 控制炎症　根据细菌培养、药敏试验的结果，选择抗生素。如未培养，可用磺胺二甲基异噁唑 50～100 mg/kg，口服，每天 2 次。

阴道冲洗和抗生素治疗应持续到阴道排出物消失后约 1 周。青年母犬、猫的阴道感染常于发情后自然消退，对长期治疗无效者，应做子宫切除。若为病毒性阴道炎，应将病犬、猫隔离治疗、饲养。

二、阴 道 脱

阴道脱是指阴道壁部分或全部脱出于阴门外。多见于发情前期和发情期，偶见于妊娠末期。以拳师犬及斗牛犬等短头品种犬多发。

【病因】

（1）发情前期和发情期雌激素分泌过多，引起阴道黏膜浮肿，会阴部组织弛缓。

（2）妊娠末期母犬久卧，努责过强，腹内压升高或阴道过受到刺激可引起本病。

（3）交配过程中强行使犬分离或小型母犬用大型公犬交配时也可诱发本病。

【症状】　阴道部分脱出，初期卧地时可见粉红色组织团块突出于阴门之外，站立时可复原。若脱出时间过久，脱出部分增大，病犬站立时也不能还纳回阴道。若脱出部分接触异物而被刺伤，可引起黏膜出血或糜烂。

阴道全部脱出时，整个阴道翻于阴门外，呈红色球状物露出，站立时不能自行还纳。若脱出时间不长，可见黏膜充血；若脱出时间较长，则黏膜发紫、水肿、发热、表面干裂且有渗出液流出，表面黏附有大量污物，严重时出现坏死。

【诊断】　注意与阴道平滑肌瘤相鉴别。后者可附着在阴道任何部位，触诊坚实，一旦突出于阴门之外就不能复位，与发情无关，多见于老龄犬。

【治疗】　轻症者于发情结束后，可自然恢复。阴道部分脱出时，对站立后能自行复原的，主要是防止脱出部分增大和黏膜受损。对阴道全脱出不能还纳的病犬，要进行阴道整复和固定。首先垫高后躯和臀部，用1％硼酸溶液或2％明矾溶液洗净脱出部分；水肿严重者，可针刺和用50％葡萄糖冷敷脱水。除去坏死组织，涂润滑油，将脱出的阴道向阴门内托送后，将阴道整复后。阴门作结节缝合以防止再次脱出。

若脱出的阴道黏膜已变干瘪，发生坏死，有严重损伤无法整复或组织已失去活性时，则可采取手术疗法，切除脱出部分。用镊子夹住坏死的阴道壁，牵拉到阴门外，在外尿道口前方的阴道底黏膜处作三角形切除，创面撒布青霉素粉，创缘做"Y"字形结节缝合。不必拆线。非繁殖犬，摘除卵巢、子宫后可完全治愈。

三、阴道损伤

阴道损伤是指阴道黏膜或黏膜与肌层的损伤，严重时发生子宫壁穿透创。常见于难产助产。

【病因】　人工助产时操作不当、产科器械使用不当或滑脱、胎儿姿势异常被强行拉出时引起阴道损伤。此外，交配时被强行分离或公犬体型过大时也可致病。

【症状】　病犬不安、拱背、努责，常有鲜血和血块从阴门流出。阴道检查可见黏膜损伤、黏膜下血肿及破裂口。若在阴道后部发生黏膜肌层损伤，炎症向周围扩散可发生蜂窝织炎。阴道壁发生穿透创时，若损伤部位在阴道后部，常有膀胱脱出；若损伤部位在阴道前腹侧，可有肠管和网膜脱出于阴道腔内，病犬出现严重腹痛和腹膜炎症状。

【诊断】　阴道检查可确诊。

【治疗】　阴道黏膜层损伤，可在阴道内注入乳剂抗菌消炎药或碘甘油。大面积化脓时，可切开排液、减压，同时用青霉素10万～100万IU、0.5％普鲁卡因溶液10～30 mL，病灶周围封闭注射。对阴道穿透创，根据损伤部位，可施行阴道壁切开缝合，或切开腹壁在腹腔内做阴道创口缝合。

四、阴道增生

阴道增生是指远端阴道黏膜腹侧壁水肿、增生，并向后脱出于阴门内或阴门外。主要见于发情前期和发情期的年轻母犬。

【病因】 与雌激素分泌剧增有关。正常母犬发情时，由于雌激素的作用，阴道、尿生殖前庭黏膜水肿、充血。但有些品种犬（可能与遗传有关）在发情前期和发情期因雌激素分泌过多，致使阴道底壁（尿道乳头前部）黏膜褶水肿、增生过度（这种增生是由于水肿而引起的纤维组织形成），并向后垂脱。最常见于第1次发情。一般到间情期（黄体期）可退缩，但以后发情可再度发生。偶尔，发情期后仍有症状或在妊娠末期雌激素浓度稍微增加时，再次发生。

【症状】 病初，阴唇肿胀、充血，并频频舔阴唇。试交配时，病犬不愿与公犬接触。努责、下蹲、起卧不安。当其卧地时，阴门张开，可露出一粉红色、质地柔软的增生物。以后增生物脱至阴门外，如拳头样，顶部光滑，后部背侧有数条纵形皱褶。向前延伸至阴道底壁，与阴道皱褶吻合。增生物腹侧终止于尿道乳头前方。

组织学检查，黏膜表面含有大量角化细胞和复层鳞状细胞，与正常发情时阴道黏膜增生、脱落一致。

【诊断】 根据临床症状可做出诊断。本病应与阴道脱出和肿瘤区别。

阴道脱出为全层阴道壁（包括尿道乳头）外翻至阴门外，形如车轮状。阴道脱出可以整复，但阴道增生则不能。且阴道脱与发情无关，但常与分娩和怀孕有关。

阴道和阴唇肿瘤，活组织检查易确诊。

【治疗】 对有本病病史的犬，在发情前期使用醋酸甲地孕酮，2 mg/kg，肌内注射，1次/d，连用1周。

增生物小的，一般不影响配种或进行人工授精。组织增生严重、脱出于阴门外时，可进行手术切除。关键的要领是先插入导尿管，在外阴上联合两侧夹2把肠钳；切开外阴上联合至阴道背侧水平处，显露阴道、前庭及水肿增生物；自增生物背面至其腹面在外尿道口前部弧形切开阴道黏膜，由前向后仔细锐性分离黏膜下组织，将增生物全部切除。分离时，应触摸导尿管，掌握分离深度，避免损伤尿道。彻底止血后，用4号丝线连续或结节缝合阴道腹侧壁。最后，连续缝合外阴上联合切口。

卵巢子宫切除术能彻底防止再次发生。

🐾 思考与练习

1. 简述阴道炎的冲洗方法。
2. 简述阴道脱的症状。
3. 何谓阴道增生？与阴道脱出有哪些区别？
4. 如何治疗阴道损伤？

模块四 ◆ 乳房疾病

一、乳房炎

乳房炎是指由各种病因引起的一个或多个乳房发生的炎症。主要症状为乳房的异常肿胀，质地柔软或坚硬，乳房可挤出脓性或带血的乳汁，严重者可出现乳腺变黑甚至发生溃烂。分为急性、慢性和囊泡性乳房炎。急性乳房炎又称为败血性乳房炎，一般发生于泌乳期；慢性和囊泡性乳房炎常发生于断奶期。

【病因】 本病多由外伤和微生物侵入乳腺所致。

（1）急性乳房炎是由于哺乳时仔犬、猫咬伤或抓伤乳头，或因挤压、摩擦、碰撞、划破等机械性损伤乳头、乳房，大量细菌侵入乳腺而发病。

（2）慢性乳房炎是由断奶前后乳管闭锁、乳汁滞留刺激乳腺引起，或由急性乳房炎转化而来；囊泡性乳房炎与慢性乳房炎类似，但乳腺增生可形成囊泡样肿。

（3）乳房炎还可继发于结核病、布鲁氏菌病、子宫炎等疾病。

【症状】 急性乳房炎表现为发热、精神沉郁、食欲减退、喜卧，不愿或拒绝照顾幼仔。患部充血肿胀、变硬、温热疼痛，乳上淋巴结肿大，乳汁排出不畅，或泌乳减少、停乳。病初乳汁稀薄，化脓性乳房炎时乳汁脓样、内含黄絮状物或血液。

慢性乳房炎全身症状不明显，一个或多个乳区变硬，强压可挤出水样分泌物。

囊泡性乳房炎多发于老龄犬、猫，乳房变硬，可摸到增生囊泡。

若不及时治疗，任其发展，乳房硬结可能软化变成脓肿直至破溃，造成全身脓毒败血症。

【诊断】 根据病史、临床症状及乳汁检验可做出初步诊断。必要时，取各乳腺样作细菌培养与分离鉴定。

【治疗】

1. 祛瘀、消炎和止痛 立即隔离仔犬、猫，按时清洗乳房并挤出乳汁，以减轻乳房压力，缓解疼痛。对发炎乳腺进行热敷或外涂鱼石脂或樟脑醑制剂，或用鲜蒲公英、金银花各适量捣烂外敷，亦可用中成药如意金黄散以蜜调和外敷患处，有助于通过血液循环带走有害物质并减轻不适感。

2. 乳房灌注 用洁霉素 2 mL 或氨苄西林 2～7 mg/kg 等（最好是根据药物敏感试验结果选用抗生素）乳头注入，每次注药前应挤净宿乳，用消毒药液反复清洗乳头，将乳导管插入乳房，然后，缓慢注入药液。注射完毕，用手捏住乳头轻轻按摩乳房数次，促进药液扩散。每天注入 1～2 次。

3. 封闭疗法 用普鲁卡因青霉素或用鱼腥草和盐酸山莨菪碱（654-2）注射液在乳房周围做封闭注射，每天 1～2 次。

4. 减少泌乳 己烯雌酚 0.5 mg/次，肌内注射，以减少乳汁分泌。

5. 全身治疗 用庆大霉素 4 万～8 万 U（或氨苄西林 0.5～1 g）、地塞米松 1～2 mg、维生素 C 0.1～0.5 g，肌内注射。

6. 其他治疗 对乳腺脓肿，应切开冲洗、引流，按开放性外伤治疗。

二、产后缺乳

产后缺乳是由于产后或泌乳期乳腺机能异常而引起的泌乳不足甚至无乳。

【病因】

（1）妊娠期或哺乳期营养不良、体质虚弱；

（2）母犬、猫过早繁育，乳腺发育不全；或年龄太大，乳腺萎缩。

（3）母犬、猫患有严重疾病，如子宫疾病、胃肠道疾病等。

（4）内分泌机能障碍，如下丘脑释放的催产素不足，乳腺腺泡及乳导管周围平滑肌没有收缩或收缩力太弱，导致乳汁不能排出。

（5）哺乳期受到惊吓、食物突然变更、气候突然变化等因素也可引起本病。

【症状】 乳房松软、缩小、乳汁逐渐减少或无乳。仔犬、猫吮乳次数增加，并经常用头抵撞乳房，常因饥饿而鸣叫。母犬、猫有时因为疼痛而拒绝哺乳。

【治疗】 温敷及按摩乳房，每日 2～3 次，以刺激和恢复乳房机能。产后饲喂催乳糖浆或催乳糖片。

由催产素释放不足引起者，用垂体后叶素 10～20 IU，肌内注射，每天 1 次，连用 2～3 d。

中药通乳散。王不留行 20 g，通草、白术各 7 g，白芍、当归、黄芪、党参、山楂各 10 g，水煎取汁，内服，每天 1 剂，连用 2～3 剂。

【预防】 加强怀孕期母犬、猫的饲养管理，产后增加青绿多汁饲料和富含营养的蛋白质饲料，注意防寒保暖，让其在安静、熟悉的环境中生活。

三、乳房肿瘤

乳腺肿瘤是母犬、猫最常见的肿瘤之一。母犬乳腺肿瘤发病率 2%～20%，如果犬曾经使用过孕激素防止发情，则乳腺肿瘤的发生几率会进一步升高。

【病因】

（1）母犬分娩后，由于乳房的泌乳量激增，或由于产仔少导致吃乳不足，乳房高度膨胀引起乳腺机械性损伤，加上乳头管受到细菌（如葡萄球菌、链球菌）感染，引起细菌炎症后未及时治疗或迁延不愈导致外围结缔组织增生而形成质地坚硬的纤维瘤。

（2）母犬舍卫生环境差，导致细菌通过乳头的乳管侵入而发生乳房炎后激发乳腺纤维瘤。

【症状】 乳腺肿瘤在临床上表现为在乳腺中的单个（超过一般的病例）或多个结节，同时发生或是连续发生。如果是受到卵巢激素影响时间较短的母犬，其发生多发性肿瘤的几率比较低。肿瘤可能与乳头相关，但是更常见的是腺体组织自身发生肿瘤。犬具有 5 对乳腺，所有的这些乳腺都可能发生一个或多个的良性或恶性肿瘤。有 65%～70% 的犬乳腺肿瘤会发生在第 4 和第 5 对乳腺上，这可能是因为这两对乳腺所具有的乳腺组织更多。在患有良性乳腺肿瘤的病例中，肿瘤会比较小，包裹良好，并且触摸感觉质地坚实。

【治疗】 通常采用手术治疗。

1. 术前准备 将病犬仰卧保定，肌内注射 846 合剂 0.08～0.16 mL/kg 进行全身麻醉。术部乳房进行常规清洁、剪毛、消毒，手术创巾隔离术部。

2. 手术处理 根据病情的不同，临床上常见的手术有以下几种情况：

（1）局部病灶切除术。这种手术方式适用于小的（小于 0.5 cm），坚实的，浅表性非固定性结节，而这样的结节通常是良性的。这种方法不适用于已知是恶性的肿瘤。

切开皮肤后，从乳腺组织中钝性分离出带有周围一小部分正常组织的肿瘤结节。在切除后，可通过组织病理学评估将肿瘤分为良性和恶性，然后评估移除的完全性。对于良性的病变，即使移除不完全或是太靠近边缘也是可以接受的。如果病变比较小，边缘明显，并且是恶性的，那么切除边缘靠近肿瘤边缘，但是边缘清晰（1～2 cm）也是可以的。如果恶性肿瘤移除不完全，那么就需要移除整个乳腺以策万全。

（2）乳腺切除术。对于位于腺体中央部位或是大于 1 cm 的肿瘤，或是出现固定于皮肤或筋膜等情况的肿瘤就需要移除整个腺体。如果包块侵袭到皮肤或腹壁筋膜，那么他们都应该同包块一起被移除。

（3）部分乳腺切除术。最开始的时候提议进行局部乳腺切除术是在已知乳腺组织的静脉和淋巴管回流的基础上作出的。在犬上，根据各自位置的不同，其乳腺被分为颅侧胸部乳腺（第一对乳腺），尾侧胸部乳腺（第二对乳腺），颅侧腹部乳腺（第三对乳腺），尾侧腹部乳腺（第四对乳腺）和腹股沟乳腺（第五对乳腺）。根据不同的腺体，从乳腺引流出的淋巴液分别进入腋下淋巴结、腹股沟浅表淋巴结、腰下淋巴结核胸骨前淋巴。犬乳腺组织的淋巴回流是很复杂的。

因此侵袭第一、二、三对乳腺的肿瘤应该被整体进行移除。同样的道理，侵袭到第四和第五对乳腺的肿瘤应该连同毗邻的淋巴结一起整体移除掉。而腋下淋巴结只有在增大（并可活动），或者细胞学检查发现有转移的恶性细胞的情况下才能够移除。

（4）单侧性或双侧性的乳腺切除术。如果多个肿瘤或是数个大的肿瘤无法通过较简单的操作进行快速大范围的移除，那么可以考虑将第一至第五对乳腺视作一个整体进行移除。

对于乳房下垂的犬和猫，即使肿瘤分级，或是单侧乳房切除术更容易进行，也建议同时进行双侧乳房切除术。并不是应为他们能够延长犬的存活时间而选择这种手术，只是因为这种手术比局部病灶切除术或乳腺切除术都要快速。

（5）移除淋巴结。腋下淋巴结很少受到犬所发生的乳腺癌的波及，因此不应该被预防性的移除。而且固定的、附着并增大的腋下淋巴结几乎很难被完全的移除。当腹股沟淋巴结增大，并且细胞学检查提示癌变，或是任何需要移除第五对乳腺的情况时，都需要移除腹股沟淋巴结，因为该淋巴结与第五对乳腺的关系很紧密。

3. 术后护理 术后要及时对病犬补液、消炎，适时增加维生素类药物等，术后 10 d 拆线，痊愈。

（1）经常用热水浸泡后的湿毛巾对母犬乳房热敷或者按摩，以便促进乳房血管扩张，增加乳房的血液流量。

（2）对犬舍的环境和母犬的乳头进行常规消毒，防止乳房的间接或直接的机械性损伤。母犬妊娠期间要防止细菌通过乳管感染乳房，及时对膨胀的乳房进行按摩的同时，还要将多余的乳挤出来，以减少乳房内部的压力，避免乳房炎的发生。

思考与练习

1. 病例分析：京巴犬，3 岁，体重 7.5 kg，该犬第 1 次交配后放于乡下散养，48 d 后两后肢突然瘫痪，阴户流出灰黑色液体，腹部膨大，乳房异常肿胀、质地坚硬，体温 39 ℃，挤压乳房未见乳汁挤出，指诊阴道发现子宫颈口已经打开，B 超检查发现子宫角处有胎儿，B 超测胎儿无心跳。①该犬患有何病？诊断依据是什么？②制订一个合理的治疗方案。

2. 病例分析：金毛猎犬，8 岁，经产，体重 30 kg，因左侧乳房有拳头大的肿块到兽医院就诊。犬主述 1 年半以前，该犬下仔后一段时间开始发现乳房有肿块，当时没在意，后来逐渐长大，导致犬活动不便。触摸该宠物犬左侧乳房时能触摸到质地坚硬的肿块，不移动（范围局限在乳房），对乳房肿块实施穿刺无液体抽出。①通过这些症状，你诊断为何病？②制订一个合理的治疗方案，并说明具体的步骤。

模块五 ◆ 不孕与不育症

一、不 孕 症

不孕症是指母犬、母猫等雌性动物在体成熟或在分娩之后超过正常时限仍不能发情配种受孕或经过数次交配仍不能怀孕的一种病症。

【病因】 造成不孕的原因多种多样，其中主要以营养性因素、疾病性因素为主。

1. 营养不良及营养过剩 由于日粮单调或日粮劣质或缺乏必需氨基酸、矿物质和维生素等导致不孕。如维生素 A、B 族维生素、维生素 D、维生素 E 缺乏导致不孕；钙、磷、硒、钴、锌、碘等的缺乏亦可导致不孕。母犬过度肥胖，卵巢内脂肪沉积，导致不发情或发情配种而不能受孕。

2. 疾病性不孕 生殖器官疾病，如犬、猫子宫蓄脓、子宫炎、阴道炎、卵巢囊肿、卵巢肿瘤、子宫和阴道肿瘤。全身性疾病，如布鲁氏菌病、结核病等传染病以及弓形虫病、钩端螺旋体病等寄生虫病。

3. 生殖性器官发育异常 如两性畸形，即同时具有雌雄两种性器官；生殖道异常，如子宫颈、子宫角纤细，阴道或阴门过于狭窄或闭锁（不能交配）等。

4. 管理因素 不合理的运动、休息、卫生条件、配种计划、饲养环境突然改变、高温能够干扰母犬的激素分泌。

5. 其他原因 年龄因素，如动物衰老，生殖系统功能降低，人工授精技术、精液质量等都可导致不孕。

【症状】 主要表现有不发情、发情但屡配不孕、无法进行交配。

生殖性器官发育异常的犬、猫，一般经检查可见发育异常的生殖器，如外生殖器、阴门及阴道细小而无法交配或卵巢未发育、子宫角极小或无分支等；患病犬、猫性机能紊乱，出现不发情、持续发情、屡配不孕、不能交配等情况。营养性因素不孕患病犬、猫有营养不良史、肥胖症等情况，多数无特异临床症状。疾病性不孕患病犬、猫有过子宫积脓、子宫内膜炎等疾病病史或表现出该病的临床症状。

【诊断】

1. 询问病史 通过问诊要详细了解年龄、胎次、病史、日粮情况、配种情况及是否发生过流产、胎衣不下、子宫脱出、难产，是否患过生殖器官的疾病等情况。此外，还应了解雄性动物在交配时的年龄、健康状况、饲养管理情况及配种能力等。

2. 整体检查 观察动物的全身状况，如体态行动、肥瘦等。特别应注意臀部的形态，阴门的大小和形状，有无炎症，阴门下角内有无分泌物及分泌物的性质等。

3. 阴道及子宫检查 进行阴道检查，有无瘢痕，子宫颈开张程度检查，子宫颈是否肿胀，有无炎性渗出物及脓液流出等。还可经腹壁进行子宫触诊，注意其位置、大小、质地、内容物等。

4. 实验室检查 血液学检查、生化检查和尿液分析对不孕症的诊断有辅助作用。

【治疗】 首先应查明引起不孕的原因，实施对因治疗。对营养因素引起的母犬不孕，应改善饲养管理，给予全价均衡的营养，要特别补充足够的蛋白质、维生素和微量元素，加强运动。疾病性因素引起的不孕应针对原发病进行及时的治疗，同时可采用以下方法进行治疗：

（1）己烯雌酚注射，用量为每只 0.2～0.5 mL/次。

（2）绒毛膜促性腺激素肌内注射，用量为每只犬 25～300 IU/次。

（3）用孕马血清促性腺素皮下或肌内注射，用量为每只 25～200 IU/次，一日一次或隔日注射一次。

（4）中兽医治疗。据情况不同可用催情散或用调补气血中药、暖腰补肾中药、艾附暖宫丸、启宫丸或苍术散等。

二、不 育 症

不育症是指公犬、猫在交配时不射精或精子活力低而不能使卵子受精的疾病。

【病因】

1. 原发性不育 见于睾丸发育不全，体积较小，质地坚硬或柔软。多数公犬、猫性欲正常，但无精子。两侧附睾节段性发育不良时，射精反射正常，但射出的精液中无精子。

2. 低受精力 精子数目减少，或数量正常但活力差、畸形精子多。

3. 获得性不育

（1）高温应激。睾丸的温度升高到与体温相同时，其中的精子就会失活，持续时间稍长，睾丸丧失生精能力。

（2）自身免疫。睾丸发生损伤时，精子溢出，导致机体产生抗体，引起局部发生免疫反应。由于抗原与抗体的结合，使受精能力降低。

（3）化学物质中毒。如锌能使睾丸间质细胞和曲细精管发生严重坏死；α-氯代甘油和烷基化合物类的药物（苯丁酸氮芥、磷酰胺）引起睾丸和附睾病理变化；两性霉素B、雌激素、可引起睾丸萎缩；长春花碱等抗肿瘤药物能抑制睾丸细胞分裂等。

（4）激素紊乱。甲状腺功能亢进时，睾丸生精能力下降；肾上腺皮质激素含量变化，会影响垂体和睾丸的机能；丘脑下部和垂体发生肿瘤，促性腺激素的产生与释放减少，能引起睾丸变性和萎缩。

（5）疾病性不育。阴囊皮炎可导致精子异常；睾丸炎、附睾炎时，引起输精管阻塞；精细胞瘤、足细胞瘤和间质细胞瘤等，引起睾丸生精能力下降；睾丸发生扭转时，供应睾丸的血量减少，影响睾丸生精和分泌睾酮。

（6）饲养管理性因素 日粮中缺乏必需氨基酸、矿物质及维生素等，公犬、猫的过肥与过瘦，交配过度，年龄过大，环境因素的突然变化以及辐射致伤都会对公犬、猫的生育力产生不良影响。

【症状】 公犬不育症的主要表现为无性欲，见发情母犬阴茎不能勃起或勃起后也不射精，射精精液品质不良，不能使母犬受孕。常见的症状有睾丸发育不全，体积较小，质地坚硬或柔软。多数病犬有正常的性欲，但无精子。两侧附睾性发育不良的病犬，射精反射虽然正常，但射出的精液无精子。

【诊断】 通过病史调查、全身检查、精液品质检查、激素检查、睾丸活组织检查、性行为观察等可作出诊断。对因感染引起不育者，需进行血清学及精液细菌学检查。

不育症是指公犬、猫在交配时不射精或精子活力低不能使卵子受精的疾病。

【治疗】 种公犬、公猫应适当运动，全价饲养，营养中等，不能过肥与过瘦。环境高温可诱发暂时性或永久性精子过少，在夏季时窝、舍应保持凉爽。淘汰先天性不育或衰老性不育的公犬、公猫。隐睾症中单侧隐睾虽然不引起不育，但也不能做种用，应去势后做他用。

持久阴茎系带阻止阴茎从包皮中伸出而无法交配，应手术治疗；尿道下裂者，阻止精子从睾丸向阴茎头的运输，轻时能自发愈合，重者需手术闭合；包皮开口狭窄有先天性的，也有由慢性炎症引起的，可导致包茎，在消除原发病的基础上，用手术扩大开口；睾丸肿瘤时，可去除患侧睾丸，另一侧睾丸可代偿产生精子。

对性欲低下的功能性不育者用以下中西药物治疗：

（1）丙酸睾酮注射液 10～15 mg，于配种前 1～2 d 肌内注射，或用孕马血清 25～200 IU，1 次皮下或肌内注射。

（2）阳痿或精液品质不良者，用巴戟 10 g，熟地 10 g，枸杞 10 g，淫羊藿 6 g，山萸肉 3 g，补骨脂 3 g，益智仁 3 g，麦门冬 3 g，五味子 3 g，肉苁蓉 3 g，白附子 3 g，生地 3 g，车前子 3 g，胡芦巴 10 g，泽漆 3 g，茯苓 3 g，丹皮 3 g，山药 3 g，覆盆子 6 g 共研细末，开水冲焖半小时，加童便 20 mL，内服，1 剂/d，连用 3～5 剂。

（3）滑精（未经交配，种公犬、猫精液自动泄出）者，用五倍子、茯苓、牡蛎各 5～10 g。共研细末，大枣 20～50 g 煎汤，调药粉喂服。每天 1 剂，连用 3～5 剂。

【预防】 主要加强饲养管理，改善犬舍环境，饲喂全价食物，给足各种维生素，多喂青绿蔬菜、胡萝卜、黄玉米、牛奶、鸡蛋、肉类等含维生素 A 及胡萝卜素较多的食物。防止各种导致不育症疾病发生的因素。对长期照射不到阳光和运动量不足的犬应调换到光线充足的笼舍里，并增加运动，以促进机体新陈代谢，因而保证犬的性机能正常活动。

🐾 思考与练习

1. 犬、猫发生不孕、不育的原因有哪些？
2. 对发生不孕、不育的犬、猫应怎样进行护理治疗？

模 块 六 ◇ 新生犬、猫疾病

一、脐 炎

脐带是胎儿在母体内与母体进行氧和营养物质交换的通道，胎儿出生后，犬、猫就会将其咬断或由接生人员将胶带结扎后切断。断脐后脐带残断逐渐干枯变细，一般在出生后3～4 d脱落，但脐血管的体外部分在3～4周后才完全闭合。脐带脱落前，残端很容易发生感染。

脐炎是指新生犬、猫脐残端的细菌性感染，包括急性和慢性两种。急性脐炎是脐周组织的急性蜂窝织炎，可并发腹壁蜂窝织炎，也可能发展为脐周脓肿，且有并发腹膜炎及败血症的危险。慢性脐炎为急性脐炎治疗不规则、经久不愈或新生儿脐带脱落后遗留未愈的创面及异物局部刺激所引起的一种脐部慢性炎症表现。

【病因】

（1）出生后结扎脐带时污染或在脐带脱落前后被粪、尿污染。

（2）分娩过程中羊膜早破，脐带被产道内细菌污染。

（3）脐带过长被咬伤、踩伤等，导致细菌感染而发炎。

引起脐炎的常见病原菌为金黄色葡萄球菌、大肠杆菌，其次为溶血性链球菌，或为混合感染。

【症状】 脐带残端变粗、发黑、潮湿，脐孔周围肿胀、变硬、充血、发热、疼痛。仔犬收腹弯腰，多卧少动。

（1）最初脐带脱落后伤口延迟不愈并有溢液，有时有脐轮红肿，脐凹内可见小的肉芽面或脐残端有少量黏液或脓性分泌物。严重者可有红、肿、热、痛等蜂窝织炎的症状。感染更严重时可见脐周明显红肿变硬，脓性分泌物较多，轻压脐周，有脓液自脐凹流出并有臭味。

（2）一般全身症状较轻，如感染扩散至邻近腹膜导致腹膜炎时，患者常有不同程度的发热和白细胞增高。若由血管蔓延引起败血症，则可出现烦躁不安、结膜苍白、拒乳、呼吸困难、肝脾肿大等表现。

（3）血液检查。白细胞正常或升高伴有全身感染症状时白细胞总数及中性粒细胞均有升高。

【治疗】 以局部治疗为主，一般不需使用抗生素。

1. 急性期处理 控制感染保持局部干燥。

（1）轻症处理。去除局部结痂，使用3%过氧化氢溶液和75%乙醇随时清洗，保持脐部干燥。

（2）脓肿处理。脓肿未局限时可于脐周外敷金黄膏或作理疗，以使感染局限促进脓肿形成并向外破溃。脓肿形成后应切开引流。

（3）全身感染处理。脓液较多，或并发腹膜炎及败血症者，应给予足量广谱抗生素如青霉素，并根据细菌学检查结果选用有效的抗生素。

（4）支持疗法。并发全身感染时应注意补充水及电解质，为提高机体免疫力可适当给予新鲜全血、血浆或白蛋白。

2. 慢性期处理 小的肉芽创面可用10%硝酸银局部烧灼然后涂以抗生素油膏，大的肉芽创面可手术切除或电灼去除肉芽组织，保持脐窝清洁、干燥即可愈合。

二、新生犬、猫窒息

新生犬、猫窒息是新生仔犬、猫出生后即表现呼吸微弱或停止呼吸，仅有微弱的心跳，又称为假死。如不及时抢救，往往发生死亡。

【病因】 分娩时胎盘过早分离脱落，胎衣破裂过晚，胎盘水肿，子宫痉挛性收缩；各种原因造成的胎儿产出缓慢，脐带受到挤压使胎盘血液循环减弱或停止；母犬、猫过度疲劳、贫血、大出血、心力衰竭、高热或全身性疾病引起自身缺氧等。以上因素均会引起胎儿缺氧、刺激胎儿过早呼吸，因吸入羊水而致病。

【症状】 轻度窒息时，呼吸微弱、不均匀，有时张口喘气。口鼻腔内充满黏液，肺部有啰音，喉、气管部啰音最明显。新生仔全身软弱无力，黏膜发绀，舌脱出于口角，心跳快而弱。严重窒息时，全身松软，呼吸停止，可视黏膜苍白，反射消失，卧地不动，仅有微弱心跳。

【治疗】 治疗原则：一是兴奋新生仔呼吸中枢，二是使仔犬、猫呼吸道畅通。

1. 清理呼吸道 迅速将仔犬倒提或高抬后躯，用纱布或毛巾揩净口鼻内的黏液，再用空注射器或橡皮吸管将鼻腔中的黏液吸出，使呼吸道畅通。

2. 人工呼吸 呼吸道畅通后，立即做人工呼吸。方法有三种：

（1）有节律的按压仔犬、猫腹部。

（2）从两侧捏住季肋部，交替地扩张和压迫胸壁，同时，助手在扩张胸壁时将舌拉出口外；在压迫胸壁时将舌送回口内。

（3）握住两前肢，前后拉动，以交替扩张和压迫胸壁。

3. 刺激 可倒提仔犬、猫抖动、甩动或拍击颈部及臀部；冷水突然喷击仔犬、猫头部；以浸有氨溶液的棉球置于仔犬、猫鼻孔旁边；将头以下部位浸泡于45℃左右温水中；徐徐从鼻吹入空气；针刺入中、耳尖及尾根等穴位，都有刺激呼吸反射而诱发呼吸的作用。

4. 药物治疗 选用尼可刹米、肾上腺素、咖啡因等药物经脐血管注射。

三、新生仔犬溶血病

新生仔犬溶血病是由于母犬和公犬的血型不同，胎儿具有某一特定血型的显性抗原，通过妊娠和分娩侵入机体，刺激母体产生免疫抗体，当仔犬出生后，通过吸吮初乳获得移行抗体，而引起红细胞破坏。临床上以贫血、黄疸或急性死亡为特征。

【病因】 犬发生本病的血型因子为CEA-1型。母犬是CEA-1型阴性血型，受CEA-1型阳性血型抗原的作用，在初乳中含有抗CEA-1型阳性红细胞抗体，因此，可使吸吮这种初乳的CEA-1型阳性仔犬发病。

【症状】 新生仔犬出生后完全正常，吸吮初乳后开始发病，且病情与吸吮初乳量有关。

初乳中的抗体效价越高，吸吮的初乳量越多，则发病越重。因此，出生时越大、活力越强的仔犬多先发病死亡。重度患犬未出现本病的特征症状，就可在短时间内发病死亡。此时多见血红蛋白血症和血红蛋白尿症。

一般表现为精神沉郁，吸吮力减弱或不吮乳，出生后 2 d，口腔和眼结膜出现明显的贫血症状。黄疸从第 3 天开始加重。尿液量少而黏稠，肉眼观察呈红色，潜血反应阳性。心音亢进，呼吸粗厉，有的有神经症状。出生 2～3 d 后的尿胆红素为阳性。

【诊断】　新生仔犬于吸吮初乳后，迅速精神沉郁、衰竭死亡或明显衰弱的，应怀疑本病。必要时通过以下实验室检查，阳性者即可确诊。

（1）收集尿液或死亡仔犬的膀胱尿液，做尿液颜色和潜血试验。

（2）用加入 EDTA 的毛细管采血、离心，血细胞比容值明显减少和血浆红染或黄染的为阳性。

（3）取新生仔犬血液 2～3 滴，加入至 2 mL 生理盐水中，轻轻混合，立即变成红色透明液，表明红细胞抵抗降低。血液涂片姬姆萨染色，有多量中央浓染的小型环状红细胞。

（4）血清免疫学检查见病犬红细胞直接 Coombs 试验阳性，仔犬血清和父犬血球有溶血反应和间接 Coombs 试验阳性。

直接 Coombs 试验即为抗球蛋白试验，是用特异性抗球蛋白测定附在红细胞膜上的抗体和补体。方法为：取 EDTA 抗凝血用生理盐水洗涤 2 次，制成 2% 血球悬浮液，分别将 2 滴血球液和 2 滴 Coombs 血清（兔抗犬球蛋白血清）在两个载玻片上混合，一个载玻片置 37℃，另一个置 4℃，1 h，显微镜下观察凝集反应。

【治疗】　怀疑为本病的犬立即断离母乳，改为人工哺乳。人工乳配方为：新鲜鸡蛋两枚、鱼肝油 8 mL、食盐 5 g、牛奶 500 mL，混匀煮沸，开始的 15 d 内，每只每天喂量在 100～150 mL，分 4～6 次喂给，15 d 后，再用人工乳和煮熟的骨肉汤、米粥饲喂 1 个半月，再逐渐过渡到常规饲料。

药物治疗用泼尼松龙 2 mg/kg，口服，以抑制网状内皮系统吞噬红细胞。饲喂 2%～3% 的葡萄糖溶液，以稀释和迅速排泄进入体内的游离血红蛋白。对重度贫血（红细胞比容在 15% 以下）的病犬，可腹腔内输血 20 mL。

四、围生期胎儿死亡

围生期胎儿死亡是指在产出过程中及其后不久（产后不超过 1 d）所发生的仔犬、猫死亡。出生前已死亡者称为死胎。

【病因】　围生期胎儿死亡的原因和流产有许多共同之处，包括非传染性和传染性因素。

1. 非传染性因素

（1）营养性原因。营养不足及缺乏某些营养物质，是导致围生期胎儿死亡的一个重要原因。如妊娠期缺乏蛋白质、矿物质及微量元素、维生素等。

（2）延迟分娩。这是由于胎盘供氧中止造成的，缺氧可导致窒息和不可逆转的脑损伤。

（3）遗传、近亲繁殖和应激。可引起妊娠期延长、胎儿畸形难产及生后活力不强等。

（4）管理不善过度惊扰、保温不良、代养不及时及产仔时无人管理等。

2. 传染性因素　母犬、猫感染布鲁氏菌、巴氏杆菌、钩端螺旋体、弓形虫等。

【症状及诊断】 传染性因素引起的新生仔死亡，症状及诊断方法可参考传染病学；非传染性因素引起的新生仔死亡，诊断时应参考致病原因。

出生过程中的死亡多是因为二氧化碳分压高，氧分压低，使胎儿缺氧面窒息。子宫内窒息可诱发胎儿肠蠕动和肛门括约肌松弛，使胎粪排于胎水中，也可导致吸入羊水。因此在羊水和胎儿呼吸道内发现胎粪，是胎儿宫内窒息的一种标志。幸免死亡的仔犬、猫，其生活能力降低，肌肉松弛，有的不能站立，没有吮乳能力。

【防治】

（1）因传染病引起的胎儿死亡，需根据所患疾病对母犬、猫进行防治。

（2）注意选种选配，避免近亲繁殖。

（3）注意妊娠母犬、猫的营养供应，改善饲养管理。

（4）加强产仔监护，发现难产时及时加以帮助。

（5）检查初乳，防止发生新生仔溶血病。

（6）分娩后尽量使母仔在一起，以便仔犬、猫得到很好的照顾，并及早吃到初乳。

五、犬先天性肌阵挛

犬先天性肌阵挛又称家族性反射性肌阵挛，是指仔犬出生后不久出现全身或局部肌肉阵发性挛缩。

【病因】 犬先天性肌阵挛系遗传缺陷，其遗传特性为单基因常染色体隐性类型，但发病机理还不清楚。

【症状】 多在仔犬出生后1～2月龄表现症状，存活期一般不超过半年。主要表现为一受刺激，其中轴肌和肢体肌出现自发性或诱发性痉挛。

【诊断】 本病的初步诊断依据包括：符合常染色体隐性遗传类型特点的家族发病史；初生或哺乳期间显现的感觉过敏，反射性肌阵挛综合征。

【治疗】 尚无根治办法。对犬先天性肌阵挛曾试用各种抗癫痫、抗惊厥药物治疗，均无效或收效甚微。

六、胎便停滞

胎便停滞是指仔犬、猫出生后1～2 d不排稀粪，并伴有腹痛症状。通常出生后数小时内排出胎便，胎便停滞常发生于小肠和直肠。

【病因】 母犬、猫营养不良，初乳品质不佳、缺乳、无乳，新生犬、猫发育不良或早产体弱。

【症状】 胎儿出生后1 d以上不排粪，骚动不安，精神沉郁，拱背摆尾，不断努责并有排便姿势而无便排出。喜卧并不断回头顾腹，呻吟，严重时打滚。听诊肠音减弱或消失，或出现不吃乳、出汗、无力、脉搏加快，后期卧地不起等。时间长者继发肠臌气，腹围增大，呼吸困难等。

【治疗】 治疗原则是滑润肠道，促进肠管蠕动。

用温肥皂水灌肠，或由直肠灌入液状石蜡，用以软化粪便。必要时经2～3 h后再灌肠一次，也可灌入开塞露。也可口服液状石蜡或香油或蜂蜜。同时按摩腹部促粪便排出。

在采用上述方法的同时，要根据新生犬、猫的状态，进行强心、补液、止痛、解毒、抗感染等方面的对症治疗。

思考与练习

1. 新生仔犬、猫应该怎样断脐？具体的方法与步骤是什么？
2. 如何治疗脐炎？
3. 新生仔犬、猫接产时的操作程序是什么？注意事项有哪些？
4. 治疗新生犬窒息的应急措施有哪些？
5. 实验室如何诊断新生仔犬溶血病？

参 考 文 献

高利，胡喜斌，2008. 宠物外科与产科 [M]. 北京：中国农业科学技术出版社.

顾建鑫，2008. 宠物外科与产科 [M]. 北京：中国农业出版社.

何德肆，扶庆，2008. 动物外科与产科疾病 [M]. 重庆：重庆大学出版社.

何英，叶俊华，2009. 宠物医生手册 [M]. 沈阳：辽宁科学技术出版社.

侯加法，2004. 小动物疾病学 [M].2 版. 北京：中国农业出版社.

黄军，潘庆山，2011. 小动物外科手术图谱 [M]. 北京：化学工业出版社.

黄治国，张素芳主译，2004. 犬病图解 [M]. 南京：江苏科学技术出版社.

李志，2010. 宠物疾病诊治 [M].2 版. 北京：中国农业出版社.

林德贵，2008. 兽医外科手术学 [M].4 版. 北京：中国农业出版社.

林立中，2010. 小动物外科手术病例图谱 [M]. 沈阳：辽宁科学技术出版社.

史书军，徐占云，2008. 兽医外科与产科学 [M]. 北京：中国农业科学技术出版社.

孙明琴，2007. 小动物疾病防治 [M]. 北京：中国农业大学出版社.

吴敏秋，2006. 宠物外科及产科病 [M]. 南京：江苏科学技术出版社.

T. W. Fossum，等，2006. 小动物外科学 [M]. 张海彬，夏北飞，林德贵，等译. 北京：中国农业大学出版社.

赵兴绪，2011. 兽医产科学 [M].4 版. 北京：中国农业出版社.

郑继昌，闫慎飞，2009. 动物外产科技术 [M]. 北京：化学工业出版社.

周荣祥，等，2002. 外科学总论学习指导 [M]. 北京：人民卫生出版社.